JN314085

干潟の絶滅危惧動物図鑑
海岸ベントスのレッドデータブック

Threatened Animals of Japanese Tidal Flats : Red Data Book of Seashore Benthos

干潟の絶滅危惧動物図鑑
海岸ベントスのレッドデータブック
日本ベントス学会 編

東海大学出版会

Threatened Animals of Japanese Tidal Flats: Red Data Book of Seashore Benthos

Edited by the Japanese Association of Benthology

Tokai University Press, 2012
ISBN978-4-486-01943-5

干潟のベントス
軟体動物

1-1　砂上に群れるマツシマカワザンショウ　東日本大震災の津波で大きな被害を受けた（画像は震災前の2009年）　絶滅危惧Ⅱ類　宮城県東松島市波津々浦　多々良有紀撮影

1-2　サンゴ礁周辺のアマモ場のカゴガイ　絶滅危惧Ⅱ類　泡瀬干潟　久保弘文撮影

1-3　台風通過後，海に向かって一斉に移動するウミニナ（準絶滅危惧）とホソウミニナの群れ　櫛田川河口干潟　木村昭一撮影

1-4　アマモ場のハボウキ　準絶滅危惧　浜名湖　木村妙子撮影

1-5　泥上を這うウミマイマイ　有明海からの移入個体群？　絶滅危惧Ⅱ類　大分県中津市　和田太一撮影

1-6　ミナミベニツケガニにたかるアラムシロ（絶滅のおそれのある地域個体群）とカニノテムシロ（準絶滅危惧）　羽地内海　山下博由撮影

1-7　ヨシ原に生息するオオクリイロカワザンショウ　日本海唯一の個体群　絶滅危惧IA類　福岡県遠賀川支流吉原川　多々良有紀撮影

1-8　諫早湾閉切堤防すぐ外側のシマヘナタリ　長崎県最後の個体群　絶滅危惧IB類　長崎県諫早市　川内野善治撮影

1-9　朽ち木の中のキヌメハマシイノミ（準絶滅危惧）とコハクオカミミガイ（絶滅危惧IB類）　石垣島　木村昭一撮影

1-10　マングローブ林の気根周辺に群れるキバウミニナ　準絶滅危惧　石垣島アンパル　久保弘文撮影

1-11　貧栄養の砂礫底に浅く埋もれた転石の下面を匍匐するキタギシマゴクリ　絶滅危惧IA類　岡山県笠岡市北木島下浦　多留聖典撮影

1-12　マングローブ林床を這うウラシマミミガイ　準絶滅危惧　羽地内海　久保弘文撮影

1-13 ミドリユムシの一種の巣穴に共生するイソカゼ（絶滅危惧IB類）とカニ類　浜名湖　木村昭一撮影

1-14 クモヒトデ類の一種に寄生するヤセフタオビツマミガイ　絶滅危惧Ⅱ類　広島県竹原市　福田宏撮影

節足動物

1-15 ヒメヤマトオサガニ（ウェービング行動）　雄（左）と雌（右）準絶滅危惧　熊本県上天草市松島町　逸見泰久撮影

1-16 シオマネキ（ウェービング行動）　絶滅危惧Ⅱ類　沖縄市泡瀬干潟　逸見泰久撮影

1-17 ハクセンシオマネキ（地上交尾）　雄（上）と雌（下）　準絶滅危惧　熊本県上天草市松島町　逸見泰久撮影

1-18 カブトガニ　絶滅危惧IA類　福岡市今津干潟　和田恵次撮影

1-19　アカホシマメガニ（スジホシムシモドキと共生）　絶滅危惧Ⅱ類　熊本県上天草市松島町　渡部哲也撮影

1-20　オオヒメアカイソガニ（ユムシと共生）　絶滅危惧ⅠB類　愛媛県西条市河原津干潟（水槽で巣穴を再現）　伊谷行撮影

環形動物（多毛類）

1-21　ミナミエラコ　水中で棲管の先端から鰓冠を広げている　絶滅危惧Ⅱ類　静岡県西伊豆町　多留聖典撮影

1-22　イトメ（生殖群泳中の成熟変態個体「バチ」）　雄では白色の精子が，雌では黄または緑色の卵が，体内に充満している　準絶滅危惧　長良川・揖斐川河口　長野浩文撮影

その他の分類群

1-23　ウミサボテン　ポリプ（個虫）が多数集合して群体を形成する　情報不足　熊本県天草市本渡干潟　逸見泰久撮影

1-24　ヒガシナメクジウオ　雄は青白色の，雌は黄色の生殖巣が体側に並ぶ　準絶滅危惧　熊本県天草市有明町　山口隆男撮影

全国の干潟

2-1 厚岸湖（北海道）湖奥の広大な泥質干潟には，アッケシソウやアッケシカワザンショウなどの希少な生物が生息する．2010.7. 仲岡雅裕撮影

2-2 芦崎干潟（青森県）大湊湾の南西に位置し，海上自衛隊の基地内にある．背景は釜臥山．2007.6. 鈴木孝男撮影

2-3 松川浦（福島県）仙台湾沿岸域で最大規模の干潟を擁し，海苔の養殖が盛んである．2010.4. 鈴木孝男撮影

2-4 盤洲干潟（千葉県）房総半島中央部を流れる小櫃川の河口に形成された東京湾最大の干潟．後背湿地には広大なヨシ原が広がる．2005.5. 多留聖典撮影

2-5 汐川干潟（愛知県）三河湾奥部に位置する面積約 280 ha の河口干潟．多様な環境を持ち，ベントスの多様性・生物量ともに高く，鳥類の渡来地としても非常に重要．2010.5. 木村妙子撮影

2-6 和歌浦（和歌山県）和歌川の河口右岸に発達した長大な砂嘴の内側に袋状に広がる．周囲は護岸されているが，面積は約 35 ha で近畿地方では最大級．2010.5. 鈴木孝男撮影

ix

2-7 秋穂干潟（山口県）山口市には様々なタイプの干潟がある．写真は中道の砂質干潟．2006.11. 伊谷行撮影

2-8 四万十川河口干潟（高知県）四万十川とその支流の竹島川にはコアマモの茂る河口干潟が広がる．2006.9. 伊谷行撮影

2-9 東与賀海岸（佐賀県）有明海奥部には国内最大の干潟が広がる．手前はシチメンソウ．2008.11. 逸見泰久撮影

2-10 天草松島（熊本県）島影の波あたりが弱い場所に，小さいが多様な干潟が形成される．2011.11. 逸見泰久撮影

2-11 住用川河口干潟（鹿児島県）奄美大島最大のマングローブ湿地，メヒルギが主体．2002.6. 逸見泰久撮影

2-12 泡瀬干潟（沖縄県）日本最大規模の礁池干潟．底生生物の多様性は極めて高いが，工事などの影響で，このような豊かな海草藻場は現在では殆ど失われている．2004.6. 山下博由撮影

凡　例

科和名・種和名・学名：種和名について，異名・別名がある場合は（　）に示した．
種和名新称については，解説者もしくはとくに表記された者が命名者である．

なお，本書で扱った一部の種においては，属名と種小名との間に「cf.」または「aff.」を挿入している．それらの意味は以下の通りである．
- cf.：confer の略．cf. の直後の種小名を持つ種とまったく同種かまたは極めて近縁な別種であるが，同種・別種の両方の可能性を含むもので，かつ，別種であった場合は適切な既存の種小名が現時点で見当たらないもの．
- aff.：affinis の略．aff. の直後の種小名を持つ種と系統的に近縁で形態的にも酷似するが，別種であることが確実であり，かつ，適切な既存の種小名が現時点で見当たらないもの．

また，貝類のうち，一部の種は学名の属名に引用符（" "）をつけている．これはその種をその属の一員とするのが疑わしいか，または明らかに誤りであることが判明しているものの，かといって現時点で適切な属名が存在しないため，やむなく最も近縁な既存の属名を充てておくという意味である．最も近縁な既存の属すらも見当たらない場合はこの用法は用いず，属を「Gen.」と表記した．

写真：生態写真を多く用いるようにした．軟体動物のサイズ略号については以下の通り．
SL：殻長．SH：殻高，SW：殻径．

写真解説：撮影・採集地，撮影者，標本保存機関（略称で記した機関の正式名称については，謝辞の項を参照のこと）・登録番号などを示した．

評価：本書での選定理由に基づき，環境省カテゴリーに沿った評価を示した．

選定理由：本書での選定理由を以下の5項目とした．「個体数・個体群の減少」，「生息条件の悪化」，「分布域限定」，「希少」，「特殊生息環境」．
- 「個体数・個体群の減少」：個体数・個体群に明らかな減少傾向が見られる．
- 「生息条件の悪化」：生息条件が環境・生態系の変化・開発・汚染などによって悪化している．
- 「分布域限定」：分布域が限定されており狭い．
- 「希少」：生息個体数，発見例が少ない．
- 「特殊生息環境」：限定された環境や，特定種との共生関係にあり，生息基盤が脆弱である．

分布：日本国外を含む，世界的分布を示した．屋久島・種子島以南の諸島については，琉球列島とせず南西諸島と表記した．

生息環境・生態：生息環境・生態を記載した．

解説：生息分布状況・分類学的知見などを記載した．
生物の大きさは，基本的には体長を用い，標準的あるいは最大の個体サイズを示したが，下に示す分類群については，以下の表記を用いた．また，一部の種については本文中に示した部位の値で表記した．
- 軟体動物門腹足綱・二枚貝綱：殻径もしくは殻長のうち，より大きい値．または，殻長もしくは殻高のうち，より大きい値．
- 節足動物門甲殻亜門軟甲綱口脚目，短尾下目を除く十脚目：甲長
- 同　十脚目短尾下目：甲幅
- 腕足動物門：殻長
- ユムシ動物門：体幹長

形態用語解説

貝類

巻貝の各部名称:
- 殻頂
- 胎殻
- 縦肋
- 縫合
- 螺層
- 内唇
- 軸唇
- 外唇
- 蓋
- 核
- 螺溝
- 螺肋
- 殻底
- 殻口
- 殻長
- 殻幅（殻径）

二枚貝の各部名称:
- 殻頂
- 成長（輪）肋
- 斜肋
- 前縁
- 後縁
- 殻高
- 腹縁
- 小月面
- 靭帯
- 右殻
- 左殻
- 殻長

節足動物

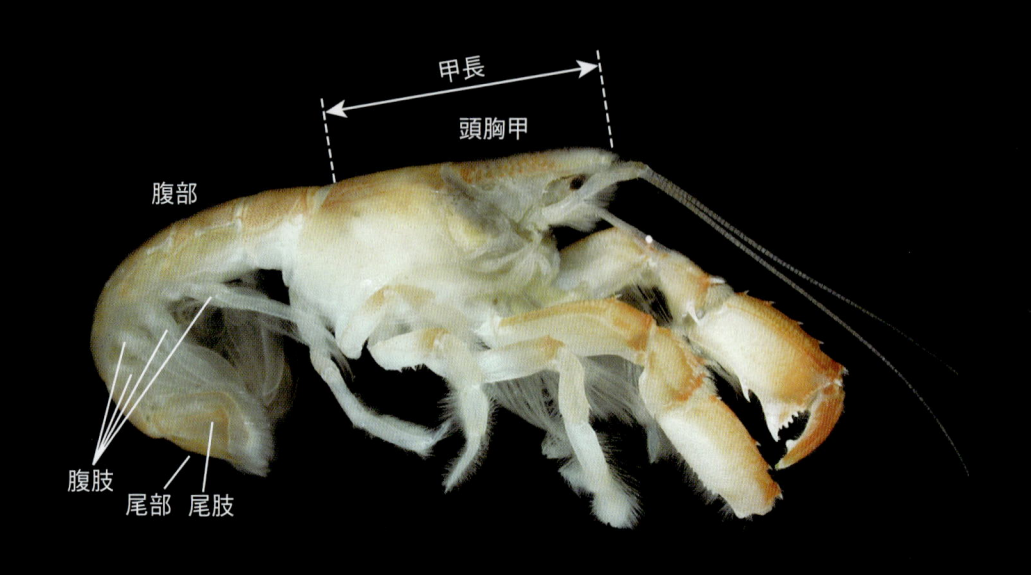

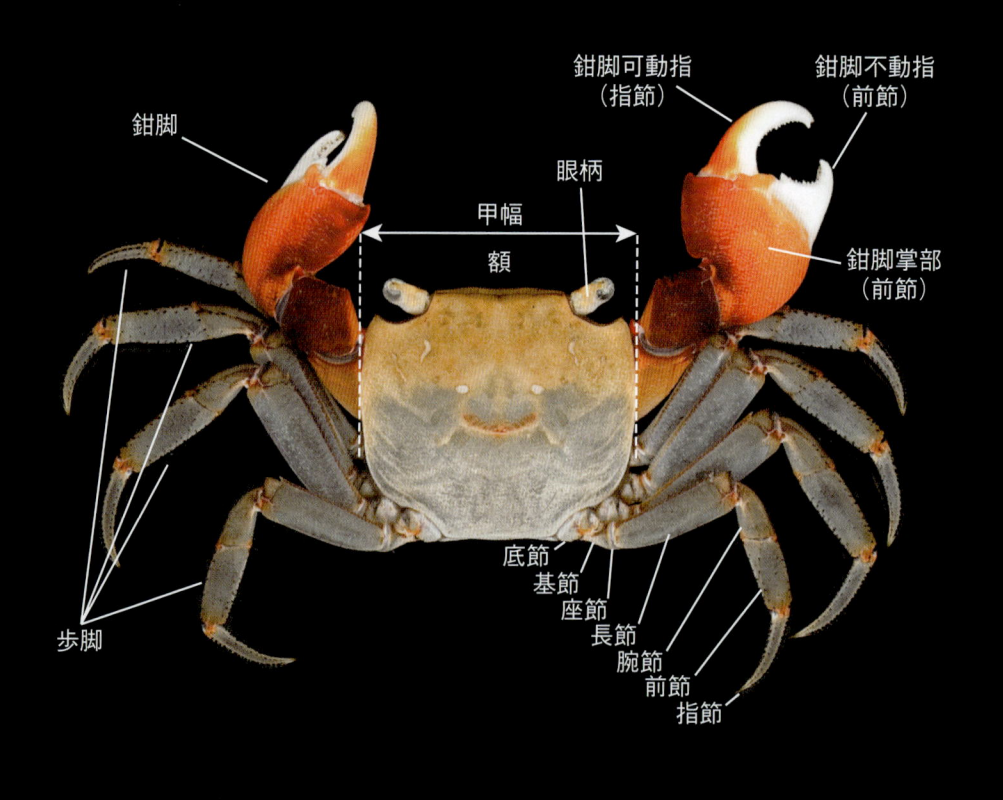

甲長
頭胸甲
腹部
腹肢
尾部　尾肢

鉗脚可動指（指節）
鉗脚不動指（前節）
鉗脚
眼柄
甲幅
額
鉗脚掌部（前節）
歩脚
底節
基節
座節
長節
腕節
前節
指節

はじめに

　本書には美しいベントスの写真が数多く収められている．しかし，ただ美しいとばかりいっておれない現実があるからこそ，本書が出版された理由がある．以下にその背景と経緯を短く説明したい．

　水底に生息する生物を総称してベントス（底生生物）とよぶ．ベントスは海域では，潮間帯から深海まで広く生息しており，海洋生物の重要な構成員となっている．ベントス生息地で最も目に触れやすい潮間帯の中には干潟が含まれている．干潟は泥，砂，礫の海岸やヨシ原，海草・海藻群落などが点在する多様な自然環境を持った場所であり，それぞれの環境に適応した様々なベントスが生息している．日本人は古くから貝類など海の幸を干潟から得ており，現在でも，潮干狩りなどのレクリエーションに利用している．しかし，アクセスしやすく波静かな内湾を多く含む干潟は，埋立や港湾建設などに利用されやすく，人間活動の影響を受けやすい．日本ではすでに自然干潟の40％以上は消失したとされており，干潟の自然環境は危機的な状況にある．残された干潟に生息する生物も環境悪化や生息適地の減少・分断の影響を受け，個体数が減少している種類も多い．中には絶滅の危機に瀕している種類もあり，干潟に生息する多くのベントスが危機的状況にあるといわれている．

　環境省は絶滅が危惧される種類をレッドリスト（RL）やレッドデータブック（RDB）にまとめて公表している．しかし，様々な事情により，ベントスを含む干潟の生物を対象としてこなかった．地方自治体が作成しているRLやRDBの多くも干潟生物の集録はほとんどなされていない．海洋生物の保護と自然環境の保全をいっそう進めるためにも，干潟生物の現状を把握したうえで，絶滅が危惧される種を公表することが急務となっている．このような現状をふまえて，日本ベントス学会では会員を通じて，各地の干潟の現状とそこにすむ生物の分布情報を収集し，干潟生物レッドデータブック作成を進めることとなった．

　日本ベントス学会は，ベントスを対象とする研究の総合的発展に寄与することを目的として1990年に発足した比較的新しい学会である．本書は日本ベントス学会設立20周年記念事業として刊行することが決まった．学会内に，ベントス研究者の視点から自然環境保全を推進することを目的に，自然環境保全委員会が設置されている．この委員会に，2008年に干潟RDB準備作業部会を立ち上げ，逸見泰久委員長（当時）を中心に刊行作業を開始した．多くの学会員が現地調査を行い，たくさんの方々から生物情報を収集し，23名の干潟RDB製作作業部会員と7名の編集委員の準備作業を経て，最終的に29名の学会員で執筆したのが本書である．企画構想から4年，学会設立20周年から2年遅れでようやく出版されることになった．

　本書にはすばらしい生態写真，標本写真が651種も含まれている．おそらく，未掲載の種類でも危機が迫っているものもあると思われる．これほど多くの種類が絶滅の

危機に瀕しているという，日本の干潟ベントスの危機的状況の一端をご理解いただけると思う．本書を通して，各地の干潟の保護・保全の意識がいっそう高まり，掲載されているベントスが一刻も早くその危機を脱して本書から削除されることになれば，本書の役割の一部は果たせたことになる．一日も早くその日が来ることを切に願うものである．

2012年6月

日本ベントス学会会長　五嶋聖治

目　次

干潟のベントス　　v

全国の干潟　　ix

凡　例　　xi

形態用語解説　　xiii

はじめに　　xv

日本の干潟の現状 …………………………………………………………………………………… 1
Present Status of Japanese Tidal Flats

RDB 種とカテゴリーの決定 …………………………………………………………………… 7
Decision of RDB Species and Its Category

軟体動物―腹足類 ……………………………………………………………………………… 15
MOLLUSCA―Gastropoda

軟体動物―二枚貝類 ………………………………………………………………………… 105
MOLLUSCA―Bivalvia

節足動物―鋏角類・甲殻類 ………………………………………………………………… 173
ARTHROPODA―Chelicerata, Crustacea

環形動物―多毛類 …………………………………………………………………………… 221
ANNELIDA―Polychaeta

その他の分類群―その他の動物群（刺胞動物、扁形動物、紐形動物、腕足動物、星口動物、ユムシ動物、半索動物、棘皮動物、頭索動物）…………………………………………… 229
OTHER INVERTEBRATES―Cnidaria, Platyhelminthes, Nemertea, Brachiopoda, Sipuncula, Echiura, Hemichordata, Echinodermata, Cephalochordata

カテゴリー別リスト　　241

分類群別リスト　　247

分類群別リストの注釈　　264

カテゴリー別種数一覧　　266

引用・参考文献リスト　　267

謝　辞　　271

和名索引　　272

学名索引　　277

日本の干潟の現状
Present Status of Japanese Tidal Flats

1．干潟生態系

　干潟を含む沿岸域（海岸部）は，生物相が豊かで，魚介類などの生物生産が非常に高い地域であるが，世界人口の3/4が生活するなど，人間活動の影響を最も受けやすい場所でもある．埋立や堤防設置，道路建設による生物生息環境の消失・悪化，水質や底質の悪化など，様々な問題が世界中で起きているが，日本も例外ではない．日本の沿岸域は，生物多様性が特に高いが，その一方で，人間による環境破壊も急速に進行している世界的なホットスポットのひとつである．

　沿岸域のうち，潮の干満によって，満潮時には隠れ（冠水），干潮時には姿を現す（干出）ことを繰り返す海岸の範囲を潮間帯という．潮間帯のうち，外海から遮断された河口域を含む内湾的な環境で，泥や砂，あるいは礫など，流動性のある底質からなる平坦な場所を干潟（口絵参照）という．干潟は，河川水や潮汐によって運搬された砂泥や有機物が堆積して形成されるが，底質，塩分，有機物量や干出時間の違いといった干潟自体の環境の多様さに加え，高潮帯〜潮上帯に位置する塩性湿地（口絵 2-4, 2-9など）やマングローブ湿地（口絵 2-11など），低潮帯〜潮下帯に生育する藻場（海草・海藻群落，口絵 1-2, 2-8など）などとともに，多様で複合的な生態系を形成している．また，干潟の多様な環境には，そこに適応した数多くの動植物が生息・生育しており，生物多様性も非常に高いところである．一方で，国内の沿岸域において，最も悪化の程度が著しいのが，干潟，塩性湿地，マングローブ湿地などの環境でもある．

　干潟は，魚介類の生息・生育場として漁業者に，また潮干狩りやレクレーションの場として一般市民に古くから利用されてきた．しかし，このような場所は遠浅で開発が容易なため，昔から干拓や埋立の対象となり，その結果，多くの干潟が港湾施設，住宅地，農地などに変わっていった．国内では，1945年以降に限っても，干潟の約40％が埋立などによって消失したと推定されている．また，残された干潟も，ダム建設や川砂・海砂採取による底質の悪化，水質の汚染や富栄養化とそれに伴う赤潮や貧酸素水塊の発生，外来種の侵入などの影響を強く受けている．そのため，干潟にすむ動植物には，絶滅の危機に瀕している種が少なくない．このような沿岸環境の悪化，特に干潟，塩性湿地，マングローブ湿地，海草藻場などの生物多様性の崩壊や劣化を食い止めるには，沿岸域にすむ生物とその生息・生育環境の現状を正確に把握し，行政組織や一般市民に広く周知し，適切な保全策を実施することが必要である．

　干潟をはじめとする沿岸域の環境を保全するためには，一刻も早く具体的な対策を講じることが必要である．2007年に制定された海洋基本法では，海洋環境の保全と調和，海洋に関する科学的知見の充実が緊急の施策として挙げられ，特に沿岸域については総合的管理を行うことが目標として掲げられた．また，2010年に名古屋で開催された生物多様性条約第10回締約国会議(CBD COP10)では，愛知目標が採択され，「2020年までに生態系が強靱で基礎的なサービスを提供できるよう，生物多様性の損失を止めるために，実効的かつ緊急の行動を起こす」ことになった．また，保護地域については，妥協案ながらも，陸域17％，海域10％という数値目標が決定された．ただし，海洋基本法でも，愛知目標でも，具体的な対策（行動計画）はほとんど示されていない．

2．干潟の恵み

　広大な干潟は，河口域に形成されることが多いが，そこには河川から流入する淡水と海域からの海水が混じり合う汽水域と呼ばれる環境が成立する．汽水域は，河川や陸域から大量の有機物や栄養塩が供給される場所である．また，水深が浅いため太陽光が川底・海底まで十分に到達し，潮の干満によって大気から多量の酸素が供給されるため，プランクトンやベントスが豊富に生息し，さらに，それらを餌とする魚類や水鳥が潮汐に合わせて訪れるところでもある．

　ベントスとは耳慣れない言葉かもしれないが，底生生物ともいわれるグループで，川や湖，海の底に暮らす生物の総称である．貝類，甲殻類，多毛類，イソギンチャク類，ナマコ類，底生魚類，海藻，海草などがこれに含まれる．干潟では多くのベントスが生活しているが，彼らは巣穴を作ったり，泥に潜って生活したりすることで，干潟を耕し，底質中に間隙を多くする働きをしている．これによって，酸素が干潟底質内に十分に取り込まれ，また，底質の表面積が増加してバクテリアの活動が活発になることで，底土や海水の浄化に寄与している．このように，干潟では，ベントスやバクテリアの働きで海水や底土に含まれる大量の有機物が分解されるので，「自然の浄化槽」と呼ばれることもある．

　ベントスの働きは他にもある．アサリやガザミ，ワカメなど多くのベントスは水産有用種であるため，私たちの食生活を直接支えている．また，食用にならない小型のベントスも，水産有用種の餌になることで，私たちの食生活を間接的に支えている．さらに，干潟は，稚仔魚の養育場，あるいは渡り鳥の国際空港としての役割も担っている．私たち人間が生態系から直接的・間接的に受けている恩恵を総称して「生態系サービス」というが，このように私たちは，干潟から多くの生態系サービスを受けているのである．ただし，この生態系サービスは，特定の種類の生物だけから得られるものではない．干潟には多くの生物が生息・生育しているが，彼らは食物連鎖や寄生・共生などによって，互いに密接な関係を保っている．たとえ，私たちの食料となるのがアサリのような一部の種，干潟を浄化するのが一部のバクテリアであっても，これらの種の生存のためにはそれを支える多くの種と豊かな環境，すなわち健全な干潟生態系が必要なのである．

　私たちは，こうした，いわば「干潟の恵み」を賢く利用し（ワイズユース），また，将来の人々に引継いでいく必要があるが，そのためには，干潟が干潟として機能し，多くのベントスが生息・生育する場を確保・保全していく必要がある．干潟が干出しなくなったり，淡水化してしまったり，海水の交換が悪くなって水中の酸素が不足したり，ベントスの繁殖が妨げられたりすると，上に述べたような干潟の価値が失われ，生態系サービスを受けられなくなってしまう．私たちは，干潟をはじめとする沿岸域やそこにすむ生きものについての知識を深め，その現状を正確に把握し，環境が悪化した場合には適切な保全策を実施することが必要である．

　しかし，現時点では，沿岸域の海洋生物に関する私たちの知識は陸域に比べて大幅に不足している．また，絶滅が危惧される動植物のリスト（レッドリスト）が環境省

図1　自然海岸　広島県ハチの干潟　逸見泰久撮影

図2　人工海岸　熊本県八代海北岸　逸見泰久撮影

や地方自治体によって選定されているが，多くは陸域の動植物が中心で，海洋生物については，対象外か，わずかな種の指定に留まっている．これは，私たちの生活の場が主として陸域にあるため，一般市民も行政も，陸域に比べれば海域への関心が乏しいのが原因のひとつである．さらに，海洋生物についての基礎的なデータが不足していることも，多くのレッドリストに海洋生物が取り上げられない原因になっている．しかし，たとえ情報不足であっても，干潟に生息・生育する動植物の多くが絶滅の危機に瀕していることは疑いのない事実である．

そのような中，和田ら（1996）は，「日本における干潟海岸とそこに生息する底生生物の現状」で，国内における干潟とベントスの状況を詳細に報告した．これを読むと，全国各地の干潟とそこにすむベントスが，開発や環境悪化によって危機的な状況にあることがわかる．ただし，本報告は出版から15年以上が経過し，内容が現状にそぐわない部分も多くなってきた．例えば，1996年以降に限っても，有明海の諫早湾干拓事業などの干拓・埋立，堤防建設などによる海岸域の改変，水質や底質の悪化などが進み，絶滅の危機にある干潟生物は，当時よりもさらに増加していることが予想される．また，最近は大規模な干拓・埋立は少なくなったものの，河川改修・堤防建設や，浚渫土砂・廃棄物の処理を目的とした小規模の埋立が増加し，とくに干潟上縁部に位置する河岸・海岸や塩性湿地，マングローブ湿地の環境悪化が著しい．同時に，自然海岸の多くは，半自然海岸・人工海岸に急速に変わりつつある．さらに，近年，一部の干潟ではシマメノウフネガイやコウロエンカワヒバリガイなどの外来種が侵入し，大きく個体数が減少した在来種もある．なお，保全を目的に，国内では37か所の湿地がラムサール条約の登録湿地に選ばれているが，湿地タイプに干潟を含む場所は5か所に過ぎず，十分とはいえない．また，小規模な環境改変が相次ぎ，気がつかないうちに身近な河岸・海岸や干潟，塩性湿地，マングローブ湿地が破壊され，消滅している現状を鑑みると，ラムサール条約のような枠組みで重要な湿地を保全すると同時に，レッドリストのような方法で身近で小規模な湿地を保全することも重要である．

一方，まだまだデータは不十分であるが，干潟に生息・生育する動植物の現状に関する全国規模の調査が次第に行われるようになってきた．例えば，2002～2004年には

図3　人工干潟・潟湖干潟　大阪府大阪南港野鳥公園　逸見泰久撮影　　図4　塩性湿地（ヨシ原）　宮城県鳥の海　鈴木孝男撮影

　環境省によって全国157か所で干潟ベントスの調査が行われたが，この調査には本書の担当者の多くが参加し，これにより全国における干潟とベントスの状況がかなり明らかになってきた．さらに，2008年に開始された環境省のモニタリングサイト1000（沿岸域調査）では，干潟の調査地点は全国で8か所と少ないものの，100年以上の長期モニタリング調査を目標としており，この調査においても次第に有用なデータが蓄積してきている．

　本書は，このような状況の中，干潟の多様な生物とその生息・生育環境が守られることを願って作成されたものである．

3．干潟とそこにすむすべての生物を守ること

　本書には651種の動物ベントスがリストアップされている．干潟に生息するベントスのうち，絶滅が危惧される無脊椎動物を掲載した．したがって，植物や魚類，鳥類などの脊椎動物は対象としていない．おそらく，多くの読者は本書に掲載されているほとんどの種類を知らないであろう．しかし，本書はいわゆる「珍種」を扱った本ではない．干潟の多様な生物とその生息環境が守られることを願って作成された本である．

　なお，本書に掲載されていない「ありふれた生物（普通種）」についても，その重要性は絶滅危惧種と変わりない．多くの生物が，直接・間接に関わり合いながら豊かな干潟生態系を形成してこそ，私たちは干潟の恵みを享受できるのである．また，普通種が，絶滅危惧種の生存を支えている場合も少なくない．例えば，アナジャコは，各地の干潟で普通に見られる甲殻類であるが，多くの絶滅危惧種がアナジャコのからだに寄生したり，アナジャコの巣穴に共生したりして生活している．したがって，アナジャコがいなくなると，アナジャコに依存しているすべての絶滅危惧種もいなくなってしまう．

　さらに，現在は各地の干潟に生息する普通種であっても，何らかの原因で激減し，絶滅が危惧される種になる可能性もある．例えば，本書で絶滅危惧IA類に指定されたアゲマキは，有明海・八代海の泥質干潟なら普通に見られた二枚貝であった．有明海の漁業者は，このアゲマキのことを「お助け貝」と呼ぶ．これは，海苔やアサリが

不作の年でもアゲマキだけは豊富に生息していたため，アゲマキを採れば何とか急場をしのげたのに加え，アゲマキは海岸部に生息するため，操船できない高齢者でも徒歩での採貝が可能で，アゲマキさえ採っていれば，貯えが少なくても何とか老後を過ごせたからである．だが，現在，アゲマキは絶滅状態で，「お助け貝」ではなくなっている．アゲマキ減少の原因は，残念ながら不明であるが，アゲマキの生息状況を把握し，彼らの生息環境を改善することが重要である．

　絶滅危惧種の生息環境を守ることは，豊かな生態系を守ることであり，そこにすむその他大勢の種を守ることにつながる．また，干潟の多様な生物を守ることは，干潟の生態系サービスを強化することであり，結果として，私たちの生活を守ることにつながる．したがって，普通種が絶滅危惧種にならないように，また，少しでも多くの絶滅危惧種の個体数・個体群が増加し，レッドリストから外れるように，彼らの生息・生育環境を保全することが，何よりも必要である．

2012年6月
逸見泰久

RDB 種とカテゴリーの決定

Decision of RDB Species and Its Category

1. 本書が対象とした環境

　本書では，干潟と周辺の環境（塩性湿地，マングローブ湿地，海草藻場など）に生息するベントス（後述）を対象とした．まず，干潟を以下のように定義した．

干潟の定義
　1）潮間帯に形成される．
　2）外海の環境から遮断された河口域を含む内湾的な環境に形成される．
　3）砂泥，岩礫，サンゴ礫など，流動性のある底質からなる．
　4）比較的平坦な地形である．

　ここで潮間帯とは，潮の干満（潮汐）により，干潮時には姿を現し（干出し），満潮時には隠れる（冠水する）場所のことである．潮間帯は，海域だけでなく，潮汐の影響を受ける河川感潮域にも形成され，とくに勾配の緩やかな大河川では，満潮時に大量の海水が遡るため，河口から離れた場所にも潮間帯が形成される．本書では，潮間帯を，上部より高潮帯・中潮帯・低潮帯の3つに区分し，潮間帯の上限を高潮線，下限を低潮線，その中央を中潮線とした．また，潮間帯より上部の場所を潮上帯とし，そのうち，潮間帯に接し，満潮時に波しぶきがかかるような場所を飛沫帯とした．一方，潮間帯より下部の場所のうち，おおよそ水深20〜60mまでのところを潮下帯とした．潮下帯はアマモなど海草の繁茂する場所も多く，生物や栄養塩類，砂泥等の移動を介して潮間帯の環境と密接に関係している．

　干潟は，それが形成される場所と形成要因により，河口干潟・前浜干潟・潟湖干潟の3つに区分した．ただし，ひとつの干潟でも，河口付近は河口干潟，河口から離れた場所は前浜干潟というように，複数の要素からなることも少なくない．なお，人工干潟についても，その地形的な要素により，河口干潟・前浜干潟・潟湖干潟のいずれかに分類した．

　1）河口干潟：河口部に形成された干潟で，河川から運ばれた砂泥の沈降・堆積により形成される．河川内（河岸や中洲など）に形成された干潟（河川干潟）や入江奥部の河口域に形成された干潟は，河口干潟に含めた．
　2）前浜干潟：河川などから供給された砂泥が，内湾の海岸線前面に堆積して形成された干潟（内湾干潟）や，外洋に面したサンゴ礁地形（平瀬）に発達したサンゴ砂礫質の干潟（礁地干潟，口絵2-12）．
　3）潟湖干潟：砂丘や砂州などによって海から隔離された，閉鎖的な地形の潟湖（汽水湖）に形成された干潟．

　また，干潟の生物は底質によってすみ分けることが多いため，干潟を底質の粒度や硬度によっておおまかに，軟泥干潟，泥質干潟，砂泥質干潟，砂質干潟，礫干潟（岩礫やサンゴ礫）に区分した．また，底質の粒子を小さい方から，泥（粘土とシルト），砂，

図5　河口干潟　熊本市白川河口　逸見泰久撮影

図6　河川干潟　福岡県筑後川　逸見泰久撮影

図7　前浜干潟　福岡市和白干潟　逸見泰久撮影

図8　潟湖干潟　宮城県井土浦干潟　鈴木孝男撮影

礫に区分した．

　なお，本書では干潟だけでなく，干潟に隣接して形成される塩性湿地やマングローブ湿地，海草藻場といった環境に生息するベントスも対象とした．これは，塩性湿地やマングローブ湿地，海草藻場は干潟と密接な関係を持っており，干潟生態系の一部とも見なせる環境だからである．また，塩性湿地やマングローブ湿地，海草藻場に生息する動物ベントスの多くは，干潟との間を行き来するなど，干潟にも生息する種が多いからでもある．

　ここで塩性湿地とは，河口や海岸の湧水地などに見られる，潮の干満の影響を強く受ける湿地をいう．塩性湿地の多くは，潮汐や河川水・湧水の影響で，塩分が時間的に大きく変化する（淡水と塩水を繰り返す）環境である．そのため，塩性湿地には，塩分の急激な変化に適応したシバナやシチメンソウなどの塩生植物が多く生育し，動物ベントスにすみ場所や餌などを提供している．一方，マングローブ湿地とは，熱帯・亜熱帯の塩性湿地に見られるヒルギ科の植物などから構成される樹林で，草本を主体とする温帯域の塩性湿地同様，動物ベントスに多くのすみ場所と餌を提供している．また，海草藻場とは，アマモ，ウミヒルモ，リュウキュウスガモなどの海草（被子植物）からなる群落で，主として低潮帯〜潮下帯に生育する．海草藻場は，様々な海の動物のすみ場所や産卵場所になっている．

図9　泥質（軟泥）干潟　八代海湾奥部　逸見泰久撮影　　　図10　砂質干潟　盤洲干潟　多留聖典撮影

　なお，海岸から隔たった陸地の地下の洞窟に，海と連絡している汽水の水塊が形成されることがある．この環境はアンキアライン anchialine と呼ばれており，そこにも潮間帯が形成されて，泥または砂を底質とした干潟様の環境が存在する場合がある．こういった環境も本書では対象とした．

2．本書が対象とした生物

　本書では，対象地域である干潟と周辺の環境（塩性湿地，マングローブ湿地，海草藻場など）に生息する体長1mm以上の無脊椎動物ベントス（マクロベントス）を対象とした．したがって，アマモなどの海草やアナアオサなどの海藻は，動物でないので対象としていない．また，脊椎動物である魚類・鳥類なども対象としていない．なお，ベントスとは，水底（川底・湖底・海底など）に生息する生物の総称で，日本語では底生生物と訳されることが多い．

　動物ベントスには，砂泥などに潜って生活するアサリなどの埋在性（まいざいせい）の種と，砂泥や岩石の表面で生活するサザエなどの表在性（ひょうざいせい）の種などがあるが，いずれもプランクトン幼生期（浮遊（ふゆう）幼生期）を持つ種が多く，幼生の時期は外洋に出るなどして水中を漂って生活している．つまり，成体は干潟に生息していても，幼生期には干潟を離れてプランクトンとして生活し，ある程度成長した後で干潟に舞い戻って来る種が少なくない．また，逆に，クルマエビのように，幼稚体は干潟で生活し，成長するにつれて干潟を離れて深場（潮下帯など）へ移動する種もある．さらに，端脚類の一種のように浮遊幼生期を持たない直達発生の種であっても，移動能力が高く，一時期だけ干潟に出現する種もある．このように，生涯の一時期のみ干潟と周辺の環境に生息する種もあるため，本書では対象種を以下のように定めた．

1）干潟（塩性湿地・マングローブ湿地・海草藻場を含む）が主たる生息場所であるウミニナ類やシオマネキのような種は，対象とした．
2）干潟が主たる生息場所ではないが，干潟も生息場所の一部であるツノガニ，ヒガシナメクジウオのような種や，生活史の一時期に干潟を利用する*回遊型（かいゆうがた）の

図11　ろ過食者　水管を伸ばすハマグリ　逸見泰久撮影

図12　堆積物食者　干潟表面の浮泥を食べるカワアイ　逸見泰久撮影

ような種（成長段階や季節などに応じて生息場所を移動するカブトガニのような種）は対象とした．

3）潮上帯，潮下帯や干潟に隣接する転石帯などに生息し，希にしか干潟に出現しない種でも，干潟環境の影響を強く受け，干潟の存在がその生存に不可欠なヨモギホンヤドカリのような種は対象とした．

4）現在は干潟以外（潮下帯など）でしか見られない種であっても，以前は干潟に生息していたことが知られているオオシャミセンガイのような種は対象とした．

ただし，干潟が主たる生息場所ではなく，干潟に偶発的に出現する種は対象としなかった．

なお，本書では，動物ベントスの食性を，ろ過食（懸濁物食），堆積物食，植物食，微小藻類食，肉食，腐肉食の6つに大別した．ただし，同一種でも，成長段階や生息環境によって複数の食性を持つ場合も少なくない．例えば，シラトリガイ類は，水管を海水中に伸ばして懸濁物をろ過して食べるとき（ろ過食）と，水管を掃除機のように海底表面に伸ばして堆積物を吸引するとき（堆積物食）がある．また，シオマネキ類も，干潟表面の泥を食べるだけでなく（堆積物食），場合によっては，他のカニ類を襲って食べること（肉食）もある．

3．カテゴリーと評価基準

本書では，「レッドリストカテゴリー（環境省，2007）」の「定性的要件」に準拠してランクの決定を行った．これは，多くの動物ベントスは，減少率や出現範囲などの定量的要件（数値基準）による評価が難しいためである．なお，ランクの決定に先立ち，環境省（2007）の基準を，干潟に生息する動物ベントスに合わせて，以下のように整理した．

＊普段は川で生活するが，生活史の一時期に海に降り，再び川を遡るものを両側回遊という．干潟の動物ベントスには，孵化後間もなく海に降り，ある程度成長してから川を遡る両側回遊種が多い．

図13 肉食者 ハクセンシオマネキを捕食するヒメアシハラガニ　逸見泰久撮影

図14 腐肉食者 シオフキの腐肉に集まるアラムシロ　木村昭一撮影

1）絶滅（EX）：わが国ではすでに絶滅したと考えられる種

　　過去に我が国に生息したことが確認されており，飼育下を含め，わが国ではすでに絶滅したと考えられる種．

2）絶滅危惧Ⅰ類

　　絶滅の危機に瀕している種．現在の状況をもたらした圧迫要因が引き続き作用する場合，野生での存続が困難なもの．

次のいずれかに該当する種

【確実な情報があるもの】
a）既知のすべての個体群で，危機的水準にまで減少している．
b）既知のすべての生息地で，生息条件が著しく悪化している．
c）既知のすべての個体群がその再生産能力を上回る捕獲圧にさらされている．
d）ほとんどの分布域に交雑のおそれのある別種が侵入している．

【情報量が少ないもの】
e）それほど遠くない過去（30～50年）の生息記録以後確認情報がなく，その後信頼すべき調査が行われていないため，絶滅したかどうかの判断が困難なもの．

（1）絶滅危惧ⅠA類（CR）
　　ごく近い将来における野生での絶滅の危険性が極めて高いもの．

（2）絶滅危惧ⅠB類（EN）
　　ⅠA類ほどではないが，近い将来に野生での絶滅の危険性が高いもの．

3）絶滅危惧Ⅱ類（VU）

　　絶滅の危機が増大している種．現在の状況をもたらした圧迫要因が引き続き作用する場合，近い将来「絶滅危惧Ⅰ類」のランクに移行することが確実と考えられるもの．

次のいずれかに該当する種

【確実な情報があるもの】
a）大部分の個体群で個体数が大幅に減少している．
b）大部分の生息地で生息条件が明らかに悪化している．
c）大部分の個体群がその再生産能力を上回る捕獲圧にさらされている．
d）分布域の相当部分に交雑可能な別種が侵入している．

4）準絶滅危惧（NT）

現時点での絶滅危険度は小さいが，生息条件の変化によっては「絶滅危惧」として上位ランクに移行する要素を有するもの．

次に該当する種

生息条件の推移から見て，種の存続への圧迫が強まっていると判断されるもの．具体的には，分布域の一部において，次のいずれかの傾向が顕著であり，今後さらに進行するおそれがあるもの．
a）個体数が減少している．
b）生息条件が悪化している．
c）過度の捕獲による圧迫を受けている．
d）交雑可能な別種が侵入している．

5）情報不足（DD）

評価するだけの情報が不足している種．

次に該当する種

環境条件の変化によって，容易に絶滅危惧のカテゴリーに移行し得る属性（具体的には，次のいずれかの要素）を有しているが，生息状況をはじめとして，ランクを判定するに足る情報が得られていない種．
a）どの生息地においても生息密度が低く希少である．
b）生息地が局限されている．
c）生物地理上，孤立した分布特性を有する（分布域がごく限られた固有種等）．
d）生活史の一部または全部で特殊な環境条件を必要としている．

6）絶滅のおそれのある地域個体群（LP）

地域的に孤立している個体群で，絶滅のおそれの高いもの．

次のいずれかに該当する地域個体群

a）生息状況，学術的価値等の観点からレッドデータブック掲載種に準じて扱う

べきと判断される種の地域個体群で，生息域が孤立しており，地域レベルで見た場合，絶滅に瀕しているかその危険が増大していると判断されるもの．
　d）地方型としての特徴を有し，生物地理学的観点から見て重要と判断される地域個体群で，絶滅に瀕しているか，その危険が増大していると判断されるもの．

4．掲載種とカテゴリーの決定方法

　軟体動物（貝類）・節足動物（甲殻類）・環形動物（多毛類）・その他の分類群の4つの分類群で以下の作業部会を作り，分類群毎にレッドデータブック掲載候補種リストを作成した．その際，環境省や各都道府県・市町村が公表または発行しているレッドリストやレッドデータブックに干潟生物が掲載されている場合には，その情報も参考とした．次に，各分類群の作業部会メンバーが候補種について有識者にヒアリングを行い，レッドデータブック掲載種とそのカテゴリーの原案を作成した．最後に原案について，再度有識者にヒアリングを行い，ヒアリングの結果を参考にして，掲載種とそのカテゴリー，執筆者を最終決定した．

軟体動物（貝類）作業部会
　岩崎敬二・木村昭一・木村妙子・久保弘文・佐藤慎一・福田　宏・山下博由

節足動物（甲殻類）作業部会
　伊谷　行・大澤正幸・鈴木孝男・長井　隆・成瀬　貫・藤田喜久・逸見泰久・前之園唯史・渡部哲也・和田恵次

環形動物（多毛類）作業部会
　佐藤正典・西栄二郎・山西良平

その他の分類群作業部会
　伊谷　行・佐藤正典・鈴木孝男・多留聖典・西川輝昭・逸見泰久・柳　研介・和田恵次・渡部哲也

2012年6月
逸見泰久

軟体動物
MOLLUSCA
腹足類
Gastropoda

コガモガイ科
ツボミ
Patelloida conulus (Dunker, 1861)

大分県中津市　2007年　和田太一撮影

評価：準絶滅危惧

選定理由：個体数・個体群の減少，生息条件の悪化，特殊生息環境

分布：陸奥湾北部・山口県北長門海岸～九州，沖縄島（羽地内海，塩屋湾），朝鮮半島．

生息環境・生態：内湾の砂泥質干潟表層に生息するウミニナ類・ヘナタリ類の生貝の殻上や，表面が平滑な小石，二枚貝類の死殻表面などに付着する．

解説：かつては各地の内湾で普通に見られ，現在なお多産する場所も少なくはないが，ウミニナ類が生息できなくなった地域では本種も減少傾向が強い．ウミニナやイボウミニナが極めて希産となった東京湾や瀬戸内海中央部はその典型例で，とくに岡山県では現在健全な産地が見出されない状況にある．殻径5 mm．（福田 宏・木村昭一）

クチキレエビス科
スカシエビス
Sukashitrochus carinatus (A. Adams, 1862)

広島県呉市下蒲刈島　2008年　濱村陽一撮影

評価：絶滅危惧Ⅱ類

選定理由：個体数・個体群の減少，生息条件の悪化，希少，特殊生息環境

分布：北海道～九州，朝鮮半島．

生息環境・生態：内湾湾口部等の潮通しがよく透明度の高い海水に洗われる海岸礫地（干潟状の平坦な礫地を含む）の高潮帯～潮下帯に見られ，砂中に埋もれずに底面が浮いた転石下面に付着する．

解説：死殻は砂浜に打ち上げられていたり，海底からの浚渫砂泥などから時折見出されるが，生貝の発見例は極端に少ない．山口県大畠瀬戸周辺は1920年代に本種の生貝が日本で初めて確認された場所であるが，近年は上関原発予定地内の極めて狭い範囲から少数個体が見出されたのみである．これと同様に，潮間帯における本種の生息環境は海岸の護岸などによって急速に失われており，すでに多くの個体群が壊滅したと考えられる．殻長1.3 mm．（福田 宏）

スカシガイ科
ヤジリスカシガイ
Macroschisma cuspidata (A. Adams, 1851)

沖縄県泡瀬干潟　2005年　久保弘文撮影

評価：準絶滅危惧

選定理由：生息条件の悪化，個体数・個体群の減少，分布域限定

分布：奄美大島，沖縄島，先島諸島，インド・太平洋．

生息環境・生態：潮通しのよい干潟のアマモ場やその周辺の細砂底に生息する．

解説：生時は緑色の軟体部に砂をうっすらと被ってアマモの隙間に隠れているため，ほとんど生貝の観察事例がない．沖縄島ではうるま市海中道路や沖縄市泡瀬干潟に比較的多かったが，いずれも埋立や海岸改変の影響で生息場所の一部が消失し，個体数が減少した．沖縄島南部でも糸満市，豊見城市では，埋立により著しく生息地が縮小したが，埋立地前縁に残存する小規模なアマモ場に狭い範囲ながら個体群の生残が確認された．先島諸島の小浜島細崎や石垣島名蔵湾西北岸等の底質が清浄で潮通しのよいアマモ場には，現在も広く生息している．殻長10 mm．（久保弘文）

スカシガイ科
セムシマドアキガイ
Rimula cumingii A. Adams, 1853

茨城県北茨城市大津町大五浦　2002年　芳賀拓真撮影

評価：絶滅危惧II類
選定理由：個体数・個体群の減少，生息条件の悪化，希少，特殊生息環境
分布：茨城県北部・佐渡～九州西岸，小笠原諸島（父島）．
生息環境・生態：内湾湾口部の平坦な礫干潟において砂に埋もれた転石下の還元環境に見られる．ヒナユキスズメ，ゴマツボ，スジウネリチョウジガイ，シラギク，アラウズマキ，ナギツボ，マツモトウロコガイ等と同所的に見られることが多い．
解説：スカシエビスと同様に死殻は時折見出されるが，生貝の発見例は著しく少なく，生息状況のほとんど知られていない種である．瀬戸内海（山口・香川県等）では現在も健在な個体群が認められるものの，個体数は少ない．殻長5 mm．（福田 宏）

リュウテン科
オガサワラスガイ
Lunella ogasawarana Nakano, Takahashi & Ozawa, 2007

東京都小笠原諸島父島境浦　2006年　中野智之撮影

評価：絶滅危惧IA類
選定理由：個体数・個体群の減少，生息条件の悪化，分布域限定，希少
分布：小笠原諸島（父島，兄島）．
生息環境・生態：内湾奥部の礫混じりの砂泥底転石間．
解説：日本の海産腹足類の中で最も絶滅が危惧される種の1つ．父島・兄島固有種で，両島には内湾や干潟が少ないため分布域は元々著しく狭いと考えられる．1970年代までは父島の二見湾奥部（大村～清瀬）に多産していたものの，その後海岸の護岸等によって生息環境が縮小し，著しく稀な種となった．かつて記録された産地の半数以上で確認できなくなり，1990年以降は父島の3カ所でしか生貝が発見されず，それらの産地でも一度に1～7個体しか見出されていない．浮遊幼生期間が短く，また放卵・放精という必ずしも成功効率の高くない方法によって受精するため，成貝の個体数が著しく減少した現状では繁殖や分散が十分に行えずに減少の一途をたどっていると考えられる．殻長35 mm．（福田 宏）

ニシキウズ科
イボキサゴ
Umbonium moniliferum (Lamarck, 1822)

（上段左）福島県松川浦　（その他）静岡県浜名湖　木村昭一撮影

評価：準絶滅危惧
選定理由：個体数・個体群の減少，生息条件の悪化
分布：東北地方～九州，朝鮮半島南部．
生息環境・生態：内湾の潮通しのよい砂泥質干潟に生息，擬水管を使ってろ過食も行う．
解説：貝殻はそろばん玉型で光沢があり，健全な個体群では色彩や模様に変異が多い．かつて各地の内湾域に多くの生息地が存在し，個体数も非常に多かった．しかし，1980年前後から分布域の大半で比較的新しい死殻は多く見られるが，生息が確認できない状態になった．三浦半島では絶滅し，三河湾，伊勢湾でもほぼ絶滅状態である．九州でも天草で一時的な個体群の消滅が報告された．東京湾の盤州，富津干潟では現在健全な個体群が確認されているが，元々の個体群であるかどうかは検討を要する．浜名湖は日本有数の生息地と考えられ，健全な個体群が残されており，個体数も多い．瀬戸内海中西部には現在も健全な個体群が散在する．殻径20 mm．（木村昭一・山下博由）

ニシキウズ科
タイワンキサゴ
Umbonium suturale (Lamarck, 1822)

(a)沖縄県与那原町　1992年　(b)同県名護市　久保弘文撮影

評価：準絶滅危惧
選定理由：生息条件の悪化，個体数・個体群の減少
分布：和歌山県（白浜町白良浜，串本町上浦），高知県西部，種子島，奄美大島（嘉徳浜），徳之島，沖縄島，台湾．
生息環境・生態：外洋に面した砂質干潟の低潮帯〜水深10 mの均質な細砂質の海底が広域に存在する海域に生息する．
解説：日本本土の生息域はやや生息水深が深いため，ある程度の個体群は維持されている可能性があるが，各地域とも生息場所は局所的である．沖縄島における個体群の減少は著しく，とくに与那原湾（与那原町与原）は沖縄島最大の生息場所の1つであったが，大規模埋立により生息地ごと個体群が絶滅した．金武湾奥（うるま市石川）では，富栄養による著しい底質悪化で，生息確認が困難な状況となっている．比較的健全な個体群の見られる大浦湾も低潮線付近の個体群は底質悪化による減少が認められる．南西諸島では同所的にナガタママキが出現する．殻径20 mm．（久保弘文）

アマオブネ科
ヒメカノコ
Clithon aff. oualaniensis (Lesson, 1831)

(上段2個体)西表島　(その他)愛媛県　木村昭一撮影

評価：準絶滅危惧
選定理由：個体数・個体群の減少，生息条件の悪化
分布：房総半島〜南西諸島，インド・太平洋，大西洋（モーリタニア）（？）．
生息環境・生態：内湾奥部，河口部の干潟，アマモ場周辺の泥上．
解説：タイプ産地のOualaneは大西洋のモーリタニアにあるので，この学名を日本産の種に使用すべきかどうかは検討を要する．殻は光沢が強く，色彩や模様の変異が多い．本州房総半島以南に分布するとされているが，千葉県では絶滅し，和歌山県，九州では希少である．愛知県や三重県でも近年の生息記録がなく，愛媛県では一時絶滅が報告されたが，1カ所だけ健全な個体群が認められる．一方，先島諸島では産地が多く，個体数も多い．本州，九州の個体群は南方からもたらされた幼生がたまたま定着する偶存分布の可能性がある．本種の生息場所は橋梁工事，河川改修，護岸工事等の影響を受けやすい．殻長10 mm．（木村昭一・福田 宏）

アマオブネ科
レモンカノコ
Clithon souverbiana (Montrouzier, 1866)

石垣島　2003年　久保弘文撮影

評価：準絶滅危惧
選定理由：生息条件の悪化，分布域限定
分布：奄美大島，沖縄島，先島諸島，南太平洋．
生息環境・生態：リーフの発達した礁湖内や外洋に面した干潟の潮通しのよい場所で，湧水や清浄な伏流水が染み出している渚線付近の礫砂底に生息する．
解説：垂直分布が非常に狭く，同様に高潮帯の伏流水影響域を好む普通種ハナガスミカノコ Clithon chlorostoma (Broderip, 1832) よりも生息地点が格段に少ない．これまで少なからず生息が認められていた沖縄島南部，宮古島では個体数がかなり減少した．埋立，人工護岸による自然海岸の減少以外にも，近年，大規模に実施されている地下ダム造成等の影響による湧水の枯渇や水質悪化が懸念される．なお，識別点として，蓋の色もレモン色であることがポイントである．殻長9 mm．（久保弘文）

アマオブネ科
ウロコイシマキ
Clithon squarosus (Récluz, 1843)

石垣島　2001年　久保弘文撮影

評価：準絶滅危惧
選定理由：分布域限定
分布：沖縄島，石垣島，西表島，フィリピン，スマトラ島．
生息環境・生態：比較的自然環境が保全された河川の上流域の石の上等に生息するが，偶存的には堰等の人工的な環境にも認められることがある．両側回遊性で岩盤や貝殻上にドーム上の卵囊を産み付ける．
解説：沖縄島南部の都市河川でも確認事例があり，アカグチカノコやアラハダカノコ等と比べると汚染に強いと推測されるが，石の上に棲む生態から，一定以上の湿度や河川水量が生息条件となっている可能性がある．殻径25 mm．（久保弘文）

アマオブネ科
コウモリカノコ
Neripteron auriculata (Lamarck, 1816)

(a)沖縄県名護市　(b, c)奄美大島　木村昭一撮影

評価：準絶滅危惧
選定理由：個体数・個体群の減少，生息条件の悪化
分布：奄美大島以南の南西諸島，インド・太平洋．
生息環境・生態：内湾奥部，河口域の流れの緩やかな場所や淵，マングローブ林内の細流，水たまりなどに沈んだ木の枝，石の裏面等に付着する．
解説：学名は Kano et al. (2010) に従った．コウモリカノコ，ツバサカノコ，フリソデカノコ，ヒロクチカノコ沖縄型等は，分類学的な混乱がある．本種は毛状突起を持つ強い螺条脈が特徴的．ただし，この毛状突起は老成個体では欠落する場合も多い．殻口方向から見ると螺層が見える．十分に成長した個体では，殻口は後部へ翼状に張り出し，殻口外唇部も板状に張り出す．河口域の微細地形が単純化されたり，土砂などの流入が顕著になると，生息できなくなる．本種の生息場所は，橋梁工事，河川改修，護岸工事等の影響を受けやすい．殻長25 mm．（木村昭一・久保弘文）

アマオブネ科
キジビキカノコ
Neripteron spiralis (Reeve, 1855)

(生体)沖縄県名護市　(標本)奄美大島　木村昭一撮影

評価：準絶滅危惧
選定理由：個体数・個体群の減少，生息条件の悪化
分布：奄美大島以南の南西諸島，インド・太平洋．
生息環境・生態：内湾奥部，河口域の流れの緩やかな場所や淵，マングローブ林内の細流，水たまりなどに沈んだ木の枝，石の裏面等に付着する．
解説：学名は Kano et al. (2010) に従った．殻表が毛状突起を持つ殻皮の発達した強い螺条脈で被われるのが特徴的である．この特徴から殻の大きさと外形が近似するツバサカノコの一型のヒロクチカノコ沖縄型等との識別は明確である．殻表の特徴は，コウモリカノコと共通している．そのため本種はコウモリカノコの幼貝と近似するが，殻口は後部へ翼状に張り出すことはない．河口域の微細地形が単純化したり，土砂などの流入が顕著になると，個体数が減少したり，生息できなくなる．本種の生息場所は，橋梁工事，河川改修，護岸工事等の影響を受けやすい．殻長10 mm．（木村昭一）

アマオブネ科
ツバサカノコ
Neripteron subauriculata (Récluz, 1843)

(a, b) 西表島　(c, d) 奄美大島　木村昭一撮影

評価：準絶滅危惧
選定理由：個体数・個体群の減少，生息条件の悪化
分布：奄美大島以南の南西諸島，インド・太平洋.
生息環境・生態：内湾奥部，河口域の流れの緩やかな場所や淵，マングローブ林内の細流，水たまりなどに沈んだ木の枝，石の裏面等に付着する.
解説：学名は Kano et al. (2010) に従った．コウモリカノコ，ツバサカノコ，フリソデカノコ，ヒロクチカノコ沖縄型等は，分類学的な混乱がある．増田・内山 (2004) によって仮称されたヒロクチカノコ沖縄型 (d) は本種とされた (Kano et al., 2010)．ツバサカノコの和名は殻口後部の翼状突起の発達した型 (a, b, c) に付けられた．ヒロクチカノコ沖縄型はツバサカノコ型より小型である場合が多いが，ツバサカノコ型の幼貝ではない．ヒロクチカノコ沖縄型はツバサカノコ型より生息地が多く，個体数も多い．河口域の微細地形が単純化されたり，土砂などの流入が顕著になると，個体数が減少したり，生息できなくなる．殻長20 mm．（木村昭一・久保弘文）

アマオブネ科
ヒロクチカノコ
Neripteron sp. A

(a) 福岡県北九州市曽根干潟　2011年　(b) 愛知県名古屋市藤前干潟　2006年　木村昭一撮影

評価：準絶滅危惧
選定理由：個体数・個体群の減少，生息条件の悪化
分布：東京湾・山口県北長門海岸以南〜九州，中国大陸.
生息環境・生態：大規模な内湾奥部に開口する河口汽水域の軟泥底に生じた水たまりなど止水中の転石や朽木，漂着物に付着し，流水中に見られることは少ない.
解説：従来は南西諸島以南にも本種が産するとされてきたが，それらは形態的にも遺伝的にも本種と異なる別種の可能性がある．本種は東京湾で絶滅し，現在の生存個体群は三河湾，伊勢湾，瀬戸内海中央部と西部，有明海などに不連続的に局在するのみである．一般にアマオブネ科の種は浮遊幼生期が長く分布が広いことが多いが，本種の分布域は比較的狭く，また護岸等による河口の地形の単純化によって幼生が着底可能な場所が失われる場合が多いため，年々減少傾向にあると考えられる．殻径15 mm．（福田 宏・木村昭一）

アマオブネ科
フリソデカノコ
Neripteron sp. B

(a) 沖縄県名護市　(b, c) 奄美大島　木村昭一撮影

評価：準絶滅危惧
選定理由：個体数・個体群の減少，生息条件の悪化
分布：奄美大島以南の南西諸島，インド・太平洋.
生息環境・生態：内湾奥部，河口域の流れの緩やかな場所や淵，マングローブ林内の細流，水たまりなどに沈んだ木の枝，石の裏面等に付着する.
解説：Kano et al. (2010) を参考に属名を決定した．コウモリカノコ，ツバサカノコ，フリソデカノコ，ヒロクチカノコ沖縄型等は，分類学的な混乱がある．本種は殻が薄質で殻の外形が長方形になるのが特徴的である．コウモリカノコが殻表に毛状突起を持つ強い螺条脈をめぐらすのと対称的に，本種とツバサカノコの螺条脈は非常に弱く，殻皮を伴った輪肋が強い．また本種は殻口方向から見ると螺層は見えない．十分に成長した個体 (a) では，殻口は後部へ翼状に細長く張り出し，殻口外唇部も板状に張り出す．河口域の微細地形の単純化や，土砂の流入により，生息できなくなる．殻長25 mm．（木村昭一・久保弘文）

アマオブネ科
ヒラマキアマオブネ
Nerita planospira Anton, 1838

(生体)沖縄県羽地内海　(標本)西表島　久保弘文撮影

評価：準絶滅危惧
選定理由：個体数・個体群の減少，生息条件の悪化，特殊生息環境
分布：南西諸島，台湾，中国大陸南部沿岸，インド・太平洋．
生息環境・生態：主にマングローブ林の幹の根元や気根上(中潮線)に生息する．
解説：垂直分布の幅が狭く，マングローブ林があればどこにでもいるというわけではなく，乾燥の進んだ環境には見られない．従って，陸土の堆積により，マングローブ林内の地盤が高くなると個体群が消失する可能性がある．今のところ，先島諸島では個体数は少なくない上，自然公園法で保護されているが，沖縄島では金武町億首川流域や羽地内海等で顕著に減少している．殻径30 mm.（久保弘文）

アマオブネ科
アラハダカノコ
Neritina asperulata Récluz in Sowerby II, 1855

石垣島　2001年　久保弘文撮影

評価：準絶滅危惧
選定理由：生息条件の悪化，分布域限定，希少
分布：沖縄島，石垣島，西表島，フィリピン，バヌアツ．
生息環境・生態：河口閉塞がなく，淀みの少ない河川の中流域に生息する．匍匐中に基質から引き剥がす等の刺激を加えると酸性の粘液球を吐き出すが，これは特殊な防衛行動と推測される（白矢印）．
解説：沖縄島では中部の1河川での記録のみ．八重山ではアマオブネ類の多様性が高い限られた河川のみに生息する．しかし，すべての河川で個体数が少ない．他の陸水アマオブネと比べ，貝殻が薄く弱いこと，殻口が広く開口すること等から鳥やモクズガニ等の捕食を被りやすい可能性があり，夜行性で，やや隠蔽された岩の隙間などに棲む．沖縄島の産地は大規模な河川改修後，生息が確認できない．世界的にも報告例の少ない種であるが，近年，南太平洋で本種が他のアマオブネ類の背（殻）にのって河川を遡上する興味深い行動が報告されている．殻径30 mm.（久保弘文）

アマオブネ科
アカグチカノコ
Neritina petiti (Récluz, 1841)

石垣島　2007年　久保弘文撮影

評価：準絶滅危惧
選定理由：生息条件の悪化，分布域限定，希少
分布：沖縄島，八重山，フィリピン，南太平洋．
生息環境・生態：河口閉塞のない，水深のある淵が存在する河川の中・上流域に生息する．
解説：沖縄島では希．八重山ではアマオブネ類の多様性が高い限られた河川のみに生息し，そうした河川はおおむね自然度が高い．ほとんどの河川で，個体数は少ない．水源涵養機能の高い森から流れ出すような特定の河川では，大型で重厚な殻径45 mmに達する老成貝が出現する．このことより，長寿命であり，一定の繁殖集団を形成するためには，長期的に安定した河川環境の維持が不可欠であると推測される．2000～2005年の石垣島での観察では，島内の類似した環境の数河川で，毎年，若貝が出現する河川と，出現しない河川があった．よって，ベッコウフネアマガイに見られるような海流伝搬による一時的かつ広範囲の大発生が見られる種とは異なった生態を持つ可能性がある．殻径45 mm.（久保弘文）

アマオブネ科
ニセヒロクチカノコ
Neritina siquijorensis (Récluz, 1843)

(標本)沖縄県恩納村　(a)同村山田　(b)同村恩納マングローブ　久保弘文撮影

評価：準絶滅危惧
選定理由：生息条件の悪化，分布域限定
分布：奄美大島，沖縄島，先島諸島，台湾，インド・太平洋．
生息環境・生態：規模の大きな干潟のアマモ場の葉上やマングローブ周辺の伏流水が流れる泥礫干潟の落ち葉等に付着して生息する．とくにコアマモなどの淡水影響の強いアマモ場干潟の中潮帯に多い．
解説：垂直分布が狭く，高・中潮帯に生息するため，埋立や陸域開発の影響を被りやすい．そのため，沖縄島中南部では一部の生息地が消失した．先島諸島では生息地，個体数ともに多い．殻径10 mm．（久保弘文）

アマオブネ科
シマカノコ
Neritina turrita (Gmelin, 1791)

(a, d)沖縄県名護市　(b)鹿児島県名瀬市　(c)西表島　(a)狩野泰則撮影　(b, c, d)木村昭一撮影

評価：準絶滅危惧
選定理由：個体数・個体群の減少，生息条件の悪化
分布：奄美大島以南，沖縄島，八重山列島，熱帯西太平洋．
生息環境・生態：海岸近くのマングローブ域や淡水細流に生息する．
解説：鹿児島県では奄美大島に分布するが，生息地は少なく，絶滅危惧Ⅰ類に評価され，また，指定希少野生動植物として捕獲・採取・殺傷・損傷が禁止されている．沖縄県では準絶滅危惧に評価されている．沖縄島北部や八重山では生息地・生息数が少なくないが，沖縄島中南部などの水質悪化の激しい地域では，消滅あるいは減少している．本種は日本産アマオブネ科の中で，干出するマングローブ泥地に生息する数少ない種で，いくつかの環境条件が揃ったマングローブ域でしか大きな個体群は見られない．南西諸島の汽水域では，赤土流入や畜産排水がアマオブネ類の生息環境の脅威となっている．また，本種では水槽飼育・観賞用の乱獲も問題になっている．殻長30 mm．（山下博由・木村昭一）

アマオブネ科
クロズミアカグチカノコ
Neritina sp. A

石垣島　2002年　久保弘文撮影

評価：準絶滅危惧
選定理由：個体数・個体群の減少，分布域限定
分布：沖縄島，石垣島，西表島，インド・太平洋．
生息環境・生態：自然環境が保全された河川の上流域の滝等に生息し，他の多くの陸水性アマオブネ類は偶存的に堰等の人工的な環境にも認められることがあるが，本種はそれがほとんどない．おそらく本種はその形状から岩表面の凹凸のある地形への棲み場要求があると推測される．
解説：遡河性アマオブネ類中，最も上流部に生息する種の1つである．しかしながら，岩の窪みにはまり込む生態により，捕食者や干出から回避でき，比較的小規模で露出した小滝や，水量の少ない急勾配な小河川でも生息する場合がある．石垣島では一部河川で上流域の河川流路が改変され，生息地ごと個体群が消滅した事例がある．沖縄島でも希に確認されるが，まとまった個体群としては先島諸島が北限と考えられる．殻径20 mm．（久保弘文）

アマオブネ科
ウスベニツバサカノコ
Neritina sp. B

(生息場所)沖縄県名護市　(標本)奄美大島　木村昭一撮影

評価：準絶滅危惧
選定理由：個体数・個体群の減少，生息条件の悪化
分布：奄美大島以南の南西諸島．
生息環境・生態：内湾奥部，河口部のマングローブ湿地，干潟周辺の水の流れが比較的速く，浅い細流内の石の下面に付着する．
解説：コウモリカノコ，ツバサカノコ，フリソデカノコ，ヒロクチカノコ沖縄型等は，分類学的な混乱がある．本種もこれらに近縁の種と考えられる．本種は増田・内山（2004）で和名が仮称され，属位についてもこの図鑑に従っているが検討が必要である．前述の近似種とは生息環境が明確に異なる．殻は小型で薄質，殻口の張り出しは弱く，殻頂部が薄紅色になる個体が多い．河口域の微細地形が単純化されたり，土砂などの流入が顕著になると，生息できなくなる．本種の生息場所は河川改修，護岸工事等の影響を受けやすい．殻長10 mm．（木村昭一）

アマオブネ科
オカイシマキ
Neritodryas cornea (Linnaeus, 1758)

西表島　2007年　久保弘文撮影

評価：絶滅危惧II類
選定理由：生息条件の悪化，個体数・個体群の減少，分布域限定
分布：奄美大島，沖縄島北部，先島諸島，インド・太平洋．
生息環境・生態：自然環境が保全された河川の源流域に生息するが，偶存的に堰等の人工環境に見られる．両側回遊性．
解説：奄美ではきわめて希．沖縄島では1990年代までは中部の1河川に生息していたが，上流部の河川改修後に消滅した．与那国島では1990年代前半までは多産したが，現在，渇水して著しく減少した．石垣島では限られた少数の川を除いて，個体数が少ない．西表島では規模の大きな河川の源流部において，個体数は少なくない．本種は遡河性アマオブネ類中，最も上流部に生息し，河口域から源流までのトータルな遡上可能環境がないとまとまった個体群が維持できないと考えられる．とくに，水量の長期的維持のためには水源涵養機能の高い森林，鳥類からの捕食回避のためには樹冠の閉じた低照度環境が重要である．殻径40 mm．（久保弘文）

アマオブネ科
カミングフネアマガイ
Septaria cumingiana (Récluz, 1843)

石垣島　2002年　(a)生体　(b)内在する蓋　(c)殻　久保弘文撮影

評価：絶滅危惧II類
選定理由：生息条件の悪化，個体数・個体群の減少，分布域限定
分布：沖縄島北部，石垣島，西表島，与那国島，フィリピン，南太平洋．
生息環境・生態：両側回遊性で岩盤や貝殻上にドーム状の卵嚢を産み付ける．限られた河川中流域の流れの速い岩上やポットホール，滝壺等に強く吸着して生息する．
解説：沖縄島北部の2河川，石垣島4河川および西表島の7河川，与那国島1河川で記録されている．とくに，沖縄島北部の2河川のうち，多産する1河川はダムのない河川であり，石垣・西表島の河川でも水量の豊富な河川に多産する傾向がある．しかし，全体的には生息地面積あるいは分布地点が限定され，ダム貯水による中流域の渇水が何らかの影響を及ぼしている可能性がある．西表島の1河川では，収集家による乱獲によっても個体数が激減したとの報告もある．殻長40 mm．（久保弘文）

アマオブネ科
キンランカノコ
Smaragdia paulucciana Gassies, 1870

静岡県浜名湖　木村昭一撮影

評価：準絶滅危惧
選定理由：個体数・個体群の減少，生息条件の悪化
分布：三浦半島以南〜南西諸島，西太平洋．
生息環境・生態：外洋水の影響の強い内湾の干潟〜潮下帯のよく保全されたアマモ場のアマモ類の葉上．
解説：殻は小型で薄質．ウミヒメカノコと近似しているが，より螺塔が高くなり，殻の外形はほぼ球形のウミヒメカノコに対して縦長になること，ウミヒメカノコにはない巻きに沿ったレモン色の色帯を2〜3本巡らす点で明確に識別できる．本州，九州では希少である．浜名湖ではよく保全されたアマモ場で生息が確認されているが，毎年確認できるわけではなく，南方から運搬された幼生が定着できる年とそうでない年があるようである．三浦半島でも生きた個体が1例と新鮮な死殻が数個体確認されているにすぎない．南西諸島では産地が多く，個体数も多い．しかし，本種の生息環境であるアマモ場自体が埋立等で広範囲に消失しており，本種の生息域は減少している．殻長5 mm．（木村昭一）

アマオブネ科
クサイロカノコ
Smaragdia rangiana (Récluz, 1841)

(a) 石垣島　2002年　(b) 沖縄島　久保弘文撮影

評価：準絶滅危惧
選定理由：生息条件の悪化
分布：奄美大島，沖縄島，先島諸島，インド・太平洋．
生息環境・生態：規模の大きな干潟のアマモ場のリュウキュウスガモやベニアマモの葉上に生息し，季節的消長が著しく，夏場に多く見られる．おそらく春先に海流によりアマモ場に大量に加入していると考えられる．
解説：絶滅リスクは一定規模のアマモ場環境が保持されていれば低い．しかし，沖縄島中南部を中心に埋立によってアマモ場が消失した場所も少なくないため，相対的に生息場所が減少傾向にあると考えられる．先島諸島では現在も生息地，個体数ともに多い．殻長5 mm．（久保弘文）

アマオブネ科
ウミヒメカノコ
Smaragdia sp.

兵庫県洲本市　2010年　和田太一撮影

評価：絶滅危惧Ⅱ類
選定理由：個体数・個体群の減少，生息条件の悪化，分布域限定
分布：伊豆半島〜瀬戸内海〜九州〜南西諸島．
生息環境・生態：内湾・湾口部の低潮帯〜水深40 mの砂底・砂泥底の海草藻場に生息する．
解説：殻の記録は多いが，生息情報がほとんどない種であった．近年，兵庫県淡路島，宮崎県，沖縄島で生息が確認されている．コアマモやウミヒルモが繁茂する環境に多く，とくにウミヒルモ類を好むようである．生息の中心は潮下帯で，天草高杢島沖では1975年に水深20 m付近で生息が確認されている．日本本土の内湾域では，古い殻しか見られない場所もあるため，減少傾向にあると考えられる．南西諸島では奄美，沖縄島，西表島で確認されており，沖縄島では名護湾，糸満市などの水深2〜5 mに生息するが個体数は少ない．殻長4 mm．（山下博由・久保弘文）

コハクカノコ科
ツバサコハクカノコ
Neritilia mimotoi Kano, Sasaki & Ishikawa, 2001

三重県北牟婁郡　木村昭一撮影

評価：準絶滅危惧

選定理由：個体数・個体群の減少，生息条件の悪化，分布域限定，特殊生息環境

分布：鹿児島県上甑島，宮崎県，愛媛県，高知県，和歌山県，三重県．

生息環境・生態：アンキアラインに生息する．タイプ産地は地下を通じて海と通じる汽水湖．それ以外の産地では，河川下流域の海水の滲出する周辺の深く埋もれた石の下面より見つかっている．

解説：殻は半透明白色微小．最大サイズになると翼状に殻口が張り出す個体がある．西日本の温帯域に広く分布すると考えられるが，生息記録は少ない．愛媛県では井戸水から見つかった．タイプ産地の上甑島のなまこ池以外では生息範囲が狭く，個体数も非常に少ない．三重県北牟婁郡の小河川が現在までの分布東限である．河川の底質環境がコンクリート護岸に改変されたり，陸域からの土砂の流入が顕著になると，生息できなくなる．殻径3mm．（木村昭一）

コハクカノコ科
コハクカノコ
Neritilia rubida (Pease, 1865)

石垣島　木村昭一撮影

評価：準絶滅危惧

選定理由：個体数・個体群の減少，生息条件の悪化

分布：奄美大島，沖縄島，石垣島，西表島，与那国島，インド・太平洋熱帯・亜熱帯域，アフリカ東岸～ポリネシア．

生息環境・生態：自然度の高い河川の中～下流・河口域．成体は感潮域のやや上流から約1km上流までの渓流や小河川に生息することが多い．

解説：本来の殻は薄い黄白色であるが，殻表を黒褐色の付着物で被われる個体が多い．奄美大島や沖縄島では先島諸島に比べてやや産出が少ない．分布の下流域ではツブコハクカノコと混生する場合もある．河川の流れのある場所の石の下や小さな穴，水没した木の枝の下面などに付着して生息する．河川の底質環境がコンクリート護岸に改変されたり，陸域からの土砂の流入が顕著になると，生息できなくなる．本種の生息場所は橋梁工事，河川改修，護岸工事等の影響を受けやすい．殻径5mm．（木村昭一）

コハクカノコ科
ツブコハクカノコ
Neritilia vulgaris Kano & Kase, 2003

（生息環境，標本）奄美大島　木村昭一撮影

評価：準絶滅危惧

選定理由：個体数・個体群の減少，生息条件の悪化

分布：奄美大島以南，沖縄島，石垣島，西表島，インド・太平洋熱帯・亜熱帯域，マダガスカル～サモア．

生息環境・生態：自然度の高い小河川の感潮域および直上域．

解説：本来の殻は黄，赤褐色，白色であるが，殻表を黒褐色の付着物で被われる個体が多い．コハクカノコを小型にしたような殻であるが，殻口はより狭まり，周縁に弱い角を持つことで，成貝では明確に識別できる．コハクカノコの下流側分布域では本種とコハクカノコの幼若貝が混生することが多いが，両者の識別は実体顕微鏡下では困難で，原殻の彫刻を観察する必要がある．河川以外にマングローブ湿地内の泥底の落ち葉の下面等に生息している場合もある．好適な生息地では多数個体が高密度で生息している場合も多いが，生息域は狭い．河川の底質環境のコンクリート化，陸域からの赤土流入により，生息できなくなる．殻径3mm．（木村昭一）

軟体動物―腹足類

ユキスズメ科
ユキスズメ
Phenacolepas crenulatus (Broderip, 1834)

石垣島　2003年　久保弘文撮影　SL18mm

評価：絶滅危惧Ⅱ類
選定理由：生息条件の悪化，個体数・個体群の減少，特殊生息環境，希少
分布：房総半島以南，沖縄島，先島諸島，南太平洋．
生息環境・生態：沖縄島では自然度の保たれた豊かなアマモ場の深く埋まった岩盤の下（埋もれ石）に生息し，ほとんど移動しないと考えられる．アマモ場ではアナエビ類の巣穴に共生している．またアケボノガイが同所に見られることもある．
解説：日本本土の黒潮沿岸域で主に打ち上げられた貝殻によって記録されてきたが，具体的な生息確認例はほとんどない．沖縄島では開発の進んだ中南部を中心に，埋もれ石下の環境が，都市化や畜産排水等による富栄養化で著しく悪化している．現在，沖縄島周辺では死殻は見られるが，生貝はほとんど見られなくなっており，同時に埋立によって干潟の多くが消失していて，本種はきわめて危機的な状況にある．同様の環境悪化は先島海域においても拡大している．殻長20 mm．（久保弘文）

ユキスズメ科
ミヤコドリ
Phenacolepas pulchella (Lischke, 1871)

(a)長崎県佐世保市浦頭　2001年　福田宏撮影　(b)熊本県羊角湾　2011年　木村昭一撮影

評価：準絶滅危惧
選定理由：個体数・個体群の減少，生息条件の悪化，特殊生息環境
分布：房総半島・佐渡～南西諸島，朝鮮半島．
生息環境・生態：内湾湾口部岩礫地の高・中潮帯転石下に生じる還元的環境において，本州～九州ではシラギクやニッポンマメアゲマキ等，南西諸島ではタオヤメユキスズメやニセゴマツボ等とともに見られる．ヒナユキスズメよりもやや湾口に近い位置を好み，河口汽水域には少ない一方で，海岸岩礁地上部の淡水が流入するタイドプールにも産する．
解説：海岸の岸辺近くに生息するため護岸によって影響を受けやすい．アマオブネ科やユキスズメ科の他種と同様に健在個体群から生じた浮遊幼生が広い範囲へ広がっていると思われるが，近年は定着可能な場所が急速に減少しているため，個体群形成が阻害されつつあると考えられる．殻径10 mm．（福田 宏・木村昭一）

ユキスズメ科
タオヤメユキスズメ（ヌノメミヤコドリ）
Phenacolepas tenuisculpta (Thiele, 1909)

石垣島玉取崎　2003年　狩野泰則所蔵・撮影　1 mm

評価：準絶滅危惧
選定理由：個体数・個体群の減少，生息条件の悪化，希少，特殊生息環境
分布：南西諸島（奄美大島，石垣島）．
生息環境・生態：内湾奥の砂泥干潟に埋もれた転石下の還元環境に，ウシオコハクカノコ *Neritilia littoralis* Kano, Kase & Kubo, 2003，ミヤコドリ，ニセゴマツボ，マンガルツボ，ヤシマイシン近似種等と同所的に見られる．
解説：本州～九州においては，潮間帯の転石下に形成される還元環境に特異的な貝類の多くが危機的状況にあるが，南西諸島でも同様の環境に独特の貝類群集が見られ，本種はその一員である．海岸の護岸や埋立に伴う干潟や転石地の縮小，水質汚濁等によって生息可能な場所が狭められてきている可能性が高い．この科の種は比較的長い浮遊幼生期を持つため，より南方から幼生が伝播してくると思われるが，国内で定着に適した環境が失われれば個体群の形成が妨げられるおそれがある．殻長6 mm．（福田 宏）

ユキスズメ科
ヒナユキスズメ
Phenacolepas sp.

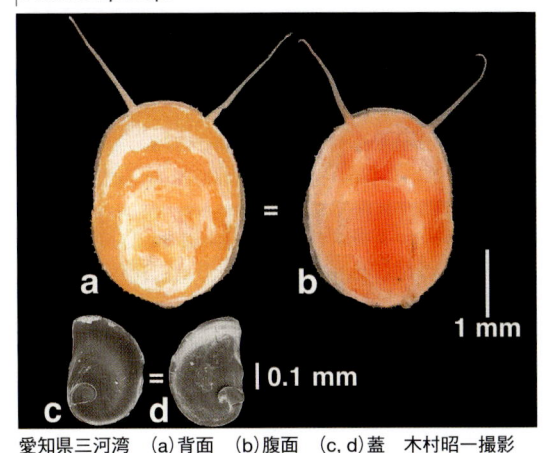

愛知県三河湾　(a)背面　(b)腹面　(c,d)蓋　木村昭一撮影

評価：準絶滅危惧
選定理由：個体数・個体群の減少，生息条件の悪化，特殊生息環境
分布：三浦半島，浜名湖，三河湾，伊勢湾，瀬戸内海，玄界灘，有明海．
生息環境・生態：内湾奥部の河口域に発達した後背湿地周辺の泥砂底に深く埋もれた石の下面に付着する．
解説：和名だけが提唱された未記載種．本科の貝類としては最も内湾奥部の，ワカウラツボと同じ場所に生息することが多い．本種の生きた個体は三河湾汐川干潟で初めて発見された．軟体部 (b) は赤色．ミヤコドリに近似するが，本種は殻 (a) が小型で低いこと，殻頂部が正中線より左にずれていることから識別される．腹足の筋肉内に埋没した小型，半透明の蓋 (c, d) を持つ．蓋の長径は殻長の約1/10で著しく小さい．蓋の形態はアマオブネ科に近似し石灰質で内側(d)に突起がある．生息環境は埋立等で著しく減少しているので生息地，個体数とも著しく減少した．殻長5 mm．（木村昭一）

オニノツノガイ科
コゲツノブエ
Cerithium coralium Kiener, 1841

(a)長崎県西海市西海町　2010年　川内野善治撮影　(b, c)三重県北牟婁郡　2006年　木村昭一撮影

評価：準絶滅危惧
選定理由：個体数・個体群の減少，生息条件の悪化
分布：房総半島・北長門海岸〜南西諸島，熱帯インド・西太平洋（フィリピン〜西インド〜フィジー〜北オーストラリア）．
生息環境・生態：内湾奥部の砂泥・軟泥干潟の上〜中部表層を匍匐する．南西諸島ではマングローブ周辺に多い．
解説：南西諸島では今なお多産する普通種であるが，九州以北では最近40年間で急減し，現在は紀伊半島，四国太平洋岸，九州の数カ所に生息が限定される．それらの産地ではカニノテムシロ，シオヤガイ等，やはり九州以北で減少傾向の強い種が同所的に見られ，これらの種が形成する貝類群集自体が危機的状況にあると考えられる．瀬戸内海ではウミニナやヘナタリ等と同所的に見られたが，現在は死殻すらめったに見出されない．殻長30 mm．（福田 宏・木村昭一）

オニノツノガイ科
ホソコオロギ
Cerithium torresi E. A. Smith, 1884

三重県英虞湾　木村昭一撮影

評価：絶滅危惧IB類
選定理由：個体数・個体群の減少，生息条件の悪化
分布：相模湾以南，九州，インド・太平洋熱帯・亜熱帯域，オーストラリア．
生息環境・生態：自然度の高い干潟〜潮下帯のアマモ場周辺の泥礫底や繁茂した褐藻類の群落周辺の砂泥底，石の上．
解説：タイプ産地はオーストラリア（Torres Straits）であるが，オーストラリア産個体は日本産個体と水管の長さや殻口の形態などに差があり，検討を要する．近似種のコオロギ *C. dialeucum* Philippi, 1849より殻が細く，殻表の彫刻が細かい．コオロギが外洋水の影響のある内湾の転石地や岩礁に多いのに対して，本種はより内湾寄りの泥の多い底質に生息する．現在も潮通しのよい自然度の高い干潟から潮下帯の藻場周辺には少数の死殻が見られるが，近年生息が確認されているのは三重県英虞湾，鳥羽市南部，佐賀県唐津市の各1カ所のいずれも非常に狭い範囲にすぎない．殻長25 mm．（木村昭一・山下博由）

オニノツノガイ科
カヤノミカニモリ
Clypeomorus bifasciata (Sowerby II, 1855)

熊本県天草市牛深町茂串白浜　2010年　福田宏撮影

評価：準絶滅危惧
選定理由：個体数・個体群の減少，生息条件の悪化
分布：房総半島・北長門海岸～南西諸島，熱帯インド・西太平洋（サモア～紅海～南アフリカ～北オーストラリア）．
生息環境・生態：海岸岩礁の高・中潮帯のタイドプール中に見られ，岩盤上や粗い砂礫底を匍匐する．本州～九州ではウネムシロと同所的に見られることが多い．九州南部や南西諸島ではゴマフニナ *Planaxis sulcatus* (Born, 1778) とともに岩盤上に群生する．
解説：現在も南西諸島以南では普通種であり，とくに減少傾向は認められないが，九州以北では最近40年間でウネムシロともども極端に減少し，かつての多産地の大部分が消滅した．近年九州以北で確認された個体群は五島列島等わずかしかない．山口県大畠瀬戸では1920年代すでに「急激に減少」し「不思議」との記述が残されている．その減少要因は今もって不明である．殻長20 mm．（福田 宏）

スナモチツボ科
サナギモツボ
Finella pupoides A. Adams, 1860

広島県竹原市皆実町ハチ岩　2004年　福田宏撮影

評価：絶滅危惧II類
選定理由：個体数・個体群の減少，生息条件の悪化
分布：三陸海岸・佐渡島～南西諸島，熱帯インド・西太平洋．
生息環境・生態：内湾の湾奥から湾口にかけて，低潮帯～潮下帯の海底表層を匍匐する．軟泥底にも砂底にも見られるので底質の嗜好はさほど厳密でないが，どちらかと言えば湾奥の泥底や砂泥底に多く，とくにアマモ場を好む傾向がある．
解説：かつては普通種であったが，近年は摩滅した死殻のみが見られることが多く，生貝はごく希にしか見出されない．1990年代末以降に生貝または新鮮な死殻が見出された産地は広島県竹原市賀茂川河口，山口県油谷湾，奄美大島笠利湾等わずかしかなく，最近になって急激に減少したことが明らかである．殻長4 mm．（福田 宏）

キバウミニナ科
クロヘナタリ
Cerithidea (*Cerithidea*) *largillierti* (Philippi, 1848)

(a)大分県中津市　2003年　和田太一撮影　(b, c)熊本市　2007年　木村昭一撮影

評価：絶滅危惧II類
選定理由：個体数・個体群の減少，生息条件の悪化
分布：東京湾（絶滅），児島湾（絶滅），周防灘，有明海，八代海，朝鮮半島，中国大陸，台湾，フィリピン．北オーストラリアにも産するとされてきたがそれは別種の誤同定．
生息環境・生態：大規模な内湾奥部の河口汽水域の中・低潮帯において，軟泥底に生じた水たまりなど止水中の表層をカワアイとともに匍匐する．流水中や飛沫帯～高潮帯には見られず，シマヘナタリやフトヘナタリのようにヨシの茎や岩壁に登ることはない．
解説：朝鮮半島では今も多産するが，日本では大規模な内湾奥部に不連続的に分布し，戦後の環境悪化や湾の閉め切りに伴って東京湾と児島湾で絶滅した．有明海でも福岡・長崎両県で減少傾向が強く，とくに1997年の諫早湾閉め切り後，その湾奥だけでなく島原半島北岸全域で絶滅した．現在は周防灘（山口・福岡・大分各県）と有明海（佐賀・熊本両県），八代海にのみ残存する．殻長30 mm．（福田 宏・木村昭一）

キバウミニナ科
シマヘナタリ
Cerithidea (*Cerithidea*) *ornata* Sowerby II, 1855

(a) 大分県中津市　2008年　和田太一撮影　(b, c) 佐賀市　2007年　木村昭一撮影

評価：絶滅危惧 IB 類
選定理由：個体数・個体群の減少，生息条件の悪化
分布：東京湾（絶滅），児島湾（絶滅），周防灘，玄界灘（絶滅），有明海，八代海，朝鮮半島，中国大陸，台湾，フィリピン．
生息環境・生態：大規模な内湾奥部の河口汽水域におけるヨシ原泥底の飛沫帯～高潮帯．フトヘナタリとともに地表を匍匐し，ヨシの茎や岩壁へ高さ2m程度まで登る．
解説：分布域や個体数の近年の極端な減少傾向は前種クロヘナタリとほぼ同様であるが，前種がヨシ原のない干潟軟泥底表層にも見られるのに対し，本種の個体群維持にはヨシ原の存在が必須であり，とくにその高潮帯は川岸の護岸の影響を直接被ることが多いため健在産地はさらに少ない．わずか数個体の著しく老成した個体のみからなる個体群も散見され，そこではもはや繁殖が行われておらずただ消滅に向かうのみと思われる．殻長35 mm．（福田宏・木村昭一）

キバウミニナ科
フトヘナタリ（イトカケヘナタリ）
Cerithidea (*Cerithidea*) *rhizophorarum* A. Adams, 1855

(a) 愛知県名古屋市　(b, c) 三重県津市　(d) 奄美大島　(e) 沖縄島　木村妙子撮影

評価：準絶滅危惧
選定理由：個体数・個体群の減少，生息条件の悪化
分布：東北地方～九州，南西諸島，朝鮮半島，中国大陸，インド・太平洋．
生息環境・生態：内湾奥部，河口部のヨシ原，マングローブ塩性湿地内に生息する．活動期にはヨシ，マングローブなどの茎に登ることも多い．堆積物食．
解説：殻は太く円筒状．成貝では，殻口外唇部が外側へ反転し，ほとんどの個体で殻頂部は欠落する．色彩には個体変異が多く，殻全体が黒褐色から白色の個体まである．ヨシ原およびマングローブ林がよく保全されている塩性湿地周辺では多産するが，それらが改変を受けると，著しく個体数が減少する．東京湾や三浦半島では著しい減少傾向が認められる．内湾奥部の塩性湿地という生息環境自体が護岸工事等で減少しているので，本種の生息地，個体数とも減少したと考えられる．イトカケヘナタリは南西諸島の小型地域個体群．殻長20～40 mm．（木村昭一・福田宏）

キバウミニナ科
ヘナタリ
Cerithidea (*Cerithideopsilla*) *cingulata* (Gmelin, 1791)

(a) 長崎県佐世保市小佐々町　川内野善治撮影　(b) 三重県津市　2007年　木村昭一撮影

評価：準絶滅危惧
選定理由：個体数・個体群の減少，生息条件の悪化
分布：房総半島・北長門海岸～南西諸島，朝鮮半島，中国大陸，インド・西太平洋．
生息環境・生態：内湾奥部の河口汽水域砂泥底の中・低潮帯表層を匍匐する．カワアイとともに見られることが多いが，カワアイは大規模な干潟低潮帯の軟泥底にもカワグチツボ，ハイガイ，ササゲミミエガイ等とともに産するのに対し，本種はそのような場所には生息しない．
解説：西日本や南西諸島では現在も多産地が少なくないが，東京湾や瀬戸内海中央部など湾奥の開発と汚染が著しい地域で激減し，岡山県では2000年以降死殻は多数見られるものの生貝は1カ所からしか見出されていない．殻長25 mm．（福田宏・木村昭一）

キバウミニナ科
カワアイ
Cerithidea (*Cerithideopsilla*) *djadjariensis* (K. Martin, 1899)

三重県伊勢湾　木村昭一撮影

評価：準絶滅危惧
選定理由：個体数・個体群の減少，生息条件の悪化
分布：東北地方〜南西諸島，朝鮮半島，中国大陸，インド・太平洋．
生息環境・生態：内湾奥部の泥質干潟の泥上．ヘナタリと混生する場所もあるが，本種の方が低い位置に多い．堆積物食．
解説：産地によって螺管がやや太いもの，細いものなど変異がある．ヘナタリと近似するが，殻がやや大きく細長く，殻口の肥厚がやや弱い．また，ヘナタリほど外唇の水管部に近い部分が強く張り出さない点などから識別できる．かつて各地の内湾域にごく普通に生息していたが，東京湾や三浦半島では著しい減少傾向が認められる．浜名湖でも現在生息が確認できない．三河湾では汐川干潟の狭い範囲でのみかろうじて生息が確認できるにすぎず，伊勢湾でも個体数が著しく減少している場所が少なくない．伊勢湾以西から南西諸島にかけては健全な個体群が確認できる干潟が多いが，生息場所は埋立等で減少している．殻長35 mm．（木村昭一・福田 宏）

キバウミニナ科
キバウミニナ
Terebralia palustris (Linnaeus, 1767)

西表島　2006年　久保弘文撮影

評価：準絶滅危惧
選定理由：特殊生息環境，分布域限定
分布：西表島，沖縄島（移入事例あり），石垣島（一部移入定着），インド・太平洋．
生息環境・生態：本来の国内における生息地は主に西表島のマングローブ林周辺であり，当分布域は自然公園法により，開発行為が制限され，安定した生息環境となっている．一方，石垣島では名蔵アンパル等で移入個体群が急速に増加している．また，沖縄島でも1996年に大宜味村のマングローブで移入の疑いのある個体が確認された．2009年那覇市漫湖において人為的に成貝7個体が放流され，関係者が人為分布拡大を考慮して採捕除去，さらにその後も数個体を発見して除去した（那覇市環境保全課賀数弘氏・金城隆之氏，私信）．本種はマングローブの落葉を効率よく摂食し，その密度も50 cm × 50 cmあたり最大40個体にも達する．よって，人為的移植は，落葉を隠れ家や餌場として利用する生物や生態系に影響を及ぼす可能性がある．殻長90 mm．（久保弘文）

キバウミニナ科
マドモチウミニナ
Terebralia sulcata (Born, 1778)

(標本)沖縄県金武　(生体)名護　久保弘文撮影

評価：絶滅危惧 II 類
選定理由：特殊生息環境，分布域限定，個体数・個体群の減少
分布：沖縄島北部，インド・太平洋．
生息環境・生態：本種の浮遊期は約10日間とされ，幼生の分散に必要な期間として短くないが，分布は沖縄島のマングローブ林周辺に限られており，先島諸島・奄美諸島には記録がない．黒潮下流域にあたる奄美大島のマングローブ林での分布欠落は，冬季の低温等の何らかの生態的耐忍範囲を超えている可能性がある．しかし，なぜ広大なマングローブ林が広がっている西表島に生息しないのかは謎である．沖縄島の分布は限定的隔離分布地として重要であるが，陸土の大量流入や河川水量の減少により，マングローブ林周辺の陸化が進行し，ソナレシバが繁茂する等，生息環境が悪化し，個体数が大きく減少している．殻長60 mm．（久保弘文）

ウミニナ科
ウミニナ
Batillaria multiformis (Lischke, 1869)

(a)愛知県三河湾　(b, c, e) (e：ホソウミニナ)　三重県伊勢湾　(d)和歌山県東牟婁郡　木村昭一撮影

評価：準絶滅危惧
選定理由：個体数・個体群の減少，生息条件の悪化
分布：北海道南部〜九州，朝鮮半島，中国大陸．
生息環境・生態：内湾の砂泥質干潟に生息，堆積物食．
解説：産地によって殻の形態に変異が多く，同産地内でも個体変異が多い．同所的に分布するホソウミニナ *B. cumingi* (Crosse, 1862) (e) と近似しているが，ウミニナは殻が大きく太く，殻口が張り出し，滑層が白く肥厚する．また，ウミニナの殻口の長さ (X) は殻口後端から体層縫合までの長さ (Y) の3倍以上ある個体が多い．それに対してホソウミニナでは2倍程度である．ウミニナはホソウミニナと混生するが，ホソウミニナに比べて陸側に分布が偏る場合が多い．かつて各地の内湾域に多産していたが，東京湾や三浦半島では著しい減少傾向が認められる．イボウミニナと比較すると本種の生息地は多く，浜名湖以西の三河湾，伊勢湾，瀬戸内海，有明海等に健全な個体群が残されている．しかし，生息場所は埋立等で減少している．殻長35 mm．（木村昭一・福田 宏）

ウミニナ科
イボウミニナ
Batillaria zonalis (Bruguière, 1792)

(a)愛知県三河湾　(b)三重県伊勢湾　1983年採集　木村昭一撮影

評価：絶滅危惧II類
選定理由：個体数・個体群の減少，生息条件の悪化
分布：北海道南部〜南西諸島，朝鮮半島，中国大陸，インド・太平洋．
生息環境・生態：内湾の砂泥質干潟の低潮線付近に多い．堆積物食．
解説：日本産ウミニナ科では最も大型になり，殻口外唇後方が深く湾曲するので近似種との識別は明瞭．ウミニナ科では最も沖側に分布する．かつて各地の内湾域にごく普通に生息していたが，浜名湖，伊勢湾では少数の死殻は見られるが現在生息が確認できず，三河湾でも汐川干潟の狭い範囲にかろうじて生息が確認できるにすぎない．英虞湾以西では健全な個体群が確認できる干潟が散見されるが，新鮮な死殻しか確認できなくなっている場所も少なくない．沖縄島と西表島では健全な個体群が残されている．干潟の環境にとくに顕著な変化がなくても本種に減少傾向が認められる場合も多く，予断を許さない状況である．殻長40 mm．（木村昭一・福田 宏）

トゲカワニナ科
ネジヒダカワニナ
Sermyla riqueti (Grateloup, 1856)

西表島　木村昭一撮影

評価：準絶滅危惧
選定理由：個体数・個体群の減少，生息条件の悪化
分布：鹿児島県本土南部〜南西諸島，インド・太平洋．
生息環境・生態：内湾の河口付近，淡水の滲出がある高・中潮帯の砂泥底．マングローブ塩性湿地の周辺．海から隔たった水田やタイモ畑の用水路に生息していることもある．
解説：日本産の本科貝類としては，唯一の海棲種．殻は本科としては小型で，和名の通り成長脈に沿った強い縦肋があり，殻頂部は多くの個体で保存される．大きさや色彩は地域や個体により多少の変異がある．鹿児島県本土南部，奄美大島，沖縄島では生息地が少ないが，石垣島，西表島では生息地も多く，健全な個体群が残っている．生息地では高密度に群生することが多いが，大量の死殻だけが見つかる例も多く，環境変化に弱い種である．その反面，生息環境が整えば，数年で個体群が復活する例も多く観察されている．本種の生息環境は埋立等の影響を受けやすく，生息地は明らかに減少している．殻長15 mm．（木村昭一）

軟体動物—腹足類

トゲカワニナ科
オガサワラカワニナ（ハハジマカワニナ）
Stenomelania boninensis (Lea, 1856)

東京都小笠原村　（上）兄島滝の浦川　（下）父島東平　2011年
佐々木哲朗撮影

評価：絶滅危惧 IB 類
選定理由：個体数・個体群の減少，生息条件の悪化，分布域限定，希少
分布：小笠原諸島（聟島，弟島，兄島，父島，母島）に固有．
生息環境・生態：小河川や渓流など陸水の浅く緩い流水中．感潮域には産しない．幼生は浮遊幼生期を経る．
解説：本種は2005〜2008年の調査では上記5島の33水系のみで確認されているが，近年の河川改修等によって生息地の多くが攪乱され，また移入種ヌノメカワニナ *Melanoides tuberculata* (Müller, 1774) と競合している．ヌノメカワニナは感潮域・純淡水域ともに生息可能で，また卵胎生で急速に増殖するため，攪乱環境下での本種との競合において有利と指摘されている．かつて本種が多産していた場所でも河川改修工事後にヌノメカワニナに置き換わってしまった事例もあり，本種が最近10年間で急激に絶滅へ傾斜していることは疑いがないため，生息地保護やヌノメカワニナ対策は喫緊の課題である．殻長30 mm．（福田 宏）

トゲカワニナ科
アマミカワニナ
Stenomelania costellaris (Lea, 1850)

奄美大島　2004年　久保弘文撮影

評価：絶滅危惧 IB 類
選定理由：生息条件の悪化，個体数・個体群の減少，分布域限定
分布：奄美大島，沖縄島北部，西表島，台湾，フィリピン．
生息環境・生態：河川中流の緩やかな流れの砂泥〜泥底に生息し，堆積物や水草の屑等を摂食する．両側回遊性とされる．
解説：奄美大島では大和村〜瀬戸内町を中心に個体数は少なくないが，成貝は9河川中4河川のみであり，保護区域が設けられている．沖縄島では北部の数河川のみの極めて狭い範囲にわずかな個体数が生残しているにすぎない．西表島では北部の2河川，南部の1河川で確認されているが，個体数は数個体レベルであった．沖縄島中南部（糸満市や豊見城市）では湧水由来の河川であった思われる場所から死殻が見出され，以前は島内に広く分布していたと考えられるが，現在は都市化が進行して全く確認できない．殻長60 mm．（久保弘文）

トゲカワニナ科
ムチカワニナ
Stenomelania crenulatus (Deshayes, 1838)

沖縄県本部町　1997年　久保弘文撮影

評価：絶滅危惧 IB 類
選定理由：生息条件の悪化，個体数・個体群の減少，分布域限定
分布：奄美大島，沖縄島北部，与那国島．
生息環境・生態：河川中流の緩やかな流れの砂〜泥底に生息し，堆積物や水草の屑等を摂食する．両側回遊性とされるが，河川と隔たれた水田の小水路等に高密度に見られることもある．
解説：沖縄島北部の1河川では個体数は少なくないが，生息範囲は限定されている．その他の河川は極めて狭い範囲にわずかな老成貝が生残しているにすぎない．なお，DNA解析ではタケノコカワニナとまったく同じクレードとして図示された報告がある．殻長70 mm．（久保弘文）

トゲカワニナ科
シャジクカワニナ（ヨレカワニナ）
Stenomelania hastula (Lea, 1850)

西表島　2004年　福田宏撮影

評価：絶滅危惧IA類
選定理由：個体数・個体群の減少，生息条件の悪化，分布域限定，希少
分布：座間味島（死殻），西表島，フィリピン．
生息環境・生態：海岸近くの水路．水深5～10 cmの止水中を匍匐する．
解説：1920年代に八重山諸島から記録されたのち，国内で一度も再発見されなかったためすでに絶滅したと考えられていたが，2004年に西表島で生存個体群が見出された．殻は著しく細長く殻頂は錐のごとく鋭く尖り，螺層は15階以上を数え，むしろ薄質，赤みがかった黒褐色で強い螺肋を多数巡らす．個体によっては螺肋上に縦肋を狭い間隔で刻み，螺溝で切られて不連続となる．殻口は縦長の雫形で外唇は薄い．目下国内の個体群は上記1カ所のみが知られ，生息範囲もわずか数十メートルと極端に狭い．座間味島から死殻数個体のみが報告されたヨレカワニナは本種の小型個体と思われる．殻長90 mm．（福田 宏）

トゲカワニナ科
ヨシカワニナ
Stenomelania juncea (Lea, 1850)

沖縄県与那国島　1989年　久保弘文撮影

評価：絶滅危惧IB類
選定理由：生息条件の悪化，分布域限定
分布：与那国島，沖縄島～周辺離島（青柳克氏，私信），西表島（増田修氏，私信），台湾．
生息環境・生態：河川下流から中流の緩やかな流れの泥底に生息し，堆積物や水草の屑等を摂食する．両側回遊性とされるが，特定の小河川のみに若齢貝から老成貝までが高密度に見られる．
解説：与那国島の1河川では個体数は多いが，生息範囲は限定されている．他に国内の河川での生息記録はほとんどなく，その生息範囲は著しく狭い．与那国島の当該河川では，その他の汽水性貝類の多様度も十数種以上と非常に高く，小河川ながら河川環境も多様であり，河川自体の保護策が必要と考えられる．殻長70 mm．（久保弘文）

トゲカワニナ科
タケノコカワニナ（レベックカワニナ）
Stenomelania rufescens (Martens, 1860)

(a)長崎県北松浦郡佐々町佐々川　2005年　川内野善治撮影
(b)三重県尾鷲市　2003年　木村昭一撮影

評価：準絶滅危惧
選定理由：個体数・個体群の減少，生息条件の悪化
分布：伊豆半島・響灘～九州南部，奄美大島．
生息環境・生態：河口汽水域の砂泥底または泥底に生じる澪筋や水たまりなど緩い流水または止水中の表層を匍匐する．日本海～東シナ海沿岸の産地では同所的にハザクラが生息することが多い．
解説：最近の分子系統解析によりムチカワニナと同種である可能性が指摘されているが，両者は形態的に明瞭に異なるため，さらに慎重な検討が必要である．本種は四国太平洋岸や九州南部・西部では今なお多産地が少なくないが，九州北部と本州では，紀伊半島の一部などを除いて強い減少傾向にある．三河湾と玄界灘～響灘で絶滅したとされ，瀬戸内海でも岡山・山口両県で絶滅し，兵庫県加古川にごく少数が残存するのみで，これらの地方では他所から浮遊幼生が伝播して来ても定着可能な環境が失われているため個体群形成が阻害されていると考えられる．殻長50 mm．（福田 宏・木村昭一）

トゲカワニナ科
スグカワニナ
Stenomelania uniformis (Quoy & Gaimard, 1834)

(標本・生体) 石垣島　2002年　久保弘文撮影

評価：絶滅危惧 IB 類
選定理由：生息条件の悪化，個体数・個体群の減少，分布域限定
分布：奄美大島，沖縄島，久米島，石垣島，西表島，与那国島，台湾，フィリピン．
生息環境・生態：河川中流の緩やかな流れの泥底に生息し，堆積物や水草の屑等を摂食する．両側回遊性とされるが，特定の河川のみに若齢貝から老成貝まで高密度に見られることがある．
解説：沖縄島北部の1河川で多産するが，腎臓の薬として大量に採取されており，かなり減少している（一時期は近隣の道の駅でも大量に販売）．沖縄島中部の個体群は，大規模河川改修後著しく減少したが，2011年現在は個体数が増えつつある．与那国島では，上流域の渇水や中流域でのスクミリンゴガイ *Pomacea canaliculata* (Lamarck, 1819) の大発生とともに激減した．石垣島では，生息範囲，個体数ともに限定されている．殻長100 mm．（久保弘文）

トゲカワニナ科
カリントウカワニナ
Tarebia cf. *rudis* (Lea, 1850)

奄美大島住用川　2002年　福田宏撮影

評価：絶滅危惧 IB 類
選定理由：個体数・個体群の減少，生息条件の悪化，分布域限定，希少
分布：奄美大島（奄美市住用町の住用川と役勝川の両河口が形成するデルタ）のみ．近似の別種と思われるもの（殻がより大型で淡色）が同島瀬戸内町勝浦川河口と奄美市住用町金久保（死殻）から知られる．
生息環境・生態：河口マングローブ内高潮帯の砂泥底・軟泥底表層．干潮時は澪筋や水たまりの浅い水中を匍匐する．
解説：殻はインドネシア（アンボン島），スリランカ，インド等から知られる *T. rudis* に似るが，詳細な検討はまだなされておらず種名は確定できない．カリントウカワニナの国内の既知産地は住用川・役勝川河口のみで，上記近似種も死殻のみの記録を含めて2カ所からしか知られず，ともに生息範囲が非常に狭い．それらの河口では近年奄美大島を襲った豪雨に伴って洪水が発生したため，本種群も打撃を受けた可能性がある．殻長25 mm．（福田 宏）

タマキビ科
モロハタマキビ (セトウチヘソカドタマキビ)
Lacuna carinifera (A. Adams, 1853)

兵庫県たつの市新舞子海岸　2011年　和田太一撮影

評価：準絶滅危惧
選定理由：個体数・個体群の減少，生息条件の悪化，特殊生息環境
分布：北海道南西部〜九州北部，朝鮮半島．
生息環境・生態：内湾低潮帯〜潮下帯の砂底・砂泥底に生じたアマモ・コアマモ等海草類の葉上．年によって出現個体数の変動が大きく，比較的多数が見られた場所に翌年以降訪れてもまったく確認できないことがあるが，生活史の詳細が明らかにされていないこともあり変動の理由は不明．
解説：アマモ場の減少に伴って危機的状況に陥っている可能性がある．またアマモがありさえすれば必ず見られるわけでは決してなく，産地はむしろ少ない．かつてセトウチヘソカドタマキビとよばれて区別されていた瀬戸内海の個体群は，近年目にすることがめっきり少なくなった．とくに潮間帯において減少傾向が著しい．殻長5 mm．（福田 宏）

タマキビ科
タマキビ(沖縄島)
Littorina brevicula (Philippi, 1844)

SL8.5mm SL7.9mm
沖縄県大宜味村塩屋湾　1993年　久保弘文撮影

評価：絶滅のおそれのある地域個体群（沖縄島）
選定理由：分布域限定
分布：沖縄島北部（羽地内海，羽地外海，塩屋湾）．
生息環境・生態：内湾高潮帯の岩盤上に生息するが，場所は限定される．塩屋湾の一部に比較的確認しやすい場所が残っているが，羽地内・外海では希である．
解説：日本本土では普通種であるが，南西諸島においては沖縄島羽地内・外海と塩屋湾の2海域のみに限定的に分布する．本種は浮遊性卵囊を産み，浮遊期間が長いため，岩礁の開放度（波当たり）や岩質，陸水の影響等物理環境が生息を制限している可能性もあるが，類似した海洋物理条件を持つ沖縄島金武湾や奄美大島では確認されておらず，地理的隔離が生じている可能性もある．羽地内海では1990年代前半まで普通であったが，現在は非常に減少した．なお，タマキビ同様，日本本土の普通種が奄美を飛び越して沖縄島の羽地内海と塩屋湾のみに分布する種として，アラムシロとマテガイが知られている．殻長8mm．（久保弘文）

リソツボ科
ヌノメチョウジガイ
Rissoina (*Phosinella*) *pura* (Gould, 1861)

a　b　c
SL 5 mm　SL 3.7 mm
(a, b) 山口県上関町長島田ノ浦　2011年　山下博由撮影　(c) カセンヌノメチョウジガイ *Rissoina* (*Phosinella*) cf. *caelata* (Laseron, 1956) 沖縄県　久保弘文撮影

評価：準絶滅危惧
選定理由：個体数・個体群の減少，生息条件の悪化
分布：北海道南部〜九州，奄美大島，朝鮮半島，中国大陸．
生息環境・生態：内湾から外洋の中・低潮帯〜水深20mの砂底・岩礫底の岩礫裏に生息する．
解説：本種はかつて，各地の内湾で多数の打ち上げが見られたが，減少傾向にある．瀬戸内海では，同じリソツボ科に属すスジウネリチョウジガイ・タニシツボとともに，著しく減少したことが報告されている（Hasegawa, 2005）．大分県姫島でも，1990年代以降，明らかに減少が認められた．伊予灘や九州西部では，岩礫地の転石裏にスジウネリチョウジガイとともに生息が見られるが，個体数は少ない．南西諸島のサンゴ礁域にはやや小型の近似種カセンヌノメチョウジガイ（化繊布目丁字貝：久保・山下，和名新称）*Rissoina* (*Phosinella*) cf. *caelata* (Laseron, 1956) が分布する．殻長5.8mm．（山下博由・久保弘文）

リソツボ科
スジウネリチョウジガイ
Rissoina (*Rissolina*) *costulata* Dunker, 1860

広島県因島大浜　2004年　福田宏撮影

評価：絶滅危惧II類
選定理由：個体数・個体群の減少，生息条件の悪化，特殊生息環境
分布：房総・男鹿半島〜九州，南西諸島，小笠原諸島，朝鮮半島．
生息環境・生態：九州以北では内湾湾口部等の海岸礫地（干潟状の平坦な礫地を含む）の低潮帯〜潮下帯に見られ，砂中に半ば埋もれた転石下の，やや還元的な環境を好む．とくに流れの速い海峡に近接した小規模な内湾に多産地が見られる．ヒナユキスズメ，ゴマツボ，シラギク，アラウズマキ，ナギツボ，マツモトウロコガイ等と同所的に産する．南西諸島や小笠原父島では還元的でない転石下にも見られる．
解説：九州以北では潮下帯の砂泥中から死殻が見られることは少なくないものの生貝の発見例は少ない．とくにゴマツボと同所的に見られることが多いが，産地はゴマツボよりもさらに少ない．瀬戸内海中央部や九州西岸には健在な個体群がわずかながら現存する．殻長4mm．（福田宏）

リソツボ科
ゴマツボ
Stosicia annulata (Dunker, 1860)

熊本県上天草市野釜島　2002年　福田宏撮影

評価：絶滅危惧Ⅱ類
選定理由：個体数・個体群の減少，生息条件の悪化，特殊生息環境
分布：房総・能登半島〜九州，中国大陸．
生息環境・生態：スジウネリチョウジガイと同様，流れの速い海峡に近接した海岸（たとえば淡路島，広島県因島，熊本県天草等）の小規模な内湾等にある海岸礫地の低潮帯〜潮下帯において，砂中に半ば埋もれた転石下の，やや還元的な環境を好む．
解説：潮下帯の砂泥中から死殻が見られることは少なくないが，生貝の発見例は少ない．瀬戸内海や九州西岸には健在な個体群が数カ所知られている．本種が多産する場所は他の貝類の種数も多いため，良好な湾口部礫干潟の指標種として有効と思われる．殻長4mm．（福田 宏）

リソツボ科
タニシツボ
Voorwindia cf. *paludinoides* (Yokoyama, 1927)

和歌山市和歌浦　2007年　多々良有紀撮影

評価：準絶滅危惧
選定理由：個体数・個体群の減少，生息条件の悪化
分布：東京湾〜九州．
生息環境・生態：内湾潮下帯の水深2〜10mの細砂底または泥底．
解説：本種は形態が近似するシロコツブ *Lucidestea mundula* (A. Adams, 1860) と混同されてきたと思われ，学名はさらに再検討を要するが，*paludinoides* のタイプ標本は失われているため同定は容易でない．原記載におけるタイプ標本の図を見る限り，東京湾奥部産マツカワウラカワザンショウ近似種であった可能性もある．採泥器や浚渫砂などから見出されるが，生貝の確認例は少なく，生息状況に関する知見も不十分である．東京湾や瀬戸内海中央部などでは水質や底質の悪化に伴って個体群の消滅や縮小が生じているおそれがある．殻長2mm．（福田 宏）

ワカウラツボ科
ナガシマツボ
Ceratia nagashima Fukuda, 2000

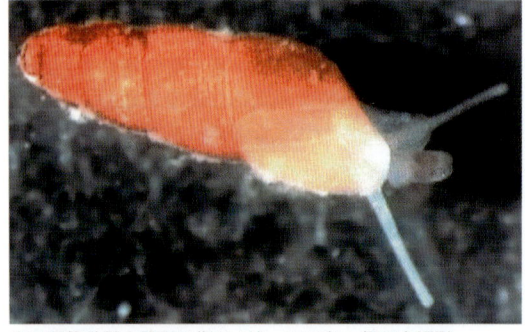

山口県熊毛郡上関町四代田ノ浦　1999年　福田宏撮影

評価：絶滅危惧ⅠA類
選定理由：個体数・個体群の減少，生息条件の悪化，分布域限定，希少，特殊生息環境
分布：瀬戸内海西部の山口県熊毛郡上関町長島四代田ノ浦の上関原子力発電所予定地内からのみ知られる．
生息環境・生態：潮通しのよい海岸転石地の高潮帯に生じたタイドプールにおいて，砂泥に半ば埋もれた転石下の還元環境にヒナユキスズメ，アラウズマキ，シラギク，ヤシマイシン近似種等と同所的に見られた．
解説：現在まで生貝（雌）1個体しか確認されていない希産種である．同所的に見られた上記の諸種は他の産地からも確認されているが，本種だけは田ノ浦および全国各地における度重なる調査によっても死殻すら再発見されず，元々個体数の著しく少ない種である可能性が高い．上関原発建設に伴う埋立計画が予定通り遂行されれば，世界唯一の本種の既知産地が消失することになる．殻長3.2mm．（福田 宏）

ワカウラツボ科
サンビャッケンツボ
Ceratia? sp.

大分県中津市三百間　2003年　岡山大学農学部水系保全学研究室所蔵(OKCAB M7473)　福田宏撮影

評価：情報不足
選定理由：個体数・個体群の減少，生息条件の悪化，希少，特殊生息環境
分布：大分県中津市大新田・三百間.
生息環境・生態：砂泥干潟表層から死殻複数個体が見出されたのみで詳細不明．ただし採集個体は殻皮や光沢の残った新鮮な死殻のため，採集地点付近すなわち砂泥干潟に生息している可能性が高い．おそらく，他のワカウラツボ科の種と同様に還元環境を好むと推測される．
解説：ナガシマツボに似るが小型で，殻表は汚白色を呈し，螺肋がより細かく，その間隔も狭いことで識別可能である．ナガシマツボよりも殻の全体に対する胎殻の占める割合が大きく，頂部が平坦な点も異なる．既知種のいずれとも合致しないため未記載種の可能性があるが，正確な分類学的位置の決定には少なくとも蓋・歯舌・生殖器の検討を要する．還元環境に特異的な他の種と同様，生息環境の縮小に伴ってすでに危機的状況にある可能性がある．殻長3mm.（福田 宏）

ワカウラツボ科
ジーコンボツボ
Chevallieria sp.

山口県萩市椿東嫁泣松洞ノ浜　2002年　福田宏撮影

評価：準絶滅危惧
選定理由：個体数・個体群の減少，生息条件の悪化，希少，特殊生息環境
分布：三浦半島，伊豆半島，八丈島，瀬戸内海湾口部（大阪湾，豊後水道北端），四国太平洋岸，北長門海岸，九州西岸（西彼杵半島，宇久島），南西諸島（沖縄島，久米島，宮古島）．
生息環境・生態：比較的大きな転石で敷き詰められた海岸の，飛沫帯に積み重なった転石を順に取り除いてゆき，底の砂層に半ば埋もれた石に行き着いた時その裏面を見ると付着している．外洋に面した海岸と，内湾奥部や河口汽水域に形成される砂泥干潟とにまたがって産する．
解説：多くの産地では1～数個体しか確認されておらず，高密度の個体群は5カ所しか知られていないため，多産するための条件に合致した場所は少ないと考えられる．とくに内湾の個体群は埋立や護岸等によって消滅する場合が多く，長期的に安定した生息環境は年々狭められている可能性が高い．殻長2mm.（福田 宏）

ワカウラツボ科
ゴマツボモドキ(シリオレミジンニナ)
Hyala cf. *bella* (A. Adams, 1853)

岡山県玉野市渋川　2004年　福田宏撮影

評価：絶滅危惧Ⅱ類
選定理由：個体数・個体群の減少，生息条件の悪化，希少，特殊生息環境
分布：万石浦～九州，朝鮮半島，フィリピン～オーストラリアの熱帯インド・太平洋に広く分布するとされるが，それらが日本産と同一種か否かは不明．石垣島では殻口縁が顕著に広がる個体が確認されており，近縁な別種かもしれない．
生息環境・生態：内湾に面した海岸岩礁の潮間帯に生じたタイドプール内の，砂泥に埋もれた転石の下等の還元的環境に生息．ヒナユキスズメやウチノミツボ等が同所的に産する．外洋の砂浜にも死殻が打ち上げられることがあり，潮下帯にも生息している可能性はあるが詳細は不明．
解説：本種の属の所属はこれまで*Iravadia*属とされてきたが，蓋は同心円状でなく巻いているため，*Hyala*属の一員とみなすのが妥当と思われる．死殻は時に砂浜に打ち上げられるが，生貝が見出される場所は全国的に見ても極端に少ない．殻長4mm.（福田 宏）

軟体動物―腹足類

ワカウラツボ科
ニセゴマツボ
Iravadia（Fairbankia）reflecta（Laseron, 1956）

（標本）石垣島名蔵　2006年　久保弘文所蔵・撮影　（生体）石垣島崎枝　2004年　福田宏撮影

評価：準絶滅危惧

選定理由：個体数・個体群の減少，生息条件の悪化，希少，特殊生息環境

分布：紀伊半島（田辺湾），南西諸島（奄美大島，沖縄島，石垣島），北オーストラリア．

生息環境・生態：ジーコンボツボと同様，外洋に面した海岸と，内湾奥部や河口汽水域に形成される砂泥干潟とにまたがって産する．いずれの環境でも砂泥に埋もれた転石下に見られ，ミヤコドリやマンガルツボ等とともに見られる場合が多い．

解説：本種はこれまで *Pseudonoba* 亜属の一員とされてきたが，歯舌や陰茎の形態はむしろ *Fairbankia* 亜属であることを示している．タオヤメユキスズメ等と同様，南西諸島における転石下還元環境に特異的な貝類群集を代表する腹足類の1つであるが，内湾の産地は埋立や護岸等によって消滅する場合が多い．また九州以北の既知産地はごくわずかしかない．殻長2.7 mm．（福田 宏・久保弘文）

ワカウラツボ科
ワカウラツボ
Iravadia（Fairbankia）sakaguchii（Kuroda & Habe, 1954）

（標本）和歌山市和歌浦　2006年　久保弘文所蔵・撮影　（生体）同産地　2007年　多々良有紀撮影

評価：絶滅危惧II類

選定理由：個体数・個体群の減少，生息条件の悪化，希少，特殊生息環境

分布：三河湾〜九州，朝鮮半島南部（順天湾）．

生息環境・生態：大規模な内湾奥部に注ぐ河口汽水域の軟泥底において，干潮時に生じた水たまりなど止水環境に見られ，泥に深く埋もれた転石や流木など漂着物の下面の貧酸素的な環境を好む．ヒナユキスズメやシラギク等と同所的に見られることが多い．時に干潟軟泥の表層を匍匐していることもある．

解説：和歌山県から1958年に記載されて以後30年以上再発見されず，「幻の貝」とよばれていた時期もあったが，近年は日本各地で産地が発見されてきている．しかし河口の止水環境にまとまった転石がないと個体群の存続が難しいため，護岸や埋立の影響を依然として強く受けていると思われる．殻長4.5 mm．（福田 宏・久保弘文）

ワカウラツボ科
カワグチツボ
Iravadia（Fluviocingula）elegantula（A. Adams, 1861）

北海道枝幸郡浜頓別町クッチャロ湖　2011年　福田宏撮影

評価：準絶滅危惧

選定理由：個体数・個体群の減少，生息条件の悪化

分布：北海道北部（クッチャロ湖）〜九州，朝鮮半島，中国大陸，ロシア沿海州．

生息環境・生態：内湾奥部に注ぐ河口汽水域下流部の干潟中・低潮帯において砂泥底または軟泥底の表層を匍匐し，干潮時にも乾燥せず水が残る場所を好む．カワアイやエドガワミズゴマツボと同所的に見られることが多い．

解説：現在も多産地は少なくないが，岡山県児島湾や長崎県諫早湾では湾奥の閉め切り淡水化によって大きな個体群が失われた．また有明海では中国大陸からの食用二枚貝類の搬入に伴って本種の外来個体群が移入されている可能性があり，遺伝的攪乱が生じているかもしれない．殻長4 mm．（福田 宏）

ワカウラツボ科
マンガルツボ
Iravadia (Iravadia) quadrasi (Böttger, 1902)

(標本)沖縄島羽地内海　2008年　久保弘文所蔵・撮影　(生体)石垣島名蔵　2004年　福田宏撮影

評価：準絶滅危惧
選定理由：個体数・個体群の減少，生息条件の悪化
分布：南西諸島（奄美大島，沖縄島，石垣島，西表島），東南アジア，グアム，フィリピン，北オーストラリア，インド，オマーン．
生息環境・生態：マングローブ内やその辺縁の干潟に生じるタイドプール等止水中の表層や，砂泥に埋もれた転石または漂着物の下に棲む．軟泥底にも粗い砂礫底にも見られ，国外（グアム，オマーン等）では他の貝類が少ない場所でも本種だけが多産していることもある．
解説：熱帯インド・太平洋の広い範囲に分布し，産地によっては多産するが，国内の既知産地は少なく，九州以北では現在のところ記録されていない．埋立や護岸等によるマングローブの縮小に伴って生息可能な場所が狭められている可能性がある．殻長3mm．（福田 宏・久保弘文）

ワカウラツボ科
ウチノミツボ
Iravadia (Pseudonoba) aff. *densilabrum* (Melvill, 1912)

(標本)山口県山陽小野田市本山岬　1992年　(生体)香川県小豆郡土庄町千振島　2002年　福田宏撮影

評価：絶滅危惧II類
選定理由：個体数・個体群の減少，生息条件の悪化，希少，特殊生息環境
分布：瀬戸内海中央部（岡山・香川両県）・西部（山口県山陽小野田市），有明海，九州西岸（長崎県松浦市）．
生息環境・生態：内湾湾口部や島嶼間の海峡部など潮通しがよく透明度の高い海水に洗われる海岸の平坦な岩礁において，中・低潮帯の砂泥に埋もれた転石下のやや還元的な環境にヒナユキスズメ，ゴマツボモドキ，ウミコハクガイ，マツモトウロコガイ等とともに見られる．山口県山陽小野田市の産地ではマルテンスマツムシやガンヅキも見出された．
解説：本種は未記載種の可能性がある．一見ニセゴマツボに似るが，後種は螺肋の間にさらに細かい螺脈を巡らすのに対し，本種の螺肋間は平滑な点で識別可能である．全国でも極めて産出例の少ない希少種であるが，瀬戸内海中央部の海岸や離島には例外的に多産地がある．殻長3mm．（福田 宏）

ワカウラツボ科
イリエツボ
Iravadia (Pseudonoba) yendoi (Yokoyama, 1927)

(左)大分県中津市大新田　2003年　(右)山口県柳井湾　1988年　岡山大学農学部水系保全学研究室所蔵（左はOKCAB M7395，右は未登録）　福田宏撮影

評価：絶滅危惧IB類
選定理由：個体数・個体群の減少，生息条件の悪化，希少，特殊生息環境
分布：東京湾・能登半島～九州，朝鮮半島．
生息環境・生態：大規模な内湾奥部の潮下帯水深約5～10 mの軟泥底．
解説：大阪湾や博多湾では採泥器で生貝が得られたことがあるが，全国的にも産出例は極めて少なく生息状況に関する情報は乏しい．おそらく比較的酸素の乏しい還元的環境を好むと思われるが，近年は死殻が確認されるのみである．上記のような大規模な内湾奥部は多くの場合大都市近郊に位置するため，生息環境が悪化し多くの個体群が壊滅した可能性が高い．殻長4.5mm．（福田 宏）

ワカウラツボ科
ミジンゴマツボ
Liroceratia sulcata（Böttger, 1893）

和歌山県田辺湾　2006年　三長孝輔・秀男撮影

評価：絶滅危惧Ⅱ類
選定理由：個体数・個体群の減少，生息条件の悪化，希少，特殊生息環境
分布：紀伊半島（田辺湾），南西諸島（奄美大島，石垣島），フィリピン，パプアニューギニア．
生息環境・生態：内湾湾口部やマングローブ辺縁の礫混じりの砂泥質干潟において，砂泥に埋もれた転石下に見られ，ミヤコドリやニセゴマツボ等とともに見られる場合が多いが，それらの種より産地・個体数ともに少ない．
解説：ニセゴマツボ等と同様，南西諸島の転石下還元環境に特徴的な貝類群集の一員であるが，内湾の産地は埋立や護岸等によって消滅する場合が多い．また九州以北の既知産地はごくわずかしかない．和歌山県田辺湾では1995～2006年の調査で「個体数は多い．1つの転石下に50個体以上生息している例も観察された」との報告があるが，2007年に同地で調査したところニセゴマツボは確認されたものの本種は見出されなかった．殻長2mm．（福田 宏）

ワカウラツボ科
サザナミツボ
Nozeba ziczac（Fukuda & Ekawa, 1997）

（標本）和歌山県和歌山市名草ノ浜　1995年　国立科学博物館所蔵（パラタイプ，NSMT Mo70978）　（生体）山口県光市島田川　2002年　福田宏撮影

評価：準絶滅危惧
選定理由：個体数・個体群の減少，生息条件の悪化，希少，特殊生息環境
分布：陸奥湾・男鹿半島～南西諸島（奄美大島，沖縄島），朝鮮半島．
生息環境・生態：内湾奥部河口汽水域の砂泥底において，干潮時に生じた水たまりなど止水中に見られ，砂泥に半ば埋もれた転石下に付着する．砂泥底の表層を匍匐することもある．
解説：本種は「サザナミツボ科」Elachisinidae の *Elachisina* 属の一員として記載されたものの，軟体に後足触角を欠くため同科には属さない（このためサザナミツボ科にサザナミツボが含まれなくなってしまうので，Elachisinidae の和名をフロリダツボ科に改称する）．生殖器の形態から判断してワカウラツボ科の *Nozeba* 属に含めるのが妥当と考えられる．新種記載当時は生貝が未確認であったが，近年日本各地で個体群が見出され，生息状況が徐々に明らかにされつつある．しかし依然として普通種とは言いがたい．殻長1.8mm．（福田 宏）

カチドキシタダミ科
ヤイマカチドキシタダミ
Clenchiella sp.

西表島浦内川　2004年　（標本）Australian Museum 所蔵　J. Studdert 撮影　（生体）福田宏撮影

評価：絶滅危惧Ⅱ類
選定理由：個体数・個体群の減少，生息条件の悪化，分布域限定，希少
分布：西表島（浦内川，仲良川，前良川，大原集落内の小河川）に固有．分布域全体が自然公園法で開発規制されている．
生息環境・生態：干潮時にマングローブ内の泥底に生じる浅い水たまりに沈んだ落葉・朽木・緑藻等に付着する．
解説：カチドキシタダミ科 Clenchiellidae は従来ミズツボ科 Hydrobiidae に含められていたが，生殖器の特徴などからワカウラツボ科に近縁と考えられる．*Clenchiella* 属は台湾，香港，フィリピン，北オーストラリア等熱帯のマングローブに分布するが，本種は世界最北の種で西表島固有の未記載種．殻は平たい円盤状で，殻頂は窪む．暗赤褐色または白色．縫合の下と臍孔の周りに鋭い稜角を巡らす．殻表には多数の細い螺脈が走る．殻口外唇は強く肥厚する．蓋は円く多旋型．現在知られる産地は上記4河川のみで，水質や底質の悪化，護岸などの影響が強く懸念される．殻径2mm．（福田 宏）

MOLLUSCA—Gastropoda

カチドキシタダミ科
カトゥラプシキシタダミ
"Clenchiella" sp.

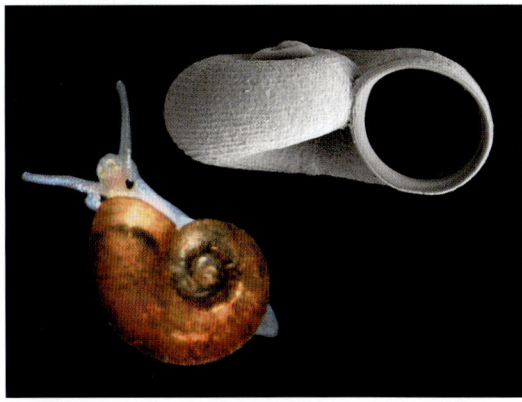

西表島浦内川　2004年　（標本）Australian Museum 所蔵　J. Studdert 撮影　（生体）福田宏撮影

評価：絶滅危惧IB類
選定理由：個体数・個体群の減少，生息条件の悪化，分布域限定，希少，特殊生息環境
分布：西表島（浦内川）からのみ知られる．
生息環境・生態：マングローブ内の砂泥底に生じた浅い水たまりに特異的で，同所的にヤイマカチドキシタダミも見られるが，本種は緑藻の間からのみ確認されている．
解説：未記載種．香港，パプアニューギニア，北オーストラリア等に同属の別種が分布し，それらに対して新属の創設を必要とする．本種はその属のうち世界最小の種．殻は低平，暗赤褐色で前種に似るが，より小型で螺状陵角を欠く．殻表の螺肋はジグザグ状で明瞭．殻口外唇に縦張肋は形成されない．蓋は円く多旋型．本種は極めて狭い範囲に少数個体が生息するのみで，水質や底質の悪化，護岸などの影響が強く懸念される．なお，奄美大島住用川河口マングローブにも本種と同属と思われるやや大型の別種が産し，今後の検討が必要である．殻径1mm．（福田 宏）

フロリダツボ科（和名改称）
ウズツボ
Dolicrossea bellula (A. Adams, 1865)

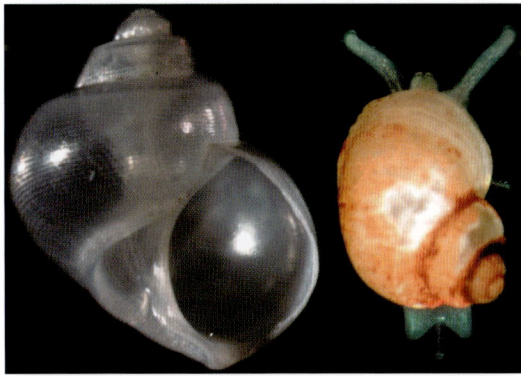

（左）石川県羽咋郡志賀町増穂の浦　2003年　岡山大学農学部水系保全学研究室所蔵（OKCAB M18973）　（右）山口県山口市秋穂二島　1999年　福田宏撮影

評価：情報不足
選定理由：個体数・個体群の減少，生息条件の悪化，希少，特殊生息環境
分布：能登半島（石川県増穂浦；死殻），瀬戸内海，小笠原諸島（父島；死殻）等から記録がある．
生息環境・生態：内湾湾口部の平坦な岩礫地において，中・低潮帯転石下の還元的環境にナギツボとともに見られる．
解説：臍孔が明瞭に開き，臍域が強い螺状陵角で囲まれ，さらにその内側にもう1本の太い肋が走ることが *Dolicrossea* 属の特徴である．軟体は長い後足触角を持つ．本種はこれまで報告例が著しく少ないが，死殻は時折砂浜に打ち上げられている．それらの中には複数種が混在している可能性もあるが，ここでは暫定的に上記の学名に同定しておく．生貝は広島県因島・竹原市賀茂川河口および山口県秋穂湾で見出されたが，同所的に見られるナギツボよりもはるかに産出例が少ない．主として潮下帯に生息する種の可能性もあるが，生態の詳細は依然として不明である．殻長1.8mm．（福田 宏）

イソコハクガイ科
アラウズマキ
Circulus duplicatus (Lischke, 1872)

長崎県佐世保市浅子町　2002年　福田宏撮影

評価：絶滅危惧II類
選定理由：個体数・個体群の減少，生息条件の悪化，希少，特殊生息環境
分布：房総・男鹿半島〜九州，朝鮮半島．
生息環境・生態：セムシマドアキガイ，ヒナユキスズメ，ゴマツボ，スジウネリチョウジガイ，シラギク等と同様，内湾湾口部等の潮通しがよく透明度の高い海水に洗われる海岸礫地（干潟状の平坦な礫地を含む）の高潮帯〜潮下帯に見られ，砂中に半ば埋もれた転石下の，やや還元的な環境を好む．
解説：死殻を目にすることは必ずしも珍しくないが，生貝の発見例は極端に少なく，シラギクより更に少ない．殻径4mm．（福田 宏）

軟体動物−腹足類

イソコハクガイ科
ヒメシラギク（ミジンシラギク，シラギクマガイ）
Pseudoliotia astericus (Gould, 1859)

台湾淡水港　1939年　国立科学博物館所蔵標本　長谷川和範撮影

評価：準絶滅危惧
選定理由：個体数・個体群の減少，生息条件の悪化，希少，特殊生息環境
分布：南西諸島，台湾，香港，東南アジア．瀬戸内海からも記録があるがシラギクの誤同定であろう．
生息環境・生態：内湾奥部マングローブ辺縁に生じた礫地の高潮帯において砂泥に埋もれた転石下から，ジーコンボツボ，サカマキオカミミガイ，イササコミミガイ，シュジュコミミガイ等とともに見出されている．
解説：かつてカワザンショウ科の一員とされたシラギクマガイは本種の幼貝である．亜熱帯から熱帯に分布する種で，日本では沖縄県のみから知られるが詳細な産出記録はこれまで皆無である．上記の生息環境・生態は1993年の宮古島平良字久松での観察に基づいており，当時同地では多産していたが2008年に同地を調査した際はまったく見出されなかった．元々産地が局限される種と思われ，現在国内で確実に個体群が維持されている場所は知られていない．殻径2mm.（福田 宏）

イソコハクガイ科
シラギク
Pseudoliotia pulchella (Dunker, 1860)

長崎県佐世保市浅子町　2002年　福田宏撮影

評価：準絶滅危惧
選定理由：個体数・個体群の減少，生息条件の悪化，特殊生息環境
分布：三陸海岸・男鹿半島～九州，朝鮮半島．
生息環境・生態：セムシマドアキガイ，ゴマツボ，スジウネリチョウジガイ，アラウズマキ等と同様，内湾湾口部岩礫地の潮間帯転石下に生じる還元的環境を好むが，本種は内湾奥部や河口汽水域の軟泥干潟に深く埋もれた転石の下から，ミヤコドリ，ヒナユキスズメ，ワカウラツボ等とともに見出されることもある．
解説：湾口部の岩礁域と湾奥部の軟泥干潟にまたがって産するが，いずれにせよ転石下の還元的環境を好み，同様の環境は護岸や埋立，干拓等で失われることが多い．殻径3mm.（福田 宏）

イソコハクガイ科
イソマイマイ
Sigaretornus aff. *planus* (A. Adams, 1850)

山口県熊毛郡上関町四代田ノ浦　2002年　岡山大学農学部水系保全学研究室所蔵（OKCAB M943）　福田宏撮影

評価：絶滅危惧II類
選定理由：個体数・個体群の減少，生息条件の悪化，希少，特殊生息環境
分布：房総半島・能登半島～九州．
生息環境・生態：死殻が砂浜や干潟で見出されるのみで，生息状況の詳細な記録はまだない．おそらく同属の他種同様にユムシ類の巣孔に棲むと推測される．
解説：従来本種の学名とされてきた *S. planus* はフィリピン～香港産であり，むしろ次項に挙げる沖縄島産個体に相当する可能性が高い．九州以北の個体は沖縄島以南のものよりはるかに大型で，明瞭な周縁角を持つ点で別種と考えられるが，現時点で適切な学名がなく未記載種かもしれない．本種は生貝はおろか死殻を見る機会も希で，産地・個体数ともに少ないと思われる．近年大分県中津市の干潟でシマトラフヒメシャコの巣孔から本種に近縁と思われる種が見出されたが，本種との関係についてはさらに検討が必要である．殻径10 mm.（福田 宏・久保弘文）

イソコハクガイ科
ガタチンナン(和名新称)
Sigaretornus cf. *planus* (A. Adams, 1850)

沖縄県羽地内海　2011年　久保弘文撮影

評価：絶滅危惧Ⅱ類
選定理由：生息条件の悪化，特殊生息環境，希少
分布：沖縄島（羽地内海）．
生息環境・生態：タテジマユムシ *Listriolobus sorbillans* (Lampert, 1883)の巣孔に生息する．2011年現在，羽地内海での生息状況は，中潮帯12個体と低潮帯28個体のタテジマユムシ巣穴を調査した結果，中潮帯の寄生率83％，低潮帯21％であり，中潮帯に分布が集中していた．また同所にナタマメケボリも生息するが，場所による寄生率の差はなかった．
解説：本種は今のところ羽地内海のみの記録だが，香港でスジユムシ *Ochetostoma erythrogrammon* Leuckart & Rüppell, 1828の巣孔から見出されている種と酷似し，同種の可能性がある．一方，前出のイソマイマイとは別種と考えられる．これまでイソマイマイに使用されてきた学名 *planus* はフィリピンをタイプ産地とし，香港の種も *planus* とされている．和名の「チンナン」は沖縄方言で蝸牛（マイマイ）のことで，干潟（ガタ）の蝸牛の意味．殻径4mm．（久保弘文・福田 宏）

イソコハクガイ科
ウミコハクガイ
Teinostoma lucida A. Adams, 1863

(左)山口県長門市只の浜　2004年　(右)神奈川県逗子市 2003年　福田宏撮影

評価：絶滅危惧Ⅱ類
選定理由：個体数・個体群の減少，生息条件の悪化，希少，特殊生息環境
分布：大槌湾・能登半島〜九州，朝鮮半島．
生息環境・生態：潮通しのよい内湾湾口部で，透明度の高い海水に洗われる砂浜の辺縁に生じた平坦な礫地の低潮帯の砂泥に埋もれた転石の下等，やや還元的な環境．同所的にヒナユキスズメ，ウチノミツボ，シラギク，ナギツボ，ミジンツガイ *Brochina glabella* A. Adams, 1868等が見られる．
解説：従来は死殻が知られるのみで生息状況は未詳であったが，潮間帯の平坦な礫地の還元環境に見られる貝類群集の一員であることが近年判明した．千葉県館山市沖ノ島，山口県長門市只の浜，長崎県松浦市御厨町西木場免等で生貝が確認されているが，同所的に見られる上掲の他種よりも格段に産地・個体数ともに少ない．上記3カ所のうち長門市では同時に生貝10個体以上が見られたが，館山市と松浦市ではそれぞれ1個体が見出されたのみである．殻径1.5mm．（福田 宏）

イソコハクガイ科
ナギツボ
Vitrinella sp.

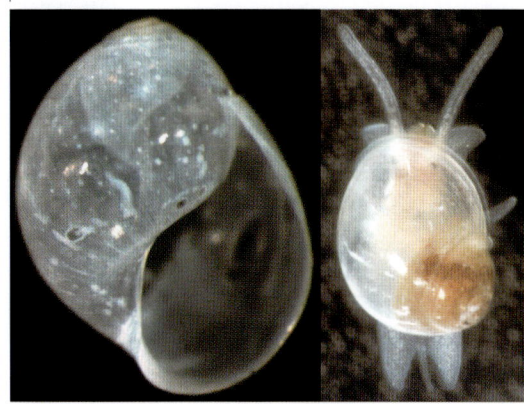

山口県山口市秋穂二島　1999年　福田宏撮影

評価：準絶滅危惧
選定理由：個体数・個体群の減少，生息条件の悪化，特殊生息環境
分布：伊豆半島，浜名湖，英虞湾，紀伊水道，瀬戸内海，九州西岸．
生息環境・生態：ゴマツボ，スジウネリチョウジガイ，アラウズマキ等と同様，内湾湾口部岩礫地の潮間帯転石下に形成される還元的環境を好むが，本種は内湾奥部や河口汽水域の軟泥干潟に深く埋もれた転石の下から，ヒナユキスズメ，ワカウラツボ，シラギク等とともに見出されることもある．
解説：シラギクと同様に湾口部の岩礁域と湾奥部の軟泥干潟にまたがって産し，両環境ともに護岸等で失われることが多い．なお，本種は発見当時フロリダツボ科 Elachisinidae に属すと考えられていたが，軟体の形態はイソコハクガイ科の一員であることを示している．殻長1.5mm．（福田 宏）

軟体動物一腹足類　43

イソコハクガイ科
トゲトゲツボ（和名新称）
Tornidae gen. & sp. A

和歌山市和歌浦　2007年　多々良有紀撮影

評価：情報不足
選定理由：個体数・個体群の減少，生息条件の悪化，特殊生息環境
分布：宮城県万石浦，三重県志摩市英虞湾，和歌浦.
生息環境・生態：万石浦では湾奥の砂泥質干潟下部表層でマンゴクウラカワザンショウやイリエゴウナ等に随伴し，英虞湾では真珠養殖筏直下の水深9 mに設置された漁礁下で確認された．和歌浦では砂泥干潟表層に生じた水深5〜20 cmのタイドプール水中を漂うアナアオサ上に，ナギツボ，カクメイ属やガラスシダタミ科の未詳種等とともに付着していた.
解説：頭部〜腹足の形態からイソコハクガイ科の一員と思われるが属の所属は未詳．殻はタマガイ様で極めて薄く無色半透明，殻表には弱い成長脈を除いて目立った彫刻はなく，臍孔は広い．頭触角と腹足背面には淡黄色の斑点が散在し，頭触角には黒色帯がある．腹足後半は細長く伸長する．体の右側に細長い外套触角を持つ．頭触角と外套触角の先端に顕著な剛毛を持ち，和名はこれに因む．殻長1 mm．（福田 宏）

イソコハクガイ科
チクチクツボ（和名新称）
Tornidae gen. & sp. B

和歌山市和歌浦　2007年　多々良有紀撮影

評価：情報不足
選定理由：個体数・個体群の減少，生息条件の悪化，特殊生息環境
分布：和歌浦.
生息環境・生態：トゲトゲツボと同様，砂泥質干潟表層に生じた水深5〜20 cmのタイドプール水中を漂うアナアオサ上.
解説：前種トゲトゲツボに似るが，以下の点で容易に識別できる：殻表に細いが明瞭なジグザグの螺脈を等間隔に巡らす（前種では不明瞭な成長脈のみ），腹足の後半はさほど伸長せずその先端が狭まって尖る（前種では幅広いへら状で先端は鈍い），口吻の先端が単純（前種では二叉する），外套膜の広い範囲を覆う黒色色素が殻を透過して見える（前種では無色）．頭触角と長い外套触角の先端に剛毛を具える点は両種に共通する．前種とともに発見されたばかりで分布域の概略も明らかでないが，随伴する諸種（ナギツボ，カクメイ属とガラスシダタミ科の未詳種等）と同様に内湾の還元環境に特異的な希少種の可能性がある．殻長1 mm．（福田 宏）

ミズゴマツボ科
エドガワミズゴマツボ（ウミゴマツボ，ミヤジウミゴマツボ，ミジンウミゴマツボ，ミヤジマウミゴマツボ）
Stenothyra edogawensis (Yokoyama, 1927)

千葉県市川市新浜　2005年　多々良有紀撮影

評価：準絶滅危惧
選定理由：個体数・個体群の減少，生息条件の悪化
分布：宮城県万石浦，若狭湾〜九州．沖縄島から近似した個体が知られるが同種か否かは検討の余地がある．朝鮮半島からの記録は未記載種トライミズゴマツボ S. sp. の誤同定.
生息環境・生態：内湾奥部に注ぐ河口汽水域下流部の干潟中・低潮帯において砂泥または軟泥底の表層を匍匐する．カワグチツボと同所的に見られることが多い.
解説：産地間で大きさの変異が大きく，それが同種の変異か，別種・別亜種とすべきかは再検討が必要であるが，ここではすべて同種と見なすことにする．その場合，福井県久々子湖のミヤジウミゴマツボ，和歌山県田辺湾のミジンウミゴマツボ，広島県宮島のミヤジマウミゴマツボは異名となる．また沖縄島からも本種に類似した個体が報告されているが，奄美大島周辺からは知られておらず分布域が分断されているためこれも検討を要する．九州以北の個体群ではカワグチツボと同様減少傾向にあると思われる．殻長2 mm．（福田 宏）

ミズゴマツボ科
ミズゴマツボ
Stenothyra japonica Kuroda, 1962

長崎県佐世保市木原町　2008年　多々良有紀撮影

評価：絶滅危惧II類
選定理由：個体数・個体群の減少，生息条件の悪化，希少，特殊生息環境
分布：岩手・秋田県～九州，朝鮮半島南部.
生息環境・生態：海岸近くの平野部の水路や水田等の軟泥底表層や，塩分の低い汽水から淡水にまたがって見られ，止水や緩い流水中の泥上や植物上，転石上を匍匐する．
解説：東北や九州の一部では多産地が現存するが，それ以外の地方での近年の記録は少ない．かつては都市近郊の人工的な運河等にも多産したが，1960年代以降それが埋立てられるなどして生息場所が失われた．大規模干拓事業が行われた八郎潟や児島湾周辺では30年以上再発見されていない．その一方で諫早湾では閉め切り淡水化後に調整池内で増加している．本種は汽水域にも淡水域にも，また貧栄養の流水中にも富栄養の止水中にも生息可能であるが，どこにでも見られるわけでは決してなく，生息条件が容易に特定できないことが保全対策を困難にしている．殻長5mm．（福田 宏）

ミズゴマツボ科
エゾミズゴマツボ（カラフトミズゴマツボ）
Stenothyra recondita Lindholm, 1929

北海道天塩郡天塩川　2009年　多々良有紀撮影

評価：絶滅危惧II類
選定理由：個体数・個体群の減少，生息条件の悪化
分布：北海道，下北半島（小川原湖），サハリン，ロシア沿海州.
生息環境・生態：海と連絡のある汽水湖や河口において，浅い止水中の砂泥底表層や植物・転石上を匍匐し，テシオカワザンショウ，タカホコシラトリ，ヌマコダキガイ等とともに見られることが多い．
解説：ミズゴマツボと同種と見なされたこともあったが，ミズゴマツボは殻表の螺状点刻が左右に間隔をおいて並ぶのに対し，本種は間隔をおかず相互に接することで区別される．またミズゴマツボは淡水域にも産するが，本種は北海道では汽水域にのみ見られ，淡水域での産出は小川原湖以外に知られていない．本種の国内の既知産地は少なく，タカホコシラトリやヌマコダキガイ等と同様の危機的状況にあると思われる．殻長5mm．（福田 宏）

ナタネツボ科
ナタネツボ
Falsicingula kurilensis (Pilsbry, 1905)

北海道釧路市　栗原康裕撮影

評価：準絶滅危惧
選定理由：個体数・個体群の減少
分布：カムチャツカ，オホーツク海，日本海北部，千島列島，北海道東部（釧路，厚岸）.
生息環境・生態：寒流域の潮間帯～水深18mの藻類上に付着する．北海道東部は南限にあたる．
解説：本種はナタネツボ属 *Falsicingula* の近似種と比較して縫合が深く，殻口は円形で広がり，外唇は薄い．微小種であるため分布報告が極めて少なく，日本国内での生息地は北海道東部に局限されている．北海道厚岸では1950年代に多産との報告があるが，1980～90年代では少産と減少傾向にあった．本種の生息環境である潮間帯は護岸工事，港湾整備，漁場整備による破壊・減少が顕著であり，生息環境の悪化は継続している点から，現状は少産～希産と考えられる．国内の現存産地は2カ所以下．殻長4mm．（栗原康裕）

カワザンショウ科
クリイロカワザンショウ（クロクリイロカワザンショウ）
Angustassiminea castanea (Westerlund, 1883)

愛媛県宇和島市津島町岩松川　2011年　多々良有紀撮影

評価：準絶滅危惧
選定理由：個体数・個体群の減少，生息条件の悪化
分布：陸奥湾～種子島．
生息環境・生態：内湾奥部河口汽水域のヨシ原内やその周囲の泥底・砂泥底表層や転石・漂着物の下等．干潮時の汀線から比較的遠く乾燥した場所を好み，フトヘナタリと同所的に見られることが多い．
解説：和歌山県から記載されたクロクリイロカワザンショウは大型の個体変異にすぎない．かつて本種は各地に普通に見られたが，近年は生息環境の悪化や縮小に伴って全国的に減少傾向にある．同所的に見られることの多いヨシダカワザンショウは粗い砂泥底や砂礫底でも個体群形成が可能なため潮位差が小さく河口に泥が堆積しにくい日本海側にも産地が存在するのに対し，本種は軟泥混じりの底質を必要とするため本州日本海側には産しない．同様に太平洋側でも護岸等によって河口に軟泥が堆積しなくなると本種は生息できなくなる．殻長4.5 mm．（福田 宏）

カワザンショウ科
オオクリイロカワザンショウ
"*Angustassiminea*" *kyushuensis* S. & T. Habe, 1983

福岡県遠賀郡遠賀町西川支流吉原川　2008年　多々良有紀撮影

評価：絶滅危惧IA類
選定理由：個体数・個体群の減少，生息条件の悪化，分布域限定，希少
分布：玄界灘（福岡県），有明海奥部（福岡・佐賀両県），朝鮮半島西岸～南岸．
生息環境・生態：河口汽水域の泥底に生じたヨシ原内部において，ヨシ根元の地表に堆積した落葉や漂着物の下．有明海ではアズキカワザンショウと同所的に見られる．
解説：本種は現在クリイロカワザンショウ属の一員とされているがこれは誤りで，本種のみからなる新属の創設を必要とする．朝鮮半島では多産するが，日本では玄界灘と有明海奥部のわずか数カ所に産地が限定される．とくに玄界灘ではタイプ産地の遠賀川支流西川および吉原川のみに残存し，生息範囲は極めて狭く，危機的水準に陥っている．有明海でも佐賀県六角川を除き，どの産地でも密度が著しく低い．小規模な護岸やヨシ原の刈取り・焼払い等によっても壊滅的打撃を受けるおそれがある．殻長7.5 mm．（福田 宏）

カワザンショウ科
ヨシダカワザンショウ
"*Angustassiminea*" *yoshidayukioi* (Kuroda, 1959)

（左・中）神奈川県川崎市多摩川河口　2007年　多留聖典撮影
（右）佐賀県藤津郡太良町田古里川　2008年　福田宏撮影

評価：準絶滅危惧
選定理由：個体数・個体群の減少，生息条件の悪化，特殊生息環境
分布：北海道南部，下北半島，八郎潟～九州南部．朝鮮半島南部からも記録があるがそれは未記載の別種であり，本種は日本固有種の可能性が高い．
生息環境・生態：河口汽水域の高潮帯～飛沫帯の泥底・砂泥底に生じたヨシ原内部やその上部に接した植生の根元，落葉・漂着物等の下．とくに，河川の土手のやや乾燥した草むら等，他の汽水性カワザンショウ科の種より数～数十メートル陸地側を好む．
解説：本種は護岸等の河川改修の際に個体群が壊滅する事例が多い．またヨシ原の調査や保全が試みられたとしても，本種のみが他種とは離れた高い位置に生息するため存在を見落とされる場合が多々ある．東北地方では比較的多数の産地が知られるものの，2011年の東日本大震災によって太平洋岸の多くの個体群が影響を被った．殻長3 mm．（福田 宏）

カワザンショウ科
オイランカワザンショウ
"Angustassiminea" aff. *yoshidayukioi* (Kuroda, 1959)

（左）宮古島平良荷川取成川　2008年　多々良有紀撮影　（右）鹿児島県屋久島栗生川　2009年　福田宏撮影

評価：準絶滅危惧
選定理由：個体数・個体群の減少，生息条件の悪化
分布：南西諸島（種子島，屋久島，奄美大島，沖縄島，久米島，宮古島，石垣島，西表島）．
生息環境・生態：河口マングローブ内や辺縁の砂泥底の転石や落葉，朽木等の下に見られるが，時に汽水域上流や淡水域にも見られる．沖縄島と久米島のマングローブではアシヒダツボと同所的に産する．
解説：ヨシダカワザンショウに似るが螺層の膨らみや縫合の括れが弱く，殻底の白色帯もより明瞭で，軸唇は鮮やかな赤褐色を呈する．南西諸島の河口汽水域に産するカワザンショウ科の中で最も普通に見られる種であるが，マングローブの縮小とともに生息可能範囲は減少傾向にある．殻長3.5 mm. （福田 宏）

カワザンショウ科
コーヒーイロカワザンショウ
"Angustassiminea" sp.

西表島浦内川　2003年　福田宏撮影

評価：絶滅危惧II類
選定理由：個体数・個体群の減少，生息条件の悪化，分布域限定，希少
分布：西表島（浦内川，ユチン川，前良川，仲間川，大原集落内の小河川）．
生息環境・生態：マングローブ内や辺縁の砂泥底に堆積した落葉や朽木の下．浦内川ではウラウチコダマカワザンショウと同所的に見られる．
解説：西表島固有種で，浦内川河口をタイプ産地として近日記載予定．クリイロカワザンショウに似るが，殻表は光沢が強く，また臍孔が狭く隙間状に開き，その周囲に螺状陵角を巡らす．縫合下の螺溝は明瞭．歯舌や生殖器の特異な形態から，本種のみからなる新属の創設を必要とする（オオクリイロカワザンショウのみからなる新属の姉妹群）．現在知られる産地は上記5カ所のみで，水質や底質の悪化，護岸などの影響が強く懸念される．石垣島など近隣の島嶼からはいまだ発見されていない．殻長4 mm. （福田 宏）

カワザンショウ科
ムシヤドリカワザンショウ
Assiminea parasitologica Kuroda, 1958

北海道稚内市声問　2009年　多々良有紀撮影

評価：準絶滅危惧
選定理由：個体数・個体群の減少，生息条件の悪化
分布：北海道，本州日本海側（南限は山口県萩市）．
生息環境・生態：河口汽水域において，ヨシ原内やその周囲の砂泥底表層や転石・漂着物の下などに産する．本州ではヨシダカワザンショウと同所的に見られることが多い．
解説：本種は従来，北海道〜九州のほぼ全域に分布するとされてきたが，分子系統解析の結果，本州〜九州の太平洋（瀬戸内海を含む）と九州日本海・東シナ海（有明海を含む）産は別種（次種ヒナタムシヤドリカワザンショウ）であり，本種のタイプ産地である兵庫県円山川河口産と同種と考えられるものは北海道と本州日本海側に限定されることが判明した．日本海では潮位差が小さく汽水域が短いため産地は多くない．しかし近年米国オレゴン州にバラスト水を介して人為的に移入され，現地在来の近縁種 *Angustassiminea californica* (Tryon, 1865) を駆逐するに至っている．殻長3 mm. （福田 宏）

カワザンショウ科
ヒナタムシヤドリカワザンショウ(和名新称)
Assiminea aff. *parasitologica* Kuroda, 1958

千葉県市川市行徳新浜湖　2012年　多々良有紀撮影

評価：準絶滅危惧
選定理由：個体数・個体群の減少，生息条件の悪化
分布：本州（陸奥湾以南）〜九州の太平洋岸，瀬戸内海，九州西岸（博多湾〜鹿児島，有明海を含む）．
生息環境・生態：内湾奥部河口汽水域のヨシ原内やその周囲の泥底・砂泥底表層や転石・漂着物の下等．ムシヤドリカワザンショウと同所的に見られる産地は確認されていない．
解説：従来本州〜九州でムシヤドリカワザンショウとされてきたものは多くの場合本種である．前種よりやや大型で螺塔が高く，螺層の膨らみと縫合の括れは弱く，殻表は光沢がより強くて色彩も鮮明なこと（和名「日向」はこれに因む）で識別可能である．また朝鮮半島南部にもムシヤドリカワザンショウが分布するとされてきたがそれは別種のブドウイロカワザンショウ *A. violacea* Heude, 1882である．本種は同所的に産することの多いクリイロカワザンショウと同等の危機的状況に陥っている．米国に移入されたのはムシヤドリカワザンショウであって本種ではない．殻長3.5 mm．（福田 宏）

カワザンショウ科
ツブカワザンショウ(ヒメカワザンショウ)
"*Assiminea*" *estuarina* Habe, 1946

和歌山県東牟婁郡那智勝浦町浦神　2010年　多々良有紀撮影

評価：準絶滅危惧
選定理由：個体数・個体群の減少，生息条件の悪化，特殊生息環境
分布：宮城県志津川湾〜九州，奄美大島，沖縄島．
生息環境・生態：内湾奥砂泥干潟の辺縁に生じた礫地において，高・中潮帯の転石側面に付着する．ヨシ原内部や軟泥底には少ない．
解説：螺層上部に螺肋を持つことで区別されていたヒメカワザンショウは，分子系統解析の結果本種と同種と見なされる．本種の産地は全国的に見ても少ない．乾燥に弱く，内湾奥部の水辺にまとまった数の岩礫が散在してつねに濡れていることが個体群維持に不可欠である．東北地方太平洋岸では最近まで健全な個体群の点在が認められたものの，2011年の東日本大震災によって分布最北限の志津川湾（南三陸町水戸辺川河口）を含めて多くの個体群が流失した．殻長3 mm．（福田 宏）

カワザンショウ科
イヨカワザンショウ(ヤミカワザンショウ)
"*Assiminea*" aff. *estuarina* Habe, 1946

（標本）伊豫　国立科学博物館所蔵　平瀬介館由来の岩川友太郎標本（NSMT-Mo72813）　（生体）愛媛県西条市加茂川　2004年　福田宏撮影

評価：準絶滅危惧
選定理由：個体数・個体群の減少，生息条件の悪化，分布域限定，特殊生息環境
分布：瀬戸内海，有明海，朝鮮半島南部．
生息環境・生態：ツブカワザンショウと同様に内湾奥部干潟辺縁の礫地に見られ，高・中潮帯の転石側面や底泥表層を匍匐する．とくにマガキが岩盤や転石上に密生する場所を好み，マガキと岩との隙間にも入り込む．
解説：ツブカワザンショウに似るがより螺塔が高く殻頂部が細いため殻形は全体として円錐形に近い．明治時代にPilsbryが愛媛県西条市産の標本に対して学名を準備していたものの正式記載に至らず，その後カワザンショウ "*A.*" *japonica* Martens, 1877と同種と見なされたため近年まで存在が認識されてこなかったが，カワザンショウとは別種であり新種記載が必要である．有明海産のヤミカワザンショウは色帯が幅広い変異にすぎないことが分子系統解析から明らかとなった．殻長2.5 mm．（福田 宏）

カワザンショウ科
アッケシカワザンショウ
"Assiminea" aff. *hiradoensis* Habe, 1942

北海道網走市能取湖　2009年　多々良有紀所蔵・撮影

評価：準絶滅危惧
選定理由：個体数・個体群の減少，生息条件の悪化
分布：北海道東部．
生息環境・生態：河口汽水域および汽水湖のヨシ原内部や周縁の水際の泥上を匍匐する．一部の産地ではテシオカワザンショウとともに見られる．
解説：殻は陸奥湾〜九州に分布するヒラドカワザンショウ *"A."* *hiradoensis* Habe, 1942に似るが，螺塔がより高くて高円錐形を呈し，螺層はより膨らみ，縫合の括れも強い点で識別可能である．殻表は赤茶褐色または黄褐色で，ヒラドカワザンショウには明瞭な色帯を巡らす個体が多いのに対し，本種の色帯の輪郭はつねに不明瞭にぼやける．テシオカワザンショウと同様に北海道固有種と考えられるが，両種ともに汽水域の護岸や埋立等によって生息地が狭められ，減少傾向にある．殻長9mm．（福田 宏）

カワザンショウ科
テシオカワザンショウ
"Assiminea" aff. *japonica* Martens, 1877

北海道枝幸郡浜頓別町クッチャロ湖　2009年　多々良有紀撮影

評価：準絶滅危惧
選定理由：個体数・個体群の減少，生息条件の悪化
分布：北海道北部・東部，下北半島（鷹架沼，小川原湖）．
生息環境・生態：河口汽水域および汽水湖のヨシ原内部や周縁の水際の泥上を匍匐する．エゾミズゴマツボ，タカホコシラトリ，ヌマコダキガイ等とともに見られることが多い．
解説：本種は明治時代に岩川友太郎が北海道子塩地方の個体に和名を与えた後，波部忠重が学名 *A. septentrionalis* Habe, 1942を命名したが，タイプ標本にはなぜか福井県産個体が指定された．しかしそのタイプ標本を再検討するとカワザンショウに他ならず，本種は学名を失うため新たに記載命名が必要である．干拓前の秋田県八郎潟に生息していた個体群（現在は生息地の淡水化により絶滅）も本種に同定されていたがこれもカワザンショウであり，本州日本海側に本種は分布しない．本種は同所的に見られる上記3種と同様の減少傾向にあると思われる．殻長6mm．（福田 宏）

カワザンショウ科
リュウキュウカワザンショウ
"Assiminea" aff. *lutea*（A. Adams, 1861）

沖縄県名護市　国立科学博物館所蔵（NSMT Mo38990）　福田宏撮影

評価：絶滅
選定理由：個体数・個体群の減少，生息条件の悪化，分布域限定
分布：沖縄島（那覇市，名護市），与那国島．
生息環境・生態：詳細不明．
解説：殻形はヒラドカワザンショウやアッケシカワザンショウに似るが著しく厚質堅固で，軸唇は幅広い．臍孔が狭く開く個体も見られる．殻表は淡黄褐色で，色帯は不明瞭．国立科学博物館所蔵の波部・河村コレクション中にそれぞれ「那覇」「名護」産の標本があり，大阪市立自然史博物館所蔵吉良コレクション中にも「与那国」産の標本が現存する．それらのいずれにも蓋と乾燥した軟体が残されているため採集時は生貝であったと考えられるが，その後南西諸島で類似した個体が確認された例はなく，近年になって絶滅した可能性が高い．おそらく集落内の小規模な河口に生息していたと思われ，都市化に伴う河口の護岸や水質汚濁等によってすべての個体群が壊滅したものと推測される．殻長6mm．（福田 宏）

カワザンショウ科
ムツカワザンショウ
"*Assiminea*" sp. A

青森県むつ市港町　2006年　多留聖典撮影

評価：絶滅危惧Ⅱ類
選定理由：個体数・個体群の減少，生息条件の悪化，分布域限定，特殊生息環境
分布：陸奥湾東北岸（むつ市）のみ．
生息環境・生態：内湾奥部においてアマモ場の点在する平坦な砂泥質干潟低潮帯～潮下帯上部（干潮時の水深0.2～1m）の表層．同所的にサザナミツボ，ムラクモキジビキガイ，ヌカルミクチキレ，ユウシオガイ，ハマグリ等が産する．
解説：本種以下オオシンデンカワザンショウまでの5種はすべて未記載種で，カワザンショウ科貝類としては世界的にも希な完全な海水棲の種群であり，前浜干潟の低潮帯から潮下帯にかけて砂泥底表層に見られる．またそれぞれの種はわずか1～数カ所の内湾に固有で，分布域が極端に狭い．本種はそれらの種の中でも最も水深が深い位置に見られ，むつ市内の陸奥湾沿岸からのみ知られている．殻は太短く，臍孔は明瞭に開く．殻表は不明瞭な螺脈を巡らし，濃黄褐色で，色帯を欠く．殻長3mm．（福田 宏）

カワザンショウ科
マンゴクウラカワザンショウ
"*Assiminea*" sp. B

宮城県万石浦　2009年　多々良有紀撮影

評価：絶滅危惧Ⅱ類
選定理由：個体数・個体群の減少，生息条件の悪化，分布域限定，特殊生息環境
分布：万石浦南岸（宮城県石巻市）のみ．
生息環境・生態：内湾奥部の平坦な砂泥質干潟の中・低潮帯の表層．同所的にトゲトゲツボ，エドガワミズゴマツボ，ヒメゴウナ近似種，イリエゴウナ等の希少種が見られる．
解説：前種ムツカワザンショウに似るがはるかに小型で，球形で膨らみが強く，臍孔は狭く開く．殻表は平滑で淡茶褐色．前種よりもやや高い位置に見られ，干潮時は干出した干潟の表層におびただしい個体数が現れるが，今のところ万石浦からしか確認されていない．近隣の内湾（長面浦など）には本種は見られないため，万石浦固有種の可能性が高い．殻長1.5mm．（福田 宏）

カワザンショウ科
マツシマカワザンショウ
"*Assiminea*" sp. C

宮城県東松島市波津々浦　2009年　多々良有紀撮影

評価：絶滅危惧Ⅱ類
選定理由：個体数・個体群の減少，生息条件の悪化，分布域限定，特殊生息環境
分布：波津々浦東北岸（宮城県東松島市）のみ．
生息環境・生態：前種マンゴクウラカワザンショウと同様，内湾奥の平坦な砂泥干潟中・低潮帯の表層．同所的にイボキサゴ等が産する．
解説：ムツカワザンショウに似るがやや小型で，螺塔がより高く高円錐形を呈する．臍孔は狭く開く．殻表は淡茶褐色．また本書にあげた海棲カワザンショウ類5種の中で唯一，雌性生殖器の貯精嚢が黒色に彩られる（この特徴はムシヤドリカワザンショウにも見られる）．マンゴクウラカワザンショウと同様，干潮時に干出する砂泥質干潟の表層に多産するものの，既知産地は波津々浦の数カ所のみで，同地周辺に固有の可能性が高い．また本種は2011年の東日本大震災の津波で大きな影響を被った．殻長2mm．（福田 宏）

カワザンショウ科
マツカワウラカワザンショウ
"*Assiminea*" sp. D

福島県相馬市松川浦　2009年　多々良有紀撮影

評価：絶滅危惧II類
選定理由：個体数・個体群の減少，生息条件の悪化，分布域限定，特殊生息環境
分布：松川浦東北岸のみ．
生息環境・生態：マンゴクウラカワザンショウ，マツシマカワザンショウと同様，内湾奥部の平坦な砂泥質干潟中・低潮帯の表層．同所的にヤミヨキセワタ，サビシラトリ，ユウシオガイ等が産する．
解説：マンゴクウラカワザンショウに似るが大きく，淡黄褐色．臍孔は狭く開く．本種も松川浦東北岸の狭い範囲の固有種と思われるが，2011年の東日本大震災の津波が個体群を直撃したため現在著しく減少している．また本種に似た種の死殻が東京湾奥部（千葉県市川市〜木更津市周辺）から多数採集される（本書のタニシツボの項も参照）が，生貝はいまだ確認できず，それらはすでに絶滅した東京湾固有種かもしれない．殻長3mm．（福田 宏）

カワザンショウ科
オオシンデンカワザンショウ（キツキカワザンショウ）
"*Assiminea*" sp. E

大分県中津市大新田　（標本）2003年　福田宏撮影　（生体）2008年　和田太一撮影

評価：絶滅危惧II類
選定理由：個体数・個体群の減少，生息条件の悪化，分布域限定，特殊生息環境
分布：大分県中津市大新田・三百間・鍋島，杵築市守江湾，福岡県北九州市曽根干潟．
生息環境・生態：内湾奥部干潟中・低潮帯の砂泥底表層やアマモ類の葉上．時に水面に多数個体が乗ってサーフィンする光景が見られるが生態的な意義は不明．
解説：マツカワウラカワザンショウに似るが著しく小型で螺塔が低く体層が大きい．殻表は鈍い光沢があり半透明，赤茶褐色で色帯を欠く．臍孔は狭く開く．杵築市産のキツキカワザンショウは螺塔が高いが，地域変異かもしれない．同様の個体は中津市鍋島や曽根干潟にも産する．また愛知県三河湾奥部，山口県油谷湾，鹿児島県種子島から本種に似た死殻が得られているが生貝は未発見で，東京湾のマツカワウラカワザンショウ近似種と同様，各内湾に固有であった種が近年次々に絶滅したのかもしれない．殻長1.5mm．（福田 宏）

カワザンショウ科
ミニカドカド
Ditropisena sp. A

(標本)沖縄県名護市屋我地島饒平名　1994年　岡山大学農学部水系保全学研究室所蔵　福田宏撮影　(生体)沖縄県国頭郡大宜味村塩屋湾　2008年　亀田勇一撮影

評価：絶滅危惧II類
選定理由：個体数・個体群の減少，生息条件の悪化，分布域限定，希少，特殊生息環境
分布：沖縄島北部（羽地内海，塩屋湾）．久米島にも類似した個体が産するが，同種かどうか明らかでない．
生息環境・生態：河口マングローブ辺縁や海岸の飛沫帯上部において，砂礫底に深く埋もれた死サンゴ片や朽木の下．陸地に生じた樹木がオーバーハングして木陰を形成し，昼間も直射日光に晒されず保湿される場所を好む．晴天時は地中深く潜るため見出しにくいが，雨天や雨後は表層に這い出す．
解説：カドカドガイ属 *Ditropisena* の種はいずれも汽水域または海岸飛沫帯において湿気が保たれ，まとまった数の死サンゴ片と埋もれた朽木が同所に揃うことが個体群形成に必須である．同様の環境は護岸や水際の樹木の伐採等によって失われやすく，同属が生息可能な場所は年々狭められている．また日本産のこの属の種はいずれも分布域が狭く，本種は沖縄島北部からしか見出されていない．殻径1.6mm．（福田 宏）

軟体動物―腹足類　51

カワザンショウ科
エレガントカドカド
Ditropisena sp. B

(左上)石垣島磯辺川　1994年　岡山大学農学部水系保全学研究室所蔵　福田宏撮影　(右上)石垣島　2009年　多々良有紀撮影　(下段)石垣島　久保弘文撮影

評価：絶滅危惧 II 類
選定理由：個体数・個体群の減少，生息条件の悪化，分布域限定，希少，特殊生息環境
分布：石垣島，西表島.
生息環境・生態：ミニカドカドと同様.
解説：殻はミニカドカドに似るがやや螺塔が低く，縦肋も細かい．本種は石垣島と西表島の数カ所の河口・海岸からしか見出されていない．石垣島磯辺川河口の産地は近年実施された橋の改築工事の影響で状態が悪化し，現在も生息しているかどうか明らかでない．他の産地も生息範囲がわずか十数メートルと極端に狭い．殻径1.6 mm．（福田 宏）

カワザンショウ科
デリケートカドカド
Ditropisena sp. C

宮古島平良松原　(標本)1994年　岡山大学農学部水系保全学研究室所蔵　福田宏撮影　(生体)2008年　多々良有紀撮影

評価：絶滅危惧 II 類
選定理由：個体数・個体群の減少，生息条件の悪化，分布域限定，希少，特殊生息環境
分布：宮古島（狩俣，平良松原，平良荷川取下崎），伊良部島（サバ沖井戸前）．
生息環境・生態：ミニカドカド，エレガントカドカドとほぼ同様であるが，本種はそれらと比較して外洋寄りの環境にも生息可能で，宮古島の平良松原では河口のマングローブ内であるのに対し，狩俣と平良荷川取下崎では外洋に面した海岸である．伊良部島では宮古島との間の海峡部に面した海岸飛沫帯の転石下から生貝1個体のみ確認された．
解説：本種は前2種が持つ縫合下の螺肋を欠くことで容易に区別され，縦肋もエレガントカドカドよりさらに弱い．本種も宮古島とその属島である伊良部島のわずか数カ所の河口・海岸からしか見出されていない．殻径1.6 mm．（福田 宏）

カワザンショウ科
ドームカドカド
Ditropisena sp. D

沖縄県国頭郡恩納村仲泊　1993年　岡山大学農学部水系保全学研究室所蔵　福田宏撮影

評価：絶滅危惧 IA 類
選定理由：個体数・個体群の減少，生息条件の悪化，分布域限定，希少，特殊生息環境
分布：沖縄島（恩納村仲泊）．国頭村辺戸岬から本種に類似した古い死殻1個が得られているが，軟体の情報がないため同種かどうか断定できない．与那国島にも近似種が産するがやや螺塔が低い点で一致せず，分布が飛び離れている点からも別種の可能性が高い．
生息環境・生態：恩納村仲泊では小規模な汽水の入り江において，砂泥質干潟上部の深さ30 cmほど埋もれた石の下面から生貝2個体が確認されたのみ．与那国島では外洋に面した海岸転石上部の樹木の根元や，海蝕洞最奥部で陽光が届かず保湿された場所の転石間に埋もれた朽木に付着していた．
解説：殻は前種と同様に縫合下の螺肋を欠くが，より大型で螺塔が高く，縦肋は強くて粗い．恩納村仲泊の産地は埋立により消失した．与那国島産が別種ならば本種の健在産地は知られていないことになる．殻径2 mm．（福田 宏）

カワザンショウ科
カハタレカワザンショウ
"*Nanivitrea*" sp.

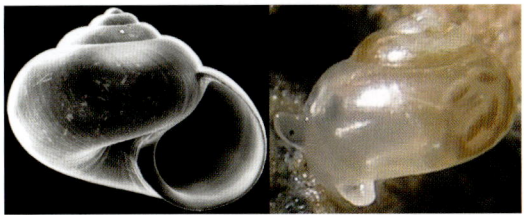

高知県須崎市浦ノ内湾　（標本）1992年　福田宏撮影　（生体）2008年　多々良有紀撮影

評価：準絶滅危惧
選定理由：個体数・個体群の減少，生息条件の悪化，特殊生息環境
分布：東京湾（小櫃川河口）・油谷湾〜九州南部（川内川河口）．
生息環境・生態：内湾奥干潟辺縁の礫地において，表層にツブカワザンショウが見られるような高・中潮帯の湿った砂泥中に深く埋もれた転石下面の空隙や，地中に張り巡らされた甲殻類の巣穴の壁面などを匍匐する．ウスコミミガイと同所的に見られる場合が多い．
解説：和名の由来は「彼は誰」であり，「カワタレ」と記すのは誤り．殻は微小，低平なシタダミ形で，薄くガラス質，光沢が強く，半透明で無色．体層は大きく，周縁は丸い．臍孔は広く深く，周りは緩く角張る．大きさが微小なことと生息環境が特殊で見落とされやすいため近年ようやく発見された未記載種であるが，その生息環境は急速に失われつつあり，減少傾向にある可能性が高い．殻径1.2 mm．（福田 宏）

カワザンショウ科
ウラウチコダマカワザンショウ
Ovassiminea sp.

石垣島名蔵　2009年　多々良有紀撮影

評価：絶滅危惧Ⅱ類
選定理由：個体数・個体群の減少，生息条件の悪化，分布域限定，希少
分布：石垣島（名蔵），西表島（浦内川）．
生息環境・生態：マングローブ内や辺縁の砂泥底に堆積した落葉や朽木の下．浦内川ではコーヒーイロカワザンショウと同所的に見られる．
解説：石垣島・西表島固有種で，浦内川河口をタイプ産地として近日記載予定．本種が属するコダマカワザンショウ属 *Ovassiminea* は蓋の内面に突起（peg）を持つことが特徴で，同属は台湾，香港，タイ，フィリピン，北オーストラリア等熱帯域に分布し，本種は世界で最も北方に分布する同属の種である．殻形はツブカワザンショウに似るが，殻表は明るいレモン色で色帯を欠く．後成層上部および体層縫合下に複数の強い螺溝を巡らす．臍孔は明瞭に開く．本種は分布域が狭く個体数も少ないことから，水質や底質の悪化，護岸などの影響が強く懸念される．殻長3 mm．（福田 宏）

カワザンショウ科
アズキカワザンショウ
Pseudomphala miyazakii (Habe, 1943)

長崎県雲仙市瑞穂町　1997年　福田宏撮影

評価：準絶滅危惧
選定理由：個体数・個体群の減少，生息条件の悪化，分布域限定
分布：有明海・八代海（長崎・佐賀・福岡・熊本各県）．
生息環境・生態：河口汽水域の潮間帯において泥底や礫底に繁茂したヨシなどの植物の根元や，浅く埋もれた転石下等．底質が軟泥であることが生息に必須の条件と思われる．
解説：本種は従来中国大陸産のヒイロカワザンショウ *P. latericea* (H. & A. Adams, 1863) の亜種とされてきたが，分子系統解析の結果からは有明海・八代海固有の独立種と見なすのが妥当である．佐賀・福岡・熊本各県では現在も普通に見られる．長崎県でも以前は多産していたが，諫早湾の閉め切りにより生息地の大半が消滅し，近年は堤防外側の北岸に位置する諫早市小長井町と高来町でのみ確認されている．島原半島北岸ではかつて各河口に多産していたが，21世紀に入って突然消滅した．諫早湾閉め切りの影響で河口の軟泥が流れて砂質化したためと考えられる．殻長7.5 mm．（福田 宏）

カワザンショウ科
アシヒダツボ（和名新称）
Rugapedia sp.

沖縄県豊見城市漫湖　2009年　多々良有紀撮影

評価：準絶滅危惧
選定理由：個体数・個体群の減少，生息条件の悪化
分布：南西諸島（沖縄島，久米島，石垣島）．
生息環境・生態：河口マングローブ内や辺縁の砂泥底・泥底の転石や落葉，朽木等の下．沖縄島と久米島のマングローブではオイランカワザンショウと同所的に産する．
解説：オイランカワザンショウに似るが殻全体が赤茶褐色で殻底に色帯を欠き，殻表に極めて微細な螺脈を多数巡らす．臍孔は狭く隙間状に開く．殻底に低い螺状陵角を持ち，殻口前端が鋭く尖る．軟体の蹠面は顕著な横向きの溝で等間隔に刻まれ，これは *Rugapedia* 属に固有の特徴である．同属はタイ，フィリピン，北オーストラリアから数種が見出されているがタイプ種 *R. androgyna* Fukuda & Ponder, 2004を除きすべて未記載である．本種は沖縄島と久米島では普通に見られるが，オイランカワザンショウより分布域が狭く，小規模な河口や粗い砂泥底には見られない．大規模なマングローブのない宮古島では見出されていない．殻長3 mm．（福田 宏）

イツマデガイ科
クビキレガイモドキ
Cecina manchurica A. Adams, 1861

宮城県南三陸町戸倉坂本　2009年　多々良有紀撮影

評価：準絶滅危惧
選定理由：個体数・個体群の減少，生息条件の悪化
分布：北海道，本州（青森・岩手・宮城・新潟・石川各県），千島，サハリン，タタール水道，南カムチャツカ，沿海州．
生息環境・生態：海岸の飛沫帯に漂着した海藻・海草や転石の下．内湾と外洋にまたがって生息する．同所的にキントンイロカワザンショウ *Angustassiminea* sp. が見られ，北海道南部や本州ではヤマトクビキレガイ *Truncatella pfeifferi* Martens, 1860やナギサノシタタリ *Microtralia acteocinoides* Kuroda & Habe, 1961もともに産する．
解説：瀬戸内海からも本種の記録があるがこれはヤマトクビキレガイの誤同定である．北海道では現在も健在産地が多いが，海岸が道路・港湾・防波堤等の建設に伴って隙間のないコンクリートで護岸されると生息できなくなるおそれがある．また本州太平洋岸の産地は東日本大震災の津波で大きな影響を被り，2009年に多産が認められた宮城県南三陸町では震災後生貝が確認されていない．殻長7 mm．（福田 宏）

クビキレガイ科
カガヨイクビキレガイ（和名新称）
Truncatella sp. A

宮古島狩俣　2008年　岡山大学農学部水系保全学研究室所蔵
福田宏撮影

評価：情報不足
選定理由：個体数・個体群の減少，生息条件の悪化
分布：沖縄島，宮古島，石垣島．
生息環境・生態：内湾奥の飛沫帯上部砂泥底の地中に埋もれて崩れかけた朽木や死サンゴ塊等の間に，デリケートカドカド等とともに見られる．地表で見られることはほとんどない．
解説：南西諸島のクビキレガイ科貝類には複数の未同定種が存在し，その中にはすでに危機的状況にある種も含まれる可能性があるため今後詳細な検討を要する．この科の種は例外なく直達発生で，グアム，パラオ，フィリピンなど熱帯域の島嶼に分布域の狭い種が多く知られるため，南西諸島に固有種が存在しても不思議はない．本種の殻は半透明で生時は軟体が透けて見え，橙色〜朱色（希に白色）で光沢が著しく強い（和名「赫い」はこれに因む）点で日本産の同属他種から容易に識別できる．縦肋は細くて間隔が狭く（体層で31〜38本），縫合下を除いてほぼ平滑となる個体もある．蓋の表面には石灰が厚く沈着する．殻長6 mm．（福田 宏・久保弘文）

クビキレガイ科
キザハシクビキレガイ（和名新称）
Truncatella sp. B

（左）宮古島平良久松　（中2個体）宮古島平良荷川取成川 2008年　（右2個体）石垣島桴海富野　2009年　岡山大学農学部水系保全学研究室所蔵　福田宏撮影　（生体）石垣島川平 2006年　久保弘文撮影

評価：情報不足
選定理由：個体数・個体群の減少，生息条件の悪化
分布：奄美大島，沖縄島，久米島，渡名喜島，宮古島，伊良部島，石垣島，西表島．
生息環境・生態：内湾奥の岩礁地高潮帯砂泥底に半ば埋もれた転石下において，カドカドガイ属，ハマチグサ属の一種 *Paludinella* sp., コデマリナギサノシタタリ等とともに見られる．海蝕洞内部にも産する．
解説：ヤマトクビキレガイに似るが以下の点で区別できる：縦肋がはるかに強くて間隔が広い（体層で約12〜18本），縫合下が角張って階段状をなす（和名「階」はこれに因む），軸唇が体層から離れてその間が偽臍孔状となる，外唇後方の縦肋が強い縦張肋状に肥厚する，蓋の表面が石灰化する．ただし個体群間で大きさや殻色に差異が認められ，単一種ではないかもしれない．宮古島や石垣島では同一島内で，殻表が薄紅色で殻長約5.5〜6 mmのものと，淡黄色で殻長約4.5 mmと極端に小型のものとが見られる．（福田 宏・久保弘文）

スイショウガイ科
ネジマガキ
Strombus gibbosus (Röding, 1798)

石垣島　2001年　久保弘文撮影

評価：準絶滅危惧
選定理由：生息条件の悪化，個体数・個体群の減少，分布域限定
分布：奄美大島，沖縄島，先島諸島，インド・太平洋．
生息環境・生態：やや外洋に面し，規模の大きな干潟のアマモ場やその周辺の砂底に生息し，八重山諸島，とくに西表島では多産地もある．本種はマツバウミジグサ類やコアマモ等の比較的陸に近いアマモ場干潟の中潮帯に見られ，垂直分布の幅が狭い．石垣島川平湾では4〜5月に紐状の卵嚢を砂上やアマモに産み付ける．
解説：奄美や沖縄島の分布は限定的で個体群規模も小さく，個体群の存続基盤は脆弱である．沖縄島西岸の恩納村瀬良垣のラグーンに形成されていた個体群は2008年に漁港造成事業によって埋立てられ消滅した．本種は殻口内が通常の白色と紫色に染まる変異がある（写真）．殻長60 mm．（久保弘文）

スイショウガイ科
ヒダトリガイ（フトスジムカシタモト）
Strombus labiatus (Röding, 1798)

沖縄県糸満市　2011年　久保弘文撮影

評価：準絶滅危惧
選定理由：生息条件の悪化，個体数・個体群の減少
分布：和歌山県以南，奄美大島，沖縄島，先島諸島，インド・太平洋．
生息環境・生態：南西諸島では外洋水の影響と小規模な陸水の流入（伏流や小河川）が隣接するような海草干潟やその周辺の砂礫底に生息する．コアマモ帯に見られることが多いが，マクリやイバラノリ等の紅藻類がマット上に広がった群落の隙間に埋もれて見つかることも多い．
解説：和歌山県〜九州南部での産出は一般に少なく，国内分布の中心は南西諸島にある．しかし，いずれの産地も個体群規模は小さく，生息範囲も狭い．沖縄島中南部では埋立や港湾造成などで，生息場所が減少し，それに伴い一部の個体群も消失した．先島諸島では宮古島，西表島を中心にいまだ産地は少なくない．殻長45 mm．（久保弘文）

軟体動物―腹足類　55

スイショウガイ科
フドロ
Strombus robustus Sowerby II, 1874

長崎県佐世保市浅子町　2002年　岡山大学農学部水系保全学研究室所蔵（OKCAB M297）　福田宏撮影

評価：準絶滅危惧
選定理由：個体数・個体群の減少，生息条件の悪化，希少
分布：房総半島・北長門海岸〜九州，東シナ海．
生息環境・生態：潮通しのよい内湾の砂質干潟低潮帯〜潮下帯の砂底表層を匍匐し，アマモ場にも産する．同科のシドロ *S. japonicus* Reeve, 1851やマガキガイ *S. luhuanus* Linnaeus, 1758とともに見られるが，この２種より格段に産地・個体数が少ない．
解説：九州西岸から錦江湾にかけての東シナ海には潮間帯での産地が転々と知られるものの，それ以外の地域では元々産地・個体数ともに少なく，多産したとしてもほとんどの場合潮下帯に限られる．透明度の高い海水に洗われる清浄な砂底に見られることが多いため，水質悪化に弱い可能性がある．とくに潮間帯での減少傾向が強い．殻長60 mm．（福田 宏）

スイショウガイ科
オハグロガイ
Strombus urceus urceus Linnaeus, 1758

SL33mm　SL37mm
石垣島　2004年　久保弘文撮影

評価：準絶滅危惧
選定理由：生息条件の悪化，個体数・個体群の減少
分布：和歌山県以南，奄美大島，沖縄島，先島諸島，インド・太平洋．
生息環境・生態：規模の大きな干潟のアマモ場やその周辺の砂礫底に生息する．コアマモ−マツバウミジグサ群落などのアマモ場干潟に特徴的な種である．
解説：日本本土では個体数は少なく，むしろ偶発的で，国内分布の中心は南西諸島にある．先島諸島では少なくないが，沖縄島では羽地内・外海や東海岸の一部（うるま市海中道路や北中城村久場崎）で局所的にまとまった個体群が残存しているにすぎない．沖縄市泡瀬や沖縄島南部では埋立，航路浚渫等による生息場所の直接的な破壊で生息場所が大きく消失した．奄美大島では，生息地点数は４カ所のみで記録されているが，個体数は比較的多い（水元巳喜雄氏，私信）．殻長40 mm．（久保弘文）

シロネズミ科
ハツカネズミ
Macromphalus tornatilis（Gould, 1859）

広島県呉市下蒲刈島　2008年　濱村陽一撮影

評価：絶滅危惧 IB 類
選定理由：個体数・個体群の減少，生息条件の悪化，希少，特殊生息環境
分布：房総半島〜九州，中国大陸．
生息環境・生態：内湾湾口部の海岸礫地砂泥底の低潮帯〜潮下帯に見られる．砂泥中に半ば埋もれた転石下で確認され，広島県呉市仁方町ではアシヤガイ *Granata lyrata*（Pilsbry, 1890）が同所的に見られ，同市下蒲刈島ではユムシ類の棲管内から複数の生貝が確認されている．ユムシ類の粘液で固められた泥の管に沿って転石下面に付着する．
解説：死殻は打ち上げ，工事用砂等の浚渫砂泥，蛸壺等で得られるが生貝の観察例は極めて少なく，近年ようやく生息状況がわずかながら明らかにされてきている．礫干潟転石下を好む他の種（セムシマドアキガイ，ゴマツボ，アラウズマキ等）の大半は希少性が高いことが知られているが，本種はそれらの種以上に生貝の産出例が少ない．殻長4 mm．（福田 宏）

ハナヅトガイ科
ハナヅトガイ
Velutina pusio A. Adams, 1860

SL 18 mm
(左)神奈川県三浦市初声町三戸　1948年　神奈川県立博物館所蔵　KPM-NGY000491　(右)熊本県上天草市永浦島　2006年　山下博由撮影

評価：準絶滅危惧
選定理由：個体数・個体群の減少，生息条件の悪化
分布：福島・新潟県以南〜九州，朝鮮半島.
生息環境・生態：内湾から外洋の低潮帯〜水深50 mの岩礫地に生息する．海藻の生えた岩礫上や，群体ボヤの間で見られることが多い．ハナヅトガイ属 *Velutina* は同時的雌雄同体であることが知られている．
解説：かつては各地の海岸で，殻の打ち上げが比較的頻繁に見られたが，近年は確認例が少ない．瀬戸内海や天草で，近年の生息確認例がある．ハナヅトガイ科の諸種は群体ボヤを捕食することが知られており，本種は永浦島において低潮帯岩礫地のマンジュウボヤ *Aplidium pliciferum* (Redikorzev, 1927) に着生しているのが確認された (写真右)．和名は「花苞貝」と綴り，花の基部にあって，つぼみを包む葉のことを苞という．殻長20 mm．（山下博由・棗原康裕）

タマガイ科
アダムスタマガイ
Cryptonatica adamsiana (Dunker, 1860)

愛知県三河湾　木村昭一撮影

評価：準絶滅危惧
選定理由：個体数・個体群の減少，生息条件の悪化
分布：房総半島，能登半島〜九州．日本固有種とされる．黄海には近似種 *C. huanghaiensis* Zhang, 2008が分布しているが，本種との識別が難しく分類学的な検討が必要である．
生息環境・生態：内湾の潮間帯〜水深10 m程度の砂泥底に生息し，二枚貝の殻に穴を開けて捕食する．
解説：本種の和名はアダムズタマガイと誤記されることが多いが，平瀬 (1910) が新称した和名はアダムスタマガイである．エゾタマガイ *C. janthostomoides* (Kuroda & Habe, 1949) と近似しているが，本種は小型で，臍盤が小さく，蓋の外側の溝の幅が狭く浅いなどの特徴から識別できる．潮下帯に主な分布域があり，干潟での生息環境は潮通しのよいアマモ場周辺の砂泥底である場合が多い．本種の生息環境は干潟の消失，水質汚濁などで急速に悪化していて，東京湾や相模湾では近年生息が確認できない．瀬戸内海，九州には健全な個体群が残されている．殻長20 mm．（木村昭一）

タマガイ科
ネコガイ
Eunaticina papilla (Gmelin, 1791)

愛知県三河湾　木村昭一撮影

評価：準絶滅危惧
選定理由：個体数・個体群の減少，生息条件の悪化
分布：房総半島・男鹿半島〜南西諸島，朝鮮半島，中国大陸，インド・太平洋.
生息環境・生態：内湾の潮間帯〜水深20 m程度の砂泥底に生息し，二枚貝の殻に穴を開けて捕食する．
解説：殻は白色で淡黄褐色の殻皮を持つ．蓋は革質で退化的で殻口よりはるかに小さい．潮下帯に主な分布域があり，干潟での生息環境は潮通しのよい砂泥底である場合が多い．多くの産地で死殻は比較的多いが，生きた個体は少ない．本種の生息環境は干潟の消失，貧酸素水塊の発生，水質汚濁などで急速に悪化している．三河湾奥部の人工干潟で底質環境が改善されたため，一時的に比較的多くの生きた個体が採集された例があり，底質環境の悪化も，本種の減少に関係しているものと推測される．殻長30 mm．（木村昭一）

タマガイ科
サキグロタマツメタ
Laguncula pulchella Benson, 1842

(a) 大分県中津市　2010年　和田太一撮影　(b, c) 静岡県浜名湖　2005年　木村昭一撮影

評価：絶滅危惧IA類
選定理由：個体数・個体群の減少，生息条件の悪化
分布：本来は周防灘西部，有明海，朝鮮半島，中国大陸．近年は宮城県万石浦，福島県松川浦，東京湾，浜名湖，三河湾，伊勢湾，広島湾などに中国大陸から人為的に移入されて増殖している．
生息環境・生態：内湾奥の砂泥干潟中・低潮帯表層を匍匐し，他の貝類を捕食する．
解説：1980年代までは周防灘と有明海の狭い範囲からのみ知られる希少種であったが，その後国外からの移入個体が本来分布していなかった東北地方などで爆発的に増殖して食用二枚貝類を食害し，潮干狩りが不可能となるなど漁業に甚大な被害を与えるに至った．日本在来の個体群はもはや明確に認識することができず，消滅したかまたは移入個体群と混ざり合ってしまった可能性が高い．移入個体群の中には日本在来個体には見られなかった白色の殻を持つもの（ここに図示したc）も見られる．殻長35 mm．（福田 宏・木村昭一）

タマガイ科
ヒロクチリスガイ
Mammilla melanostmoides (Quoy & Gaimard, 1833)

沖縄県名護市　2007年　久保弘文撮影

評価：準絶滅危惧
選定理由：生息条件の悪化，個体数・個体群の減少，希少
分布：奄美大島，沖縄島，先島諸島，インド・太平洋．
生息環境・生態：陸水の流入（小河川や伏流）が隣接し，かつ潮通しのよい礫砂質の開放性干潟で，アマモ場やその周辺砂浜の汀線直下に生息し，リスガイ類の中では最も岸側に生息圏を有する種である．
解説：元々少ない種だが，沖縄島では1990年代後半から北部西岸域（名護市，大宜味村，国頭村）や南部西岸（旧知念村，玉城村）で，人工護岸化による汀線付近の礫砂流失や人工ビーチ造成による自然海岸の消失により，多くの生息場所が個体群ごと消失した．先島諸島でも沖縄島ほどではないが，石垣島を中心に赤土流入が著しい場所では，清浄な砂礫底の泥化が進行し，生息環境が悪化している．殻長30 mm．（久保弘文）

タマガイ科
カスミコダマ
Natica buriasensis Récluz, 1844

(a) 長崎県平戸市平戸公園　2002年　福田宏撮影　(b) 静岡県沼津市沖　2011年　木村昭一撮影

評価：準絶滅危惧
選定理由：個体数・個体群の減少，生息条件の悪化
分布：相模湾・山口県北長門海岸〜九州，沖縄島，フィリピン，インドネシア，熱帯インド・西太平洋．
生息環境・生態：潮通しのよい内湾湾口部の砂質干潟低潮帯〜潮下帯の砂底表層を匍匐する．フドロ，オリイレシラタマ，ヘソアキゴウナ，オオシイノミガイ，ホソタマゴガイ，ウスハマグリ等と同所的に見られる．
解説：本来は砂質干潟低潮帯にも生息する種であるが，近年は死殻が潮下帯からの打ち上げ物や浚渫された工事用砂等の中に見出されることがほとんどで，潮間帯で生貝が見られることは希になった．九州西岸には健在産地が知られるものの，それ以外の地域からの報告例は少ない．ともに見られる種の多くが良好な状態の湾口部砂質干潟に特異的で，かつ減少傾向にあることから，本種（とくに潮間帯の個体群）も同様の危機的状況に陥りつつある可能性がある．殻長8 mm．（福田 宏・木村昭一）

タマガイ科
フロガイダマシ
Naticarius concinnus (Dunker, 1860)

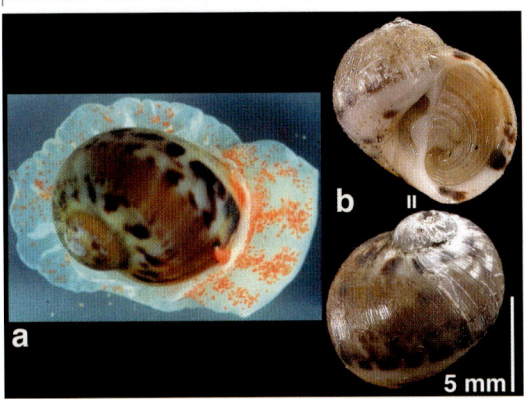

(a) 長崎県平戸市平戸公園　2002年　福田宏撮影　(b) 三重県鳥羽市沖　2011年　木村昭一撮影

評価：絶滅危惧Ⅱ類
選定理由：個体数・個体群の減少，生息条件の悪化
分布：房総半島・男鹿半島～九州，朝鮮半島．
生息環境・生態：清浄な砂からなる干潟の低潮帯から上部浅海帯．
解説：かつては普通種であり砂浜に死殻が多く打ち上げられていたが，近年減少傾向が強く，死殻を見る機会も少なくなった．とくに瀬戸内海では従来同所的に見られたアダムスタマガイ，ネコガイ，ツメタガイ *Glossaulax didyma* (Röding, 1798)，ウチヤマタマツバキ *Polinices sagamiensis* Pilsbry, 1904などはとくに減少傾向が認められず，本種だけが著しく減少している．その要因は明らかでない．殻長15 mm．（福田 宏・木村昭一）

タマガイ科
アラゴマフダマ
Naticarius onca (Röding, 1798)

石垣島　2002年　久保弘文撮影

評価：絶滅危惧Ⅱ類
選定理由：生息条件の悪化，個体数・個体群の減少
分布：奄美大島，沖縄島，先島諸島，インド・太平洋，オーストラリア，紅海．
生息環境・生態：潮通しのよい中潮線～水深2 m付近までのアマモ場とそれに隣接する細砂底に浅く潜る．
解説：1990年代前半まで沖縄島南部や金武湾沿岸で普通に確認されたが，現在，ほとんど生息を確認できない．沖縄市泡瀬では2000年代前半まで比較的普通であったが，大規模埋立後にアマモ場が荒廃し，個体数が激減した．石垣島では2010年および2011年の川平湾，名蔵湾での調査では確認できず，沖縄島ほどではないが個体数はかなり減少していると推測される．奄美大島でも生息地，個体数ともに少ない．同様に垂直分布の幅が狭く，アマモ場と関連した生息地に棲むタマガイ類としてミダレシマタマ（別名セーシェルタマガイ）*Naticarius zonalis* Récluz, 1850があり，同様に減少傾向にある．殻長25 mm．（久保弘文）

タマガイ科
テンセイタマガイ
Notocochlis robillardi (Sowerby III, 1894)

石垣島　2001年　久保弘文撮影

評価：準絶滅危惧
選定理由：生息条件の悪化，個体数・個体群の減少，分布域限定
分布：奄美大島（枝手久干潟），沖縄島（泡瀬干潟，大浦湾），石垣島（川平湾，崎枝湾，名蔵湾），インド・太平洋．
生息環境・生態：自然度の保たれた生物多様性の高い内湾のアマモ場周辺の細砂底～砂泥底に生息する．
解説：本種は産地記録が少なく，垂直分布の幅も狭い上，個体数が少ない．石垣島川平湾では漁業調整規則（保護水面）により一定の保護がなされている．しかし，他の産地においては個体群規模が小さく，底質悪化や環境改変が進んでおり，絶滅が危惧される．本種は蓋の核に黒い斑紋が入り，目玉のような模様になるのが特徴である．和名の「テンセイ」は竜の絵に眼（肝心の部分）を書き入れたところ，天に昇ったという諺「画竜点睛」に因み，貝殻だけでなく，生貝を採集し，蓋を観察するという同定の肝心を表現している．殻長30 mm．（久保弘文）

タマガイ科
ゴマフダマ
Paratectonatica tigrina (Röding, 1798)

(a) 福岡県柳川市　1974年　佐藤勝義採集　山下博由撮影
(b) 愛媛県西条市　2011年　渡部哲也撮影　(c) 熊本県八代市球磨川河口　2007年　和田太一撮影

評価：絶滅危惧IB類
選定理由：個体数・個体群の減少，生息条件の悪化，分布域限定
分布：瀬戸内海，有明海，八代海，中国大陸渤海沿岸以南〜インド・太平洋．
生息環境・生態：内湾の中・低潮帯の泥底・砂泥底に生息する．
解説：三河湾では少数の古い死殻が見られるが，近年の生息情報はない．瀬戸内海では，かつて全域に分布したとされるが，現在は岡山県笠岡市・愛媛県西条市・広島県江田島・周防灘に生息するのみ．このうち，岡山と広島の個体群は，サルボオ *Anadara* (*Scapharca*) *kagoshimensis* (Tokunaga, 1906) 等とともに有明海から移入された可能性がある．有明海では，諫早湾周辺から天草上島まで広く分布するが，生息地は限定的である．八代海では北部から球磨川河口にかけて比較的多く生息する．本種の個体群は局所的に形成されており，不安定な傾向にある．殻長30 mm．（山下博由）

タマガイ科
ロウイロトミガイ
Polinices mellosus (Hedley, 1924)

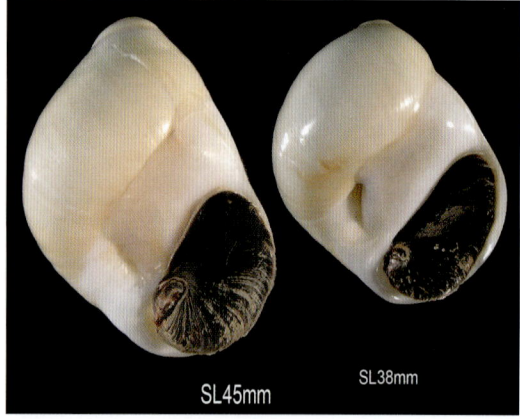

石垣島　2005年　久保弘文撮影

評価：絶滅危惧II類
選定理由：生息条件の悪化，個体数・個体群の減少，分布域限定
分布：石垣島，西表島，マレーシア，インドネシア，オーストラリア北部．
生息環境・生態：アマモ場干潟の水深2 m付近までの砂泥底に生息する．
解説：国内の多くの文献には奄美大島以南，沖縄全域に分布するとされるが，実際には国内においては八重山諸島特有の種で，他地域では正式な分布記録がない．世界的に見ても分布記録が乏しく，比較的詳細な各地の総説（フィジーやハワイ，南アフリカ等）でも記載がない．学名も混乱しており，Kabatにより蓋の特徴から *mellosus* に当てることが提案されているが，それ以外の文献は根拠に乏しい．1990年代には石垣島を中心に干潟の多産種であったが，2008年頃から名蔵湾，川平湾を中心に著しく減少傾向にある．殻長40 mm．（久保弘文）

タマガイ科
オリイレシラタマ
Sigatica bathyraphe (Pilsbry, 1911)

（左・中）和歌山県東牟婁郡那智勝浦町ゆかし潟　2002年　久保弘文所蔵・撮影　（右）秋田県由利本荘市本荘マリーナ海水浴場　2007年　岡山大学農学部水系保全学研究室所蔵（OKCAB M20817）　福田宏撮影

評価：準絶滅危惧
選定理由：個体数・個体群の減少，生息条件の悪化，希少
分布：駿河湾・秋田県〜九州．沖縄からも文献記録があるが証拠標本や信頼できる報告は未確認．
生息環境・生態：外洋および内湾湾口部の砂質干潟低潮帯〜潮下帯の表層を匍匐する．外洋ではマクラガイ，バイ，カバザクラ *Nitidotellina iridella* (Martens, 1865)，コタマガイ *Gomphina* (*Macridiscus*) *melanaegis* Römer, 1861，ダンダラマテ *Solen kurodai* Habe, 1964等とともに見られる．干潟において同所的に見られる種はカスミコダマの項を参照．
解説：外洋・内湾を問わず死殻は時折砂浜に打ち上げられるが，生貝の記録は著しく少ない．内湾の個体群はカスミコダマと同様の理由で保全対象にすべきと考えられる．殻長8 mm．（福田 宏・久保弘文）

タマガイ科
ツガイ
Sinum (*Ectosinum*) *incisum* (Sowerby I in Reeve, 1864)

静岡県浜名湖　木村昭一撮影

評価：準絶滅危惧
選定理由：個体数・個体群の減少，生息条件の悪化
分布：房総半島～沖縄，中国大陸，フィリピン．
生息環境・生態：内湾の潮間帯～水深20 m程度の砂泥底に生息し，二枚貝の殻に穴を開けて捕食する．
解説：軟体部は白色で大きく，殻は薄質，扁平で白色，生時は軟体部に内包される．蓋は退化的で非常に小さい．潮下帯に主な分布域があるが，干潟での生息環境は潮通しのよい砂泥底である場合が多い．干潟で本種の生息が確認される北限は浜名湖であると思われるが，個体数は非常に少ない．瀬戸内海，九州西岸でも干潟域で生息が確認される場所は散見されるが，その数は少なく，個体数も少ない．本種の生息環境は干潟の消失，水質汚濁などで急速に悪化している．殻径25 mm．（木村昭一）

タマガイ科
ツツミガイ
Sinum (*Ectosinum*) *planulatum* (Récluz, 1845)

(a)静岡県浜名湖　(b)石垣島　(c)和歌山県　木村昭一撮影

評価：準絶滅危惧
選定理由：個体数・個体群の減少，生息条件の悪化
分布：房総半島～南西諸島，中国大陸，インド・太平洋．
生息環境・生態：内湾の潮間帯～水深20 m程度の砂泥底に生息し，二枚貝の殻に穴を開けて捕食する．
解説：軟体部は白色で大きく，殻は薄質，扁平で生時は軟体部に内包される．殻は白色であるが，生貝では淡黄褐色の比較的厚い殻皮で被われる．蓋は退化的で非常に小さい．ツガイに近似するが，大型になり，殻表の螺肋は非常に細かく弱い．潮下帯に主な分布域があり，干潟で本種の生息が確認される北限は浜名湖であると思われるが，個体数は非常に少ない．南西諸島では比較的生息地，個体数ともに多いが，分布域全般で，生息環境は干潟の消失，貧酸素水塊の発生，水質汚濁などで急速に悪化している．殻径30 mm．（木村昭一）

イトカケガイ科
ウネナシイトカケ
Acrilla acuminata (Sowerby II, 1844)

(a)千葉県山武市小松　2006年　岡山大学農学部水系保全学研究室所蔵（OKCAB M15740）　福田宏撮影　(b)佐賀県鹿島市　2007年　木村昭一撮影

評価：絶滅危惧 II 類
選定理由：個体数・個体群の減少，生息条件の悪化，希少
分布：房総半島～九州，朝鮮半島，中国大陸，インドネシア．
生息環境・生態：低潮帯～潮下帯の砂泥底または細砂底．外洋に面した海岸にも産するが，瀬戸内海や有明海奥部等の大規模な内湾の干潟で見出される頻度が高い．
解説：おそらくイソギンチャク類に取り付いて捕食すると思われるが詳細は不明である．元々死殻が見られることも少なく，生貝の産出記録は極めて希である．千葉県の外房や有明海奥部（福岡県柳川市）では近年も生貝が確認されているが，個体数は少ない．殻長45 mm．（福田 宏・木村昭一）

イトカケガイ科
オダマキ
Depressiscala aurita (Sowerby II, 1844)

(a) 徳島県阿南市　(b) 愛知県伊勢湾　木村昭一撮影

評価：準絶滅危惧
選定理由：個体数・個体群の減少，生息条件の悪化
分布：房総半島・佐渡島〜九州，西太平洋．
生息環境・生態：内湾から外洋に面した内湾の水深20 mまでの砂泥底．
解説：殻は細長く薄質，淡褐色の地色に3本の濃褐色帯をめぐらす．縦肋は白くほとんどが細いが，不規則に太い縦肋が出る．蓋は濃褐色から黒色で革質．潮下帯の透水性の高い砂底に主な生息域があり，干潟では生息が確認できる場所は少ない．浜名湖のような潮通しのよい干潟が残されている海域では，潮間帯で希に生息が確認される．紀伊水道に面した徳島県の内湾や玄界灘沿岸などでは現在も普通に死殻が打ち上げられるので，潮下帯に健全な個体群が残されていると考えられる．三河湾，伊勢湾では潮下帯でも非常に希で，浜辺に多くの貝殻が打ち上げられた1970年代の面影はない．殻長20 mm．（木村昭一）

イトカケガイ科
クレハガイ
Papyriscala clementia (Grateloup, 1940)

三重県伊勢湾　木村昭一撮影

評価：準絶滅危惧
選定理由：個体数・個体群の減少，生息条件の悪化
分布：房総半島・佐渡島〜九州，西太平洋．
生息環境・生態：内湾奥部の干潟〜水深10 mの砂泥底．
解説：殻は薄質，淡褐色の地色に体層では3本，各層では2本の濃褐色帯をめぐらす．縦肋は白く細い．臍孔はやや広く開く．蓋は濃褐色から黒色で革質．低潮帯の泥底から潮下帯のアマモ場周辺の砂泥底に主な生息域があり，干潟では生息が確認できる場所は少ない．三河湾，伊勢湾では干潟で生きた個体が採集されるが，個体数は非常に少ない．近似種のセキモリに比べて分布域は内湾寄りにかたより，生息地も少ない．干潟とともに内湾域の潮下帯の環境は水質汚濁などで急速に悪化していて，本種も生息地，個体数ともに減少している事は否定できない．殻長20 mm．（木村昭一）

イトカケガイ科
ハブタエセキモリ
Papyriscala lyra (Sowerby II, 1844)

沖縄県糸満市　2001年　久保弘文撮影

評価：準絶滅危惧
選定理由：生息条件の悪化，個体数・個体群の減少，分布域限定，希少
分布：奄美大島，沖縄島，先島諸島，インド・太平洋．
生息環境・生態：サンゴ礁周辺の開放性干潟の渚線付近の砂泥底に生息するが，個体数は少ない．本科はイソギンチャク類に寄生する種が多いが，本種はこれまで10例以上の観察事例があるものの，いずれも砂泥上を這い回っている状態で見つかっており，特定の宿主上で観察されたことがない．おそらく，自由生活あるいは日和見の寄生者である可能性が高い．
解説：垂直分布の幅が狭く，最も岸寄りに近い渚線に生息し，海岸改変，埋立等の影響を被りやすい．とくに沖縄島では糸満市から豊見城村沿岸に小規模な個体群が確認されていたが，大規模埋立により生息場所が大幅に縮小した．元々個体数が少ない種であり，現在，沖縄島周辺の干潟では生息確認が困難な状況となっている．殻長15 mm．（久保弘文）

イトカケガイ科
セキモリ
Papyriscala yokoyamai (Suzuki & Ichikawa, 1936)

愛知県伊勢湾　木村昭一撮影

評価：準絶滅危惧
選定理由：個体数・個体群の減少，生息条件の悪化
分布：房総半島・佐渡島〜九州，西太平洋．
生息環境・生態：内湾の干潟〜水深10 mの砂泥底．
解説：殻は薄質，灰白色の地色に各層に2本の濃褐色帯をめぐらす．縦肋は白く細いが，クレハガイよりは強い．不規則に太い縦肋がでる．臍孔は広く開く．蓋は濃褐色から黒色で革質．潮下帯のアマモ場周辺の砂泥底に主な生息域があり，干潟では生息が確認できる場所は少ない．三河湾，伊勢湾では生息が採集される場所もあるが，個体数は非常に少ない．近似種のクレハガイに比べて，分布域は内湾奥から湾口部へと広く，生息地は多い．死殻は比較的普通に見られるが，同様に生きた個体の数は少ない．瀬戸内海，九州でも海岸に新鮮な死殻が打ち上げられる場所は少なくないが，生きた個体が採集されることは希である．殻長15 mm．（木村昭一）

ハナゴウナ科
ヒモイカリナマコツマミガイ
Hypermastus lacteus (A. Adams, 1863)

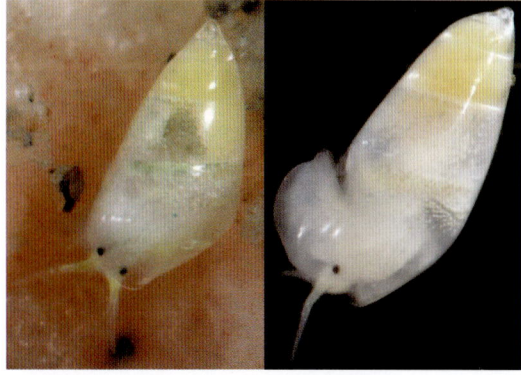

徳島県阿南市大潟町　2011年　松田春菜撮影

評価：絶滅危惧II類
選定理由：個体数・個体群の減少，生息条件の悪化，希少，特殊生息環境
分布：三浦半島，三河湾，三重県志摩市，田辺湾，瀬戸内海，四国東岸（徳島県阿南市）．
生息環境・生態：内湾のやや潮通しのよい礫地の高・中潮帯において，転石下の還元的でない砂泥底（多くの場合破砕された貝殻や小石と軟泥とが混ざった底質）に潜行して生息するヒモイカリナマコ類の体内に内部寄生する．宿主1個体につき1〜2個体が寄生していることが多い．志摩市における2011年11月の調査では宿主20個体中4個体に本種5個体の寄生が見られ，宿主1個体には本種が2個体寄生し，他の宿主には本種が1個体ずつ確認された．
解説：既知産地は数カ所しかない．近年は干潟環境の悪化に伴って宿主のヒモイカリナマコ類が減少傾向にあるため，本種も危機的状況にあると思われる．殻長4 mm．（福田宏・木村昭一）

ハナゴウナ科
カシパンヤドリニナ
Hypermastus peronellicola (Kuroda & Habe, 1950)

山口県熊毛郡平生町尾国　2008年　松田春菜撮影

評価：準絶滅危惧
選定理由：個体数・個体群の減少，生息条件の悪化，希少，特殊生息環境
分布：神奈川県横須賀市秋谷，和歌山県由良湾・白浜，広島県尾道市細ノ洲，山口県熊毛郡平生町尾国・山口市秋穂二島，沖縄県名護市大浦．
生息環境・生態：内湾湾口部の低潮帯から潮下帯の清浄な細砂底表層に生息するヨツアナカシパン *Peronella japonica* Mortensen, 1948に外部寄生する．宿主の殻に孔を開け，吻を体腔まで伸長させて摂食する．
解説：近年まで十分に認識されてこなかった種で，次種トクナガヤドリニナとの区別が不明瞭であった．宿主ヨツアナカシパンはとくに減少傾向や希少性は認められないが，本種の産地に関する信頼できる記録はいまだ上記の7カ所しかなく，元々産地が不連続で少ないか，または近年の水質汚濁等によって減少したために見出されにくい可能性がある．殻長5.5 mm．（福田宏）

ハナゴウナ科
トクナガヤドリニナ
Hypermastus tokunagai (Yokoyama, 1922)

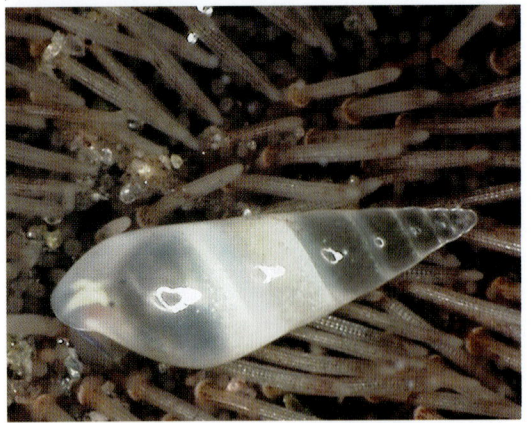

山口県熊毛郡平生町尾国　2008年　松田春菜撮影

評価：準絶滅危惧

選定理由：個体数・個体群の減少，生息条件の悪化，希少，特殊生息環境

分布：石川県羽咋市千里浜，千葉県成田市大竹・柏市手賀（更新世化石），和歌山県和歌山市水軒，徳島県阿南市那賀川町出島，山口県熊毛郡平生町尾国・田布施町馬島・防府市富海・山口市中道湾・秋穂湾．

生息環境・生態：内湾湾口部の低潮帯から潮下帯の清浄な細砂底表層に生息するハスノハカシパン *Scaphechinus mirabilis* A. Agassiz, 1863に外部寄生する．前種カシパンヤドリニナと異なり，吸盤状の吻を宿主の体表に付着させて摂食する．

解説：従来はカシパンヤドリニナと混同されていた可能性もあり，最近になって両者の識別点が明確化された．前種と同様，宿主のハスノハカシパンは各地に普通に見られるものの，本種も上記の各産地からしか知られていない．殻長4.7 mm．（福田 宏）

ハナゴウナ科
ヤセフタオビツマミガイ
Mucronalia exilis A. Adams, 1862

(左)広島県三原市細ノ洲　(右)広島県竹原市皆実町ハチ岩
2004年　福田宏撮影

評価：絶滅危惧Ⅱ類

選定理由：個体数・個体群の減少，生息条件の悪化，希少，特殊生息環境

分布：房総半島・山口県見島～九州．

生息環境・生態：内湾の砂泥質干潟低潮帯から潮下帯の砂泥底表層に生息するクモヒトデ類の一種 *Ophioplocus* sp.（ミヤジクモヒトデ *Amphioplus miyadii* Murakami, 1943と明記している文献もある）の腕上に外部寄生する．

解説：生貝どころか死殻の報告例も極めて少ない種であるが，瀬戸内海中央部(広島県三原市細ノ洲や竹原市皆実町ハチ岩)では干潟下部の表層を匍匐していたクモヒトデ類上に複数の生貝が確認されている．しかし死殻を見る機会も少ないことから，元々個体数は少なく産地も局所的である可能性が高い．宿主であるクモヒトデ類の同定も明確でなく，その希少性や生息の現状も調査する必要がある．殻長2.5 mm．（福田 宏）

アッキガイ科
ハネナシヨウラク
Ceratostoma rorifluum (A. Adams & Reeve, 1850)

10 mm

(左)福岡県糸島市加布里湾　1974年　佐藤勝義採集　山下博由撮影　(右)大韓民国済州島　水間八重撮影

評価：絶滅危惧Ⅱ類

選定理由：個体数・個体群の減少，生息条件の悪化，分布域限定

分布：日本，朝鮮半島，中国大陸北部．

生息環境・生態：内湾湾口部から外洋の中・低潮帯の岩礁・岩礫地に生息する．

解説：日本では北海道南西部（小樽）から九州西岸・天草にかけての日本海・東シナ海にわたって分布し，さらに黄海・渤海に分布するという潮間帯の腹足類では特異な分布型を示す．山口県～福岡県の響灘・玄界灘沿岸では，1980年代までは豊富に生息していたが，1990年代以降激減し，現在は生息地がごく少なくなっている．熊本県天草諸島でも上天草市松島周辺では見られなくなり，分布域が縮小している．壱岐・天草下島などの離島の一部に，比較的大きな個体群が残っている．減少要因は，船底塗料の有機スズ化合物によるインポセックスである可能性がある．殻長45 mm．（山下博由）

アッキガイ科
オニサザエ
Chicoreus asianus Kuroda, 1942

(a) 山口県長門市黄波戸港　2004年　岡山大学農学部水系保全学研究室所蔵 (OKCAB M13409)　福田宏撮影　(b) 三重県鳥羽市沖　2010年　木村昭一撮影

評価：準絶滅危惧
選定理由：個体数・個体群の減少，生息条件の悪化
分布：房総半島，能登半島〜九州，中国大陸，台湾．
生息環境・生態：内湾・外洋ともに見られ，潮下帯岩礁にも産するが，礫混じりの砂泥質干潟にもアカニシ *Rapana venosa* (Valenciennes, 1846) 等とともに生息し，岩礫の側面を匍匐してマガキ等の貝類を捕食する．
解説：1970年代前半までは瀬戸内海や有明海の砂泥質干潟でも干潮時に干出する部分に生貝が多産していた．このような内湾潮間帯の個体群はその後まったく見られなくなったため，現在本種は外洋潮下帯に棲む種というイメージが強いが，本来は干潟でも普通に見られた種である．船底塗料の有機スズによるインポセックスで激減した可能性が高い．殻長100 mm．（福田 宏・木村昭一）

エゾバイ科
オガイ
Cantharus cecillei (Philippi, 1844)

(a, b) 熊本県上天草市池島　1975年　熊本大学合津マリンステーション所蔵　山下博由撮影　(c, d) 上天草市　2011年　狩野泰則撮影

評価：絶滅危惧 IB 類
選定理由：個体数・個体群の減少，生息条件の悪化
分布：房総半島・富山湾〜九州，朝鮮半島，中国大陸．
生息環境・生態：内湾や湾口部の低潮帯〜水深35 mの岩礫底・砂泥底に生息する．
解説：本種は1980年代までは，各地の内湾域で比較的普通に見られたが，近年は生息情報が極めて少ない．三河湾・伊勢湾では減少傾向が明らかで，三河湾では1990年代から生息記録がない．瀬戸内海でも減少しているが，2000年以降では愛媛県今治市，大分県国東市国見町竹田津港で新鮮な個体が確認されている．天草松島周辺は，潮間帯で本種の生息が見られる全国でも稀有な場所で，近年も生息が確認されている．船底塗料の有機スズによるインポセックスが減少要因である可能性がある．韓国西海岸では，現在も比較的普通に見られる．和名は「苧貝」であり，殻皮を苧（麻やカラムシで作った糸）に喩えたものであろう．殻長40 mm．（山下博由・木村昭一）

タモトガイ科
マルテンスマツムシ
Mitrella martensi (Lischke, 1871)

(a, b) 熊本県上天草市松島　2011年　久保弘文 所蔵・撮影
(c) 福岡県沖端川河口（有明海）　2002年　木村昭一所蔵・撮影
(d) 山口県山口市秋穂二島　2001年　福田宏撮影　(e) 愛知県三河湾　1962年　木村昭一所蔵・撮影

評価：絶滅危惧 IA 類
選定理由：個体数・個体群の減少，生息条件の悪化
分布：北海道南部〜九州，朝鮮半島，中国大陸．
生息環境・生態：内湾奥部の礫混じりの砂泥質干潟中・低潮帯において転石間の隙間や藻上に群がる．
解説：古い死殻は各地の内湾に散見されるが，生貝は瀬戸内海や有明海等に限定される．さらに近年の中国大陸からの食用二枚貝類の搬入に伴ってサキグロタマツメタなどと同様に本種の国外の個体が移入されて定着している可能性もある．日本在来の個体（ここに図示した愛知・山口両県産個体）は一般に殻が小型で細く薄質であるが，現在有明海や岡山県笠岡湾などに見られる生貝の多くは大型で太く硬質堅固で，これらは移入個体の疑いがある．また笠岡湾の個体群は有明海からのサルボオの搬入に伴う国内移入の可能性が極めて高い．明らかに在来と見なしうる個体は全国でも極めて希にしか見出されない．殻長15 mm．（福田 宏・久保弘文・木村昭一）

軟体動物—腹足類

オリイレヨフバイ科
カタムシロ
Hebra corticata (A. Adams, 1852)

奄美大島　2007年　久保弘文撮影

評価：準絶滅危惧
選定理由：分布域限定，希少
分布：奄美大島，インド・太平洋．
生息環境・生態：マングローブ域に隣接する砂泥質干潟に生息し，今のところ奄美大島住用川河口のみから見つかっている．落葉や沈木等に付着している個体が多く，雑食あるいは堆積物食の可能性がある．矢印は，泥をまとい背景にまぎれる個体．
解説：南方系種で，生息範囲は狭いが，個体数は少なくないことから偶存種ではないと考えられる．住用川マングローブ域は奄美群島国定公園に指定されており，一定の保護はなされているが，甚大な被害の出た奄美豪雨（2010年）により，生息場所の環境が急激な塩分の低下に見まわれ，個体群の存続が危惧される．本報告は国内初記録であり，奄美大島は本種の分布北限となる．殻長14 mm．（久保弘文）

オリイレヨフバイ科
イガムシロ
Hebra horrida (Dunker, 1847)

沖縄県恩納村　2006年　(a)有棘型　(b)無棘型　久保弘文撮影

評価：準絶滅危惧
選定理由：分布域限定
分布：奄美大島，沖縄島，先島諸島，台湾（墾丁），インド・太平洋．
生息環境・生態：潮通しのよい中潮帯のアマモ場に生息し，活動時はアマモ上に這い上がる．垂直分布の幅は狭く，河口周辺や伏流水の存在する場所に多い．
解説：沖縄島では恩納村沿岸・大浦湾，宮古島では狩俣海岸，石垣島では底地湾・浦底湾・川平湾等に生息し，個体数は多くはないが，狭い範囲に密集する傾向がある．いずれの生息場所も自然度に恵まれたアマモ場に限られており，環境悪化や埋立等の影響を被りやすいと考えられる．殻長13 mm．（久保弘文）

オリイレヨフバイ科
アラムシロ（沖縄島）
Hima festiva (Powys in Powys & Sowerby I, 1835)

沖縄県羽地内海　2003年　久保弘文撮影

評価：絶滅のおそれのある地域個体群（沖縄島）
選定理由：分布域限定
分布：沖縄島北部．
生息環境・生態：羽地内海と塩屋湾の潮間帯の砂泥底〜砂礫底に分布するが，生息場所は限定される．羽地内海では比較的多産する場所が残っている．
解説：日本本土では普通種であるが，本地域個体群は奄美大島を飛び越して沖縄島北部（羽地内海，塩屋湾）のみに生息する地域個体群である．本個体群は分子進化学的検討の結果，約5〜10万年以前に温帯域から遺伝的に限られた個体群が沖縄島へ到達後，ボトルネックを生じ，沖縄島独自に個体群を増大させた集団であると推測されている．しかも，その到達イベントは1回で終息し，遺伝的分化が進行していて，遺伝的隔離集団として重要である（Kandori, Hayashi & Kubo, in press）．日本本土での生息状況から比較的富栄養など水質汚染には強いと考えられるが，埋立による生息場所の直接的な消失が最も危惧される．殻長20 mm．（久保弘文）

オリイレヨフバイ科
ウネムシロ
Hima hiradoensis (Pilsbry, 1904)

静岡県浜名湖　木村昭一撮影

評価：絶滅危惧ⅠB類
選定理由：個体数・個体群の減少，生息条件の悪化，希少
分布：北海道〜九州，朝鮮半島北部，中国大陸北部.
生息環境・生態：内湾奥部の砂泥質干潟に生息するが，中潮帯付近の海水の滲出があるような場所にのみ生息する．また，アンキアライン環境である水路や水たまりなどに生息することもある．貝類などの死肉に集まる肉食性.
解説：本種はクロスジムシロ *Hima fratercula* (Dunker, 1860) の亜種とされることもあるが，明らかに別種．クロスジムシロ近縁種については殻の形態や生息環境，DNA解析など詳細に検討した分類学的な再検討が必要である．殻の色彩は，黒褐色，橙色，黄色，白帯のある褐色の4型がある．かつては各地の内湾域の干潟周辺に普通に見られたが，近年では宮城県万石浦，浜名湖，愛知県渥美半島の三河湾側のごく狭い範囲，瀬戸内海数カ所，九州西岸数カ所で生息が確認されているにすぎない．三浦半島では絶滅が報告されている．殻長15 mm．（木村昭一・福田 宏）

オリイレヨフバイ科
オマセムシロ
Hima praematurata (Kuroda & Habe in Habe, 1961)

静岡県浜名湖　木村昭一撮影

評価：絶滅危惧Ⅱ類
選定理由：個体数・個体群の減少，生息条件の悪化，希少
分布：駿河湾〜瀬戸内海〜九州西岸．日本固有種.
生息環境・生態：潮通しのよい，よく保全されたアマモ場周辺の低潮帯〜潮下帯の砂泥底.
解説：殻頂部から次体層までの縦肋は非常に強いが，体層になると肋は弱くなり，殻口に近い部分は平滑で光沢が強い．殻口部分は上部の縦肋より幅広く肥厚し殻口は反転する．原記載より知られている生息地の瀬戸内海では岡山県，愛媛県で近年も生息が確認されている．また近年駿河湾の1カ所，浜名湖の1カ所のともによく保全されたアマモ場の狭い範囲で，少数個体の生息が確認されている．いずれにしても，本種の生息情報は非常に少ない．生息環境自体が埋立や浚渫，貧酸素水塊の発生，水質汚濁などで急速に悪化していて，本種の生息環境も著しく狭められていると考えられる．日本産の本科では最も小型の種である．殻長5 mm．（木村昭一）

オリイレヨフバイ科
アツミムシロ（和名新称）
Hima sp. A

愛知県田原市　木村昭一撮影

評価：絶滅危惧ⅠB類
選定理由：個体数・個体群の減少，生息条件の悪化，希少，特殊生息環境
分布：愛知県三河湾（渥美半島）．日本固有種.
生息環境・生態：河口域の砂質干潟の底質から海水が湧き出た水たまり内にウネムシロなどとともに生息．腐肉などに集まる肉食性.
解説：本種はクロスジムシロ *Hima fratercula* (Dunker, 1860) の近縁種と考えられるが，殻の大きさが雌雄で著しく異なるなどの特徴から，既知の種とは明瞭に識別され，未記載種であると考えられる．現在のところ愛知県渥美半島の三河湾側の1カ所でのみ生息が確認され，その範囲は極めて狭く，絶滅が危惧される．和名は現在知られている唯一の生息地のある渥美半島に因む．殻長雄5 mm，雌10 mm．（木村昭一）

軟体動物—腹足類　67

オリイレヨフバイ科
シンサクムシロ
Hima sp. B

山口県萩市笠山虎ヶ崎えび池　2000年　福田宏撮影

評価：絶滅危惧IA類
選定理由：個体数・個体群の減少，生息条件の悪化，分布域限定，希少，特殊生息環境
分布：山口県萩市笠山虎ヶ崎えび池のみ．
生息環境・生態：溶岩台地に形成されたアンキアラインプール内の泥質干潟辺縁において，干潮時に水深1〜10 cmとなる軟泥底表層や転石側面を匍匐する．同所的にホソウミニナ，マツシマコメツブが見られる．
解説：殻は光沢を欠く黒色で不明瞭な縦肋を持ち，アオモリムシロ H. hypolia (Pilsbry, 1895)に似るが生殖器の形態が異なり別種と考えられる．えび池はかつてコの字形に彎曲していたが現在は中央部が埋められ，それぞれ長さ約100 m，幅約20 mしかない2つの池に分断されている．本種はこの狭い池の固有種であり，現在まで絶滅せず生き残ったことが奇蹟的と思われるほどである．今後同地の環境状態が悪化すればただちに絶滅するおそれがある．殻長8 mm．（福田 宏）

オリイレヨフバイ科
オリイレヨフバイ
Nassarius arcularia (Linnaeus, 1758)

石垣島　2007年　久保弘文撮影

評価：絶滅危惧II類
選定理由：分布域限定，希少
分布：奄美大島，石垣島，インド・太平洋．
生息環境・生態：潮通しのよい中・低潮帯のアマモ場に隣接する細砂底に浅く潜る．垂直分布の幅が狭く，中・低潮帯にのみ見られる．
解説：沖縄島では近年，生貝がまったく確認されていない．奄美大島では1カ所のみでごく希である．石垣島では名蔵湾・川平湾等の狭い範囲に生息する．南方系の種で偶存性の可能性も否定できないが，名蔵湾では少なくとも3年間の経年観察では連続して新規加入があり，個体数も少なくないため，定着していると考えられる．垂直分布の幅が狭いこと，いずれの生息場所も自然度に恵まれた狭い範囲であることから，個体群の存続基盤は極めて脆弱と考える．なお，沖縄島では死殻が普通に見られるため，その死殻の炭素同位体による年代測定を行い，近年の環境悪化による死滅かどうかを検討する必要がある．殻長25 mm．（久保弘文）

オリイレヨフバイ科
ムシロガイ
Niotha livescens (Philippi, 1849)

長崎県平戸市平戸公園　2002年　福田宏撮影

評価：準絶滅危惧
選定理由：個体数・個体群の減少，生息条件の悪化
分布：大槌湾〜九州，朝鮮半島，中国大陸，フィリピン，熱帯インド・西太平洋．奄美大島から近似した個体が確認されているが本種との関係は検討を要する．
生息環境・生態：内湾・外洋を問わず低潮帯から潮下帯にかけて砂質干潟や岩礁の岩盤間などに生息し，他の動物の腐肉を摂食する．とくにアマモ場に多い．
解説：かつては普通種であったが近年減少傾向が強く，死殻を見る機会も少なくなった．他の新腹足類の肉食性・腐肉食性の種と同様，船底塗料に用いられていた有機スズが内分泌撹乱物質として作用し，インポセックスが生じて激減した可能性がある．殻長18 mm．（福田 宏）

オリイレヨフバイ科
ヒメオリイレムシロ
Niotha stoliczkana (G. & H. Nevill, 1874)

(a) 宮古島 久松　(b) 恩納村　久保弘文撮影

評価：準絶滅危惧
選定理由：生息条件の悪化，個体数・個体群の減少
分布：奄美大島，沖縄島，先島諸島，インド・太平洋．
生息環境・生態：潮通しのよいアマモ場周辺の低潮線～水深3m付近の細砂～泥砂底に生息する．清浄な細砂底に生息する個体はクリーム色（a），泥っぽい底質に生息する個体は灰色（b）になる．
解説：先島諸島では少なからず生息が認められるが，沖縄島では概して少ない．沖縄島中南部，宮古島南部，石垣島南部では港湾開発，埋立等で一部の生息場所が消失した．石垣・西表島海域では自然公園法や漁業調整規則（保護水面）で開発行為や採取の制限されている場所がある．近似種オキナワハナムシロはより大型で縦肋が細かいことで区別される．以前使用されていた学名 *Nassarius nodifer* (Powys, 1835) は，オキナワハナムシロの学名にあたり，その異名とされていた学名が復活する．殻長20 mm．（久保弘文）

オリイレヨフバイ科
キツネノムシロ
Niotha venusta (Dunker, 1847)

石垣島　2003年　久保弘文撮影

評価：準絶滅危惧
選定理由：分布域限定，希少
分布：先島諸島，台湾，フィリピン，インドネシア，アンダマン諸島，バヌアツ．
生息環境・生態：河口が隣接する開放性干潟の渚線付近の砂泥底に生息するが，個体数は少ない．
解説：先島諸島は本種の分布北限にあたる．垂直分布の幅が狭く，最も陸域に近い渚線の直下に生息場所を形成するため，海岸改変，埋立等の影響を被りやすい．南方系種であるが，2002～2007年の6年間，石垣島宮良川河口で観察した結果，少数個体ながら新規加入が毎年，継続して観察され，ほぼ本地域に定着していると考えられた．しかし，宮良川河口域は赤土堆積が著しく，生息場所の環境は非常に悪化している．宮古島，西表島でも記録があるが，いずれの産地でも個体数は少ない．殻長20 mm．（久保弘文）

オリイレヨフバイ科
カニノテムシロ
Pliarcularia bellula (A. Adams, 1852)

(a) 熊本県天草市羊角湾　吉崎和美撮影　(b, c) 沖縄市泡瀬干潟　イソギンチャク類の共生　山下博由撮影

評価：準絶滅危惧
選定理由：個体数・個体群の減少，生息条件の悪化，分布域限定
分布：紀伊半島～九州，奄美大島，沖縄島，インド・太平洋．
生息環境・生態：温暖な内湾の中・低潮帯の泥底・砂泥底に生息する．
解説：日本本土では，和歌山県から南九州に分布，熊本県では上天草市松島・八代海以南に分布する．シオヤガイが生息するような温暖な内湾に見られ，生息地は不連続で限定的である．天草羊角湾などでは多産する．南西諸島では，奄美大島・沖縄島にのみ分布し，石垣島・西表島にはオオカニノテムシロ *Pliarcularia pullus* (Linnaeus, 1758) が分布する．沖縄島では，塩屋湾・羽地内海・大浦湾・中城湾・漫湖に分布するが，生息面積は小さい場合が多い．殻上にマキガイイソギンチャクと思われる種が共生していることがある．殻長15 mm．（山下博由）

オリイレヨフバイ科
フタホシカニノテムシロ
Plicarcularia bimaculosa（A. Adams, 1852）

石垣島　2003年　久保弘文撮影

評価：準絶滅危惧
選定理由：分布域限定，個体数・個体群の減少，希少
分布：沖縄島2カ所（読谷村長浜，名護市大浦），石垣島，西表島，フィリピン，インドネシア，スリランカ，北オーストラリア．
生息環境・生態：河口域周辺の開放性干潟の中・低潮帯の細砂底に生息するが，個体数は非常に少ない．
解説：本種は本邦における正式な記録がなく，本報告が日本新記録となる．垂直分布の幅が狭く，海岸改変，埋立等の影響を被りやすい．沖縄島は本種の分布の北限にあたり，少数の個体のみの確認事例のため，本地域で再生産しているかどうかは検討を要する．ただ，継続観察することもできないまま，読谷村の産地は2009年に護岸造成に伴う底質の変化で消失した．石垣島および西表島の産地では長期継続的に観察でき，定着していると考えられる．殻長15 mm．（久保弘文）

オリイレヨフバイ科
コブムシロ
Plicarcularia globosa（Quoy & Gaimard, 1833）

(a)石垣島　(b)奄美大島　久保弘文撮影

評価：準絶滅危惧
選定理由：分布域限定
分布：奄美大島，沖縄島，先島諸島，インド・太平洋．
生息環境・生態：マングローブ周辺やそれに隣接する泥砂底～泥底に生息する．中潮帯にのみ見られ，垂直分布の幅が非常に狭い．
解説：奄美大島，西表島では比較的多産する．沖縄島では東海岸の1カ所のみで生息範囲が非常に狭く，近年は生貝がまったく確認されておらず，絶滅が危惧される．石垣島（川平湾・名蔵湾）では大型個体が出現するが，個体数は少ない．奄美・西表のマングローブ域では自然公園法で開発行為が制限されている場所が多い．殻長16 mm．（久保弘文）

オリイレヨフバイ科
マタヨフバイ
Telasco lurida（Gould, 1850）

石垣島　2002年　久保弘文撮影

評価：準絶滅危惧
選定理由：生息条件の悪化，分布域限定
分布：奄美大島，沖縄島，先島諸島，台湾，インド・太平洋．
生息環境・生態：河口域に近く，かつ潮通しのよいアマモ場とそれに隣接する泥砂底に浅く潜る．垂直分布の幅は非常に狭く，中潮帯にのみ見られる．
解説：先島諸島（石垣島・西表島）では場所により個体数は少なくないが，奄美・沖縄島周辺では分布範囲が非常に狭く，個体群規模は極めて小さいため，絶滅が危惧される．奄美大島が北限分布地である．石垣島の生息場所の一部は保護水面内にあり，漁業調整規則により保護されている．マタヨフバイの「マタ」とは故黒田徳米博士（奄美・沖縄の両目録の著者）が台湾貝類目録の調査中に未掲載の新しいヨフバイ（ヨフバイ類は非常に種類が多い）が見つかったとして，「またヨフバイが出ました」という意味で名づけられたという．殻長25 mm．（久保弘文）

オリイレヨフバイ科
ウネハナムシロ
Varicinassa varicifera (A. Adams, 1852)

(a, b) 福岡県柳川市沖端川河口沖　2001年　福田宏撮影　(c, d) 岡山県児島湾　1979年　河辺訓受所蔵　木村昭一撮影

評価：絶滅危惧IA類
選定理由：個体数・個体群の減少，生息条件の悪化
分布：瀬戸内海（児島湾，周防灘），博多湾，有明海，錦江湾，朝鮮半島，中国大陸．
生息環境・生態：内湾奥部の礫混じりの砂泥干潟下部から潮下帯において表層を匍匐する．かつて児島湾ではタイラギ漁の際に混獲されていた．
解説：児島湾では湾の閉め切りによって絶滅し，周防灘と博多湾でも古い死殻が見られるのみで，錦江湾では再発見されない．現在生貝は有明海奥部（福岡県柳川市沖）でのみ見られるが，これは中国大陸からの移入個体群である可能性が高い．かつて国内で見られた個体は殻長10〜15 mmと小型であるのに対し，現在有明海に産する生貝は20〜25 mmに達する．また中国大陸から宮城県万石浦へ搬入された食用二枚貝類の中にサキグロタマツメタと本種が混在していたことが確認され，浜名湖でも移入個体が採集された．確実に日本在来と認められる個体群は現在知られていない．（福田 宏・木村昭一）

オリイレヨフバイ科
クリイロムシロ（クリイロヨフバイ）
Zeuxis olivaceus (Bruguière, 1792)

(a) 沖縄島中部　(b) 奄美大島　久保弘文撮影

評価：準絶滅危惧
選定理由：分布域限定
分布：奄美大島，沖縄島，台湾，インド・太平洋．
生息環境・生態：マングローブ域に隣接する砂泥質干潟〜河口水路の水深10 m付近に生息する．今のところ，国内では奄美大島が最大の生息地であるが，沖縄島中北部からも少数個体が採集されている．
解説：奄美大島は本種の分布北限である．中でも住用川マングローブ域は奄美群島国定公園に指定されており，一定の保護がなされているため，生息域の環境は比較的安定しているが，甚大な被害の出た奄美豪雨（2010年）により，生息場所の環境が急激な塩分の低下に見まわれたため，個体群への悪影響が懸念される．沖縄島中部の産地では生息範囲が非常に狭く，航路浚渫の影響により泥底が削られ，生息確認が困難な状況にある．なお，先島諸島，とくに西表島では正式な記録がないが，本種に適した生息環境が多数あるため，生息する可能性がある．殻長40 mm．（久保弘文）

オリイレヨフバイ科
ヒロオビヨフバイ
Zeuxis succinctus (A. Adams, 1852)

(a, b) 有明海諫早湾 水深4 m　(c, d) 大韓民国全羅南道務安郡　山下博由・森敬介撮影

評価：絶滅危惧IB類
選定理由：個体数・個体群の減少，生息条件の悪化，分布域限定
分布：日本，朝鮮半島，中国大陸，インド・太平洋．
生息環境・生態：内湾の中・低潮帯〜水深10 mの泥底，砂泥底に生息する．
解説：日本では，瀬戸内海・有明海に分布する．能登半島と博多湾の記録もあるが，現在は生息していない．瀬戸内海では，兵庫県西部・岡山県玉野市沖・愛媛県今治市・周防灘西北部で近年の生息記録がある．有明海では，諫早湾周辺から熊本市にかけて広く分布するが，生息地，個体数は減少傾向にあると考えられる．とくに湾奥部では，中国大陸からの移入種カラムシロ *Zeuxis sinarus* (Philippi, 1851) の増加に伴って，本種の個体群に負荷が生じている可能性がある．殻長20 mm．（山下博由）

テングニシ科
テングニシ
Pugilina (*Hemifusus*) *tuba* (Gmelin, 1791)

(a)福岡県福津市福間海水浴場　2002年　福田宏撮影　(b)三重県英虞湾湾口部　2010年　木村昭一撮影

評価：準絶滅危惧
選定理由：個体数・個体群の減少，生息条件の悪化
分布：房総半島・男鹿半島〜九州，朝鮮半島，中国大陸，熱帯インド・西太平洋．
生息環境・生態：オニサザエと同様に内湾・外洋ともに見られ，主として潮下帯に産するが，礫混じりの砂泥質干潟低潮帯にも生息し表層や転石側面を匍匐する．
解説：オニサザエと同じく，1970年代前半までの瀬戸内海や有明海では砂泥質干潟低潮帯に生貝が多産し，食用種のため干潮時に地元住民が採集して地産地消することが多かった．その後本種も有機スズがもたらすインポセックスによって激減し，とくに内湾の潮間帯ではめったに見ることがなくなった．写真（a）は砂質干潟表層を匍匐していた大型個体であり，この例のように日本海など外洋に面した場所では比較的浅所で生貝を見ることがあるが，瀬戸内海中央部など閉鎖水域では潮下帯も含めて極めて希産であり絶滅が危惧される．殻長150 mm．（福田 宏・木村昭一）

バイ科
バイ
Babylonia japonica (Reeve, 1843)

（左）神奈川県横須賀市長井　1954年　神奈川県立博物館所蔵　KPM-NGY000115　山下博由撮影　（右）和歌山県西牟婁郡白浜町の市場　2003年　木村昭一撮影

評価：準絶滅危惧
選定理由：個体数・個体群の減少，生息条件の悪化
分布：北海道南部〜九州，朝鮮半島．
生息環境・生態：内湾から外洋の低潮帯〜水深50 mの砂底，砂泥底に生息する．
解説：本種は日本本土周辺の固有種で，かつては「べーごま（バイ独楽）」の材料にも使われた馴染み深い貝であった．1970年代までは各地で極めて普通に見られたが，1980年代半ばから激減した．大きな減少要因は船底塗料の有機スズの影響によるインポセックスで，1990年には各地のバイにインポセックスが蔓延していたことが確認されている．1991年には，有機スズの使用が規制された．おそらくその効果によって，2000年前後から日本海沿岸などの外洋域を中心に復活傾向にある．壊滅的に減少した東京湾，伊勢湾，瀬戸内海，有明海などの内湾域でも，徐々に個体群が復活しつつある．しかしかつての生息状況には，まだまだほど遠いといえる．殻長87 mm．（山下博由）

バイ科
ウスイロバイ
Babylonia kirana Habe, 1965

沖縄県金武湾　2002年　久保弘文撮影

評価：絶滅危惧II類
選定理由：生息条件の悪化，個体数・個体群の減少，分布域限定
分布：徳之島（化石），沖縄島（金武湾，中城湾，大浦湾）．
生息環境・生態：内湾〜やや外洋の低潮帯〜水深約10 mの砂泥底に生息する．幼生は面盤（ベーラム）を持って孵化するが，数時間で着底するため，移動分散能力は乏しい．
解説：徳之島での報告事例は死殻のみで，現在は沖縄島固有種と考えられる．与那原湾は沖縄島最大の生息場所で，本種を対象とする漁業も営まれていたが，埋立により生息海域が著しく減少し，漁業資源として大きなダメージを受けた．金武湾石川沖は与那原湾に次ぐ生息場所で，現在も細々とバイカゴ漁が営まれている．美味であり，水産資源としても重要である．なお，バイ類は以前はエゾバイ科に所属していたが，むしろマクラガイ科に近いとされ，現在はバイ科として独立して扱われている．殻長60 mm．（久保弘文）

マクラガイ科
マクラガイ
Oliva mustelina Lamarck, 1811

愛知県三河湾　木村昭一撮影

評価：準絶滅危惧
選定理由：個体数・個体群の減少，生息条件の悪化
分布：房総半島・男鹿半島〜九州，朝鮮半島，中国大陸，インド・太平洋．
生息環境・生態：内湾干潟〜外洋の水深30 mの砂泥底．
解説：殻は円筒形で，殻表は平滑で強い光沢があり，殻質は厚く堅固．生時殻は軟体部で被われている．1960年代には伊勢湾，瀬戸内海など大きな内湾域の潮間帯に多産したが，現在干潟で生息が確認できる場所は非常に少ない．現在も外洋に面した潮下帯には健全な個体群が残されているが，内湾では潮下帯でも本種の減少は著しい．浜名湖では潮通しのよい干潟で本種の生きた個体が希に採集され，三河湾奥で底質環境が回復されたため，一時的に少数の生きた個体の採集例があり，底質環境の悪化が，内湾域での減少に関係していると推測される．また，本種の属するマクラガイ科はバイ科と近縁で，船底塗料の有機スズの影響によるインポセックスが内湾域での減少の一因として考えられる．殻長35 mm．（木村昭一）

ミノムシガイ科
ミノムシガイ
Vexillum balteolatum (Reeve, 1844)

（左）沖縄県名護市　（右）石垣島　久保弘文撮影

評価：絶滅危惧Ⅱ類
選定理由：生息条件の悪化，個体数・個体群の減少，分布域限定
分布：奄美大島，沖縄島，先島諸島，インド・太平洋．
生息環境・生態：大規模干潟のアマモ場や周辺の低潮線〜水深10 m付近の砂泥底に生息する．
解説：沖縄島の干潟では1990年代までは中城湾（泡瀬），金武湾（与那城海中道路）を中心に個体数は少なくなかった．しかし，1990年代に与那原・西原地先の生息地が埋立により消失，次いで海中道路北側の個体群が激減し，泡瀬では埋立が本格化する2002年頃から著しく個体数が減少した．現在，沖縄島のほとんどの個体群が減少し，危機的状況にあると考えられる．先島諸島では元々個体数が少ないと考えられるが，海域面積の広い西表島では健全な個体群が残っている可能性がある．なお，和歌山県田辺湾で偶存種として記録されたことがある．殻長50 mm．（久保弘文）

ミノムシガイ科
ハイイロミノムシ
Vexillum gruneri (Reeve, 1844)

石垣島川平湾　2001年　久保弘文撮影

評価：準絶滅危惧
選定理由：生息条件の悪化，個体数・個体群の減少，分布域限定
分布：奄美大島，沖縄島，先島諸島，インド・太平洋．
生息環境・生態：潮通しのよいアマモ場周辺の砂泥底に生息する．垂直分布の幅は狭く，中・低潮帯〜水深2 mに限られる．
解説：先島諸島では場所により普通に生息が認められるが，沖縄島では非常に少なく，名護市大浦等の東海岸に生息する．先島諸島では宮古島南部，石垣島南部を中心に港湾開発，埋立で一部の生息場所が消失した．一方，石垣・西表海域では自然公園法や漁業調整規則（保護水面）で開発行為や採取制限がなされている海域がある．殻長30 mm．（久保弘文）

ミノムシガイ科
チビツクシ（ムラクモツクシ）
Vexillum rufomaculatum (Souverbie, 1860)

沖縄県泡瀬干潟　2005年　久保弘文撮影

評価：絶滅危惧Ⅱ類
選定理由：生息条件の悪化，個体数・個体群の減少，分布域限定
分布：奄美大島，沖縄島，ニューカレドニア．
生息環境・生態：やや外洋に面し，規模の大きな干潟のアマモ場やその周辺の礫砂底に生息するが個体数は少ない．本種は小型ツクシガイ類の中でアマモ場干潟に最も特徴的な種である．垂直分布域が中・低潮帯に限られており，非常に狭い．
解説：なぜかフィリピンや先島諸島から正式な分布記録がない．沖縄島を中心に埋立や藻場の環境悪化により危機的な状態にある．本種以外にもアマモ場周辺の干潟には小型ツクシガイ類が多種おり，これらは豊かな自然環境下で多様性が維持されている．なお，本種は近年，複数の文献でムラクモツクシという和名で図示されているが，この和名の種は奄美・沖縄からは知られておらず，元々はチビツクシとよばれていたと考えられる．殻長20 mm．（久保弘文）

ミノムシガイ科
カノコミノムシ
Vexillum sanguisuga (Linnaeus, 1758)

石垣島川平湾　2001年　久保弘文撮影

評価：準絶滅危惧
選定理由：生息条件の悪化，個体数・個体群の減少，分布域限定，希少
分布：先島諸島，インド・太平洋．
生息環境・生態：潮通しのよいアマモ場周辺の低潮帯〜水深5 m付近までの細砂底に生息し，とくに泥分の少ない清浄な底質を好む．
解説：先島諸島は本種の北限分布域であるが，石垣島南部と宮古島パイナガマ地区では港湾開発，埋立事業で一部の生息場所が消失した．また八重山海域は赤土の流入が著しく底質が泥化し，生息環境が悪化している．石垣・西表海域では自然公園法や漁業調整規則（保護水面）で開発行為や採取制限がなされている海域がある．なお，カノコミノムシにはいくつかの型が知られており，先島諸島の型は亜種 *castaneosticum* とよばれ，熱帯域においても産出が少なく，大型化する型とされている．殻長50 mm．（久保弘文）

コロモガイ科
オリイレボラ
Trigonostoma scalariformis (Lamarck, 1822)

(a)静岡県浜名湖　(b, c)愛知県名古屋港沖　木村昭一撮影

評価：絶滅危惧Ⅱ類
選定理由：個体数・個体群の減少，生息条件の悪化，希少
分布：房総半島〜九州西岸，黄海，インド・太平洋．
生息環境・生態：低潮帯の干潟〜水深20 m程度の砂泥底．
解説：殻は淡褐色で，数本の細い白帯をめぐらす．殻質は厚く堅固，縦肋は非常に強く，肋間は平滑．臍孔は狭いが開く．有明海沿岸では干潟で生息が観察されるが，主な分布域は潮下帯にある．有明海以外の分布域全域ではほとんど生息記録がない時代が続き，絶滅寸前ではないかと考えられた．2005年知多半島沖の伊勢湾の潮下帯から生きた個体が少数採集された．2008年名古屋市沖，2010年松阪市沖の伊勢湾でも生息が確認された．2011年浜名湖では生きた個体1個体が干潟で確認され，回復傾向が認められる．しかし，依然として生息情報は非常に少ない．瀬戸内海の一部では有明海からの国内移入と考えられる例が確認されている．殻長25 mm．（木村昭一・福田 宏）

イモガイ科
ツヤイモ
Conus boeticus Reeve, 1844

沖縄県中城湾潮間帯　2000年　久保弘文撮影

評価：絶滅危惧Ⅱ類
選定理由：生息条件の悪化，個体数・個体群の減少，分布域限定
分布：和歌山県以南の太平洋岸，沖縄島，宮古島，石垣島．
生息環境・生態：沖縄周辺では，やや規模の大きな干潟のアマモ場やその周辺の砂礫底～泥礫底に生息する．日本本土での具体的な記録はほとんどない．
解説：1990年代前半までは，とくに沖縄島中部の干潟では中城湾，金武湾を中心に個体数が少なくなかった．しかし，1990年代後半に与那原・西原地先の生息地が埋立により消失し，その後，2000年代に入って北中城村周辺の個体群が激減した．沖縄市泡瀬干潟では埋立後に著しく個体数が減少した．また，石垣島では1970年代に記録があるが，1990年代の8年間の調査では確認されなかった．なお，沖縄では潮間帯に分布の中心があるが，泥っぽいサンゴ礁域の水深20m付近でも，生息が確認されている．殻長40mm．（久保弘文）

イモガイ科
スジイモ
Conus figulinus Linnaeus, 1758

沖縄県名護市　2009年　久保弘文撮影

評価：準絶滅危惧
選定理由：生息条件の悪化，個体数・個体群の減少，分布域限定
分布：奄美大島，沖縄島，先島諸島，インド・太平洋．
生息環境・生態：河口付近の泥っぽい細砂底の潮間帯～水深2m付近に生息する．とくに河川水や伏流水の影響を受ける河口域周辺とその延長上の水路部に生息する．また，冬季から春季にかけ河口域低潮線付近に狭い範囲に集まり産卵する．
解説：1980年代後半まで沖縄島や八重山の河口干潟に普通に生息していたが，現在，沖縄島を中心に河口付近の生息地が埋立や航路浚渫などで改変され，生息域が減少し，少なくともかなりの個体群が消失したと考えられる．ダイミョウイモ *Conus betulinus* (Linnaeus, 1758) も生態的に類似した環境に生息するが，沖合の上部浅海帯まで分布域が広がっており，本種ほど生息範囲は狭くない．殻長90mm．（久保弘文）

イモガイ科
コゲスジイモ
Conus loroisi insignis Dautzenberg, 1937

石垣島宮良湾　2005年　久保弘文撮影

評価：準絶滅危惧
選定理由：生息条件の悪化，個体数・個体群の減少，分布域限定
分布：沖縄島，八重山諸島，インド・太平洋．
生息環境・生態：河口付近のやや泥っぽい細砂底の低潮線付近に生息する．河川水の影響を受ける河口域周辺とその延長上の水路部に分布域が限定される．
解説：スジイモに類似するが，より重厚・大型化し，殻頂部が平巻き状となる他，帯状の厚い殻皮を持つ．1990年代後半まで西表島の白浜地区では冬季の大潮時の観察では普通であった．現在，沖縄島を中心に河口付近の生息地が埋立や航路浚渫などで改変され，生息域が減少し，少なくともかなりの個体群が消失したと考えられる．原種ミルクイモ *C. loroisii* Kiener, 1845は主にインド洋に分布する淡色の大型種で，スジイモとは無関係の種である．殻長100mm．（久保弘文）

軟体動物―腹足類

コシボソクチキレツブ科
チャイロフタナシシャジク
Etrema (Etremopa) gainesii (Pilsbry, 1895)

SL 7 mm

神奈川県三浦市初声町長浜海岸　1950年　神奈川県立博物館所蔵　KPM-NGY002006　山下博由撮影

評価：準絶滅危惧
選定理由：個体数・個体群の減少，生息条件の悪化
分布：北海道西南部〜九州，朝鮮半島．
生息環境・生態：内湾から外洋の中・低潮帯〜水深20 mの砂底・砂礫底・岩礫底に生息する．
解説：かつては瀬戸内海・博多湾などの内湾で，殻の打ち上げが多く見られたが，1990年代以降減少傾向にある．近年も，瀬戸内海西部・九州西岸の潮間帯で生息が確認されるが，生息地，個体数は少ない．スジウネリチョウジガイ，ヌノメチョウジガイ，クリイロマンジ，本種など，日本本土内湾域の砂底・岩礫底に生息する小型腹足類の多くで，1980年代後半以降の減少傾向が認められる．とくに本種を含むイモガイ上科の種は肉食性であるため，海洋環境の変化に伴う餌動物相の変化・減少の影響を強く受けている可能性がある．東京湾などの都市近郊の内湾では，イモガイ上科の小型種の多くが消滅している．殻長8 mm．（山下博由）

マンジ科
コトツブ
Eucithara marginelloides (Reeve, 1846)

SL9mm　SL8mm

石垣島　2007年　久保弘文撮影

評価：準絶滅危惧
選定理由：生息条件の悪化，個体数・個体群の減少，分布域限定
分布：奄美大島，沖縄島，先島諸島，インド・太平洋．
生息環境・生態：潮通しがよく，清浄な細砂質干潟のアマモ場やその周辺の潮間帯細砂底に生息する．
解説：コトツブ類は様々な種が分化し，種数も著しく多いが，本種は最も浅い場所に生息する種の1つで，南西諸島のウミヒルモ帯等の海草干潟に代表的な種である．沖縄島では大浦湾や恩納村屋嘉田等の自然度の保たれた干潟に生残しているが，開発の著しい中南部地域ではほとんど見出されない．先島諸島は比較的広範囲に生息しており，沖縄島ほど産地が限られていない．殻長8〜9 mm．（久保弘文）

フデシャジク科
クリイロマンジ
Philbertia (Pseudodaphnella) leuckarti (Dunker, 1860)

SL 5 mm

山口県上関町長島田ノ浦　2011年　山下博由撮影

評価：準絶滅危惧
選定理由：個体数・個体群の減少，生息条件の悪化
分布：岩手県・男鹿半島〜九州，朝鮮半島．
生息環境・生態：内湾から外洋の中・低潮帯〜水深20 mの砂底・砂礫底・岩礫底に生息する．
解説：かつては瀬戸内海・博多湾などの内湾で，殻の打ち上げがごく普通に見られたが，1990年代以降減少傾向にある．近年も，瀬戸内海西部・九州西岸の潮間帯で生息が確認されるが，生息地，個体数は少ない．岩礫の裏に生息していることが多い．減少要因はチャイロフタナシシャジクと同様と考えられる．日本本土の内湾域に生息するトウキョウコウシツブ Kermia tokyoensis (Pilsbry, 1895)，ホソヌノメシャジク Etrema (Etremopa) streptonotus (Pilsbry, 1904)，ヌノメシャジク E. (E.) subauriformis (E. A. Smith, 1879)，フデシャジク Daphnella interrupta Pease, 1860などのイモガイ上科の小型種は，いずれも減少傾向にあると考えられる．殻長7 mm．（山下博由）

クダボラ科
クダボラ
Turris crispa (Lamarck, 1816)

沖縄県泡瀬干潟　2000年　久保弘文撮影

評価：準絶滅危惧
選定理由：生息条件の悪化，個体数・個体群の減少，分布域限定
分布：奄美大島，沖縄島，先島諸島，インド・太平洋．
生息環境・生態：規模の大きな干潟のアマモ場やその周辺の中～低潮線の礫砂底に生息し，個体数は少なくないが，多産する貝ではない．本種は大型クダボラ科の中でアマモ場干潟に特徴的な種で垂直分布幅が狭い．
解説：本種は1990年代前半までは沖縄各地のアマモ場ではしばしば見出され珍しくはなかったが，2000年代以降，埋立や航路浚渫等による生息場所の消失や陸土沈積等によりアマモ場環境が悪化した場所では確認困難な状況にある．先島諸島では一部海域で比較的健全な場所が残っているが，元々沖縄島の個体群と比べて貧弱である．日本本土や沖縄の湾域の水深10 m以深に生息する亜種ミノボラ *yeddoensis* Jousseaume, 1883は，形態のみならず，生息水深や底質も異なり別種と考えられる．殻長50 mm．（久保弘文）

タケノコガイ科
イワカワトクサ
Duplicaria evoluta (Deshayes, 1859)

熊本県天草郡苓北町富岡　国立科学博物館所蔵（桜井コレクション）NSMT-Mo 77481　齋藤寛撮影

評価：絶滅危惧Ⅱ類
選定理由：個体数・個体群の減少，生息条件の悪化
分布：茨城・山形県～九州，奄美大島，朝鮮半島，中国大陸．
生息環境・生態：開放的な湾や外洋の低潮帯～水深20 mの砂底に生息する．
解説：山口県から佐賀県にかけての響灘・玄界灘沿岸では，かつては新鮮な殻の打ち上げが普通に見られ，浚渫海砂やドレッジでも豊富に見られたが，1990年代以降激減した．天草下島富岡では，低潮帯砂底に生息していたが消滅した．タケノコガイ科の種は，ゴカイ類・ギボシムシ類などを食べる肉食性であり，底質の変化や汚染によって，餌動物相が変化するとその影響を受けやすいと考えられる．同科の多くの種が全国的に減少傾向にあり，相模湾では浅海域に生息するほぼすべての種（7種）が消滅寸前になっている．殻長50 mm．（山下博由）

タケノコガイ科
シチクガイ
Hastula rufopunctata (E. A. Smith, 1877)

（左）相模湾　神奈川県立博物館所蔵　KPM-NGZ001336
（右）沖縄県国頭村沖　水深40 m　久保弘文採集　山下博由撮影

評価：準絶滅危惧
選定理由：個体数・個体群の減少，生息条件の悪化
分布：房総・男鹿半島～種子島，沖縄島，小笠原，朝鮮半島，インド・太平洋．
生息環境・生態：開放的な湾や外洋の低潮帯～水深40 mの砂底に生息する．
解説：房総半島では外房から内房にかけて複数の産地があったが，著しく減少した．相模湾でも多産したが，1980年代以降減少し消滅した．熊本県天草下島では数カ所に生息したが，現在は確認されていない．近年は，日向灘・沖縄島などで生息が確認されている．本州では，砂浜の低潮帯において主に二枚貝を捕食するホタルガイ類 *Olivella* spp. と同所的に見られたが，ホタルガイ類も減少していることから，外洋砂浜の底生生物相は汚染などの影響で大きく変化していると考えられる．ハワイの同属種 *Hastula inconstans* (Hinds, 1844) は多毛類の *Dispio magnus* (Day, 1955) を捕食することが知られている．殻長35 mm．（山下博由）

軟体動物―腹足類

タケノコガイ科
タケノコガイ
Terebra subulata (Linnaeus, 1767)

沖縄県糸満市　2011年　久保弘文撮影

評価：準絶滅危惧
選定理由：生息条件の悪化，個体数・個体群の減少
分布：和歌山県以南，奄美大島，沖縄島，八重山諸島，インド・太平洋．
生息環境・生態：河口付近の細砂底の潮間帯〜水深2 m付近に分布し，大型タケノコガイ科では最も河川水の影響を受ける場所に分布域が形成される．
解説：1980年代後半まで沖縄島や八重山の河口に近い細砂底では多産したが，現在，河口付近の環境が陸土の大量流入，都市化や畜産排水による富栄養化で悪化し，生息地は著しく減少した．タケノコガイ科は熱帯性で南西諸島の砂底域に60種以上の多様な種が存在し，砂浜生態系の中で重要な役割を果たしていると考えられる．それらは様々な砂浜環境に適応している．現在，南西諸島の熱帯性タケノコガイ類の多様性は上記の理由で同様に著しく低下しており，それら多くの種を包括的に考慮した保全が必要と思われる．殻長135 mm．（久保弘文）

ガクバンゴウナ科
イリエゴウナ
Ebala sp.

宮城県石巻市万石浦　2009年　多々良有紀撮影

評価：絶滅危惧II類
選定理由：個体数・個体群の減少，生息条件の悪化，希少
分布：宮城県万石浦，相模湾（死殻），宮崎県一ツ葉入り江．
生息環境・生態：万石浦と一ツ葉入り江はともに外海との連絡部が狭くその奥が広がるラグーンで，本種はその内部の砂泥質干潟表層を匍匐する．相模湾では水深65 mの海底から採集された．
解説：万石浦・一ツ葉入り江，ともに干潟で生貝が確認されており，相模湾の死殻の記録は浅所からの落ち込みであろう．宮城県〜宮崎県間の他の内湾にも生息している可能性はあるが，いまだ確実な新産地は知られていない．死殻も見出されていないことから元々局所的にしか個体群が存在しない可能性が高く，その数少ない産地も昨今の干潟の減少や環境悪化を考えると危機に瀕しているおそれがある．殻長4 mm．（福田 宏）

カクメイ科
カクメイ属の一種
Cornirostra sp.

和歌山市和歌浦　2007年　多々良有紀撮影

評価：情報不足
選定理由：個体数・個体群の減少，生息条件の悪化，分布域限定，希少，特殊生息環境
分布：英虞湾，和歌浦．
生息環境・生態：英虞湾では真珠養殖筏直下の水深9 mに設置された漁礁下で確認され，和歌浦では砂泥質干潟表層に生じた水深5〜20 cmのタイドプール水中を漂うアナアオサ上に付着していた．両産地ともに還元環境で，ナギツボ，トゲトゲツボ，ハリウキツボ，ガラスシタダミ科の一種等が随伴していた．
解説：近年発見されたばかりの未記載種で，長谷川和範博士が記載する予定．イシン属 *Tomura* の種と異なり，外套膜上に明瞭な黒色色素の斑紋を持つことで識別は容易である．また日本産イシン属の種よりも螺層の膨らみと縫合の括れが強い．トゲトゲツボやガラスシタダミ属の一種等ともども砂泥底潮間帯〜潮下帯の還元環境に特異的な種と思われ，精査すれば産地は増える可能性があるが，現時点で情報が十分でないので希少性評価は保留する．殻径1.5 mm．（福田 宏）

カクメイ科
ヒメシマイシン
Tomura himeshima Fukuda & Yamashita, 1997

大分県東国東郡姫島村みつけ海岸　（標本）1998年　（タイプ産地）2011年　山下博由撮影

評価：絶滅危惧 IB 類
選定理由：個体数・個体群の減少，分布域限定，希少
分布：大分県東国東郡姫島村
生息環境・生態：小河川の流入する汽水域中潮帯の砂泥に深く埋もれた岩礫下に生息する．
解説：瀬戸内海西部の大分県東国東郡姫島村みつけ海岸（タイプ産地）からのみ知られる．継続的に調査を行っているが，過去10年間，再発見されていない．微小であることと，岩礫下の砂泥中に生息することもあるため，生息確認が困難な種であり，周辺に生存している可能性は否定できない．ヤシマイシンよりも，やや大型で螺管は太く縫合が深い．近年，瀬戸内海東部からも報告があるが，本類では殻のみによる同定では不十分で，少なくとも歯舌を観察する必要がある．殻径1.8 mm．（山下博由）

カクメイ科
ヤシマイシン
Tomura yashima Fukuda & Yamashita, 1997

（左）広島県因島大浜　2004年　（右上）大分県中津市大新田 2003年　（右下）石垣島崎枝　2004年　福田宏撮影

評価：絶滅危惧 IB 類
選定理由：個体数・個体群の減少，生息条件の悪化，分布域限定，希少，特殊生息環境
分布：瀬戸内海西部（山口県熊毛郡上関町八島）．
生息環境・生態：潮通しのよい海岸転石地の潮間帯に生じたタイドプールにおいて，砂泥に半ば埋もれた転石下の還元環境にユキスズメ科の種やミジンツツガイ等とともに見られる．
解説：本種に似た個体は八島対岸の長島等からも確認されているが殻や歯舌の形態が異なり同種か別種か断定できない．広島県因島，山口県秋穂湾，大分県中津，石垣島等からも類似した個体が得られておりそれらと本種の関係も明らかでない（ここにはあえてそれらの写真を掲載した）．八島から約50 kmしか離れていない大分県姫島には別種ヒメシマイシンが産するため，上記各産地の個体はそれぞれ別種の可能性もある．いずれにせよ本種群が特異的に見られる転石下の還元環境は脆弱で海岸の開発や環境破壊によって損なわれやすい．殻径1.4 mm．（福田 宏）

ガラスシタダミ科
ガラスシタダミ科の一種
Xenoskenea sp.

和歌山市和歌浦　2007年　多留聖典撮影

評価：情報不足
選定理由：個体数・個体群の減少，生息条件の悪化，分布域限定，希少，特殊生息環境
分布：英虞湾，和歌浦．
生息環境・生態：英虞湾・和歌浦ともにカクメイ属の一種と同様．
解説：カクメイ属の一種とともに長谷川和範博士が記載する予定の未記載種．殻は低平で光沢が強く無色透明のガラス質．外套膜上に鮮明な朱色の色素斑を持つ．口吻の前端と腹足の後端はカクメイ科の種と異なり二叉しない．腹足後端は細長く伸長する．カクメイ属の一種と同様にハリウキツボ，ナギツボ，トゲトゲツボ等とともに内湾の砂泥質干潟〜潮下帯に生じる還元環境において独特の貝類群集を形成していると考えられるが，まだ既知産地は少なく，今後の調査が必要である．殻径1.2 mm．（福田 宏）

オオシイノミガイ科
オオシイノミガイ
Acteon sieboldi (Reeve, 1842)

(a, b) 愛知県知多半島沖　(c) 静岡県浜名湖　木村昭一撮影

評価：準絶滅危惧
選定理由：個体数・個体群の減少，生息条件の悪化
分布：東北地方〜九州，中国大陸．
生息環境・生態：内湾〜湾口部の潮間帯〜水深20 m 程度の砂泥底．
解説：殻は長卵形，薄質で殻表には細かい螺溝を持つが，光沢がある．淡褐色の地色に肩部と殻底部付近に濃褐色の帯をめぐらす．縫合下と臍孔周辺は白色．潮下帯に主な分布域があり，干潟で本種の生息が確認できる場所は少ない．相模湾では絶滅寸前まで減少した時期があったが，近年回復傾向が認められる．浜名湖では干潟で本種の生息が確認され，三河湾，伊勢湾では湾口部の外洋水の影響の強い潮下帯に健全な個体群が確認されている．年による個体数の変動の大きな本種ではあるが，生息環境が急速に悪化していて，生息域，個体数とも減少していることは否定できない．殻径20 mm．（木村昭一）

オオシイノミガイ科
ムラクモキジビキガイ
Japanacteon nipponensis (Yamakawa, 1911)

(a–c) 三重県津市五主海岸　2010年　木村昭一撮影　(d) 近似種　アサグモキジビキガイ（石川，2012）静岡県沼津市沖　2011年　木村昭一撮影

評価：準絶滅危惧
選定理由：個体数・個体群の減少，生息条件の悪化
分布：陸奥湾〜九州，朝鮮半島．
生息環境・生態：潮通しのよい内湾の清浄な砂質干潟低潮帯表層を匍匐する．5月に交尾が観察された（a）．
解説：本種はしばしば別の未記載種（d）と混同されている．本種は殻表の螺溝の間隔が狭く，螺層肩部は火炎彩状の黒色模様を持つが，それより前方は黒色帯を等間隔に巡らし，軟体部が漆黒色なのに対し，もう1種は螺溝の間隔が広く，螺層の大半は白地に黒小斑を散在し（体層中央にこれを欠く個体もある），軟体部は白色である．両種は湾口部では同所的に見られるが，本種が主に内湾の干潟に産するのに対し，もう1種は外洋寄りに多く生息範囲は潮下帯に達する．近年インターネット上で本種とされている画像の多くは未記載種の方である．本種は内湾の水質汚濁や干潟の消失等によって危機的状況にあるが，未記載種の方も潮間帯の個体群は減少傾向にあると思われる．殻長10 mm．（福田宏・木村昭一）

オオシイノミガイ科
カヤノミガイ
Pupa sulcata (Gmelin, 1791)

石垣島　2003年　久保弘文撮影

評価：準絶滅危惧
選定理由：個体数・個体群の減少，生息条件の悪化
分布：九州南部以南，奄美大島，沖縄島，先島諸島，インド・太平洋．
生息環境・生態：潮通しのよいアマモ場とその周辺の中潮線〜水深2 m の細砂底に生息する．
解説：分布は九州南部以南とされるが，記録の多くは南西諸島で，それ以外の具体的な記録は非常に乏しい．奄美大島では宇検村の一部に健在な個体群があるが，加計呂麻島伊古茂では砂質干潟が荒廃して激減した（水元巳喜雄氏，私信）．沖縄島では恩納村から記録があるが他では記録がない．先島諸島では，アマモ場と周辺の細砂底に広く分布している．熱帯性の代表的なカヤノミガイ類には，本種の他，ベニフカヤノミやタイワンカヤノミがあり，同様に清浄な細砂底を好む．しかし，これらは上部浅海域まで分布が広がっており，それに比して本種は生息水深が浅いため，海浜改変の影響を被りやすい．殻長25 mm．（久保弘文）

スイフガイ科
コメツブツララ
Acteocina decoratoides (Habe, 1955)

鹿児島県種子島西之表市湊川　2007年　福田宏撮影

評価：絶滅危惧Ⅱ類
選定理由：個体数・個体群の減少，生息条件の悪化，希少
分布：田辺湾，瀬戸内海（愛媛県西条市），久々子湖，有明海（佐賀・長崎両県），種子島（湊川河口）．
生息環境・生態：大規模な内湾奥の軟泥・砂泥干潟中～下部表層を匍匐する．種子島では河口のマングローブ間を流れる緩い流水中から生貝がガタヅキとともに確認されている．
解説：次種コヤスツララとともに見られることもあるが，次種よりもはるかに記録の少ない種で，上記の分布域のうち愛媛県西条市（タイプ産地）以外は筆者の未発表データである．有明海では諫早湾の閉め切り後に諫早市小野島町の干拓地や閉め切り堤防外側（長崎県島原市有明町湯江川河口），佐賀県鹿島市七浦干潟公園からさほど古くない死殻が得られており近年まで個体群が存在したと思われるが生貝は確認されず，湾の閉め切りの影響で個体群が大幅に減少した可能性がある．殻長3mm．（福田 宏）

スイフガイ科
コヤスツララ
Acteocina koyasensis (Yokoyama, 1927)

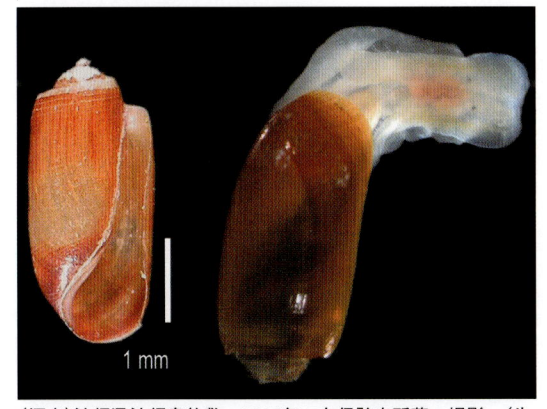

1 mm
（標本）沖縄県沖縄島佐敷　2011年　久保弘文所蔵・撮影　（生体）大分県杵築市八坂川　2004年　福田宏撮影

評価：準絶滅危惧
選定理由：個体数・個体群の減少，生息条件の悪化，希少
分布：陸奥湾～九州，南西諸島（沖縄島，石垣島，西表島），中国大陸．
生息環境・生態：大規模な内湾奥に注ぐ河口汽水域下流部の干潟中・低潮帯において砂泥底または軟泥底の表層を匍匐し，干潮時にも乾燥せず水が残る場所を好む．エドガワミズゴマツボ，シゲヤスイトカケギリ等と同所的に見られることが多い．
解説：日本の内湾性頭楯類の中で最も汽水域寄りに産する種である．元々産出例が少なく，同所的に見られる上記2種よりさらに記録は少ない．近年生貝が確認された産地は陸奥湾北部，小網代湾，浜名湖，徳島県阿南市，大分県杵築市，沖縄島，石垣島，西表島等数カ所しかなく，干潟の減少と状況悪化に伴って減少傾向にある可能性が高い．殻長3.5mm．（福田 宏・久保弘文）

スイフガイ科
カミスジカイコガイダマシ
Cylichnatys angustus (Gould, 1859)

青森県むつ市港町　2006年　多留聖典撮影

評価：絶滅危惧Ⅱ類
選定理由：個体数・個体群の減少，生息条件の悪化，希少
分布：北海道南部～九州，朝鮮半島，中国大陸．
生息環境・生態：内湾奥部干潟中・低潮帯の砂泥底または軟泥底の表層を匍匐し，アマモ場にも見られる．
解説：全国的に生貝の記録は少ないが，浜名湖では例外的に多産し，また陸奥湾，宮城県万石浦，児島湾湾口部でも少数ながら生息が確認されている．陸奥湾ではムツカワザンショウ，万石浦ではマンゴクウラカワザンショウ，児島湾ではクシケマスオ等の希少種と同所的に見られ，良好な状態の干潟に生息が限られるようである．浜名湖以外のどの産地でも生息密度は低く，個体数も少ない．殻長8mm．（福田 宏）

ブドウガイ科
ホソタマゴガイ
Limulatys ooformis Habe, 1952

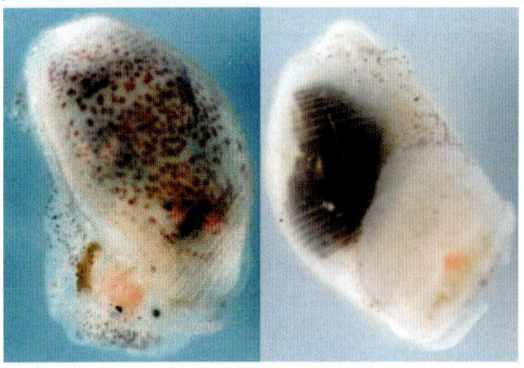

長崎県平戸市平戸公園　2002年　福田宏撮影

評価：準絶滅危惧
選定理由：個体数・個体群の減少，生息条件の悪化
分布：相模湾・北長門海岸～九州，南西諸島，小笠原諸島（父島），中国大陸．
生息環境・生態：潮通しのよい内湾湾口部の砂質干潟低潮帯～潮下帯の砂底表層を匍匐する．フドロ，カスミコダマ，オリイレシラタマ，ヘソアキゴウナ，オオシイノミガイ，ウスハマグリ等と同所的に見られる．
解説：工事用砂等の浚渫砂泥，蛸壺，打ち上げで死殻を目にすることはあっても生貝は少ないため潮下帯の種というイメージが強いが，本来はカスミコダマやオリイレシラタマと同様，砂質干潟下部にも生息する種である．近年は干潟の減少と状況悪化により潮間帯の個体群が危機的状況にある．九州西岸（長崎県佐世保市等）には今なお潮間帯で生貝が見られる．殻長10 mm．（福田 宏）

カノコキセワタ科
ヤミヨキセワタ
Melanochlamys sp.

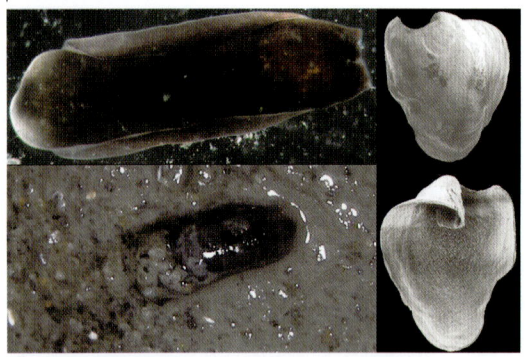

（生体）福島県相馬市松川浦　2009年　多々良有紀撮影　（殻）千葉県木更津市小櫃川河口　1995年　岡山大学農学部水系保全学研究室所蔵　福田宏撮影

評価：情報不足
選定理由：個体数・個体群の減少，生息条件の悪化
分布：北海道温根沼，福島県松川浦，東京湾（江戸川放水路，小櫃川），神奈川県江奈湾，三河湾（汐川干潟，一色干潟），伊勢湾，山口県秋穂湾．
生息環境・生態：内湾奥部砂泥質干潟中・低潮帯の底泥中に潜行する．夜行性と思われ，夜間～早朝に表層を匍匐する．
解説：1990年代に東京湾と三河湾で発見された．従来日本で知られていたカノコキセワタ科のどの種とも一致せず，また東京湾のように環境撹乱の著しい場所に見られることから外来種の可能性が指摘されているが，一方で環境の状態がよく希少種（マルテンスマツムシ，オウギウロコガイ，ヤチヨノハナガイ等）の多い秋穂湾からも見出されており在来種かもしれない．*Melanochlamys*属の諸種は外部形態の差異に乏しいために世界的に分類が遅れており，本種も種名が確定できない．上記各地からの個体が全て同一種か，複数種が混在しているかも今後検討の必要がある．体長10 mm．（福田 宏）

コウダカカラマツガイ科
キタノカラマツガイ
Siphonacmea oblongata (Yokoyama, 1926)

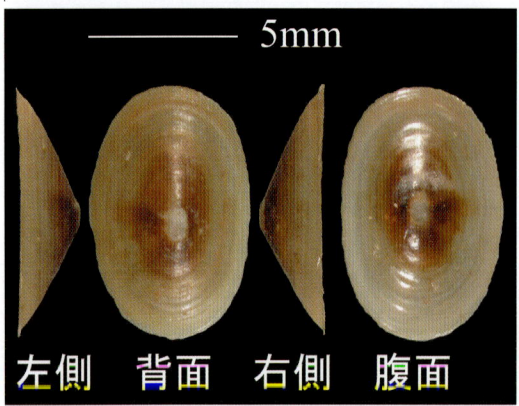

北海道伊達市有珠湾　栗原康裕撮影

評価：準絶滅危惧
選定理由：個体数・個体群の減少
分布：千島列島，サハリン南部，沿海州，北海道（木古内，噴火湾，厚岸）～東北太平洋岸（大槌，志津川湾）．
生息環境・生態：内湾的環境のアマモ類葉上に付着する．産卵基質としてもアマモ類に依存する．岩手県大槌湾では生活史が解明されており，寿命は1年．卵塊は11～22個の卵が入ったカプセル型．プランクトン幼生期を持たない．潮間帯～水深20 m．
解説：本種の生息域はアマモ場そのものであり，本種の保全はアマモ場の保全と同義である．生息地の内湾・海跡湖では護岸工事，港湾整備，漁場整備を目的とした底質改良工事によるアマモ場の減少・消失が顕著である．北海道噴火湾では港湾整備によるアマモ場減少の結果，本種の確認は困難である．国内の現存産地は5カ所以下．殻長8 mm．（栗原康裕）

フタマイマイ科
ウミマイマイ
Lactiforis takii (Kuroda, 1928)

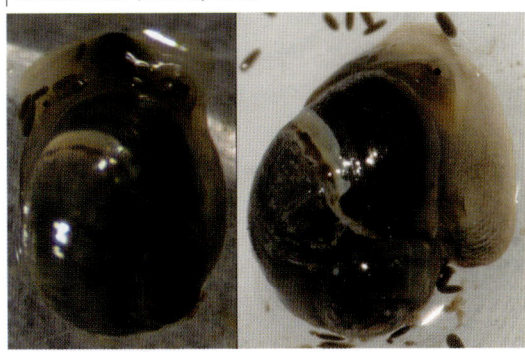

佐賀県鹿島市塩田川　2010年　亀田勇一撮影

評価：絶滅危惧Ⅱ類
選定理由：個体数・個体群の減少，生息条件の悪化，分布域限定
分布：有明海・八代海（長崎・佐賀・福岡・熊本各県），朝鮮半島西岸・南岸．ただし国外の個体が日本産と同種かどうかは今後検討を要する．瀬戸内海（広島県福山市，大分県中津市），日本海響灘（山口県下関市）からも記録があるが，有明海または八代海からの人為的移入の可能性が高い．
生息環境・生態：大規模な内湾奥部の軟泥干潟．干潮時は干潟表面を這って珪藻等を摂食し，満潮時や雨天時，冬季は泥中に潜る．1年生で，5〜8月に卵塊を泥上に産む．
解説：ムツゴロウ等と並ぶ「有明海特産生物」として著名．かつて諫早湾奥部に多産していたが1997年の閉め切りによって大きな個体群が失われた．佐賀・福岡・熊本各県には今も健在産地が点在するが，文献記録があっても現在確認できない場所もあり，埋立や護岸による干潟の縮小や底質の砂質化等によって全体的に減少傾向にある．殻長8 mm．（福田 宏）

トウガタガイ科
イソチドリ
Amathina tricarinata (Linnaeus, 1767)

広島県竹原市皆実町ハチ岩　2008年　上野大輔撮影

評価：絶滅危惧ⅠB類
選定理由：個体数・個体群の減少，生息条件の悪化，希少，特殊生息環境
分布：房総半島・男鹿半島〜九州，中国大陸（舟山群島以南），香港，フィリピン．
生息環境・生態：砂泥質干潟低潮帯〜潮下帯のタイラギ，ハボウキ，イタボガキ，イタヤガイ，アズマニシキ等二枚貝類の腹縁付近に付着して口吻を伸ばし体液を吸う．小型個体はカリガネエガイ *Barbatia virescens* (Reeve, 1844) 等にも寄生する．
解説：1987年に本種に対してイソチドリ科が新設されたが，最近の分子系統解析の結果同科はトウガタガイ科に包含されることが判明した．本種は1980〜90年代には健在産地が見当たらないほど激減していたが，近年英虞湾，瀬戸内海中央部，有明海等で再発見された．宿主の大型二枚貝類が減少したことや，それらの殻上を移入種シマメノウフネガイ *Crepidula onyx* Sowerby I, 1824が占拠したため排除された可能性が指摘されている．殻長15 mm．（福田 宏・木村昭一）

トウガタガイ科
イトカケゴウナ
Bacteridium vittatum (A. Adams, 1861)

SL 3.8 mm

熊本県上天草市松島　狩野泰則撮影

評価：準絶滅危惧
選定理由：個体数・個体群の減少，生息条件の悪化，分布域限定
分布：日本，朝鮮半島，中国大陸北部．
生息環境・生態：内湾の中・低潮帯〜水深20 mの砂底・砂泥底に生息する．
解説：日本では，房総半島〜九州に分布するとされるが，生息情報はほとんどなかった．近年，兵庫県淡路島洲本沖，熊本県上天草市松島の潮間帯，有明海南部沖で生息が確認されている．いずれの地域でも，確認個体数は少ない．海浜での殻の打ち上げもほとんど報告されていない．殻長3.8 mm．（山下博由）

トウガタガイ科
スオウクチキレ
Boonea suoana Hori & Nakamura, 1999

愛媛県宇和島市　2002年　石川裕撮影

評価：準絶滅危惧
選定理由：個体数・個体群の減少，生息条件の悪化，希少，特殊生息環境
分布：瀬戸内海（岡山県瀬戸内市牛窓，広島県廿日市市宮島，山口県上関町八島・周南市徳山・宇部市，福岡県苅田町），宇和海（愛媛県宇和島市），有明海（熊本市，天草上島）等から記録がある．
生息環境・生態：内湾奥部潮間帯岩礫地の転石等に付着するカリガネエガイに外部寄生する．
解説：近年発見された種．カリガネエガイは北海道南部〜九州の潮間帯岩礁に，内湾・外洋を問わずごく普通に見られるにもかかわらず，本種は今のところ瀬戸内海・宇和海・有明海からしか見出されていないため，内湾のカリガネエガイにのみ寄生する可能性がある．上記の既知産地の多くは比較的潮通しがよい海峡部に面した礫干潟やその辺縁の転石地である．殻長3.7 mm．（福田 宏）

トウガタガイ科
イボキサゴナカセクチキレモドキ
Boonea umboniocola Hori & Okutani, 1995

香川県観音寺市　(a, b, c)本種のものと思われる卵嚢(b: 孵化直前，c: 孵化後)　木村昭一撮影

評価：絶滅危惧II類
選定理由：個体数・個体群の減少，生息条件の悪化，分布域限定，特殊生息環境
分布：瀬戸内海，宮崎県，熊本県天草下島．
生息環境・生態：内湾の中・低潮帯のイボキサゴが多産する砂底・砂泥底に生息し，イボキサゴに外部寄生し体液を吸う．
解説：瀬戸内海では香川県観音寺市・愛媛県四国中央市・大分県中津市などに生息．タイプ産地の天草富岡湾では，一時イボキサゴとともに消滅したが，近年イボキサゴ個体群とともに復活した．本種は，イボキサゴの生息する環境において，自由生活を送っていることも多いが，その個体群はイボキサゴの豊富な生息に支えられていると考えられる．そのため，生息基盤は不安定であると考えられる．イボキサゴの分布よりも，狭く限定的な分布をしている．観音寺市の生息地では，本種のものと思われる卵嚢が殻上で観察された．殻形には変異があり，天草以外のものは「近似種」として扱う見解もある．殻長4 mm．（山下博由・木村昭一）

トウガタガイ科
ヒガタヨコイトカケギリ
Cingulina cf. *cingulata* (Dunker, 1860)

千葉県市川市行徳新浜湖　2006年　多留聖典撮影

評価：情報不足
選定理由：個体数・個体群の減少，生息条件の悪化
分布：陸奥湾〜九州．
生息環境・生態：河口汽水域下流部から内湾海水域にかけての干潟中・低潮帯において砂泥底または軟泥底の表層を匍匐し，干潮時にも水が残る場所を好む．カワグチツボ，エドガワミズゴマツボ，ヌカルミクチキレ等とともに見られる．他のトウガタガイ科の種と同様，多毛類か貝類に取り付いて体液を吸うと推測されるが，生態の詳細はいまだ明らかでない．
解説：殻の特徴では外洋の岩礁等に棲むヨコイトカケギリ *C. cingulata* (Dunker, 1860) と明確に識別できない．ヨコイトカケギリは軟体の頭触角が細長く先端が鋭く尖るのに対し，本種はより太短く先端も鈍い傾向があるが，個体変異の可能性もあり今後詳細な比較が必要である．本種は必ずしも希な種ではなく，現在も各地の内湾に多産地が見られるが，同所的に見られるエドガワミズゴマツボと同様の減少傾向にある可能性もある．殻長7 mm．（福田 宏）

トウガタガイ科
アンパルクチキレ
Colsyrnola hanzawai (Nomura, 1930)

沖縄県石垣市　2002年　久保弘文撮影

評価：準絶滅危惧
選定理由：生息条件の悪化，個体数・個体群の減少，分布域限定
分布：沖縄島，先島諸島．
生息環境・生態：淡水影響の強い干潟中潮帯の泥砂底に浅く潜る．
解説：本種のタイプ産地は沖縄島であり，和名になっている石垣島名蔵アンパル以外に，沖縄島周辺の河口干潟（読谷村，大浦湾等）でも見つかっている．かつては沖縄島全域に広く分布していたと考えられるが，とくに南部では埋立により干潟が大きく消失し，佐敷干潟等にごく希に認められるにすぎない．八重山諸島では石垣島名蔵アンパルで，生息密度が255個体／m^{2}と推定されており，多産する上，ラムサール条約で開発行為が制限されている．今後，これらの種の生存にはホスト（多毛類）も含めた保全が必要である．殻長10 mm．（久保弘文）

トウガタガイ科
ククリクチキレ
Cossmannica aciculata (A. Adams in H. & A. Adams, 1853)

沖縄県泡瀬干潟　2005年　（右）幼貝　久保弘文撮影

評価：絶滅危惧Ⅱ類
選定理由：分布域限定，個体数・個体群の減少，生息条件の悪化，希少
分布：和歌山県（田辺湾），奄美大島，沖縄島．
生息環境・生態：潮通しのよい低潮線のアマモ場に隣接する砂泥～泥砂底に浅く潜る．低潮線～水深1 m付近に生息し，垂直分布の幅が狭い．
解説：本種は1860年頃に和歌山県田辺湾で記載された種だが，現在，同地からはまったく報告がない．沖縄島では，規模の大きな干潟や内湾に生息するが個体群規模は小さく，ハンドドレッジによる調査では30 cm×1 m範囲を10回サンプリングして2～3個体入る程度で希少である．中城湾や豊見城村与根地先では埋立後に，生息場所の消失によって，個体群が大きく減少した．殻長10 mm．（久保弘文）

トウガタガイ科
シゲヤスイトカケギリ
Dunkeria shigeyasui (Yokoyama, 1927)

（標本）沖縄県沖縄島佐敷　2011年　久保弘文所蔵・撮影　（生体）岡山県倉敷市玉島乙島高梁川　2004年　福田宏撮影

評価：準絶滅危惧
選定理由：個体数・個体群の減少，生息条件の悪化
分布：万石浦～九州，沖縄島（羽地内海，佐敷），朝鮮半島．
生息環境・生態：ヒガタヨコイトカケギリと同様，内湾奥部に注ぐ河口汽水域下流部の干潟中・低潮帯において砂泥底または軟泥底の表層を匍匐するが，ヒガタヨコイトカケギリがより沖合近くの海水域まで見られるのに対し，本種とヌカルミクチキレは汽水域寄りに見られることが多い．本種も宿主や生態の詳細は未詳である．
解説：八重山諸島まで分布する近似種カゴメイトカケクチキレ *D. casta* (A. Adams, 1861) の軟体は鮮やかな赤色の地に黒斑を散在するため西瓜の中身を思わせる色彩を呈するが，本種の軟体の地色は灰色のため生貝ならば識別は容易である．後種は外洋に面した海岸にも生息するが，本種は河口部に限定される．極めて希な種ではないが河口ならどこにでも見られるというわけでもなく，緩やかな減少傾向にある可能性が否定できない．殻長7 mm．（福田 宏・久保弘文）

トウガタガイ科
ヌノメホソクチキレ
Iphiana tenuisculpta (Lischke, 1872)

大分県中津市大新田　2003年　福田宏撮影

評価：絶滅危惧II類
選定理由：個体数・個体群の減少，生息条件の悪化，希少
分布：房総半島・但馬地方〜九州．
生息環境・生態：内湾の細砂または砂泥質干潟の低潮帯表層を匍匐する．宿主は未詳．
解説：本州〜九州の干潟に産するトウガタガイ科貝類としては最大級の大きさを持つ種で，生時は鮮明な紅色の軟体が美しい．従来本種は死殻が砂浜の打ち上げや潮下帯のドレッジ等で得られることがほとんどで，生貝の明確な報告は2001年に和歌山県和歌川河口からなされるまで存在しなかった．その後，山口県阿知須の山口湾や大分県中津市でも生貝が確認された．両産地や，新鮮な死殻が見出される場所はいずれもムラサキガイやハマグリ等の希少種が産する細砂底で，それらの種と同様の危機的状況にあるからこそ産地が見出されにくい可能性が高い．本種の希少性はこれまで認識されてこなかったが，今後は保全上の重要種と見なされるべきである．殻長10 mm．（福田 宏）

トウガタガイ科
マキモノガイ
Leucotina dianae (A. Adams in H. Adams, 1854)

熊本県上天草市前島　2005年　（左）生体　（右）卵塊　渡部哲也撮影

評価：絶滅危惧IB類
選定理由：個体数・個体群の減少，生息条件の悪化，希少，特殊生息環境
分布：大槌湾・新潟県〜九州，朝鮮半島．
生息環境・生態：内湾の砂泥質干潟低潮帯〜潮下帯．熊本県上天草市前島では干潮時に干出する場所に生息していたハボウキ生貝の殻上に付着しているところが確認されている．おそらくササクレマキモノガイなど同属の他種と同様に大型二枚貝類の体液を吸うと考えられる．
解説：本種を含む *Leucotina* 属は近年イソチドリ科とされてきたが，イソチドリの項で述べたようにイソチドリ科はトウガタガイ科に包含されるので，本書では *Leucotina* 属の諸種もトウガタガイ科として扱う．本種の死殻は砂浜の打ち上げや浚渫砂泥中に時折見るが，生貝の記録は少ない．本種の主要な宿主がハボウキであるならば同種は減少傾向にあるため，それに伴って本種も危機的状況にある可能性がある．殻長35 mm．（福田 宏）

トウガタガイ科
ササクレマキモノガイ
Leucotina digitalis (Dall & Bartsch, 1906)

広島県三原市細ノ洲　2004年　福田宏撮影

評価：準絶滅危惧
選定理由：個体数・個体群の減少，生息条件の悪化，希少，特殊生息環境
分布：房総半島〜九州．
生息環境・生態：内湾の砂泥質干潟低潮帯〜潮下帯．広島県三原市細ノ洲では干潮時に干出する場所に生息していたハボウキ生貝の殻上に付着して口吻を伸ばし，体液を吸っているところが確認されている．
解説：マキモノガイと同様，死殻は浜辺に打ち上げられているのを時折見るが生貝の記録は著しく少なく，両種共通の宿主と見なされるハボウキとともに減少傾向にあると思われる．またハボウキの生貝が多産する場所であってもマキモノガイやササクレマキモノガイが見られることは極めて少ないため，元々両種とも産地や密度が低く希少である．両種とも潮下帯に生息場所の中心があると思われるが，潮間帯の個体群はすでに多くの産地で壊滅した可能性が高い．殻長15 mm．（福田 宏）

トウガタガイ科
ニライカナイゴウナ
Leucotina sp.

沖縄県泡瀬干潟　2005年　久保弘文撮影

評価：準絶滅危惧
選定理由：生息条件の悪化，特殊生息環境
分布：沖縄島，石垣島．
生息環境・生態：潮通しのよい海草藻場周辺の低潮帯～水深40 m付近までの細砂底～砂底に生息する．二枚貝類（ソメワケグリ，リュウキュウバカガイ等）の殻表面に共生する．
解説：本種は，沖縄市泡瀬では低潮帯から水深数メートルの海域で確認されたが，沖縄島金武湾北部（水深30 m），名護湾（5～20 m），大浦湾（6～15 m），石垣湾（21 m）等でも確認され，上部浅海域に生息圏が広がっている可能性が高い．また，国頭沖水深40 m以深の浚渫砂中からも希に見出される．奄美・沖縄周辺ではサンゴ砂由来の清浄な砂底域が広く存在していたが，近年において埋立による砂底域そのものの消失や赤土流入等による底質の泥化が進み，本種の個体数は減少していると考えられる．本種はオーストラリアの *Leucotina concinna* (A. Adams, 1854) に類似しているが，詳細な検討が必要である．殻長6 mm．（久保弘文・山下博由）

トウガタガイ科
オオシイノミクチキレ
Milda ventricosa (Guérin, 1831)

沖縄県うるま市海中道路　1985年　久保弘文撮影

評価：準絶滅危惧
選定理由：生息条件の悪化，個体数・個体群の減少
分布：和歌山県以南，奄美大島，沖縄島，先島諸島，インド・太平洋．
生息環境・生態：潮通しのよい中潮線～水深2 m付近までのアマモ場とその周辺の細砂～砂泥底に生息する．
解説：日本本土では希で，国内分布の中心は南西諸島である．1990年代前半までうるま市海中道路や名護市屋我地島東岸で普通であったが，現在は生息確認が困難である．沖縄市泡瀬では2000年代前半まで少なからず確認されたが，埋立後にアマモ場が荒廃し，個体数が激減した．奄美大島でもアマモ場環境の荒廃により，個体数が減っており，先島諸島では奄美・沖縄島ほどではないが，個体数は減少傾向にある．本種と類似した生息域に棲む大型トウガタガイ類のオオクチキレ *Pyramidella sulcata* (A. Adams, 1854) は，元々個体数が多く，開発の進んだ沖縄島中南部でも少なくない．殻長30 mm．（久保弘文）

トウガタガイ科
ヒメゴウナ
Monotygma eximia (Lischke, 1872)

(a) 愛知県三河湾三谷地先干潟　2004年　(b) 三重県鳥羽市浦村沖水深10–20 m　2010年　木村昭一所蔵・撮影

評価：準絶滅危惧
選定理由：個体数・個体群の減少，生息条件の悪化
分布：房総半島，男鹿半島～九州，朝鮮半島．
生息環境・生態：内湾湾口部～外洋にかけての細砂底低潮帯～潮下帯．
解説：福岡県福津市津屋崎など潮通しのよい海岸の砂浜に新鮮な死殻が大量に打ち上げられることがあるが生貝は希にしか見られず，とくに潮間帯の個体群は減少傾向が強い．また本種に近似するものの螺塔が低くて殻形が蛹形を呈し，螺層の膨らみと縫合の括れがより強く，殻色に黒みがかった別種が宮城県万石浦の砂泥質干潟や島根県中海の潮下帯で採集されており，この種も危機的状況にある可能性があるがいまだ種名が判明しない．日本産 *Monotygma* 属はヒメゴウナを含めて9種が記録されているが，その半数以上は実体が不明瞭なままで，今後の再検討が必要である．殻長20 mm．（福田 宏・木村昭一）

トウガタガイ科
エバラクチキレ
Orinella ebarana (Yokoyama, 1927)

岡山県玉野市　2002年　福田宏撮影

評価：準絶滅危惧
選定理由：個体数・個体群の減少，生息条件の悪化，希少
分布：三陸海岸・若狭湾〜九州．
生息環境・生態：内湾の前浜干潟低潮帯〜潮下帯の砂泥底表層を匍匐する．主として海水域に見られ，河口汽水域で見られることは皆無ではないが少ない．宿主は未詳．
解説：本種はクチキレガイ *O. pulchella* (A. Adams, 1854) に似るため混同されてきた可能性もあるが，後種より小型で太短く，色帯も後種が濃黒褐色であるのに対して本種は明るい赤褐色である点で区別できる．一方ドゥンケルクチキレ（オビクチキレ）*O. dunkeri* (Dall & Bartsch, 1906) は本種に酷似し，両者が別種かどうかは検討の余地がある．クチキレガイが外洋に面した海岸にも見られるのに対し，本種はもっぱら内湾で見られ，とくに瀬戸内海沿岸（岡山・広島・山口・大分各県）や有明海湾口部の天草北部等に産地が点在するものの，産地の総数は少なく，決して普通種ではない．殻長8 mm．（福田 宏）

トウガタガイ科
ウネイトカケギリ
Paramormula scrobiculata (Yokoyama, 1922)

広島県三原市細ノ洲　2004年　福田宏撮影

評価：準絶滅危惧
選定理由：個体数・個体群の減少，生息条件の悪化，希少
分布：房総半島・兵庫県但馬地方〜九州．
生息環境・生態：エバラクチキレと同様，内湾の前浜干潟低潮帯〜潮下帯の砂泥底表層を匍匐し，河口汽水域では少ない．宿主は未詳．生貝の殻表はヒドロ虫に覆われることがある．
解説：殻表のところどころに不規則に現れる太い縦張肋が特徴的な種である．従来の文献では潮下帯の水深10 m以深に産するとされることが多かったが，実際には干潟で生貝を目にすることが多い．瀬戸内海中央部では比較的普通に見られる種で，岡山・広島両県沿岸には産地が少なくないが，全国的に見るとシゲヤスイトカケギリやヌカルミクチキレ等と比べても産地数は少ない．殻長7 mm．（福田 宏）

トウガタガイ科
ヌカルミクチキレ
"*Sayella*" sp. A

（標本）和歌山市和歌浦　2006年　久保弘文所蔵・撮影　（生体）愛知県豊橋市杉山町　2002年　福田宏撮影

評価：準絶滅危惧
選定理由：個体数・個体群の減少，生息条件の悪化，希少
分布：陸奥湾，尾駁沼，小川原湖，志津川湾，浜名湖，三河湾，伊勢湾，田辺湾，和歌浦，徳島県阿南市，周防灘西部，宮崎市一ツ葉入り江，中海，油谷湾，天草等．
生息環境・生態：河口汽水域から内湾奥部にかけての砂泥質干潟中・低潮帯表層を匍匐する．シゲヤスイトカケギリやヒガタヨコイトカケギリ等とともに見られることが多いが，それら2種よりもさらに産地は少ない．宿主は未詳．
解説：近年見出された未記載種で，殻の外見は北米産の *Sayella* 属に似るものの内部形態が大きく異なるため新属の創設が必要である．本種は東北〜九州の各内湾から産出記録が徐々に蓄積されているが，たとえば東京湾や児島湾等では見出されておらず，撹乱された内湾では生息できない可能性が高い．殻長3.5 mm．（福田 宏・久保弘文）

トウガタガイ科
オキナワヌカルミクチレ（和名新称）
"Sayella" sp. B

沖縄県佐敷干潟　2000年　琉球大学風樹館 RUMF-ZM-05743
久保弘文撮影

評価：絶滅危惧IA類
選定理由：生息条件の悪化，個体数・個体群の減少，分布域限定
分布：沖縄島佐敷干潟のみ．
生息環境・生態：沖縄島佐敷干潟の湾奥部に水平的かつ垂直的にも極めて狭い範囲に限定的に分布する．
解説：沖縄島南部の泥干潟のみで記録された不詳種である．2000年代前半までは高密度に生息することがあったが，2006年以降生貝が確認されていない．長期的な消長がある可能性もあるが，分布域が非常に限定的であるため，周辺の陸域開発などの環境改変で容易に悪影響がおよび，個体群に致命的なダメージが生じた可能性がある．殻長3mm．（久保弘文）

トウガタガイ科
エドイトカケギリ
Turbonilla edoensis Yokoyama, 1927

広島市佐伯区岡の下川　2004年　福田宏撮影

評価：準絶滅危惧
選定理由：個体数・個体群の減少，生息条件の悪化，希少
分布：東京湾（千葉県木更津市小櫃川）・能登半島（石川県増穂浦）～九州．
生息環境・生態：シゲヤスイトカケギリやヒガタヨコイトカケギリが見られるような河口汽水域から，エバラクチキレやウネイトカケギリを産する干潟低潮帯に至るまで広い範囲の砂泥底表層を匍匐する．宿主は未詳．
解説：殻は硬質堅固で，鈍い光沢を持つため大理石を思わせる質感と，彎曲せず真っ直ぐに並ぶ低い縦肋が特徴的な種である．軟体は淡い紅色を呈する．上記のように生息可能な範囲が狭くない割には生貝が見出される機会が少ない．また河口や干潟で新鮮な死殻が得られても同時に生貝が見つからない場合が多いので，元々個体数が少なく密度の低い種かもしれない．殻長5mm．（福田 宏）

トウガタガイ科
クラエノハマイトカケギリ
Turbonilla kuraenohamana Hori & Fukuda, 1999

（左）和歌山市和歌浦　2005年　久保弘文所蔵・撮影　（中）和歌浦　2007年　和田太一撮影　（右）岡山県玉野市　2002年　福田宏撮影

評価：準絶滅危惧
選定理由：個体数・個体群の減少，生息条件の悪化，希少
分布：紀伊水道（和歌山県和歌山市，徳島県阿南市），瀬戸内海（岡山県玉野市，山口県周南市，大分県杵築市），山口県北長門海岸（萩市倉江ノ浜，長門市油谷湾伊上浦）．
生息環境・生態：内湾の砂泥質干潟中・低潮帯の表層を匍匐する．河口で見られることもあるが，エバラクチキレやウネイトカケギリ等と同様，前浜干潟低潮帯の海水域で生貝が見出されることが多い．岡山県では潮下帯におけるドレッジでも生貝が得られている．宿主は未詳．
解説：近年記載された種で，生貝は2001年に和歌川で初めて確認されたが，その後も数カ所からしか知られていない希少種である．タイプ産地の萩市倉江ノ浜は大規模な内湾とはいいがたいため，潮通しのよい環境を好む可能性がある．殻長8mm．（福田 宏・久保弘文）

トウガタガイ科
カサガタガイ（和名新称）
Pyramidellidae gen. & sp.

熊本県上天草市前島　2007年　狩野泰則撮影

評価：情報不足
選定理由：個体数・個体群の減少，生息条件の悪化，希少，特殊生息環境
分布：山口県上関町（死殻），愛媛県松山市，徳島県阿南市（死殻），有明海湾口部（熊本市，上天草市，天草市），ニューカレドニアのヌメア近郊 Ilôt Maître.
生息環境・生態：内湾湾口部の礫混じりの砂泥質干潟や岩礁潮間帯転石下に棲むヒャクメニッポンフサゴカイ *Thelepus japonicus* Marenzeller, 1884の棲管内に見られる．ニューカレドニアではイソメ科の一種の棲管内から確認された．それらのゴカイ類に寄生して体液を吸うと考えられる．
解説：最近発見された未記載種．低平な笠形の殻と赤色の軟体部を持つ点でユキスズメ科の種に似るが，内部形態とDNAの検討からトウガタガイ科の一員と判明した．これまで環境状態が良好で生物多様性の高い場所からのみ見出されているため希少種の可能性があるが，分布域が著しく広いことも示唆され，保全上の評価は保留する．殻径5 mm．（福田 宏）

ヒミツナメクジ科
ヒミツナメクジ
Aiteng mysticus Neusser, Fukuda, Jörger, Kano & Schrödl, 2011

宮古島平良字荷川取下崎　2008年　福田宏撮影

評価：絶滅危惧Ⅱ類
選定理由：個体数・個体群の減少，生息条件の悪化，希少，特殊生息環境
分布：南西諸島（宮古島，黒島，与那国島）．
生息環境・生態：主として外洋に面した海岸岩礁（とくに隆起サンゴ）の海蝕洞内部やノッチの隙間に生息し，深夜に表層へ現れて飛沫帯の岩盤上を匍匐するが，河口マングローブ辺縁の砂泥底に埋もれた転石下にも産し，両環境ともヒヅメガイとともに見られる．タイ産の同属の別種 *A. ater* Swennen & Buatip, 2009は昆虫を捕食するとされるが本種の食性は不明．
解説：記載されたばかりの種．本種とヒヅメガイはマングローブ砂泥底と外洋に面した岩礁の両方に見られる．両者は大きく異なる生息環境のように見えるが，上記2種にとっては何らかの共通した条件をそなえていると考えられる．このうちマングローブの生息地は護岸や埋立等によって縮小しているため本種への影響が懸念される．また本種はヒヅメガイよりはるかに個体数が少ない．体長5 mm．（福田 宏）

ドロアワモチ科
ドロアワモチ
Onchidium cf. *hongkongense* Britton, 1984

沖縄県久米島　2009年　多々良有紀撮影

評価：絶滅危惧Ⅱ類
選定理由：個体数・個体群の減少，生息条件の悪化
分布：英虞湾・対馬〜南西諸島，香港，シンガポール．ただし国外の個体が日本産と同種かどうかは今後検討を要する．
生息環境・生態：大規模な内湾奥部の平坦な砂泥質干潟やマングローブ．干潮時は干潟表面を匍匐し，満潮時は深さ数10 cmまで砂泥中に潜り込む．
解説：南西諸島（奄美大島・沖縄島・久米島等）では現在もマングローブ周辺に多産するが，九州以北では近年の干潟の埋立等によって多くの産地で絶滅した．例外的に愛媛県御荘湾には現在も多産する．また長崎県にも健在産地が多く，最近になって，長崎市，西海市，佐世保市，平戸市，対馬市，南松浦郡新上五島町，五島市で相次いで確認され，とくに五島市の奥浦湾奥部は同県最大の生息地である．なお *Onchidium* 属の性は中性であるため本種の種小名の語尾は -ense とすべきである（記載者 Britton 自身が誤って -ensis としたのがそのまま継承されてきた）．体長30 mm．（福田 宏）

ドロアワモチ科
ヤベガワモチ
Onchidium sp.

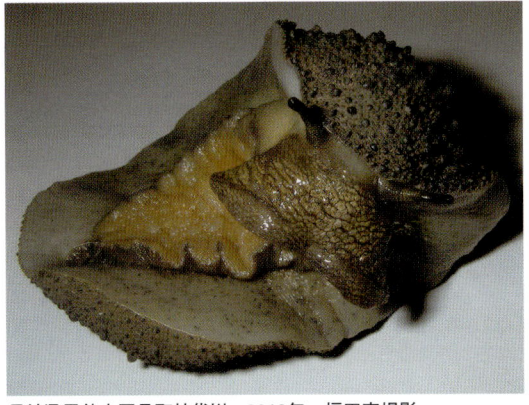

長崎県雲仙市国見町神代川　2010年　福田宏撮影

評価：絶滅危惧IA類
選定理由：個体数・個体群の減少，生息条件の悪化，分布域限定
分布：有明海・八代海（長崎・佐賀・福岡・熊本各県），朝鮮半島西岸・南岸．
生息環境・生態：大規模な内湾奥部河口の軟泥干潟に特異的．主に夜間に活動し，昼間は泥中に深く潜行していることが多いが，暖かく湿度の高い日は干潮直後であれば昼間でも見ることができる．
解説：国内の既知産地は上記4県に各1〜2カ所程度の合計数カ所しかない．長崎県では閉め切り前の諫早湾奥部に生息していた可能性が高いが標本や信頼に足る文献記録は残されておらず，現在は唯一雲仙市の神代川支流に少数が生息する．佐賀県では太良町田古里川と佐賀市東与賀町大授搦，福岡県では柳川市沖端川と矢部川，熊本県では宇城市大野川と氷川町・八代市の氷川から記録がある．体長70 mm．（福田 宏）

ドロアワモチ科
ゴマセンベイアワモチ
Platevindex cf. *mortoni* Britton, 1984

沖縄県久米島　2009年　多々良有紀撮影

評価：準絶滅危惧
選定理由：個体数・個体群の減少，生息条件の悪化
分布：南西諸島（奄美大島，沖縄島，久米島，石垣島，西表島）．
生息環境・生態：汽水域マングローブ内泥底の朽木や転石等の下にオカミミガイ科の種とともに潜んでいることが多いが，樹幹や石垣等の表層を匍匐していることもある．
解説：香港から記載された *P. mortoni* との関係は検討が必要で，また東南アジアには類似の別種が他にも存在する可能性もあり，正確な種名は現時点で断定できない．本種は沖縄島や久米島におけるマングローブでは現在も普通に見られるが，その生息環境は護岸や埋立等によって年々縮小し，また水質や底質の汚濁も本種の個体群に悪影響を与えている可能性がある．体長13 mm．（福田 宏）

ドロアワモチ科
センベイアワモチ
Platevindex sp.

山口県下関市小月木屋川　2000年　福田宏撮影

評価：絶滅危惧IB類
選定理由：個体数・個体群の減少，生息条件の悪化
分布：瀬戸内海周防灘（山口・大分両県），有明海，九州西岸（佐賀・長崎・熊本各県）．江華島，シンガポール等からも記録があるが同種かどうかさらに検討を要する．
生息環境・生態：河口汽水域高潮帯の，砂泥底に生じたヨシ原内部や周囲の岩礫地や古い石垣等を好む．転石・瓦や煉瓦・漂着木等の表面や下面を匍匐し，藻類を摂食する．主に夜間に活動し昼間は石垣の隙間等の奥深くに潜行することが多いが，雨天には昼間も表層に現れることがある．
解説：ヨシ原，砂泥底，岩礫地，流木等遮蔽物が同所に揃うことが生息に必須で，護岸等で川岸が単純化されると個体群は消滅する．山口県下関市木屋川では河川改修工事により個体群の存続が危惧され，保全対策が試みられている．大分県杵築市，有明海各河口，佐賀県伊万里湾，長崎県佐世保市・平戸市・五島市等，熊本県羊角湾等には現在も生息するが，生息範囲はいずれの産地でも狭い．体長30 mm．（福田 宏）

オカミミガイ科
ナラビオカミミガイ
Auriculastra duplicata (Pfeiffer, 1854)

(a) 三重県津市　(b) 愛知県矢作川河口域　(c) 愛知県汐川河口域　1983年採集　木村昭一撮影

評価：絶滅危惧II類
選定理由：個体数・個体群の減少，生息条件の悪化
分布：三河湾～九州，中国大陸．
生息環境・生態：内湾奥部の河口域に発達したヨシ原湿地内の高潮帯の泥上に生息．健全な個体群の生息地はヨシ原から連続する陸上植生も残されている場合が多い．
解説：殻は卵形で殻頂部はほとんどの個体で欠落する．殻質は厚く光沢のある淡黄褐色の殻皮で被われるが，老成個体では欠落する．オカミミガイの幼貝と一見近似するが，本種の縫合下は成長脈だけで平滑であるのに対して，オカミミガイの幼貝では，小顆粒列がある．三河湾の汐川干潟産個体（c）は大型で，かつて多産したが，過去10年あまり生息が確認されていない．汐川干潟ではヨシ原湿地の植生等に変化が見られず，減少の理由は不明．瀬戸内海，有明海等には現在も健全な個体群が残されているが，ヨシ原湿地自体が埋立等で著しく減少しているので，本種の分布域全域で生息地，個体数とも減少したと考えられる．殻長10 mm．（木村昭一）

オカミミガイ科
ナラビオカミミガイ沖縄型
Auriculastra cf. *duplicata* (Pfeiffer, 1854)

沖縄県名護市羽地内海　2011年　久保弘文撮影

評価：絶滅危惧II類
選定理由：個体数・個体群の減少，生息条件の悪化，分布域限定
分布：沖縄島北部西岸（塩屋湾，羽地内海）．
生息環境・生態：河口汽水域マングローブの泥底または砂泥底における転石，朽木，落葉等の下に，デンジハマシイノミ，ウルシヌリハマシイノミ，ナズミガイ等とともに見られる．
解説：九州以北に産するナラビオカミミガイに比べてやや小型・淡色で，殻口外唇内側が肥厚し，軸唇に並ぶ2歯もより小さいことから別種の可能性があり今後詳細な検討が必要である．もし別種であるとしたら沖縄島北部のごく狭い範囲に分布域が限定される種となるが，そこでは近年の生息場所の消失や環境悪化に伴って年々生息範囲が狭められている．殻長5 mm．（福田 宏・久保弘文・木村昭一）

オカミミガイ科
サカマキオカミミガイ
Blauneria quadrasi Möllendorff in Quadras & Möllendorff, 1895

沖縄県沖縄市　2002年　久保弘文撮影

評価：絶滅危惧II類
選定理由：生息条件の悪化，個体数・個体群の減少，分布域限定
分布：沖縄島，先島諸島，フィリピン，ニューカレドニア．
生息環境・生態：河口・マングローブ周辺の塩性湿地の中潮線に生息するが，泥質域に植物遺骸が散在する環境に限られ，常にある程度湿気のある場所に生息する．
解説：1990年代前半まで沖縄島南部の佐敷湿地や羽地内海では個体数は少なくなかったが，現在，佐敷では乾燥が進んで消失し，羽地内海でも護岸造成等で多くの産地が消失して，著しく個体数が減少した．宮古島島尻の生息地はマングローブ公園整備に伴う造成で大きく消失した．西表島では個体数・密度は高くないが，広範囲に生息している可能性がある．沖縄は北限分布域にあたり，塩性湿地帯の消失，乾燥，陸化の進行による絶滅が懸念される．殻長5 mm．（久保弘文）

オカミミガイ科
カタシイノミミミガイ
Cassidula crassiuscula Mousson, 1869

(生体)奄美大島　(標本)沖縄島　木村昭一撮影

評価：準絶滅危惧
選定理由：個体数・個体群の減少，生息条件の悪化
分布：奄美大島，沖縄島中・北部，石垣島，西表島，熱帯太平洋．
生息環境・生態：内湾域の陸上植生までよく保全されたマングローブ湿地内高潮線付近の朽木や石の下等に付着．
解説：殻は卵形で螺塔は低い．成貝では殻口外唇は反転し張り出す．殻頂部は多くの個体で欠落している．若い個体では殻表に毛状突起の発達した厚い殻皮が残されている．殻の色彩には濃淡，色帯の有無など変異がある．西表島を除いて生息地における個体数は比較的多いが，生息地の面積はどこも小さい．西表島では非常に生息範囲が狭く，希産である．生息地は護岸工事等によって破壊されやすく，生息地，個体数とも減少したと考えられる．沖縄島では森林の伐採による，川の流量の増大でマングローブ林床が撹乱され，個体数が減少した例も確認されている．殻長15 mm．（木村昭一）

オカミミガイ科
ウラシマミミガイ
Cassidula mustelina (Deshayes, 1830)

沖縄島　木村妙子撮影

評価：準絶滅危惧
選定理由：個体数・個体群の減少，生息条件の悪化
分布：沖縄島，フィリピン，インド・太平洋．
生息環境・生態：内湾域のマングローブ湿地内高潮線付近のマングローブ類の樹幹や葉に付着．樹上に高く登る生態を持つ．冬季には朽木や石の下等に潜む個体もある．
解説：殻は卵形で螺塔は低い．成貝では殻口外唇は反転し張り出す．若い個体では殻表に薄い殻皮が残されている．殻の大きさ，色彩，色帯の有無には個体変異が多く，生息地による差異も認められる．日本産の *Cassidula* 属の貝類では最も大型になる．国内では沖縄島のみに分布が限られる．生息地は多くはないが，個体数は多い．本種の生息場所は橋梁工事，河川改修，護岸工事等の影響を受けやすく，生息地は減少したと考えられる．殻長20 mm．（木村昭一）

オカミミガイ科
ヒメシイノミミミガイ
Cassidula nigrobrunnea Pilsbry & Hirase, 1905

(a)石垣島　2004年　(b)沖縄県豊見城市　2002年　(c)沖縄県名護市　1998年　久保弘文撮影

評価：絶滅危惧IB類
選定理由：生息条件の悪化，個体数・個体群の減少，分布域限定
分布：沖縄島，先島諸島，台湾（新竹縣，金門），フィリピン，ミクロネシア，東南アジア．
生息環境・生態：河口・マングローブ林周辺の塩性湿地の高・中潮帯に生息するが，泥質域でかつ礫がある限られた環境で，つねに湿気のある条件に生息する．泥礫の隙間に隠れて棲み，泥中の有機物等を摂食すると考えられる．
解説：元々個体数の少ない種であるが，沖縄島周辺の塩性湿地では埋立，護岸造成等でほとんどの産地が消失し，著しく個体数が減少した．一方，先島地域でも一部のマングローブ湿地周辺（宮良川）では1990年代後半まで比較的まとまった個体数が認められたが，現在は非常に減少した．埋立，護岸造成による塩性湿地の消失のほか，河口域の陸土堆積による高地盤化（乾燥・陸化）が脅威となる．殻長10 mm．（久保弘文）

オカミミガイ科
シイノミミミガイ
Cassidula plecotrematoides japonica Möllendorff, 1901

(a) 三重県五ヶ所湾　2007年　(b, c) 三重県鳥羽市堅子町　2010年　木村昭一撮影

評価：絶滅危惧 IB 類
選定理由：個体数・個体群の減少，生息条件の悪化
分布：三浦半島・北長門海岸〜九州．
生息環境・生態：河口汽水域や内湾奥部海岸飛沫帯の泥底において転石が密集した場所や古い石組みの奥に潜み，夜間や雨天に表層へ現れる．湿った石の表面に螺旋状の卵塊（b）を産み付ける．
解説：ヒゲマキシイノミミミガイとの形態的識別が困難であるが，九州以北と南西諸島では生息環境や希少性が異なるため暫定的に区別する．かつて本亜種は各地に普通に見られたが，1990年代に知られた健在産地はわずか数カ所しかなかった．川岸の転石地や古い石垣がことごとくコンクリート護岸に置換されたことで急減したと考えられる．近年は伊勢湾，英虞湾，有明海，長崎県東シナ海沿岸，錦江湾などで新たに個体群が見出されているが，依然として産地数は少ない．とくに瀬戸内海では極めて希である．殻長12 mm．（福田 宏・木村昭一）

オカミミガイ科
ヒゲマキシイノミミミガイ
Cassidula plecotrematoides plecotrematoides (Möllendorff, 1895)

(a) 奄美大島笠利町中金久前田川河口左岸　2006年　亀田勇一撮影　(b) 沖縄県沖縄市比屋根湿地　2007年　木村昭一撮影

評価：準絶滅危惧
選定理由：個体数・個体群の減少，生息条件の悪化
分布：南西諸島，中国大陸南部，香港，台湾，フィリピン，東南アジア．
生息環境・生態：河口汽水域マングローブや海岸飛沫帯の泥底．シイノミミミガイの産出が転石地や石組みに限定されるのに対し，本亜種は朽木や漂着物の下などにも見られ，生息可能な環境がより多様で，昼間も表層に現れる．
解説：成熟後も殻表に毛状突起を具えることと殻が小型な点でシイノミミミガイと区別可能とされたが，それらの特徴は両者ともに見られることがあるので有効な識別形質ではない．両者はオビシメシイノミミミガイ *C. doliolum* (Petit, 1842) も含めて分類の再検討を要する．九州以北のシイノミミミガイは極端な減少傾向にあるのに対し，本亜種は現在も南西諸島の各島嶼に多産するが，河口の護岸や埋立などで徐々に生息地は狭められている．（b）の沖縄市比屋根湿地の産地も最近大規模な改変を受けた．殻長10 mm．（福田 宏・木村昭一）

オカミミガイ科
ヘゴノメミミガイ
Cassidula schmackeriana Möllendorff, 1885

石垣島　木村昭一撮影

評価：絶滅危惧 IB 類
選定理由：個体数・個体群の減少，生息条件の悪化，特殊生息環境
分布：石垣島，香港，フィリピン，パラオ，熱帯太平洋．
生息環境・生態：内湾域の陸上植生までよく保全されたマングローブ湿地内の中・高潮帯付近の隆起石灰岩，朽木の下等に生息．活動期には底質表面を匍匐する．
解説：殻は卵形で螺塔は低い．成貝では殻口外唇は反転し厚く張り出す．若い個体では殻表にヘゴの萌芽状の毛状突起の発達した厚い殻皮が残されている．殻の色彩には濃淡，色帯の有無など変異がある．産卵は石灰岩の下面で行われ，卵は直径2.5〜3 cmほどの渦巻き状（約5巻き）に泥状物質で包まれた卵塊として生み出され，ベリジャー幼生が孵化する．石垣島の数カ所に健全な個体群が残されているが，生息地の面積は1カ所を除いて小さく，そのうちの1カ所は橋梁工事で大きな影響を受けた．また特異な殻の形態から収集家による採集圧も無視できない．殻長10 mm．（木村昭一）

オカミミガイ科
コウモリミミガイ
Cassidula vespertilionis (Lesson, 1831)

(a, c)沖縄県豊見城市与根　2004年　(b)石垣島　2006年　久保弘文撮影

評価：準絶滅危惧
選定理由：生息条件の悪化，個体数・個体群の減少，希少
分布：奄美大島，沖縄島，先島諸島，インド・太平洋．
生息環境・生態：マングローブ林周辺の塩性湿地の中潮線に生息し，活動期にはマングローブ樹上に這い上がる．
解説：偶来分布説もあるが，石垣島の一部の場所では出現頻度が高く，過去十数年にわたってつねに生息が認められ，奄美大島では成貝と幼貝が同所的に確認されている．ただ，ほとんどの箇所で個体数は少ない．沖縄島では2000年代前半まで豊見城市に小個体群があったが，現在は埋立により生息域ごと絶滅した．一方，恩納村で著しい撹乱環境への定着例もあるため，加入消長の実態は個体群間の遺伝的検討を要する．先島諸島では陸土の大量流入や河川水量の減少により，マングローブ林の陸化が進行しており，個体群の動向を見守る必要があると考えられる．本種は生息場所が限られている上，樹上性で目立ち，貝類収集家の採集圧による個体数減少も考えられる．殻長14 mm．（久保弘文・福田 宏）

オカミミガイ科
ナズミガイ
Cylindrotis quadrasi Möllendorff in Quadras & Möllendorff, 1895

沖縄県羽地内海　2011年　久保弘文撮影

評価：絶滅危惧IA類
選定理由：生息条件の悪化，個体数・個体群の減少，分布域限定，希少
分布：沖縄島北部，フィリピン，タイ．
生息環境・生態：河口・マングローブ林周辺の塩性湿地帯の高潮帯の泥と礫の間に生息するが，適度な湿気と樹木等の隠れ家の存在がある環境に限られる．降雨後や大潮干潮時には表面に出て活動することがあるが，通常は礫と泥の奥部に潜んでいる．
解説：本種は国内では沖縄島北部の羽地内海と塩屋湾および今帰仁村大井川河口のみから知られるが，護岸や田畑造成等で多くの生息場所が消失し，著しく個体群・個体数ともに減少している．分布域が極端に狭く，飛び地分布であることから，遺伝的隔離が生じている可能性もある．本種の和名「ナズミ」は「泥み」貝．殻長7 mm．（久保弘文・福田 宏）

オカミミガイ科
オカミミガイ
Ellobium chinense (Pfeiffer, 1855)

(a, d)愛知県名古屋市庄内川河口　(b, c)三重県伊勢湾　木村昭一撮影

評価：絶滅危惧II類
選定理由：個体数・個体群の減少，生息条件の悪化
分布：東京湾～九州，朝鮮半島，中国大陸．
生息環境・生態：内湾奥部の河口域に発達したヨシ原湿地内の高潮帯の泥上に生息．健全な個体群の生息地はヨシ原から連続する陸上植生も残されている場合が多い．真夏や冬季は泥中や朽木の下などに潜る．産卵は7月下旬にヨシ原内の泥上に卵紐を産む．
解説：日本産のオカミミガイ科貝類としては最大種．殻口は耳状に肥厚し，白色．殻表は緑褐色の厚い殻皮で被われているが，老成個体では欠落する．殻頂部はほとんどの個体で欠落している．東京湾，三浦半島では絶滅し，現在では三河湾が分布の東限である．三河湾，伊勢湾，瀬戸内海，玄界灘，有明海，八代海には現在も健全な個体群が残されているが，ヨシ原湿地自体が護岸工事や埋立で著しく減少しているので，本種の生息地，個体数とも著しく減少したと考えられる．殻長35 mm．（木村昭一）

オカミミガイ科
コハクオカミミガイ
Ellobium incrassatum (H. & A. Adams, 1854)

SL24mm

沖縄市　2002年　久保弘文撮影

評価：絶滅危惧 IB 類
選定理由：生息条件の悪化，個体数・個体群の減少，分布域限定
分布：沖縄島，先島諸島，台湾（澎湖島），フィリピン，ミクロネシア（グアム，パラオ），東南アジア．
生息環境・生態：河口・マングローブ林周辺の塩性湿地の高潮帯に生息するが，適度な湿気と倒木等隠れ家の存在がある環境に限られる．とくに幼貝期は発酵した植物遺骸の中ですごす．
解説：沖縄島周辺の塩性湿地では埋立，護岸造成等で多くの生息地が消失し，著しく個体群・個体数ともに減少した．一方，先島地域でも宮古島嘉手苅のマングローブ湿地周辺では1990年代後半まで比較的まとまった個体数が認められたが，現在，非常に減少した．沖縄は北限分布域にあたる．埋立，護岸造成による塩性湿地の消失のほか，河口域の陸土堆積による高地盤化（乾燥・陸化）が生存に対する脅威となる．殻長25 mm．（久保弘文）

オカミミガイ科
ウスコミミガイ
Laemodonta exaratoides Kawabe, 1992

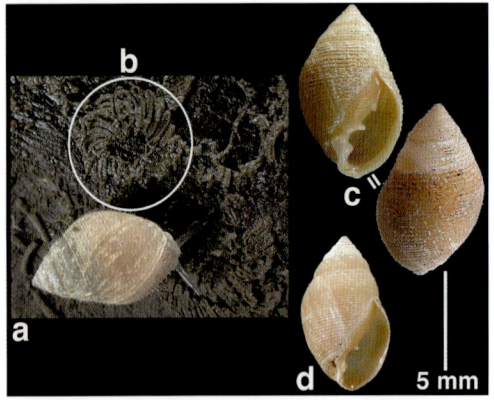

5 mm

全て三重県　(a)鳥羽市　(b)同　卵塊　(c)松阪市　(d)五ヶ所湾　木村昭一撮影

評価：準絶滅危惧
選定理由：個体数・個体群の減少，生息条件の悪化
分布：東北地方～九州，朝鮮半島．
生息環境・生態：内湾からやや外洋にかけての潮上帯転石地の深く埋もれた石の下面．内湾奥部のヨシ原周辺の転石地にも見られる．夏に泥で固めたドーナッツ型の卵塊（b）を石の下面に産み付ける．
解説：殻は卵形で，成貝の殻口の内唇には歯状突起が2個，殻軸には1個，外唇にも1個ある．殻口の前端は角張る．若い個体の殻表は，細かい毛状突起を持つ殻皮で被われる．近似種のクリイロコミミガイは，殻皮に毛状突起がなく，殻口の前端が丸いこと等で識別される．オカミミガイ科貝類としては比較的分布域が広く，リアス式海岸に立地する小さな入江の転石地等でも生息できる場合が多く，生息地数は多い．しかし，垂直分布の幅は狭く，生息域の面積は狭い場合がほとんどである．生息域である潮上帯部分は陸地に近く，護岸工事等によって破壊されやすい．殻長5 mm．（木村昭一）

オカミミガイ科
シュジュコミミガイ
Laemodonta aff. *minuta* (Möllendorff, 1885)

山口県熊毛郡上関町四代田ノ浦　2000年　福田宏撮影

評価：準絶滅危惧
選定理由：個体数・個体群の減少，生息条件の悪化
分布：房総半島（千葉県館山），北長門海岸（山口県見島），四国太平洋岸（徳島県伊島，高知県足摺岬），南西諸島．
生息環境・生態：飛沫帯砂泥底の転石下．外洋に面した海岸と，内湾奥部や河口汽水域に形成される砂泥干潟とにまたがって産する．
解説：本種を *L. minuta*（タイプ産地は香港）に同定した文献（『日本近海産貝類図鑑』等）が近年散見されるが，*L. minuta* は原記載や近年の文献によると外唇内側に2個の歯状突起を持つのに対し，本種はこれを1個しか持たないので両者は別種と考えられる．本種は南西諸島では現在も各地に多産するが，内湾奥部や河口の生息環境は埋立や護岸等によって狭められつつある．九州以北では希産で，四国ではごく狭い範囲に個体群が見られるのみであり，分布の北端にあたる房総半島と北長門海岸ではともに死殻しか見出されていない．殻長3.8 mm．（福田 宏）

MOLLUSCA—Gastropoda

オカミミガイ科
イササコミミガイ
Laemodonta octanflacta (Jonas, 1845)

(左) 宮古島久松　1993年　(中・右) タイ・プーケットのNaihan Beach　2010年　岡山大学農学部水系保全学研究室所蔵　福田宏撮影

評価：情報不足
選定理由：個体数・個体群の減少，生息条件の悪化，希少
分布：宮古島，石垣島，西表島，台湾，フィリピン，タイ，熱帯インド・西太平洋．
生息環境・生態：内湾と外洋にまたがって産し，河口マングローブ辺縁の砂泥底転石地や，海岸岩礁地高潮帯の底泥に埋もれた石の下面に見られる．
解説：赤道付近の熱帯域では地理的にも生息環境の点でも広い範囲に多産する普通種であるが，分布の北限にあたる日本では宮古島以南の先島諸島でごく少数が確認されたのみである．生貝が同時に複数見出されたこともほとんどないため，おそらく国内では繁殖が行われておらず，複数年にわたっての個体群の維持もなされていない可能性がある．いずれにせよ現時点では希少性を評価するだけの情報が不足している．殻長3mm．（福田 宏・久保弘文）

オカミミガイ科
クリイロコミミガイ
Laemodonta siamensis (Morelet, 1875)

(a) 熊本県玉名市菊池川　1999年　福田宏撮影　(b) 三重県松阪市櫛田川　2007年　(c, d) 沖縄県那覇市　2010年　木村昭一撮影

評価：絶滅危惧II類
選定理由：個体数・個体群の減少，生息条件の悪化
分布：伊勢湾，吉野川河口，瀬戸内海西部，博多湾，九州西岸，有明海，八代海，南西諸島，東南アジア．
生息環境・生態：九州以北では大規模な内湾奥部の河口汽水域軟泥底に生じたヨシ原に限定され，半ば埋もれた転石や朽木の下にナラビオカミミガイやキヌカツギハマシイノミ等とともに見られる．南西諸島ではマングローブや後背湿地の泥底・砂泥底にヌノメハマシイノミ *Melampus graniferus* (Mousson, 1849) やチビハマシイノミ *M. parvulus* Pfeiffer, 1856等とともに棲む．
解説：南西諸島では殻頂が欠損しない個体が多く，また白色型（d）も現れるが，ここでは九州以北産と同種と見なす．南西諸島では今も普通種であるが九州以北での産地は著しく少なく，湾奥に大規模で良好な状態のヨシ原が残されていないと見出されないため，産地を擁するどの県でも各1～数カ所にしか生き残っていない．殻長7mm．（福田 宏・木村昭一）

オカミミガイ科
ヘソアキコミミガイ
Laemodonta typica (H. & A. Adams, 1854)

沖縄県　木村昭一撮影

評価：準絶滅危惧
選定理由：個体数・個体群の減少，生息条件の悪化
分布：大隅諸島以南，インド・太平洋．
生息環境・生態：マングローブ湿地周辺の泥に埋もれた石の下，内湾からやや外洋にかけての潮上帯転石地の埋もれた石の下面．
解説：殻は小型であるが，殻質は非常に厚く，殻表は強い螺肋で被われる．成貝の殻口の内唇には歯状突起が2個，殻軸には1個，外唇にも2個ある．臍孔は大きく開き，周辺は角張る．近似種とは臍孔が大きく開くことで容易に識別できる．オカミミガイ科貝類としては比較的分布域が広く，小さな入江の転石地等でも生息できる場合が多く，生息地数は多い．しかし，垂直分布の幅は狭く，生息域の面積は狭い場合がほとんどである．生息域である潮上帯部分は陸地に近く，護岸工事等によって破壊されやすい．本種の分布域全域で生息地，個体数とも減少したと考えられる．殻長5mm．（木村昭一）

軟体動物―腹足類

オカミミガイ科
コベソコミミガイ（マルコミミガイ）
Laemodonta sp.

(左) 宮古島久松　1995年　(右) 沖縄市馬天　1987年　岡山大学農学部水系保全学研究室所蔵　福田宏撮影

評価：絶滅危惧Ⅱ類
選定理由：個体数・個体群の減少，生息条件の悪化，分布域限定，希少
分布：トカラ列島（宝島），奄美大島，沖縄島，宮古島，石垣島，西表島．
生息環境・生態：内湾奥部の河口マングローブ辺縁の砂泥底転石地や，海岸岩礁地高潮帯の底泥に埋もれた石の下面にシュジュコミミガイ等とともに見られる．
解説：日本産コミミガイ属 *Laemodonta* の種の大半は国外の熱帯域にも広く分布するが，本種は今のところ国外から記載された種の中に合致するものが見当たらない．南西諸島でも産地・個体数ともに極めて少ないものの，石垣島等では同一カ所で複数年にわたって確認され，また同時に様々な成長段階の生貝も見出されているので，イササコミミガイの場合と異なり定着していることが明らかである．その割には発見例が著しく少なく，個体群の維持には限定的な環境条件が要求されると思われる．殻長5 mm．（福田 宏・久保弘文）

オカミミガイ科
デンジハマシイノミ
Melampus (*Detracia*) *ovuloides* Baird, 1873

(a) 沖縄県名護市屋我地島饒平名　2009年　亀田勇一撮影
(b) 同　1996年　(c) 西オーストラリア州 Shark Bay　1996年　木村昭一撮影

評価：絶滅危惧Ⅱ類
選定理由：個体数・個体群の減少，生息条件の悪化，希少
分布：沖縄島北部（塩屋湾，羽地内海），サモア，オーストラリア北部・西部．
生息環境・生態：河口マングローブ辺縁高潮帯の軟泥底・砂泥底に半ば埋もれた転石下にナラビオカミミガイ沖縄型，ナズミガイ，ウルシヌリハマシイノミ等とともに見られる．
解説：従来の国内の文献では学名未確定であったが，サモアの Tutuila 島から記載された *Melampus* (*Tifata*) *ovuloides* は日本産個体によく一致する．また本種とコメツブハマシイノミが属すとされてきた *Detracia* は現在 *Melampus* の亜属とされる．さらに，これら2種以外の本書所載の *Melampus* 属各種は従来様々な亜属に分けられてきたが，それらの亜属の区別は不明瞭なためすべて *Melampus s.s.* とした．本種は国内では沖縄本島北部の数カ所からしか知られておらず生息範囲も狭いため，マングローブの縮小と水質・土壌汚染等によって危機に晒されている．殻長6 mm．（福田 宏・木村昭一）

オカミミガイ科
コメツブハマシイノミ
Melampus (*Detracia*) cf. *phaeostylus* Kobelt, 1869

(a) 宮古島平良久松　1996年　福田宏撮影　(b, c) 西表島大原　1998年　木村昭一撮影

評価：準絶滅危惧
選定理由：個体数・個体群の減少，生息条件の悪化
分布：南西諸島（奄美大島，沖縄島，久米島，宮古島，石垣島，竹富島，西表島，与那国島），台湾蘭嶼，フィリピン．
生息環境・生態：河口マングローブ辺縁高潮帯の砂泥底において転石や漂着物の下等に見られるが，湾口部や外洋に面した岩礁の飛沫帯にも生息し，ヒヅメガイ等が好む海蝕洞内にも個体群が形成される．
解説：インド・西太平洋には本種に近似した種が多く，学名はさらに検討を要する．竹富島から死殻のみ報告されたムシボタルハマシイノミはおそらく本種の個体変異と思われる．デンジハマシイノミに比べて広い範囲で産出が認められ，生息環境も内湾奥部の砂泥底と外洋に面した岩礁の両方にわたるが，マングローブでは生息可能範囲が狭められつつある．西表島大原の産地は最近の護岸工事で完全に消失した．殻長6 mm．（福田 宏・木村昭一）

オカミミガイ科
ウルシヌリハマシイノミ
Melampus (*Melampus*) *nucleolus* Martens, 1865

(a)沖縄県塩屋湾　2010年　木村妙子撮影　(b)同　(c)宮古島島尻　1996年　木村昭一撮影

評価：絶滅危惧Ⅱ類
選定理由：個体数・個体群の減少，生息条件の悪化，希少
分布：南西諸島（沖縄島北部，久米島，宮古島，石垣島），東南アジア．
生息環境・生態：河口マングローブ辺縁高潮帯の軟泥底・砂泥底に半ば埋もれた転石下に生息する．ナズミガイ，オウトウハマシイノミ，ニワタズミハマシイノミ等とともに見られる．
解説：これまでの国内の文献では本種の学名種小名を *nucleus* と綴っているが，正しくは *nucleolus* である．本種は南西諸島のマングローブに産するオカミミガイ科の種の中でもとりわけ産地数・個体数が少ない．かつて比較的高密度で生貝が見られた沖縄島塩屋湾と大浦湾では近年マングローブおよび転石地の一部がそれぞれ消失し，本種の生息範囲も縮小した．また宮古島島尻の産地も最近になって完全に埋立てられて失われた．殻長10 mm．（福田 宏・木村昭一）

オカミミガイ科
ニワタズミハマシイノミ
Melampus (*Melampus*) *sculptus* Pfeiffer, 1855

石垣島　2004年　木村妙子撮影

評価：絶滅危惧Ⅱ類
選定理由：個体数・個体群の減少，生息条件の悪化，希少
分布：南西諸島（沖縄島，宮古島，石垣島，西表島），東南アジア，ハワイ．
生息環境・生態：河口マングローブ辺縁高潮帯の軟泥底・砂泥底に半ば埋もれた転石や朽木・落葉の下に生息する．ナズミガイ，ウルシヌリハマシイノミ，オウトウハマシイノミ等とともに見られる．
解説：和名は「ニハタヅミ～」「ニハタズミ～」と記されることがあるが現代仮名遣いではニワタズミが正しい．ウルシヌリハマシイノミと同様，国内の産地数・個体数がともに少ない種である．近年はとくに沖縄島でマングローブの縮小に伴い減少傾向が強い．宮古島，石垣島，西表島では現在も健在産地が認められるが，小規模な河口に形成された個体群が多く生息範囲も狭いため，護岸や埋立，マングローブ伐採，汚水流入等の影響が懸念される．殻長11 mm．（福田 宏・久保弘文・木村昭一）

オカミミガイ科
キヌカツギハマシイノミ
Melampus (*Melampus*) *sincaporensis* Pfeiffer, 1855

(生体)愛知県三河湾　(標本)三重県伊勢湾　木村昭一撮影

評価：絶滅危惧Ⅱ類
選定理由：個体数・個体群の減少，生息条件の悪化
分布：三浦半島～九州，朝鮮半島，中国大陸，シンガポール．
生息環境・生態：内湾奥部の河口域に発達したヨシ原湿地内の高潮帯の泥上に生息．健全な個体群の生息地はヨシ原から連続する陸上植生も残されている場合が多い．
解説：殻は卵形，殻表は厚い殻皮で被われる．殻表に濃褐色の色帯をめぐらす個体が多いが，色帯の数，色彩が淡いものから色帯のないものなど変異が多い．三浦半島では絶滅し，現在では三河湾が分布の東限である．伊勢湾，瀬戸内海，玄界灘，有明海，八代海には現在も健全な個体群が残されているが，三河湾では減少が著しい．三河湾や伊勢湾の一部ではヨシ原湿地の植生等に変化が見られず，他のオカミミガイ科貝類の個体数に変化がほとんどないのに，本種だけが著しく減少している生息地が認められる．ヨシ原湿地自体が護岸工事や埋立で著しく減少しているので，本種の生息地，個体数とも著しく減少したと考えられる．殻長10 mm．（木村昭一）

オカミミガイ科
キヌメハマシイノミ（トリコハマシイノミ）
Melampus (*Melampus*) *sulculosus* Martens, 1865

沖縄県国頭郡宜野座村　2007年　久保弘文撮影

評価：準絶滅危惧
選定理由：個体数・個体群の減少，生息条件の悪化
分布：南西諸島（奄美大島，沖縄島，久米島，宮古島，石垣島，西表島），東南アジア．
生息環境・生態：河口マングローブ辺縁高潮帯の軟泥底・砂泥底において転石や朽木の下等に見られる．
解説：トリコハマシイノミは本種の色彩変異にすぎない．1990年代には極めて希産とされたが，近年南西諸島各地から個体群が見出され，ウルシヌリハマシイノミ，ニワタズミハマシイノミ，オウトウハマシイノミよりも既知産地の数は多い．しかし良好な状態のマングローブにのみ見られ，またどの産地でも生息密度が低いため依然として普通種とはいいがたく，護岸や埋立等の進行によって今後急減する可能性もある．殻長10 mm．（福田 宏・久保弘文）

オカミミガイ科
オウトウハマシイノミ
Melampus (*Melampus*) sp.

(a) 石垣島大川　増田修撮影　(b) 沖縄島豊見城市与根　2001年　(c) 宮古島　1996年　木村昭一撮影

評価：絶滅危惧II類
選定理由：個体数・個体群の減少，生息条件の悪化，希少
分布：南西諸島（沖縄島，宮古島，伊良部島，石垣島，西表島）．
生息環境・生態：河口マングローブ辺縁高潮帯の砂泥底に半ば埋もれた転石下に生息する．サカマキオカミミガイ，ヒメシイノミミミガイ，ニワタズミハマシイノミ，キヌメハマシイノミ等とともに見られる．
解説：学名未確定種で，東南アジアからすでに記載されている可能性もあるが現時点で適切な学名を見出すに至っていない．沖縄島では元々少なく，宮古島，石垣島，西表島が国内最大の産地であるが，それらの島々ではニワタズミハマシイノミと同様，小規模な河口に形成された個体群が多く生息範囲も狭い．沖縄島豊見城市与根の産地は近年埋立てられて完全に消失した．殻長8.5 mm．（福田 宏）

オカミミガイ科
コデマリナギサノシタタリ
Microtralia sp.

(生体) 宮古島　福田 宏撮影　(標本) 石垣島　木村昭一撮影

評価：準絶滅危惧
選定理由：個体数・個体群の減少，生息条件の悪化
分布：宮古島，石垣島，西表島，与那国島．
生息環境・生態：マングローブ湿地周辺からやや外洋にかけての潮上帯転石地の埋もれた石の下面に生息．
解説：ナギサノシタタリ *M. acteocinoides* Kuroda & Habe, 1961と近似するが，本種の殻は太く，丸みを帯び，螺塔が低い．白色の個体も多いが，ナギサノシタタリでは見られない赤紫色の個体が出現する．本種の触角の形態はヘラ状で，先端が細くなるナギサノシタタリとは大きく異なる．ただし，殻の形態では両種の中間的な個体も認められる．本種は，増田・内田（2004）で和名が仮称されたにすぎず，分類学的な検討が必要．現在知られている本種の生息地は少なく，産地でも個体数は多くない．宮古島では埋立によって，良好な生息地が1カ所完全に消失した．生息地は埋立て，護岸工事等の影響を受けやすく，分布域全域で生息地，個体数とも減少したと考えられる．殻長5 mm．（木村昭一・福田 宏）

オカミミガイ科
ヒヅメガイ
Pedipes jouani Montrouzier, 1862

宮古島平良字荷川取下崎　2008年　福田宏撮影

評価：準絶滅危惧

選定理由：個体数・個体群の減少，生息条件の悪化，特殊生息環境

分布：南西諸島（屋久島，奄美大島，沖永良部島，沖縄島，宮古島，黒島，西表島，与那国島等），フィリピン．

生息環境・生態：ヒミツナメクジと同様，主として外洋に面した海岸岩礁（とくに隆起サンゴ）の海蝕洞内部やノッチの隙間に生息し，夜間表層に現れて飛沫帯〜高潮帯の岩盤上を匍匐するが，河口マングローブ辺縁の砂泥底に埋もれた転石下にも産する．

解説：1990年代までは死殻すらも極めて希な種とされてきたが，これは本種が夜行性のためで，岩礁の多産地では深夜に濡れた岩盤上へ高密度で現れる．ヒミツナメクジともども外洋に面した岩礁とマングローブ砂泥底転石下とにまたがって産し，とくに後者の生息環境において減少傾向にあると思われる．殻長5.5 mm．（福田 宏）

オカミミガイ科
オキヒラシイノミ
Pythia cecillei (Philippi, 1847)

(a)鹿児島県　2011年　多々良有紀撮影　(b-d)熊本県　2011年　木村昭一撮影

評価：絶滅危惧IA類

選定理由：個体数・個体群の減少，生息条件の悪化，分布域限定，希少

分布：日本海南西部〜東シナ海沿岸（山口・福岡・佐賀・長崎・熊本・鹿児島各県），中国大陸南部，ベトナム北部．瀬戸内海・有明海・南西諸島には元々分布しない．

生息環境・生態：内湾奥部の飛沫帯砂泥底において陸地に生じた樹木が水辺側へ覆い被さって昼間も木陰が形成される場所や，河口汽水域ヨシ原内部の，湿った落葉や漂着物等の下．ヨシダカワザンショウ，オカミミガイ，ナラビオカミミガイ，キヌカツギハマシイノミ等が随伴する．

解説：日本産オカミミガイ科の種の中で最も絶滅が危惧される種の1つで，山口・福岡両県では絶滅したとされる．伊万里湾，平戸島〜北松浦半島，大村湾，羊角湾，鹿児島県北部に健在産地があるが，海岸の護岸や河口の汚染等により近年は産地が局限され，個体数も極めて少なくなった．収集家による採集圧の影響も深刻視される．殻長25 mm．（福田 宏）

オカミミガイ科
ヒメヒラシイノミ
Pythia nana Bavay, 1908

(a, b)沖縄島　(c)奄美大島　木村昭一撮影

評価：準絶滅危惧

選定理由：個体数・個体群の減少，生息条件の悪化

分布：奄美大島，沖縄島，西表島，北大東島，南大東島，与那国島，台湾．

生息環境・生態：(1) 内湾域のマングローブ湿地内の朽木や石の下，(2) 外洋に面した岩礁海岸の隆起石灰岩の海蝕洞窟周辺や石の下．ともに高潮線上から陸上の植生内に生息する．

解説：日本産本属の貝類としては最も小型．殻は長い卵形であるが，背腹方向に偏圧されている．殻口には歯状突起が発達する．2つの生息環境における殻の形態には螺塔の高さ，歯状突起の形態などに若干の差異が認められる．奄美大島では (2) の生息環境でのみ生息が確認されておりその面積は非常に狭い．西表島では (1) でのみ確認されており生息面積は狭く，個体数も少ない．沖縄島では2つの生息環境ともに生息が確認され，生息地が比較的多いが，(1) の生息環境は埋立や護岸工事等の影響をとくに受けやすく，生息地，個体数とも減少したと考えられる．殻長15 mm．（木村昭一）

オカミミガイ科
クロヒラシイノミ
Pythia pachyodon Pilsbry & Hirase, 1908

(a) 奄美大島　(b) 沖縄島　木村昭一撮影

評価：準絶滅危惧
選定理由：個体数・個体群の減少，生息条件の悪化
分布：奄美大島，沖縄島，石垣島，西表島，台湾．
生息環境・生態：内湾域の陸上植生までよく保全されたマングローブ湿地内高潮線付近から陸上植生内に生息．
解説：マダラヒラシイノミと近似しているが，背腹方向にさらに扁平であること，殻口の歯状突起の形態や，縫合の下にしわがないことなどで明確に識別できる．日本産ヒラシイノミガイ類としては最も分布が広く，生息地における個体数は比較的多いが，各生息地の面積は小さい．沖縄島では森林の伐採による，川の流量の増大でマングローブ林床が撹乱され，個体数が減少した例も確認されている．生息地は橋梁工事，河川改修，護岸工事等によって破壊されやすく，生息地，個体数とも減少したと考えられる．殻長25 mm．（木村昭一）

オカミミガイ科
マダラヒラシイノミ
Pythia pantherina (A. Adams, 1851)

西表島　木村昭一撮影

評価：準絶滅危惧
選定理由：個体数・個体群の減少，生息条件の悪化
分布：小笠原諸島（父島：絶滅），沖縄島（絶滅），石垣島，西表島，台湾．
生息環境・生態：内湾からやや外洋に面したマングローブ湿地周辺から隆起石灰岩転石地の高潮線付近から陸上植生内に生息．クロヒラシイノミと混生することもあるが，さらに陸寄りの開けた場所に生息する傾向が強い．
解説：クロヒラシイノミと近似しているが，殻口の歯状突起の形態や，縫合の下にしわが顕著であることなどで明確に識別できる．奄美大島から記録があるが，クロヒラシイノミの誤同定と考えられる．宜野湾市の本種の沖縄島唯一の生息地は大規模開発事業で失われた．石垣島，西表島の生息地における個体数は比較的多いが，各生息地の面積は大きくない．生息地は橋梁工事，河川改修，護岸工事等によって破壊されやすく，生息地，個体数とも減少したと考えられる．殻長25 mm．（木村昭一）

スメアゴル科
キタギシマゴクリ（和名改称）
"*Smeagol*" sp. A

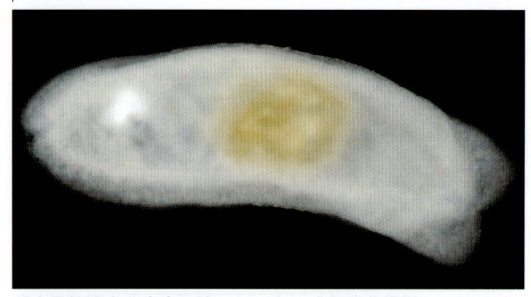

岡山県笠岡市北木島下浦　2010年　多留聖典撮影

評価：絶滅危惧IA類
選定理由：個体数・個体群の減少，生息条件の悪化，分布域限定，希少，特殊生息環境
分布：岡山県笠岡市北木島下浦からのみ知られる．
生息環境・生態：波穏やかな内海において清浄で透明度の高い海水に洗われる中潮帯の，満潮時に水深1 m程度となる貧栄養の砂礫底に浅く埋もれた転石の下面を匍匐する．
解説：スメアゴル科の種は従来ニュージーランドと南東オーストラリアから*Smeagol*属の5種のみ知られていた．本書所載の3種は内部形態やDNAの検討の結果同属とは別属（後日記載予定，和名のみここでゴクリ属と新称する）と考えられるので，和名の語尾を「スメアゴル」から改称する．同科の種はすべて極端に狭い分布域を持ち，ただ1カ所の海岸にしか見られない種も存在するため，分散能力が著しく低いと考えられる．本種も下浦周辺の固有種である可能性が高い．同地における2010年8月の調査では多産していたが，生息範囲は約10 mしかなかった．体長2 mm．（福田宏）

スメアゴル科
タナゴジマゴクリ（和名改称）
"*Smeagol*" sp. B

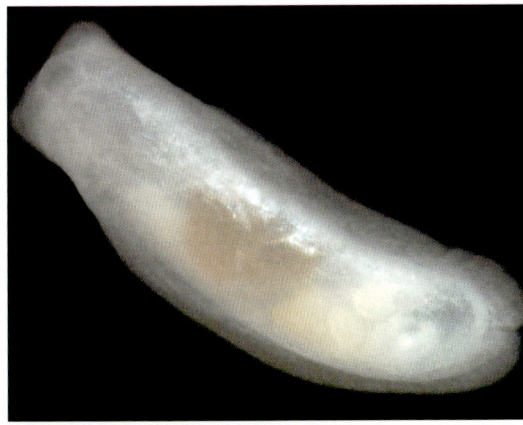

徳島県阿南市伊島棚子島　2009年　福田宏撮影

評価：絶滅危惧 IA 類
選定理由：個体数・個体群の減少，生息条件の悪化，分布域限定，希少，特殊生息環境
分布：徳島県阿南市伊島棚子島東端からのみ知られる．
生息環境・生態：島嶼間の海峡部に面した礫干潟潮間帯において，前種キタギシマゴクリと同様，清浄で透明度の高い海水に洗われる貧栄養の砂礫底に浅く埋もれた転石の下面を匍匐する．前種よりもやや高い位置の飛沫帯～高潮帯にナギサノシタタリとともに見られる．
解説：前種と同様に，本種も伊島周辺の固有種である可能性が高い．生息範囲は50 m 以下しかない．本書にあげたスメアゴル科の3種は南半球の同科の諸種と同様に個体群は極めて脆弱であり，それらが現在まで生き残ってきたのは産地周辺の環境が撹乱されず良好な状態に保たれてきたからこそと思われる．産地付近の海岸において護岸・埋立・港湾や橋梁の建設が行われたり，水質悪化が生じるとただちに絶滅に至るおそれがある．体長2 mm．（福田 宏）

スメアゴル科
ヒエンハマゴクリ（和名新称）
"*Smeagol*" sp. C

奄美大島大和村ヒエン浜　2002年　福田宏撮影

評価：絶滅危惧 IA 類
選定理由：個体数・個体群の減少，生息条件の悪化，分布域限定，希少，特殊生息環境
分布：奄美大島大和村戸円ヒエン浜西端からのみ知られる．
生息環境・生態：キタギシマゴクリと同様，波穏やかな内海において清浄で透明度の高い海水に洗われる砂浜辺縁礫地中潮帯の，満潮時に水深1 m 程度となる貧栄養の砂礫底に浅く埋もれた転石の下面を匍匐する．
解説：前2種と同様に，本種もヒエン浜周辺の固有種である可能性が高い．生息範囲は約10 m しかない．体長2 mm．（福田 宏）

軟体動物
MOLLUSCA
二枚貝類
Bivalvia

キヌタレガイ科
アサヒキヌタレガイ
Acharax japonica (Dunker, 1882)

静岡県浜名湖　木村昭一撮影

評価：絶滅危惧Ⅱ類
選定理由：個体数・個体群の減少，生息条件の悪化
分布：北海道〜九州，中国大陸．
生息環境・生態：内湾の潮間帯〜水深20 m程度の砂泥底に生息．鰓には硫化水素を用いて有機物を合成する化学合成細菌が共生している．
解説：厚い殻皮に被われた殻は非常に薄く，石灰分が少なく軽い．殻はよく膨らみ円筒形．キヌタレガイと近似するが，殻の色が濃く，淡黄褐色の放射肋が明瞭で，前部の放射肋の数が多い．外洋水の影響を受ける内湾のよく保全されたアマモ場の泥中に生息しているが，干潟で生息が確認されることは非常に少なく，主な分布域は潮下帯にある．ただし，浜名湖や瀬戸内海では潮間帯のアマモ場で生きた個体が採集されている．同様な環境にキヌタレガイが生息しているが，外洋水の影響が強い場所では本種の個体数の方が多い傾向が認められる．殻長20 mm．（木村昭一）

キヌタレガイ科
キヌタレガイ
Petrasma pusilla (Gould, 1861)

愛知県三河湾　木村昭一撮影

評価：準絶滅危惧
選定理由：個体数・個体群の減少，生息条件の悪化
分布：北海道〜九州，日本固有種．
生息環境・生態：内湾の潮間帯〜水深20 m程度の砂泥底に生息．鰓には硫化水素を用いて有機物を合成する化学合成細菌が共生している．
解説：厚い殻皮に被われた殻は非常に薄く，石灰分が少なく軽い．殻はよく膨らみ円筒形．本種の殻は近似種のアサヒキヌタレガイよりさらに薄く軽い．内湾のよく保全されたアマモ場の泥中に生息しているが，干潟で生息が確認されることは少ない．主な分布域は潮下帯にある．浜名湖や瀬戸内海では潮間帯のアマモ場で生きた個体が採集されている．同様な環境にアサヒキヌタレガイが生息しているが，内湾奥部では本種の個体数の方が明らかに多く，三河湾などかなり底質が還元状態にある潮下帯にも本種が生息している場合もある．殻長15 mm．（木村昭一）

イガイ科
ヤマホトトギス
Arcuatula japonica (Dunker, 1857)

熊本県荒尾市沖　水深24 m　山下博由・森敬介撮影

評価：準絶滅危惧
選定理由：個体数・個体群の減少，生息条件の悪化
分布：日本（房総・能登半島〜九州，沖縄島），朝鮮半島，中国大陸．
生息環境・生態：潮通しのよい内湾・湾口部の低潮帯〜水深40 m前後の泥底・砂泥底に生息する．しばしば足糸で固めた泥のマットを作る．
解説：主に潮下帯に生息するが，浜名湖や有明海では干潟域にも生息する．有明海では，沖合のほぼ全域にわたって分布しており，個体数も多い．沖縄島では，羽地内海・名護湾・金武湾・中城湾などに分布し，ウミヒルモ帯などに生息するが，個体数は少ない．生息地は内湾と外洋の中間的な場所が多く，比較的生息分布が限定されているため，保全上の注意が必要である．殻長20 mm．（山下博由・木村昭一）

イガイ科
イシワリマクラ
Arenifodiens vagina (Lamarck, 1819)

沖縄県名護湾　水深5 m　1998年　久保弘文撮影

評価：準絶滅危惧
選定理由：生息条件の悪化，個体数・個体群の減少，分布域限定
分布：奄美大島南部，沖縄島（羽地内海，羽地外海，金武湾，中城湾，大浦湾，名護湾），東南アジア．
生息環境・生態：潮通しのよい低潮線～水深20 mの砂泥～細砂底に深く埋在する．
解説：奄美大島南部や羽地内海では低潮線に生息するが，名護湾のような上部浅海帯に泥分が少なく清浄で安定した砂地が存在する海域では垂直分布が広い．しかし，沖縄島中南部および東部では埋立等の海浜域改変により生息地が大幅に減少したと考えられる．また，奄美大島の枝手久地区では収集家による乱獲で個体数が大きく減少したとされる．殻長104 mm．（久保弘文）

イガイ科
ヌバタママクラ
Modiolus aratus (Dunker, 1857)

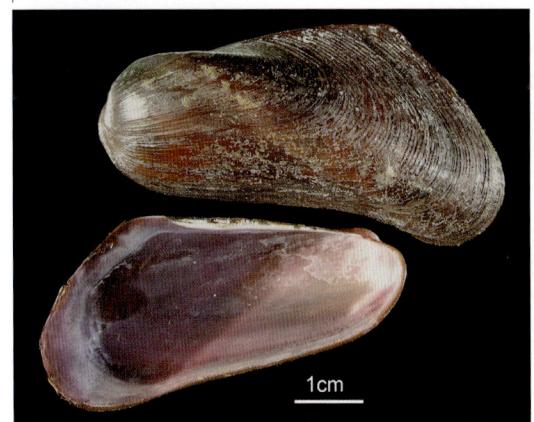

石垣島名蔵湾　1994年　久保弘文撮影

評価：絶滅危惧Ⅱ類
選定理由：生息条件の悪化，分布域限定，希少
分布：奄美大島，沖縄島（羽地内海），石垣島（名蔵湾），西表島，インド・太平洋．
生息環境・生態：内湾の中潮線のコアマモ等アマモ類が繁茂する砂礫～泥礫底に生息する．
解説：沖縄島では羽地内海に希に生息し，奄美大島では生息地の撹乱による個体数の減少が著しい．先島諸島では個体数は少ないながら，明確な減少傾向は観察されていない．しかし，本種は垂直分布の幅が狭く，本来の生息密度が低いため，絶滅リスクは高いと考えられる．殻長60 mm．（久保弘文）

イガイ科
サザナミマクラ
Modiolus flavidus (Dunker, 1857)

石垣島名蔵湾　2001年　久保弘文撮影

評価：準絶滅危惧
選定理由：個体数・個体群の減少，生息条件の悪化
分布：房総半島以南，奄美大島，沖縄島，先島諸島，インド・太平洋．
生息環境・生態：潮通しのよい低潮線～水深10 mのアマモ類の生えた砂底に埋在する．リュウキュウスガモやベニアマモ等アマモ類の地下茎や根の隙間に棲む．
解説：本種のタイプ産地はフィリピンであり，日本本土での具体的な記録も乏しいことから，房総半島等の産出については再検討が必要であろう．南西諸島では陸域からの赤土流入などで底質が泥化し，これがさらに還元あるいは固化した場所では，埋在したまま死滅していることが多い．また，沖縄島中南部では埋立等の海浜域改変により生息地が大幅に減少したと考えられる．殻長60 mm．（久保弘文）

イガイ科
ハンレイヒバリ（カラスノマクラ）
Modiolus hanleyi (Dunker, 1882)

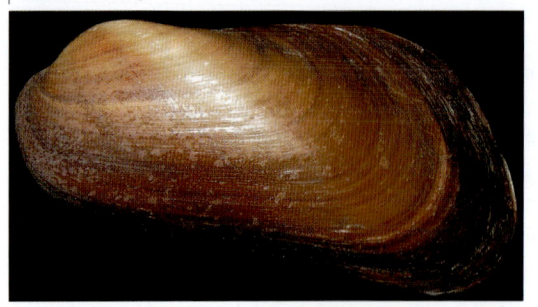

山口県光市虹ヶ浜　2002年　岡山大学農学部水系保全学研究室所蔵（OKCAB M1013）　福田宏撮影

評価：絶滅危惧 IB 類
選定理由：個体数・個体群の減少，生息条件の悪化，希少
分布：東京湾～九州，熱帯インド・西太平洋．
生息環境・生態：内湾湾口部干潟低潮帯～潮下帯の清浄な砂底表層に繭状の巣を作って生息する．同じ干潟にはクイチガイサルボオ *Anadara* (*Scapharca*) *inaequivalvis* (Bruguière, 1789)，オオトリガイ，フジナミガイ，ムラサキガイ等が見られることが多い．
解説：近年の生貝の産出例は全国的に著しく少なく，古い死殻半片が希に見られる程度である．瀬戸内海周防灘（山口県秋穂湾のフジナミガイ・ムラサキガイ健在産地等）では近年もごく少数ながら干潟で生貝や新鮮な死殻が得られているが，フジナミガイやムラサキガイと比較しても出現頻度は低い．殻長45 mm．（福田 宏）

イガイ科
コケガラス
Modiolus metcalfei (Hanley, 1843)

岡山県笠岡市西大島　2004年　岡山大学農学部水系保全学研究室所蔵（OKCAB M9905）　福田宏撮影

評価：準絶滅危惧
選定理由：個体数・個体群の減少，生息条件の悪化
分布：東京湾～九州，朝鮮半島，中国大陸，熱帯インド・西太平洋．
生息環境・生態：大規模な内湾奥部の礫混じりの砂泥質干潟低潮帯～潮下帯に繭状の巣を作って生息する．
解説：ゴマフダマ，オリイレボラ等と同様，国内の多くの地方で衰退し，瀬戸内海中央部と有明海を除き生貝が見られることは少ない．有明海では諫早湾の閉め切りによって一部の個体群が壊滅したが，福岡県や佐賀県では現在も多産する．岡山県笠岡湾周辺でも干潟低潮帯に生貝が普通に見られるが，この個体群は有明海からサルボオとともに人為的に運ばれて定着した移入個体群である可能性が否定できない．殻長45 mm．（福田 宏）

イガイ科
ホソスジヒバリ
Modiolus philippinarum (Hanley, 1843)

沖縄県泡瀬干潟　2004年　久保弘文撮影

評価：準絶滅危惧
選定理由：生息条件の悪化，個体数・個体群の減少
分布：奄美大島，沖縄島，先島諸島，インド・太平洋．
生息環境・生態：潮通しのよい低潮線～水深 2 m のアマモ場とその周辺の砂～砂礫底に浅く埋在して生息する．
解説：沖縄島北部では方言でスベンガルとよばれ，食用種として名護漁協等で水揚げされている．沖縄島中南部では糸満市，泡瀬干潟などを中心に海浜改変による生息場所の大規模な消失，環境悪化による個体群の消失や減少が認められた．沖縄島（羽地海域）や石垣島（名蔵湾，伊原間湾）等の個体群は漁獲圧がかかっており，今後の生息実態の推移を見守る必要がある．殻長110 mm．（久保弘文）

フネガイ科
メオトサルボオ
Anadara (*Anadara*) *crebricostata* (Reeve, 1844)

鹿児島県奄美市　琉球大学風樹館 RUMF-ZM-00193　久保弘文撮影

評価：絶滅危惧Ⅱ類
選定理由：生息条件の悪化，個体数・個体群の減少，分布域限定
分布：奄美大島，中国大陸南部，ベトナム，フィリピン．
生息環境・生態：岩礁が多く点在する潮通しのよいアマモ場の礫砂底〜水深1m付近に浅く埋在する．
解説：南方系のサルボオ類で，奄美大島南部の大島海峡周辺の潮間帯に限定的に生息する．地元ではリュウキュウサルボオ *Anadara* (*Anadara*) *antiquate* (Linnaeus, 1758) に混獲されて食用にされているが，沖縄県での記録がないことから，北限分布で国内唯一の産地であり，奄美の個体群は非常に貴重である．リュウキュウサルボオと類似するが，放射肋数がやや多く35〜38本で，殻形が横に長く，角張ったフォームをしている．奄美大島では海岸域での開発等による内湾域の底質悪化が進み，本種の個体数は減少していると考えられる．殻長50 mm．（久保弘文）

フネガイ科
クマサルボオ
Anadara (*Scapharca*) *globosa* (Reeve, 1841)

(a)佐賀県藤津郡太良町竹崎島沖　水深18 m　(b)竹崎漁港
(c)福岡県柳川市沖ノ端　山下博由・森敬介撮影

評価：絶滅危惧Ⅱ類
選定理由：個体数・個体群の減少，生息条件の悪化，分布域限定
分布：瀬戸内海，有明海，唐津湾，大村湾，中国大陸南部，ベトナム，タイ．
生息環境・生態：低潮帯〜水深25 mの砂泥底に生息する．
解説：瀬戸内海では笠岡湾・周防灘・伊予灘沿岸で過去の記録があるが，近年は瀬戸内海東部で希に生息が確認されるのみ．有明海では，湾奥部〜天草沿岸に分布するが過去に比べて生息量はかなり減少している．佐賀県有明海沿岸ではかつて200トン前後の漁獲があったが，1995年以降はほとんど水揚げされなくなった．本種の殻を使ったイイダコ漁獲用の蛸壺（b）は，有明海奥部から天草地方まで見られる．唐津湾でも生息が確認されたが，生息量は少ないと考えられる．大村湾は現状不明．水質・底質汚染，貧酸素，過剰漁獲が減少要因と考えられる．有明海では食用にされ，「ぶーがい」「さぶろうがい」の地方名がある．殻長120 mm．（山下博由）

フネガイ科
ヒメアカガイ
Anadara (*Scapharca*) *troscheli* (Dunker, 1882)

（左）和歌山県みなべ町堺　1979年　西宮市貝類館所蔵 NC-B04137　山下博由撮影　（中）熊本県天草市羊角湾　2011年　久保弘文撮影　（右）羊角湾　2003年　吉崎和美撮影

評価：絶滅危惧ⅠA類
選定理由：個体数・個体群の減少，生息条件の悪化，分布域限定
分布：本州〜九州，中国大陸南部〜ベトナム．
生息環境・生態：内湾干潟の泥底・砂泥底・アマモ場などに生息する．
解説：日本では，陸奥湾・若狭湾・紀伊半島・高知県・愛媛県・九州で分布記録があるが，ほとんどの地域で1970年代以前に消滅したと考えられる．現在，生息が確認されているのは，熊本県天草市羊角湾のみであるが，個体数は極めて少なく，消滅寸前と考えられる．近年，佐賀県唐津市においても，新鮮な殻が発見されたが，生息は確認されていない．日本では絶滅寸前と考えられる．本種は，種自体の分布もかなり狭く限定されており，ビョウブガイなどと同様に，南シナ海と日本本土に隔離分布する種の典型とみなされる．国内の現存産地2カ所以下．殻長60 mm．（山下博由）

軟体動物・二枚貝類

フネガイ科
ササゲミミエガイ
Estellacar galactodes (Benson in Cantor, 1842)

(a) 熊本県宇城市大野川河口沖　(b) クリゲミミエガイ　Cebu, Philippines　大山桂採集　山下博由撮影　(c, d) 泥底を匍匐する個体　山口湾　石井久夫撮影

評価：絶滅危惧 IB 類
選定理由：個体数・個体群の減少，生息条件の悪化，分布域限定，希少，特殊生息環境
分布：瀬戸内海，有明海，八代海，朝鮮半島，中国大陸．
生息環境・生態：内湾・河口域の干潟泥底に生息する．
解説：東京湾の記録があるが，現生していない．瀬戸内海では岡山県以西で記録があるが，現在は周防灘の山口県・福岡県沿岸にのみ生息する．有明海では諫早湾〜三角半島北東部に生息する．諫早湾では干拓によって，湾奥の大規模な個体群が消滅した．八代海では北部に生息する．本種は多くの場合軟泥底に生息し，泥上を匍匐する特殊な生態を持つが，干潟の埋立や底質変化によって個体群が失われやすいと考えられる．本種は背縁が直線的で，放射肋と殻皮の発達が顕著であることで，フィリピンなどに分布するクリゲミミエガイ（栗毛耳江貝：山下・石井久夫，和名新称）*Estellacar olivacea* (Reeve, 1844) と区別される．殻長20 mm．（山下博由）

フネガイ科
ヒメエガイ
Mesocibota bistrigata (Dunker, 1866)

（上）愛媛県今治市　2011年　石川裕撮影　（下）大韓民国全羅南道務安郡　2003年　山下博由撮影

評価：絶滅危惧 IA 類
選定理由：個体数・個体群の減少，生息条件の悪化，分布域限定
分布：日本・朝鮮半島以南の東アジア〜東アフリカ．
生息環境・生態：内湾の中潮帯以深の岩礫地に生息する．
解説：博物館標本の調査の結果，本種の日本での過去50年以内の個体群は，紀伊水道〜瀬戸内海，有明海に存在したと見られる．福井〜但馬沿岸の記録もあるが，標本を確認できなかった．有明海では長崎県雲仙市国見町において1974年に生息が確認されているが，その後は生息記録がない．瀬戸内海・博多湾・有明海では干潟や浚渫砂中に古い殻がしばしば見られ，過去にはより広範囲に分布していたと考えられるが，その生息・消滅年代は明らかではない．本種は1970年代以降の生息記録がほとんどなく，日本では消滅した可能性が高かったが，近年瀬戸内海（岡山・愛媛県）で新鮮な殻が発見され，現在もわずかに生息している可能性がある．韓国では南西海岸に生息地がある．殻長35 mm．（山下博由）

フネガイ科
ハイガイ
Tegillarca granosa (Linnaeus, 1758)

佐賀県鹿島市七浦　和田太一撮影　（左上：生体）熊本県宇土市緑川河口　木村昭一撮影

評価：絶滅危惧 IB 類
選定理由：個体数・個体群の減少，生息条件の悪化，分布域限定
分布：日本，朝鮮半島以南，インド・太平洋．
生息環境・生態：内湾奥部・河口域の干潟泥底に生息する．
解説：日本本土には，9500〜7500年前の温暖期に分布を広げたが，関東以北では1000年前までに消滅した．伊勢湾・三河湾・高知県浦戸湾では1930〜60年代に消滅した．瀬戸内海には複数の生息地があったが，1970年代以前にほとんど消滅した．近年，淡路島で数個の生息が確認されているが，瀬戸内海では個体群が現在も確実に維持されている場所はないと考えられる．有明海・八代海北部・伊万里湾には，個体群が現存する．本種の分布の衰退は，1000年以前では気候・海水面変動と泥質干潟の自然消失が大きな要因であり，近年では干拓等による泥質干潟の消失が大きな減少要因になっている．諫早湾干拓では，日本最大規模の個体群が消滅した．殻長60 mm．（山下博由）

フネガイ科
ビョウブガイ
Trisidos kiyonoi (Makiyama, 1931)

SL 98 mm

熊本県天草市羊角湾　2001年　吉崎和美撮影

評価：絶滅危惧IA類
選定理由：個体数・個体群の減少，生息条件の悪化，分布域限定
分布：日本，中国大陸南部・台湾〜ベトナム．
生息環境・生態：内湾の低潮帯〜水深10 m付近までの砂泥底，アマモ場などに生息する．
解説：日本では，三河湾および富山湾以西の内湾域から貝殻の産出が知られているが，1970年代前後には山口県・九州でのみ生息が確認されていた．周防灘では1990年代まで生息していたと考えられるが，近年は確認されていない．博多湾・唐津湾（加布里湾を含む）・伊万里湾では，かつて多産したが，現在は生息が確認されていない．そのうち唐津湾では1980年代初期には普通に見られたが，1990年代に消滅したと考えられる．天草市羊角湾では2001年に生息が確認されたが，個体数は少ない．いずれの生息地でも，埋立・水質汚染が進んだことが減少要因と考えられる．日本の海産貝類の中で，最も絶滅に近い種の1つである．殻長100 mm．（山下博由）

ベンケイガイ科
ウチワガイ
Tucetona auriflua (Reeve, 1843)

1cm

沖縄県南城市知念（中城湾）　1986年　久保弘文撮影

評価：絶滅危惧II類
選定理由：生息条件の悪化，個体数・個体群の減少
分布：奄美大島，沖縄島，先島諸島，インド・太平洋．
生息環境・生態：やや外洋に面した潮通しのよいアマモ場の細砂底〜水深20 m付近までの細砂礫底に生息する．しかし，低密度で，成貝が多く，若貝がほとんど見られないことから，かなり成長が遅いか，再生産が乏しい種と推測される．
解説：かつて奄美・沖縄周辺ではサンゴ砂由来の極めて清浄な砂浜が多く存在した．そのような場所が本種の生息場所であったが，1990年頃から海浜改変による砂浜そのものの消失，陸土流入等による底質の泥化により，現在は本部半島等の一部海域を除いて，生息確認が困難な状況である．さらに沖合域の細砂底では海砂採取による底質の撹乱があり，本種の個体数は減少していると考えられる．なお，浅海域面積の広い先島諸島では個体密度は低いが，広範囲に生息している可能性がある．殻長40 mm．（久保弘文）

ベッコウガキ科
サンゴガキ
Anomiostrea coraliophila Habe, 1975

1cm

沖縄県名護市　1996年　久保弘文撮影

評価：絶滅危惧II類
選定理由：生息条件の悪化，個体数・個体群の減少，分布域限定，希少
分布：沖縄島（名護市辺野古，羽地内海，大宜味村，糸満市），中国大陸（海南島），フィリピン，インドネシア．
生息環境・生態：中・低潮帯のアマモ場に隣接する砂泥〜砂礫域の埋もれた岩下に生息する．しかし岩石の下部に硫化水素が発生するような還元した環境には生息しない．
解説：本種は海底に埋もれた岩石下という隠蔽された環境に生息するため，生貝の観察事例が非常に少ない．ただし，大型台風の後にアマモ場に隣接する海岸に洗い出された貝が希に見られる．現在，沖縄島周辺では，都市下水や畜産排水等の富栄養化により，埋もれ岩下の環境は悪化しており，生存が脅かされている．埋立によっても，生息地が多く消失している．なお，糸満市では埋立地地先にわずかに残されたアマモ場で台風によって洗い出された岩礫に付着した生貝が確認された事例がある．殻長25 mm（久保弘文）．

軟体動物・二枚貝類

イタボガキ科
スミノエガキ
Crassostrea ariakensis (Fujita, 1913)

SH 80 mm
SH 300 mm

(左) 熊本県宇城市大野川河口沖　(右上) 福岡県筑後川河口沖
山下博由撮影

評価：絶滅危惧Ⅱ類
選定理由：個体数・個体群の減少，生息条件の悪化，分布域限定
分布：日本，朝鮮半島，中国大陸〜ベトナム．
生息環境・生態：内湾・河口干潟の中・低潮帯の泥底・砂泥底に生息し，マガキやシカメガキとカキ礁を形成する場合がある．大型個体は泥に深く埋没し腹縁部が地表に露出する．
解説：日本では，有明海・八代海・大村湾に分布する．それら以外の瀬戸内海等の記録は化石によるもので，殻が近似しているマガキのナガガキ型との分類の再検討を必要とする．有明海・八代海では，河口域とその沖合の干潟に生息する．殻は30 cm以上の大型になるが，大型の個体を含む個体群の生息地は限定的である．一部では，殻が小型の個体群もあり，それらはマガキと区別が困難であるため，個体群の状況把握は難しい．シカメガキよりも生息環境は限定され，大規模な個体群は減少しつつあると考えられる．大村湾の記録の詳細は不明である．殻高最大300 mm以上．（山下博由）

イタボガキ科
ミナミマガキ
Crassostrea bilineata (Röding, 1798)

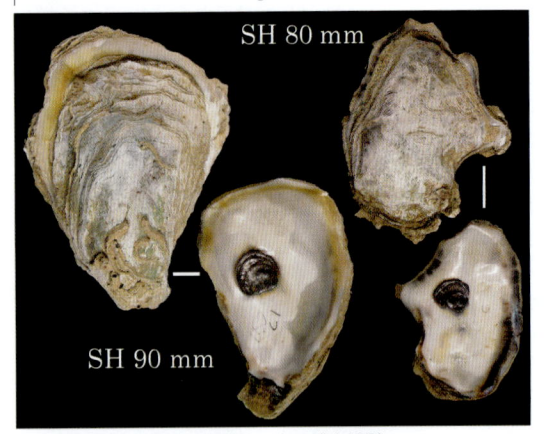

SH 80 mm
SH 90 mm

沖縄県国頭郡大宜味村塩屋湾　山下博由撮影

評価：絶滅危惧Ⅱ類
選定理由：個体数・個体群の減少，生息条件の悪化，分布域限定
分布：沖縄島，南シナ海〜東南アジア〜インド洋・紅海．
生息環境・生態：内湾域の中・低潮帯岩礫地に生息する．
解説：中型のカキで殻は厚く，周縁は波・棘状にならず丸みを帯び，筋痕は濃黒紫色で，殻内面縁は紫や黄金に彩られることが多い．固着面の左殻は極めて厚くなることがある．現在，日本で生息が確認されているのは沖縄島のみ．塩屋湾・羽地内海・大浦湾・那覇市瀬長島などに分布するが，生息面積は狭い．沖縄島金武湾・漫湖，西表島からも記録されているが，現在は生息が確認されていない．生息地は減少傾向にあり，沖縄島では埋立・護岸などの海岸開発の影響を受けてきたと考えられる．殻高90 mm．（山下博由）

イタボガキ科
ナガガキ（マガキの地域個体群：北海道・東北地方）
Crassostrea gigas (Thunberg, 1793)

50mm

北海道厚岸湖　栗原康裕撮影

評価：絶滅のおそれのある地域個体群（北海道・東北地方）
選定理由：個体数・個体群の減少
分布：北海道サロマ湖，能取湖，厚岸湖，宮城県長面浦．
生息環境・生態：海跡湖・内湾・河口砂泥域の低潮帯〜水深11 mにカキ礁を形成する．流入河川からの砂泥堆積物に埋没状態で殻高を伸長し，「立ち牡蠣」とよばれる．
解説：北海道東部には本種主体のカキ礁が見られたが，現在の生息数は極めて少ない．減少要因としては過剰漁獲，有機スズ汚染が考えられる．サロマ湖，能取湖では，湖口拡張による低水温化・塩分上昇により生息条件が不適になったと見られる．厚岸湖ではカキ養殖が打撃を受けた1982〜83年夏の低水温被害以降，カキ礁のアサリ *Ruditapes philippinarum* (A. Adams & Reeve, 1850) 漁場化による覆砂も付着基質であるカキ殻を埋没させ，再加入を阻害する要因と考えられる．宮城県長面浦の潮下帯には現生南限の個体群があったが，2011年の東日本大震災によって，その消息が危惧される．国内の現存産地は4カ所以下．殻高400 mm．（栗原康裕・山下博由）

イタボガキ科
シカメガキ
Crassostrea sikamea (Amemiya, 1928)

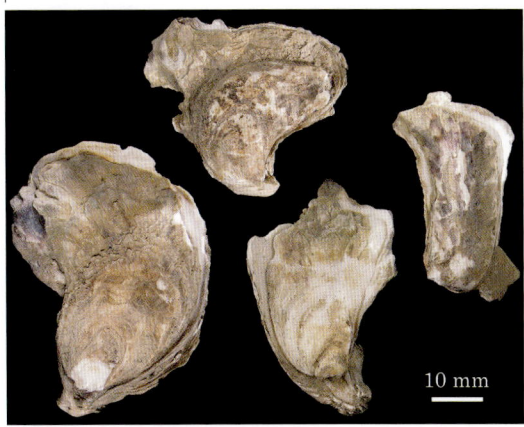

熊本県宇城市大野川河口　山下博由撮影

評価：準絶滅危惧
選定理由：生息条件の悪化，分布域限定
分布：有明海，八代海，大村湾，瀬戸内海周防灘，朝鮮半島，中国大陸.
生息環境・生態：内湾の中・低潮帯，干潟域に生息する.
解説：有明海と八代海北部には広く豊富に分布し，干潟域では細かい殻の堆積したカキ礁を形成することがある．大村湾 (Sekino et al., 投稿中)，瀬戸内海周防灘大分県沿岸（浜口ほか，2011）でも近年確認されたが，自然分布であるかどうかは不明である．有明海では，大規模干拓やナルトビエイによる捕食によって個体群が負荷を受けている．マガキとの遺伝子交流があるため，他の海域からの種カキの持ち込み・養殖などによる，交雑・ウィルス疾病についても注意する必要がある．本種は1940年代にアメリカに導入され，Kumamoto oyster として系統維持されている．殻高40〜60 mm.（山下博由）

イタボガキ科
イタボガキ
Ostrea denselamellosa Lischke, 1869

(a) 横浜市金沢区小柴　1951年　神奈川県立博物館所蔵　KPM-NGX008248　(b) 長崎県諫早市　2004年　芳賀拓真採集
(c) 大韓民国セマングム地域　2001年　山下博由撮影

評価：絶滅危惧IB類
選定理由：個体数・個体群の減少，生息条件の悪化
分布：日本，朝鮮半島，中国大陸〜インドネシア.
生息環境・生態：低潮帯〜水深35 m付近までの砂泥底・砂礫底に生息する.
解説：日本では陸奥湾以南〜九州の内湾に広く豊富に分布していたが，能登半島七尾湾・瀬戸内海・有明海以外の海域では消滅したと考えられる．瀬戸内海では，東部と西部に局地的に生息する．有明海では，諫早湾付近〜熊本市にかけて生息し，干潟低潮帯で見られることもある．いずれの生息地でも個体群の規模は，過去に比べて小さく不安定である．減少要因としては，水質・底質汚染，とくに赤潮や貧酸素の影響が大きいと考えられる．韓国沿岸では，現在も比較的普通に見られる．ヨーロッパヒラガキ *Ostrea edulis* Linnaeus, 1758 など，浅海に生息するイタボガキ属の大型種は，海洋環境の悪化や乱獲などで全世界的に著しい減少傾向にある．殻高120 mm.（山下博由）

イタボガキ科
ネコノアシガキ
Talonostrea talonata Li & Qi, 1994

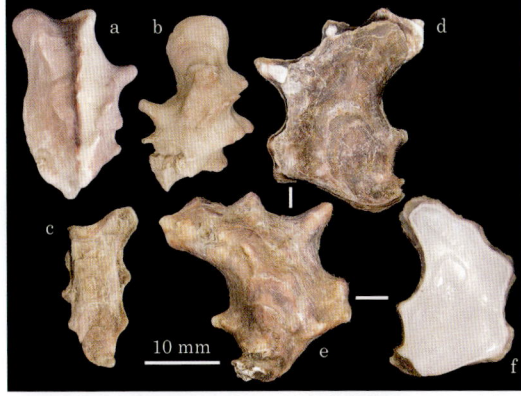

(a, b) 熊本県玉名市岱明　左殻　(c) 豊後水道津久見沖　右殻
(d–f) 大韓民国セマングム地域南部　山下博由撮影

評価：情報不足
選定理由：個体数・個体群の減少，分布域限定
分布：日本，朝鮮半島，中国大陸北部.
生息環境・生態：低潮帯〜水深10 mの砂礫底・砂泥底．小石や貝殻に付着する.
解説：殻は小型，紫黒色や淡茶色，右殻は平板で，左殻はやや膨らみ太い縦畝を持つ．周縁には間隔を置いて棘状突起が発達することがあり，虎や猫の足に喩えられる．日本では瀬戸内海・有明海周辺において殻の産出が確認されているのみで，生息記録はない．瀬戸内海では，海底の浚渫砂に多く含まれることがあるが，古い時代のものである可能性が高い．有明海では，干潟の現生堆積物中にも殻が認められるため，そう古くない時代まで生息していた可能性を否定できない．国内では消滅した可能性が高いが，消滅年代を特定できないため，情報不足として評価する．韓国西海岸では，浅海の砂礫底にイタボガキと同所的に生息している．殻高20〜33 mm.（山下博由）

軟体動物・二枚貝類

ハボウキ科
ズベタイラギ
Atrina (*Servatrina*) *japonica* (Reeve, 1858)

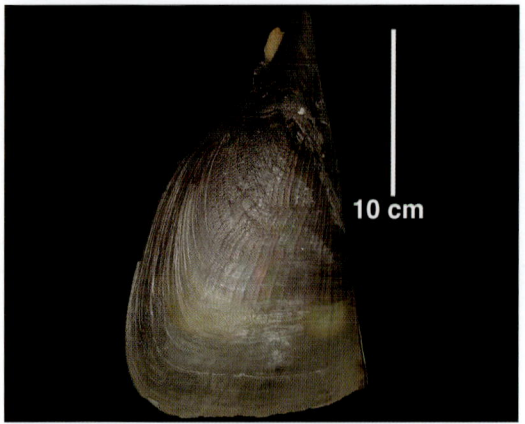

10 cm

愛知県名古屋港沖　木村昭一撮影

評価：準絶滅危惧
選定理由：個体数・個体群の減少，生息条件の悪化
分布：本州～九州，朝鮮半島，中国大陸．
生息環境・生態：内湾の低潮帯～水深30 mの泥底・砂泥底に生息する．
解説：本種はいわゆる「タイラギの無鱗型」で，殻表の鱗片状突起がごく弱いか欠くことで，タイラギ（リシケタイラギ）と区別されるが，中間型（交雑個体）も存在する．有鱗型よりも内湾的で泥分の多い底質に生息する．1980年代以降はいずれの地域でも減少傾向にある．瀬戸内海以西では，タイラギよりも，生息地が少ない傾向にあると考えられる．殻高300 mm．（山下博由・木村昭一）

ハボウキ科
タイラギ（リシケタイラギ）
Atrina (*Servatrina*) *lischkeana* (Clessin, 1891)

5 cm

(a)大分県中津市大新田　和田太一撮影　(b)熊本県上天草市池島　木村昭一撮影

評価：準絶滅危惧
選定理由：個体数・個体群の減少，生息条件の悪化
分布：本州～九州．中国大陸沿岸の類似種との関係はよく分かっておらず，分布範囲は未解明である．
生息環境・生態：内湾の低潮帯～水深30 mの砂泥底，粗砂底に生息する．
解説：本種はいわゆる「タイラギの有鱗型」で，無鱗型のズベタイラギよりも，潮通しがよく砂分の多い底質に多く生息する．瀬戸内海・有明海に多いが，1980年代以降はいずれの地域でも減少傾向にある．有明海では大量斃死が起こることが多く，海底の貧酸素，硫化水素の滞留などが原因の一部と考えられている．前種とともに「たいらがい（平貝）」の通称でよばれる水産有用種であるが，漁獲圧の高さも問題視され，適正な資源管理が必要とされる．殻高250 mm．（山下博由・木村昭一）

ハボウキ科
スエヒロガイ
Pinna atropurpurea Sowerby I, 1825

10 cm

沖縄県泡瀬干潟　2008年　久保弘文撮影

評価：絶滅危惧II類
選定理由：生息条件の悪化，個体数・個体群の減少
分布：奄美大島，沖縄島，中国大陸南部（福建省），フィリピン．
生息環境・生態：内湾の潮通しのよい中潮線～水深10 mのアマモ場や砂泥質干潟等に突き刺さったように半ば埋在する．
解説：先島諸島には分布せず，北琉球の隔離個体群の可能性がある．潮下帯の泥底に棲む個体は貝殻すべてを埋在させ，殻が薄く形態が異なるため，別種との見解もある．貝殻後端が羽状に伸びず，三角形に角張る個体が多く，とくに幼貝の貝殻がより幅広となる特徴で，典型的なハボウキと識別できる．近年，遺伝子解析の結果から，日本本土と奄美・沖縄諸島の間で地方型や亜種とされた類似種が，別種とされる例もあり，今後，ハボウキとの遺伝的検討が必要である．大きく目立つため，食用種として地元で潮干狩りの獲物となっており，とりわけ中城湾，羽地内海では乱獲され，大型個体が著しく減少した．殻長370 mm．（久保弘文）

ハボウキ科
ハボウキ
Pinna attenuata Reeve, 1858

(上) 大分県佐伯市大入島石間浦　新井章吾採集　山下博由撮影
(下) 熊本県上天草市龍ヶ岳町　吉崎和美撮影

評価：準絶滅危惧
選定理由：個体数・個体群の減少，生息条件の悪化
分布：日本，中国大陸，東南アジア．
生息環境・生態：内湾湾口部からやや外洋の低潮帯〜水深30mの砂泥底，砂礫底に生息する．干潟や浅海域では，アマモ場に多く見られる．
解説：日本では，房総・男鹿半島〜九州に分布し，奄美以南の琉球列島には別種スエヒロガイが分布する．千葉・愛知・石川・岡山・熊本県でレッドデータブックに登載されており，過去に比べて減少傾向にあると考えられる．静岡県浜名湖や九州西岸の伊万里湾・対馬・佐世保市・天草市羊角湾などでは，低潮帯〜浅海に豊富に生息する場所もある．食用とする閉殻筋がタイラギに比べ小さいため，漁獲対象にはなっていない．本種には *Pinna bicolor* Gmelin, 1791の学名が使われてきたが，*P. bicolor* はインド〜紅海に分布する別種と考えられる．殻高300 mm．（山下博由・久保弘文・木村昭一）

イタヤガイ科
ヒナキンチャク
Decatopecten plica (Linnaeus, 1758)

沖縄県泡瀬干潟　2000年　久保弘文撮影

評価：絶滅危惧IB類
選定理由：生息条件の悪化，分布域限定，個体数・個体群の減少，希少
分布：沖縄島（金武湾，中城湾，大浦湾），インド・太平洋．
生息環境・生態：自然度が豊かで，種多様度が高いアマモ場低潮線〜水深10 m 内外に希に生息する．
解説：金武湾ではうるま市（旧与那城）海中道路付近，中城湾では沖縄市泡瀬のアマモ場に，1990年代前半まで比較的健全性の高い干潟が形成されていて，少ないながら生貝が観察された．しかし，その後，海中道路および泡瀬付近では大規模な海浜改変が実施され，生貝確認が極めて困難となっている．2007年に金武湾の水深10 m 付近から回収された定置漁網に幼貝の付着が確認され，湾内の深場での生息が確認されたが，一方で2005年から5年以上継続している金武湾のカニ刺網漁のモニタリングではまったく採集されていない．2009年に大浦湾奥部で新鮮な死殻が確認されたが，総じて個体数は著しく減少している．殻長40 mm．（久保弘文）

イタヤガイ科
ヒナノヒオウギの一種
Mimachlamys cloacata (Reeve, 1853)

(a) 沖縄県羽地内海　2008年　(b) 金武湾　久保弘文撮影

評価：準絶滅危惧
選定理由：分布域限定
分布：奄美大島，沖縄島（羽地内海，金武湾，中城湾），台湾，東南アジア．
生息環境・生態：潮通しのよい低潮線〜水深15 m の泥礫底の地物に付着して生息する．
解説：奄美大島，沖縄島の内湾のみで記録され，金武湾奥部の水深5〜15 m 内外の上部浅海域では個体数は少なくない．日本本土のヒナノヒオウギ *Mimachlamys asperulata* (A. Adams & Reeve, 1850) に比べて殻長5 cm 以上に大型化し，放射肋が23本内外（ヒナノヒオウギは18本）と多い等異なる個体が多いが，変異が大きく，分類学的再検討を要する．本種は台湾や東南アジア産の *cloacata* に非常に類似する．なお，ヒナノヒオウギの学名 *asperulata* を本種の異名とする見解もある．殻長50 mm．（久保弘文）

イタヤガイ科
ヤミノニシキ（アワジチヒロ）
Volachlamys hirasei (Bavay, 1904)

(左上)ヤミノニシキ型　(左下)アワジチヒロ型　福岡県柳川市　1975年　佐藤勝義採集　(右)アワジチヒロ型　大韓民国全羅南道務安郡　山下博由撮影

評価：絶滅危惧 IB 類
選定理由：個体数・個体群の減少，生息条件の悪化，分布域限定
分布：日本，朝鮮半島，中国大陸沿岸（渤海，黄海）．
生息環境・生態：内湾の低潮帯〜水深60 m の泥底・砂泥底に生息し，泥分の多い底質を好む．
解説：放射肋がないかごく弱い型をヤミノニシキとよび，放射肋が明瞭な型をアワジチヒロ（*ambigua* Bavay, 1904）とよぶが，種内変異である．日本では紀伊水道・瀬戸内海・有明海にのみ生息する．瀬戸内海では，東部の大阪湾・播磨灘・備讃瀬戸に比較的多く，安芸灘にも生息するが，その他の海域では稀である．有明海では，湾奥部全体に広く分布し，1975年前後には多産したが，近年は生息確認例が少ない．長崎県雲仙市国見町神代では1970年代には干潟に多産していたが，その後生息が見られなくなった．殻高55 mm．（山下博由）

ツキガイ科
イセシラガイ
Anodontia bialata (Pilsbry, 1895)

(a)愛知県名古屋市沖　伊勢湾　木村昭一撮影　(b)大分県東国東郡姫島村みつけ海岸　山下博由撮影

評価：絶滅危惧 IB 類
選定理由：個体数・個体群の減少，生息条件の悪化，特殊生息環境
分布：北海道南部〜九州，朝鮮半島，中国大陸，アンダマン海，インド．
生息環境・生態：内湾の中・低潮帯〜水深20 m の泥底・砂泥底，アマモ場などに生息する．
解説：かつては各地の内湾で普通に見られたようであるが，殻による確認例が多く，生息状況の知見に乏しい．近年も比較的多くの地域で幼貝の生息や新鮮な合弁が確認されているが，潮間帯付近に成貝が普通に生息するような場所は知られておらず，減少傾向が強いと考えられる．潮間帯ではアマモ場で生息が確認されることが多い．周防灘や有明海では，潮下帯泥底に成貝の生息がみられる．本種は他のツキガイ類同様に硫黄酸化細菌を鰓に共生させていると考えられる．ショウゴインツキガイよりも套線が内側に位置する．殻高60 mm．（山下博由）

ツキガイ科
ショウゴインツキガイ
Anodontia philippiana (Reeve, 1850)

西表島　2006年　久保弘文撮影

評価：準絶滅危惧
選定理由：個体数・個体群の減少
分布：沖縄島，八重山諸島，中国大陸南部，オーストラリア・紅海・東アフリカまでのインド・太平洋．
生息環境・生態：主に内湾最奥部マングローブに隣接する砂泥域や内湾奥部の潮間帯および潮下帯の泥底にやや深く埋在して生息する．鰓に硫黄酸化細菌を共生させ，化学的栄養態を有する．成貝では泥中50 cm 以上も深く埋在する．
解説：生息地が内湾奥部の個体群は，垂直分布幅も狭いため，環境撹乱を被りやすい．沖縄島南部では内湾奥部の環境改変が著しく，生息場所自体が消失している．沖縄島中部の泡瀬干潟では埋立により生息場所が大幅に減少した．しかし，八重山諸島では自然公園法やラムサール条約等で保護されており，比較的生息環境は安定している．西表島では豊富に生息している場所もあるが，地中深く埋在しているため，生息状況の把握は難しい．和名は大型化する根菜類の聖護院蕪に由来する．殻高80 mm．（久保弘文・山下博由）

ツキガイ科
シワツキガイ
Austriella corrugata (Deshayes, 1843)

西表島　2006年　久保弘文撮影

評価：準絶滅危惧
選定理由：分布域限定
分布：石垣島，西表島，中国大陸南部沿岸（海南島等），ベトナム．
生息環境・生態：マングローブ林内を中心に中潮線の泥砂底に生息する．
解説：国内では八重山諸島（石垣アンパル・西表島）からのみ記録され，垂直分布幅も狭いため，当該地域の個体群は重要と考えられる．ただ，両水域ともに自然公園法やラムサール条約等で一定程度保護されており，生息環境は比較的安定している．なお，一部のマングローブ林では道路工事等に伴う伐採や遊覧船の往来による波浪浸食があり，本種の生息に悪影響を及ぼしている可能性がある．殻長50mm．（久保弘文）

ツキガイ科
ウラキツキガイ
Codakia paytenorum (Iredale, 1937)

宮古島久松　1993年　久保弘文撮影

評価：絶滅危惧II類
選定理由：生息条件の悪化，個体数・個体群の減少，特殊生息環境
分布：奄美大島，沖縄島，先島諸島，中国大陸南部，インド・太平洋．
生息環境・生態：やや外洋に面した潮通しのよいアマモ場周辺の細砂〜細砂礫質干潟に生息するが，陸水の伏流が関与する場所に生息地が形成されるため，垂直分布が狭く，一般に低潮線以深では生息密度が低い．しかし宮古島では，海底湧水等の存在する場合，深場でも生息場所が形成され，ツキガイ類特有の特殊な栄養生態を有する可能性がある．
解説：聞き取りによると1980年代後半までは宮古島沿岸ではアカウッジナと称し，食用として毎月1トン以上の漁獲があり，重要な水産物であった．しかし，1990年代に沿岸域の大規模改変による干潟環境の悪化に伴って激減した．また沖縄島でも元々生息範囲が狭いため，沿岸域改変の影響で，個体数が大幅に減少している．殻長40mm．（久保弘文）

ツキガイ科
カゴガイ
Fimbria soverbii (Reeve, 1841)

沖縄県泡瀬干潟　2001年　久保弘文撮影

評価：絶滅危惧II類
選定理由：生息条件の悪化，個体数・個体群の減少，希少
分布：高知県土佐沖ノ島以南，南西諸島，インド・太平洋．
生息環境・生態：潮通しのよいアマモ場やその周辺〜沖合の水深60m付近までの清浄な細砂底，砂底に浅く埋在する．
解説：中城湾では沖縄市泡瀬のアマモ場に，1990年代前半まで極めて健全性の高い干潟が形成され，少なからず生貝が観察された．しかし，本所では2002年以降，大規模な海浜改変があり，一時期，多くの新鮮な死殻が認められた後，2011年現在，生貝はごく希にしか認められなくなった．元来，奄美・沖縄周辺ではサンゴ砂由来の極めて清浄な砂底域が多く存在していたが，近年，海浜改変による砂浜そのものの消失や赤土流入等による底質の泥化が進行している．さらに沖合域水深40〜60m付近までの細砂底でも海砂採取等による底質の撹乱があり，本種の生息環境は著しく悪化し，個体数が激減していると考えられる．殻長80mm．（久保弘文）

ザルガイ科
ヒシガイ
Fragum bannoi (Otsuka, 1937)

三重県英虞湾　木村昭一撮影

評価：絶滅危惧Ⅱ類
選定理由：個体数・個体群の減少，生息条件の悪化
分布：房総半島〜九州，奄美大島，台湾，タイ．
生息環境・生態：外洋水の影響を受ける内湾の砂質干潟〜水深10 m 程度の潮下帯まで生息．
解説：殻は四角形でよく膨れる．殻質は厚く，堅固．殻表は瘤状突起が並ぶ20本前後の放射肋で被われる．奄美大島以外の南西諸島には分布していない．瀬戸内海から九州西岸でも死殻が希に採集されるが，現在本種の生息が確認されている場所は非常に少ない．瀬戸内海西部の姫島（大分県）では1980年代までは比較的普通に生息が確認されていたが，現在では確認できない．多様な貝類が産することで著名な福岡県福津市福間町でも絶滅したと報告されている．古くから英虞湾は本種の生息地として知られているが，近年生息が確認されたのは1地点の非常に狭い範囲に限られ，個体数も非常に少ない．現在英虞湾が分布北限である可能性が高い．殻長10 mm．（木村昭一・山下博由）

ザルガイ科
オキナワヒシガイ
Fragum loochooanum Kira, 1959

沖縄県恩納村　2009年　久保弘文撮影

評価：準絶滅危惧
選定理由：生息条件の悪化，個体数・個体群の減少
分布：沖縄島，先島諸島，奄美大島，インド・太平洋．
生息環境・生態：潮通しのよい中潮線〜低潮線のアマモ場の砂・砂礫干潟に浅く埋在する．
解説：大型化するカワラガイ等と比べ小型種であり，小規模なアマモ場にも確認される．本種の比較的多く生息する名蔵湾アンパルや川平湾等ではラムサール条約および沖縄県漁業調整規則（保護水面）で一定の保護がなされている．沖縄島では近年の埋立等による干潟の消失で，かなりの個体群が減少した．なお，本種はヒシガイと比べて，放射助数が25本以上と多いのが特徴である．殻長10 mm．（久保弘文）

ザルガイ科
カワラガイ
Fragum unedo (Linnaeus, 1758)

石垣島　2002年　久保弘文撮影

評価：準絶滅危惧
選定理由：生息条件の悪化
分布：沖縄島，先島諸島，奄美大島，インド・太平洋．
生息環境・生態：潮通しのよい中潮線〜低潮線のアマモ場と隣接する砂・砂礫干潟に浅く埋在する．
解説：南西諸島のアマモ場干潟を代表する二枚貝で，ろ過食以外に外套膜内へ渦鞭毛藻を共生させ光合成産物を活用する特殊な栄養生態を持つため，垂直分布の幅が狭い．沖縄島では近年の海浜改変による干潟の消失で多くの個体群が減少した．しかし，先島諸島では比較的個体数は多く，石垣島（名蔵湾，川平湾）では沖縄県漁業調整規則（保護水面）で一定の保護がなされた海域がある．なお，本種は外套膜をT字型に伸展させて光合成を促す不思議な行動が見られる．殻長65 mm．（久保弘文）

ザルガイ科
ハートガイ
Lunulicardia hemicardium (Linnaeus, 1758)

沖縄県泡瀬干潟　1993年　久保弘文撮影

評価：絶滅危惧IB類
選定理由：個体数・個体群の減少，生息条件の悪化，分布域限定，希少
分布：奄美大島，沖縄島，フィリピン，オーストラリア北部．
生息環境・生態：潮通しのよい中潮線〜水深15m付近までのウミヒルモやマツバウミジグサ等短葉のアマモ場とそれに隣接する細砂底に浅く埋在する．
解説：主に沖縄島東海岸に生息するが，沖縄島西海岸や周辺離島にも少産する．1990年代前半までは，うるま市海中道路や沖縄市泡瀬の潮間帯では普通に産したが，現在，海中道路ではほぼ絶滅，泡瀬では埋立以降，個体数が激減した．現在，大浦湾や金武湾の水深7〜10m付近の細砂底で小型個体が観察できるが，かつて，上記の潮間帯で見られたような大型個体は少なく，個体密度も低い．先島諸島では記録がなく，奄美大島でも20年間で2個体しか確認されていない（水元巳喜雄氏，私信）．殻長25mm．（久保弘文）

ザルガイ科
イレズミザルガイ
Vasticardium rubicundum compunctum (Kira, 1959)

沖縄県名護湾　2001年　久保弘文撮影

評価：絶滅危惧II類
選定理由：生息条件の悪化，個体数・個体群の減少，分布域限定
分布：奄美大島，沖縄島，南太平洋．
生息環境・生態：潮通しのよいアマモ場周辺の低潮線〜水深10m付近までの砂地に浅く埋在する．
解説：本種は泥分の少なく清浄な底質に限定して生息することから，底質悪化には弱いと考えられる．沖縄島中南部では海岸改変等による潮流の滞留，赤土沈積や富栄養による環境悪化で，個体数が激減した．インド洋から東南アジア，中国大陸南部，海南島に分布するハナヤカザルガイ *V. rubicundum* (Reeve, 1844) と類似する．先島諸島では確認されておらず，国内分布域が奄美・沖縄に限られており，国外の分布記録も乏しく，動物地理学的にも重要である．殻長60mm．（久保弘文）

ニッコウガイ科
オガタザクラ (オガタザラ)
Aeretica tomlini (E. A. Smith, 1915)

沖縄県佐敷町新開　1986年　久保弘文撮影

評価：絶滅危惧IA類
選定理由：生息条件の悪化，個体数・個体群の減少，分布域限定
分布：和歌山県，高知県，沖縄島東海岸（大浦湾，中城湾），東南アジア，フィリピン．
生息環境・生態：リーフの発達の悪い河口域に隣接する潮間帯の細砂底に生息する．
解説：和歌山県・高知県では主に渚での貝殻打ち上げにより希に認められる程度で，まとまった個体群は南西諸島（沖縄島）で確認されている．1990年代前半まで沖縄島東海岸の大浦湾，与那原湾，中城湾に多産したが，現在，与那原湾では埋立によって消滅，中城湾では生息確認が極めて困難で，名護市大浦湾では近年まで健全な個体群が見られたが，2007年頃より個体数が激減した．垂直，水平ともに生息範囲の範囲が狭く，かつ清浄な底質を好むため，海浜や陸域改変による土砂の大量流入や底質の還元化により個体群が大幅に減少したと考えられる．殻長22mm．（久保弘文）

ニッコウガイ科
ホシヤマナミノコザラ
Cadella hoshiyamai Kuroda, 1960

沖縄県名護市　2001年　久保弘文撮影　SL8.7mm

評価：絶滅危惧II類
選定理由：生息条件の悪化，個体数・個体群の減少，分布域限定
分布：沖縄島，西表島（トゥドゥマリ浜：別名月が浜），中国大陸南部（海南島）．
生息環境・生態：非石灰岩性の細砂底の渚線付近～低潮線直下に生息する．
解説：沖縄島では1990年代までうるま市海中道路やうるま市照間海岸周辺に多産したが，現在は個体数が著しく減少した．また羽地外海にも健全な個体群があったが，2000年代前半から減少傾向にある．西表島では狭い範囲に生息地がある．糸満市北名城では大規模な埋立が行われたが，その前面に残存した狭い砂浜に生息地が残されている．原記載（図なし）は「膨らみ強く，殻頂がいっそう後方に位置する」とあり，殻の特徴から本種をホシヤマナミノコザラと同定した．なお，サンゴ礁の細砂底に多産する小型で，より膨らみの弱い種がナミノコザラである．殻長10 mm．（久保弘文）

ニッコウガイ科
リュウキュウクサビザラ（和名新称）
Cadella smithii (Lynge, 1909)

沖縄県名護市　1997年　久保弘文撮影　SL8.5mm

評価：絶滅危惧II類
選定理由：生息条件の悪化，個体数・個体群の減少，分布域限定
分布：沖縄島，西表島（トゥドゥマリ浜），中国大陸南部（海南島）．
生息環境・生態：主に非石灰岩性の細砂底（サンゴ礁由来の白砂ではなく，より比重が重い河川性の砂）の渚線～低潮線直下に生息する．
解説：クサビザラとはより殻高が高く，成長輪肋が強いことで区別される．沖縄島では1990年代までうるま市海中道路周辺では多産したが，現在は生息密度が著しく減少した．また羽地外海に比較的健全な個体群があるが，2000年代前半から減少傾向にある．一方，糸満市北名城では大規模な埋立工事が行われた場所であるが，その前面に残存した砂浜で狭い範囲に生息地が残されている．殻長8 mm．（久保弘文）

ニッコウガイ科
ヒラセザクラ
Clathrotellina carnicolor (Hanley, 1846)

(a)内湾型　沖縄県泡瀬干潟　2000年　(b)外洋型　沖縄県恩納村水深25 m　(c)生体　沖縄県糸満市　久保弘文撮影

評価：準絶滅危惧
選定理由：個体数・個体群の減少，生息条件の悪化
分布：紀伊半島以南，南西諸島，中国大陸南部，インド・太平洋．
生息環境・生態：南西諸島では内湾～やや外洋の潮通しのよいアマモ場とその周辺の潮間帯細砂底～サンゴ礁外縁部の水深40 m付近まで広く分布している．温帯域では，上部浅海帯のみで，潮間帯では見られず，元来，個体数は少ない．
解説：南西諸島では潮間帯とサンゴ礁外縁部の個体で大きさや貝殻形状で若干の個体差が認められ，前者（a）は大型化して類円形で，後者（b）では黄色みが強く，小型でやや横長となる．2000年頃までは泡瀬等のアマモ場で多産したが，現在，埋立による生息場所の消滅，アマモ類の枯死と底質の悪化で，個体数が激減している．殻長25 mm．（久保弘文）

ニッコウガイ科
モチヅキザラ
Cyclotellina remies (Linnaeus, 1758)

石垣島　1994年　久保弘文撮影

評価：絶滅危惧II類
選定理由：生息条件の悪化．特殊生息環境
分布：奄美大島，沖縄島，先島諸島，インド・太平洋．
生息環境・生態：本種は大型種でありながら，詳細な生息情報はがほとんどない．沖縄島では1990年代前半まで，石垣島では2000年代前半まで，大型台風後にリーフ内や河口域で生貝がしばしば発見された．おそらく，サンゴ礁の隙間や岩礁に隣接するアマモ場の岩礫間にはまり込んで生息していたものが洗い出されたと推測され，干潟周辺の岩盤の割れ目の砂泥環境に埋在していると考えられる．
解説：沖縄島の内湾域では岩礫質の干潟に死殻が時折存在するが，著しく風化したものが多く，これらが人為的に斃死したかどうかは不明である．いずれにしても，本来，高密度に生息していた種が，現在は生体がごく希にしか確認されない状況となっている．隠蔽された狭い間隙環境は陸土の過剰な堆積が悪影響を及ぼすと考えられ，結果的に埋在したまま死滅した可能性もある．殻長80mm．（久保弘文）

ニッコウガイ科
ミクニシボリザクラ
Loxoglypta compta (Gould, 1850)

石垣島川平湾　2002年　久保弘文撮影

評価：準絶滅危惧
選定理由：生息条件の悪化
分布：紀伊半島・宇和海以南，南西諸島，インド・太平洋．
生息環境・生態：内湾～やや外洋の潮通しのよいアマモ場やその周辺の細砂底に生息する．垂直的には低潮帯からサンゴ礁外縁部の水深5m付近まで見られる．
解説：奄美・沖縄周辺では埋立による生息場所の消失，赤土流入等による底質の悪化等で生息地が減少している．なお，類似種シボリザクラとの分類学的混乱があるので付記する．シボリザクラには本土型と南方型の2種があり，本報告では石川（2009）に従い，南方型をミクニシボリザクラと定義した．石川は，和名提唱は黒田（1963）であるが，最初に本土型，南方型に着目したのは波部忠重であり，その見解を尊重している．すなわちそれは，本土型と南方型を区別して，シボリザクラ：房総以南，ミクニシボリザクラ：奄美～沖縄と明記し，シボリザクラとして本土型の種を初めて図示したことに基づく（波部，1977）．殻長20mm．（久保弘文）

ニッコウガイ科
ハスメザクラ
Loxoglypta transculpta (Sowerby III, 1915)

沖縄県泡瀬干潟　1993年　久保弘文撮影

評価：準絶滅危惧
選定理由：生息条件の悪化，個体数・個体群の減少
分布：和歌山県以西の西日本太平洋岸，奄美大島，沖縄島，先島諸島，中国大陸南部，インド・太平洋．
生息環境・生態：内湾～やや外洋の潮通しのよいアマモ場の細砂底に生息する．垂直分布は潮間帯～水深5m付近まで広がるが，アマモ類のある場所に限られる．
解説：沖縄市泡瀬では2000年頃まで本種が多産する生息海域であったが，ジャングサマテガイやユキガイ等とともにより大規模埋立地周辺のアマモ場では個体数が激減した．また沖縄島南部では埋立により生息面積が大きく減少した．宮古島与那覇湾沖や西表島等のアマモ場では2000年代前半まで個体数は少なくなかったが，現在は減少傾向にある．殻長25mm．（久保弘文）

ニッコウガイ科
アマサギガイ
Macalia bruguieri (Hanley, 1844)

沖縄県北中城村　2007年　久保弘文撮影

評価：絶滅危惧Ⅱ類
選定理由：生息条件の悪化，個体数・個体群の減少，分布域限定
分布：奄美大島，沖縄島，中国大陸南部（福建省，海南島），フィリピン，インドネシア，オーストラリア北部．
生息環境・生態：内湾奥部の中潮線～低潮線直下の礫混じりの泥底に生息する．同所的に見られるリュウキュウシラトリやネコジタザラと比べ，生息範囲が内湾奥部に偏り，泥分より礫の方が多く混合した環境に限られる．
解説：埋在深度が深く，富栄養によって底質が著しく還元した場所では双殻状態の死殻が多数認められることがあり，埋在したまま死滅した個体も多いと考えられる．糸満・豊見城沿岸，中城湾等では埋立や海浜改変等でかなりの個体群が生息地ごと消失した．なお，水深1m以深の泥礫底では，掘削時の濁りで探索が困難で，底質が堅くドレッジ調査も難しいため，詳しい生息実態が把握できていない．殻長50mm．（久保弘文）

ニッコウガイ科
サビシラトリ
Macoma (*Macoma*) *contabulata* (Deshayes, 1855)

(a)三重県津市田中川河口　木村昭一撮影　(b)大分県杵築市灘手　山下博由撮影

評価：準絶滅危惧
選定理由：個体数・個体群の減少
分布：日本，ロシア日本海沿岸南部，朝鮮半島，中国大陸．
生息環境・生態：内湾，河口域の中・低潮帯～水深10mの泥底・砂泥底に生息する．
解説：日本では，北海道オホーツク海沿岸～九州に分布するが，暖温帯域・南西日本では生息地は少なく，北日本で多く見られる．河口干潟・河川汽水域・汽水湖など，低塩分の汽水環境に生息することが多い．水管は著しく長く伸張し，成貝では泥中に深く埋在する．東京湾江戸川放水路や伊勢湾藤前干潟のような都市部でも生息が確認されている．生息地は少なく分断されており，保全上の注意が必要である．殻長50mm．（山下博由）

ニッコウガイ科
モモイロサギガイ
Macoma (*Macoma*) *nobilis* (Hanley, 1844)

沖縄県那覇市　琉球大学風樹館所蔵　久保弘文撮影

評価：絶滅危惧ⅠB類
選定理由：生息条件の悪化，個体数・個体群の減少，分布域限定
分布：奄美大島，沖縄島，中国大陸南部（福建省，海南島等），フィリピン，南太平洋（ミクロネシア）．
生息環境・生態：マングローブ林や河口域に隣接する澪筋の中潮線～下部の軟泥底に生息するが，潮汐による海水の浸入と陸水が影響し合うような一定規模以上の河口域泥底に限って記録されている．
解説：国内の分布記録少なく，数カ所に留まる．いずれの生息域も比較的規模の大きな河口域で，河川改修による環境改変や都市化に伴う環境悪化が進み，個体群減少の可能性が高まっている．たとえば那覇市漫湖では1990年代以降，生きた個体の採取事例がなく，現在は死殻がわずかに認められるのみとなっている．奄美大島の生息地は非常に生息範囲が狭く，比較的まとまった個体群の存在する今帰仁村大井川でも生息範囲は狭い．殻長30mm．（久保弘文）

ニッコウガイ科
オオモモノハナ
Macoma (Macoma) praetexta (Martens, 1865)

(a) 愛知県知多半島沖　(b) 千葉県銚子市　(c) 神奈川県逗子海岸　木村昭一撮影

評価：準絶滅危惧
選定理由：個体数・個体群の減少，生息条件の悪化
分布：北海道南部～九州，朝鮮半島，中国大陸，台湾．
生息環境・生態：内湾～外洋の潮間帯～水深10 mの砂泥底に生息する．堆積物食．
解説：殻は楕円形で膨らみは非常に弱く扁平．後端は尖る．殻の色彩は薄紅色から白色まで変異がある．元々干潟には少なく，潮下帯に主な分布域があるが，多くの生息地，とくに内湾域で個体数が激減している．伊勢湾，三河湾では湾口部の外洋に面した潮下帯でも死殻ですらほとんど採集できない．現在，浜名湖では干潟で生きた個体が少数確認できるが，そのような場所は非常に少ない．銚子市，三浦半島，玄界灘沿岸では比較的多くの新鮮な死殻が打ち上げられるので，潮下帯に健全な個体群が残されていると思われる．殻長40 mm．（木村昭一）

ニッコウガイ科
タカホコシラトリ
Macoma (Macoma) takahokoensis G. Yamamoto & Habe, 1959

北海道中川郡豊頃町湧洞沼　2002年　福田宏撮影

評価：絶滅危惧IB類
選定理由：個体数・個体群の減少，生息条件の悪化，希少
分布：北海道北部のオホーツク海沿岸と東部の太平洋岸，下北半島（尾駮沼，鷹架沼，小川原湖），朝鮮半島．
生息環境・生態：海岸低地に形成され海と連絡のある汽水湖において，満潮時も水深の浅い平坦な砂泥質干潟に潜る．ヌマコダキガイとともに見られることが多い．
解説：従来はタイプ産地の鷹架沼および近隣の尾駮沼からのみ知られていたが，両地では淡水化や湖岸の環境変化によって個体群が壊滅した．現在の本州では唯一，小川原湖周辺の狭い範囲にのみ少数からなる個体群が残されており，これは本種の分布南限でもある．一方北海道では枝幸郡浜頓別町クッチャロ湖，紋別市コムケ湖，中川郡豊頃町湧洞沼・長節湖等に今もまとまった個体数が見られるが，産地は局所的で，相互に距離が離れている．今のところ河口からは明確な産出記録がなく，生息可能な場所は広く浅い汽水湖に限られる可能性がある．殻長15 mm．（福田 宏）

ニッコウガイ科
サギガイ
Macoma (Rexithaerus) sectior (Oyama, 1950)

(a) 愛知県知多半島沖　(b) 神奈川県逗子海岸　木村昭一撮影

評価：準絶滅危惧
選定理由：個体数・個体群の減少，生息条件の悪化
分布：サハリン，北海道～九州，朝鮮半島，中国大陸．
生息環境・生態：内湾～外洋の潮間帯～水深10 m程度の砂泥底に生息．堆積物食．
解説：殻は楕円形で膨らみは非常に弱く扁平．後背縁は張り出すが尖らない．殻は白色で光沢があり平滑，色彩の変異はない．元々干潟には個体数が少なく，潮下帯に主な分布域がある．1960年代には伊勢湾，瀬戸内海で多産し，海岸に大量の両殻そろいの新鮮な貝殻が打ち上げられていたが，現在そのような場所は皆無である．外洋に面した日本海南西部でも減少が著しい．現在，三浦半島沿岸や浜名湖のように生息が継続的に確認される場所はむしろ珍しい．本種の生息環境は，分布域全体で急速に悪化していると考えられる．殻長40 mm．（木村昭一・福田 宏）

軟体動物・二枚貝類　123

ニッコウガイ科
チガイザクラ
Macoma (*Scissulina*) *dispar* (Conrad, 1837)

石垣島川平湾　2004年　久保弘文撮影

評価：絶滅危惧Ⅱ類
選定理由：生息条件の悪化，個体数・個体群の減少，分布域限定
分布：先島諸島，ハワイ，オーストラリア．
生息環境・生態：潮通しのよいアマモ場の細砂底〜砂礫底に生息する．
解説：国内では先島諸島のみで記録されており，潮通しのよいアマモ場の細砂底〜砂礫底に生息する．川平湾奥部では2000年頃までは少なからず生息していたが，2009〜2011年の調査では個体数が非常に減少していた．本種は海底の堆積物を水管で吸い取って食べる摂餌特性から，赤土微粒子など無機質なシルトの海底への堆積は摂食上の悪影響が大きいと推測される．和名の「チガイ」は殻上の彫刻が左殻と右殻で異なること（違い）を意味している．殻長25 mm．（久保弘文）

ニッコウガイ科
ヒワズウネイチョウ（和名新称）
Merisca perplexa (Hanley, 1844)

(a) 沖縄県羽地内海1998年　(b) *M. monomera* ウネイチョウシラトリ　久保弘文撮影

評価：絶滅危惧Ⅱ類
選定理由：生息条件の悪化，個体数・個体群の減少
分布：奄美大島，沖縄島，先島諸島，インド・太平洋．
生息環境・生態：内湾域の低潮線〜水深10 mの細砂泥底〜細砂底に生息し，ウミヒルモ類が伴われる場所に多い．
解説：かつては羽地内海，塩屋湾等沖縄島北部の内湾域に少なからず生息していた．しかし，当海域では1990年代後半に，富栄養化でアナアオサが大発生し，干潟を被覆して酸欠となり，その結果，多くの死滅個体が認められた．また中城湾，糸満市沿岸等では埋立，海岸改変等により，かなりの生息場所が消失した．なお，金武湾，中城湾では水深10 m付近のウミヒルモ帯から得られている．なお，本種はこれまで和名の混乱があって，ウネイチョウシラトリは *Merisca monomera* Habe, 1961（b）にあたり，本種には新和名が必要となる．本種は *monomera* より薄質で扁平，後背縁の畝が弱い．繊弱畝銀杏．殻長30 mm．（久保弘文）

ニッコウガイ科
トガリユウシオガイ
Moerella culter (Hanley, 1844)

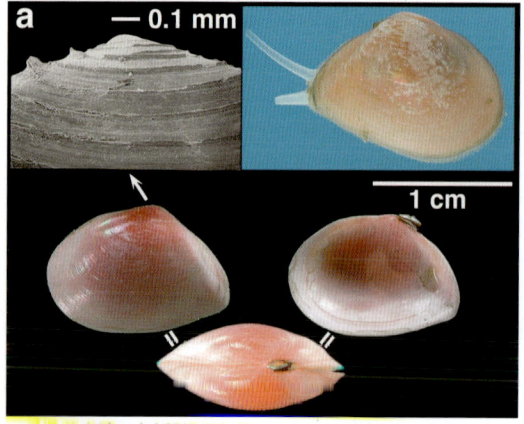

三重県英虞湾　(a) 殻頂部拡大　木村昭一撮影

評価：準絶滅危惧
選定理由：個体数・個体群の減少，生息条件の悪化
分布：紀伊半島〜南西諸島，中国大陸，インド・太平洋．
生息環境・生態：外洋水の影響を受ける内湾の泥質干潟〜水深約10 mの潮下帯まで生息．堆積物食．
解説：ユウシオガイと近似しているが，殻はやや小型で膨らみが強く，色彩が橙色系だけであること，殻頂部（a）の成長脈が粗く強いことなどから識別される．和名が提唱されたのは西表島産の標本に基づくが，近年南西諸島だけでなく本州，四国の太平洋に面する内湾，九州西部にも分布していることが明らかになった．日本海側（京都府宮津湾，福岡県玄界灘，佐賀県唐津湾）にも分布している．ユウシオガイと同所的に分布する場合，本種の方が低い場所に生息する．現在，英虞湾をはじめ生息地では比較的個体数が多いが，生息地点数は多くない．内湾域の干潟から潮下帯は埋立等で生息環境が急速に悪化していて，本種の生息範囲も著しく狭められていると考えられる．殻長10 mm．（木村昭一・山下博由）

MOLLUSCA—Bivalvia

ニッコウガイ科
テリザクラ
Moerella iridescens (Benson, 1842)

大分県中津市大新田　(上)山下博由撮影　(下)和田太一撮影

評価：絶滅危惧II類
選定理由：個体数・個体群の減少，生息条件の悪化，分布域限定
分布：日本，朝鮮半島，中国大陸，東南アジア，オーストラリア北部．
生息環境・生態：内湾奥部の中・低潮帯の泥底に生息する．
解説：日本では，陸中海岸以南，瀬戸内海，九州に分布する．東京湾では古い堆積物中に殻が確認される他，近年もわずかに生息情報がある．現在の主な生息地は西日本で，岡山県倉敷市，周防灘，唐津湾，有明海，八代海，天草市羊角湾などに分布する．有明海奥部の個体群は殻が大型になる．近縁のユウシオガイに比べると，生息地はかなり少ない．岸近くの泥底に生息することが多く，護岸・埋立の影響を受けやすいため，保全上の注意が必要である．殻長20 mm．（山下博由）

ニッコウガイ科
モモノハナ (エドザクラ)
Moerella jedoensis (Lischke, 1872)

(a)静岡県浜名湖　(b)千葉県銚子市　(c)神奈川県逗子海岸
木村昭一撮影

評価：準絶滅危惧
選定理由：個体数・個体群の減少，生息条件の悪化
分布：三陸沿岸・男鹿半島～九州，朝鮮半島，中国大陸．
生息環境・生態：内湾～外洋の潮間帯～水深10 mの砂泥底に生息する．堆積物食．
解説：殻は亜三角形で膨らみは弱い．干潟には少なく，潮下帯に主な分布域があるが，多くの生息地，とくに内湾域で個体数が激減している．現在，浜名湖では干潟で生きた個体が少数確認できるが，そのような場所は非常に少ない．銚子市，三浦半島では比較的多くの新鮮な死殻が打ち上げられるので，潮下帯に健全な個体群が残されていると思われる．各地の内湾から外洋にかけての広い範囲で貝殻が打ち上げられていたが，現在では打ち上げられる海岸がとくに内湾域で激減し，明らかに生息域，個体数とも減少している．殻長20 mm．（木村昭一）

ニッコウガイ科
リュウキュウザクラ
Moerella philippinensis (Hanley, 1844)

沖縄県名護市　1998年　久保弘文撮影

評価：準絶滅危惧
選定理由：生息条件の悪化，個体数・個体群の減少
分布：南西諸島（内湾域），中国大陸，インド・太平洋．
生息環境・生態：やや泥分の少ない内湾および河口域の低潮線の細砂泥底～細砂底に生息する．
解説：奄美・沖縄島では生息範囲が狭いが，石垣・西表ではマングローブに隣接する河口域に多産地もある．奄美大島の住用川マングローブ域は本種の分布の北限であり，奄美群島国定公園に指定され，一定の保護がなされているが，甚大な被害の出た奄美豪雨（2010年）により，河口域が急激な塩分濃度の低下に見舞われ，個体群の存続が危惧されている．本種はトガリユウシオガイより泥分の少ない内湾環境に生息し，陸土の大量流入による河口域の泥化の著しい沖縄島北部では個体数がかなり減少している．殻長22 mm．（久保弘文）

ニッコウガイ科
ユウシオガイ
Moerella rutila (Dunker, 1860)

愛知県三河湾　(a)殻頂部拡大　木村昭一撮影

評価：準絶滅危惧
選定理由：個体数・個体群の減少，生息条件の悪化
分布：陸奥湾〜九州，朝鮮半島，中国大陸，台湾．
生息環境・生態：内湾の最奥部の泥質干潟の中潮帯付近に生息する．堆積物食．
解説：トガリユウシオガイと近似するが，殻の色彩には白・黄・橙色の3型があること，やや大型，扁平であること，殻頂部（a）の成長脈は弱く，密であることなどから識別される．トガリユウシオガイと同所的に分布する場所では，本種の方が高い位置に分布が偏る．トガリユウシオガイは潮下帯にも分布域があるが，本種は潮下帯ではほとんど見られない．東京湾，相模湾ではほとんど絶滅に近い状況である．浜名湖，三河湾，伊勢湾，瀬戸内海等の湾奥部の干潟には健全な個体群が残っている．干潟という生息環境自体が護岸工事や埋立等で減少しているので，本種の生息地，個体数とも減少したと考えられる．本種はとくに内湾奥部に生息域があるため，人為的な改変の影響を受けやすい．殻長20 mm．（木村昭一）

ニッコウガイ科
サクラガイ
Nitidotellina hokkaidoensis (Habe, 1961)

(a)愛知県三河湾　(b, c)神奈川県逗子海岸　木村昭一撮影

評価：準絶滅危惧
選定理由：個体数・個体群の減少，生息条件の悪化
分布：北海道南部〜九州，朝鮮半島，中国大陸．
生息環境・生態：内湾の潮間帯〜水深10 mの砂泥底に生息する．堆積物食．
解説：殻は長い卵形，膨らみは非常に弱く扁平．殻の色彩は桃色で変異は少ないが，稀に白色（c）の個体も出現する．ニッコウガイ科の貝類としては一般によく知られた種で，かつては各地の内湾奥部から湾口部にかけての広い範囲で大量の貝殻が打ち上げられたが，現在では打ち上げられる海岸も激減し，明らかに生息地，個体数とも減少している．本種は潮下帯のアマモ場周辺の砂泥底に主な生息域があり，潮間帯では個体数は多くない．浜名湖のように現在も干潟で健全な個体群が確認される場所は非常に少なくなっている．本種の生息環境は，分布域全体で急速に悪化していると考えられる．殻長20 mm．（木村昭一）

ニッコウガイ科
ウズザクラ
Nitidotellina minuta (Lischke, 1872)

愛知県三河湾　木村昭一撮影

評価：準絶滅危惧
選定理由：個体数・個体群の減少，生息条件の悪化
分布：北海道南部〜九州，朝鮮半島，中国大陸．
生息環境・生態：内湾の潮間帯〜潮下帯の砂泥底に生息する．堆積物食．
解説：本種は近年の分子生物学手法による解析から複数種が含まれている可能性が示唆されている．殻は小型で，前後に細長い卵形，膨らみは弱い．殻表は光沢があり，やや強い輪肋があるが，その間隔や強さは不規則．殻頂から後端にかけて薄紅色の色帯を持つ個体が多い．本種は潮下帯のアマモ場周辺の砂泥底に主な生息域があり，干潟では生息地は多くない．潮通しのよいアマモ場周辺の砂泥質干潟では，健全な個体群が残されており，個体数も多い．しかし，内湾域の干潟から潮下帯は埋立等で生息環境が急速に悪化していて，本種の生息範囲も著しく狭められていると考えられる．殻長10 mm．（木村昭一）

ニッコウガイ科
ダイミョウガイ
Pharaonella perna (Spengler, 1798)

石垣島　2004年　久保弘文撮影

評価：準絶滅危惧
選定理由：生息条件の悪化
分布：駿河湾以西の西日本，奄美大島，沖縄島，先島諸島，中国大陸南部，インド・太平洋．
生息環境・生態：内湾〜やや外洋の潮通しのよいアマモ場とその周辺の細砂底〜砂底に生息する．
解説：国内分布の中心は種子島以南の南西諸島である．ニッコウガイと並んで，ニッコウガイ科の南西諸島における代表的大型種である．1990年代以前には沖縄島中南部でも普通に見られたが，多くの生息地が海岸改変により消失した．一方，先島諸島や沖縄島北部では，潮間帯〜水深10 m付近まで生息し，比較的垂直分布の幅が広く，現在も少なからず生息しており，他のニッコウガイ科諸種と比較して，絶滅リスクはやや低いと考えられる．しかし，現在，底質の泥化や還元化した場所ではほとんど死殻しか見られないため，今後，広範囲に渡る生息の動向を観察する必要がある．殻長80 mm．（久保弘文）

ニッコウガイ科
トンガリベニガイ
Pharaonella rostrata (Linnaeus, 1758)

沖縄県名護湾　1993年　久保弘文撮影

評価：絶滅危惧II類
選定理由：個体数・個体群の減少，生息条件の悪化
分布：南西諸島，中国大陸南部沿岸，インド・太平洋，オーストラリア．
生息環境・生態：内湾の低潮線〜水深30 mの細砂底に生息する．垂直分布が広く，分布域が比較的広域である．しかしながら，本種はダイミョウガイと比べると均質な細砂底のみを好み，分布域は限定的である．
解説：1980年代後半〜1990年代前半までは金武湾奥部や中城湾奥部の極めて狭い範囲の調査でも，0.5 m間口の小型ドレッジで複数個体の生貝が複数回入網したことがある．しかし，近年，泥化や航路浚渫等で上部浅海域の環境が悪化して，個体数・個体群の減少が著しい．中城湾，糸満市沿岸等では埋立により，一部の生息場所が消失している．なお，ニッコウガイ類は堆積物の吸引という特殊な摂食生態から，とくに赤土微粒子の沈積に弱いと考えられる．殻長70 mm．（久保弘文）

ニッコウガイ科
ベニガイ
Pharaonella sieboldii (Deshayes, 1855)

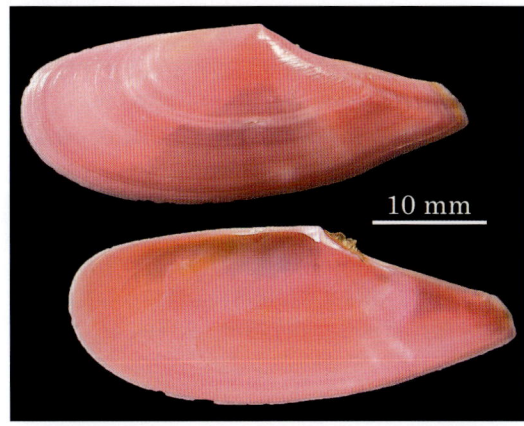

佐賀県唐津市相賀　2007年　阪本登採集　山下博由撮影

評価：準絶滅危惧
選定理由：個体数・個体群の減少，生息条件の悪化
分布：北海道南部〜九州，種子島，朝鮮半島．
生息環境・生態：開放的な湾および外洋の低潮帯〜水深20 mの砂底に生息する．干潟にも希に生息するが，主にやや外洋的な砂浜の浅海域に生息する．
解説：本種はかつて，各地の砂浜で普通に見られる種であったが，1980年代以降各地で激減した．相模湾，三河湾，伊勢湾，福岡県津屋崎〜福間海岸，熊本県天草などでは，顕著に減少した．大分県姫島村南浜では，離岸堤の建設によって，潮通しが悪くなり底質が還元化して，ヒシガイとともに消滅した．新潟県から島根県にかけての日本海側には現在も生息地が多く，石川県増穂浦など豊富な生息が見られる場所もある．汚染の少ない外洋の砂浜・浅海域に生息地が残っている．ベニガイ属 *Pharaonella* の北限分布種・温帯性種であり，日本周辺の固有種であることからも，保全上の重要性が高い．殻長65 mm．（山下博由・木村昭一）

ニッコウガイ科
ウラキヒメザラ
Pinguitellina robusta (Hanley, 1844)

石垣島川平湾　2002年　久保弘文撮影

評価：準絶滅危惧
選定理由：生息条件の悪化，個体数・個体群の減少
分布：先島諸島，中国大陸南部，インド・太平洋．
生息環境・生態：水路沿いなど潮通しのよいサンゴ礁に隣接する砂礫干潟の粗砂底に生息する．
解説：国内では先島諸島のみで記録されている．川平湾では1990年代後半までは普通に生息していたが，2000年代に入ってシルトの堆積が著しくなり，個体数が非常に減少した．本種は海底の堆積物を水管で吸い取って食べる摂餌特性から，赤土微粒子など無機質なシルトの堆積は摂食上の悪影響が推測される．なお，殻形態における特徴は貝殻内面が黄色に染まる以外に殻質が厚く，陶器質で，後端がやや吻状に突出する特徴がある．殻長15 mm．（久保弘文）

ニッコウガイ科
オオトゲウネガイ
Quadrans gargadia (Linnaeus, 1758)

石垣島川平湾　2004年　久保弘文撮影

評価：絶滅危惧Ⅱ類
選定理由：生息条件の悪化，個体数・個体群の減少，分布域限定，希少
分布：先島諸島，フィリピン，タイ，オーストラリア．
生息環境・生態：潮通しのよいアマモ場の細砂底〜砂礫底に生息する．
解説：国内では先島諸島のみで記録されており，潮通しのよいアマモ場の細砂底〜砂礫底に生息する．与那覇湾では1995年頃まで，川平湾では2000年頃までは普通に生息していたが，現在は非常に個体数が減少している．本種は海底の堆積物を水管で吸い取って食べ，同属中では特別に大型となる種であることから，栄養要求も大きいと考えられる．よって，減少要因の1つとしては赤土流入等による底質の無機質化が考えられる．殻長40 mm．（久保弘文）

ニッコウガイ科
ヌノメイチョウシラトリ
Serratina capsoides (Lamarck, 1818)

西表島与那田川河口　2006年　山下博由撮影

評価：準絶滅危惧
選定理由：個体数・個体群の減少，生息条件の悪化
分布：奄美大島および中国大陸南部以南，インド・太平洋．
生息環境・生態：内湾干潟，マングローブ域の中・低潮帯の泥底，砂泥底に生息する．
解説：近年，DNAの検討によって，イチョウシラトリとは別種であることが明らかになった（氏野・松隈，2011）．イチョウシラトリよりも輪肋が弱く，放射条が明瞭で，殻表は布目状になる．日本では，南西諸島の奄美大島，加計呂間島，沖縄島，久米島，宮古島，石垣島，西表島に分布する．分布はやや広いが，生息地は局所的で分断されている傾向にあり，生息面積も狭い場合が多い．奄美大島，沖縄島の生息地は，護岸・埋立によって，消滅または消滅の危機にさらされている場所が多い．殻長45 mm．（山下博由・久保弘文）

ニッコウガイ科
イチョウシラトリ
Serratina diaphana (Deshayes, 1856)

(a) 三重県英虞湾　(b) 佐賀県鹿島市　木村昭一撮影

評価：絶滅危惧 IB 類
選定理由：個体数・個体群の減少，生息条件の悪化，分布域限定
分布：日本，朝鮮半島，中国大陸．
生息環境・生態：内湾干潟の中潮帯泥底に生息する．
解説：日本では，北海道以南から記録があるが，過去50年以内の確実な生息地の北限は相模湾である．相模湾では宮田湾，江奈湾に生息していたが1960～70年代に消滅した（池田ほか，2001）．現在の主な生息地は，三重県英虞湾，瀬戸内海（兵庫県，安芸灘，周防灘，伊予灘），宮崎県，福岡県今津湾，伊万里湾，有明海，熊本県天草，八代海などである．三河湾，伊勢湾，岡山県，愛媛県などでは消滅した可能性が高い．本種はハイガイと同様に，泥干潟の自然消滅や埋立によって，生息地が減少していると考えられる．個体群の多くは孤立しており，個体数も少ない場合が多い．韓国での観察例では，サキグロタマツメタは本種の強力な捕食者である．殻長45 mm.
（山下博由・木村昭一）

ニッコウガイ科
ヒノデガイの一種
Tellinella crucigera (Lamarck, 1818)

沖縄県糸満市　1993年　久保弘文撮影

評価：準絶滅危惧
選定理由：生息条件の悪化，個体数・個体群の減少，希少
分布：奄美大島，沖縄島，先島諸島，　インド・太平洋．
生息環境・生態：潮通しの非常によい内湾～やや外洋のアマモ場とその周辺の粗砂底に生息する．いずれの生息地でも個体数が少なく，垂直・水平ともに，生息範囲が狭い．
解説：かつては沖縄島中南部にも少なくなかったが，現在ほとんど認められず，北部でも水質のよい海域にのみ生息する．なお，ヒノデガイとよばれる貝類には2種あり，もう1種はやや沖合の細砂底に棲む大型種で，*T. rastellum* (Hanley, 1844) である．奄美・沖縄両貝類目録を著した黒田徳米博士の標本に準拠すれば，本種がヒノデガイとされているが，和名出典の図（平瀬，1941）を根拠とすれば，沖合の大型種にあたるようで，和名の混乱がある．さらに，サラサヒノデガイという和名を本種に使う例もあるが，この和名も出典（鹿間，1964）からは沖合の種にあたり，本種は和名を失う可能性が高い．殻長40 mm.（久保弘文）

ニッコウガイ科
ニッコウガイ
Tellinella virgata (Linnaeus, 1758)

沖縄県泡瀬干潟　1993年　久保弘文撮影

評価：絶滅危惧 IB 類
選定理由：個体数・個体群の減少，生息条件の悪化
分布：奄美大島，沖縄島，先島諸島，中国大陸南部，インド・太平洋．
生息環境・生態：内湾～やや外洋の潮通しのよいアマモ場・潮間帯の細砂底～砂底に生息する．垂直分布が狭く，おおむね生息深度が低潮線直下までに限られる．
解説：ニッコウガイ科の代表的大型種で1990年代以前には南西諸島周辺に多産した．しかし，現在は底質の泥化や還元化した場所ではほとんど死殻しか見られない．本種は均質な細砂質の底質を好み，一定程度の面積を持つ規模の大きな干潟にしか生息しないことから，埋立や赤土流入による底質悪化の進行した現状では南西諸島のほとんどの生息環境が悪化しているといってよい．なお，過去に沖縄周辺に多産した一例として，台風後にニッコウガイの貝殻が大量に打ち上がった事例が1983年に報告されているが，近年はそのようなことはまったくない．殻長70 mm.（久保弘文）

ニッコウガイ科
ヒラザクラ
Tellinides ovalis Sowerby I, 1825

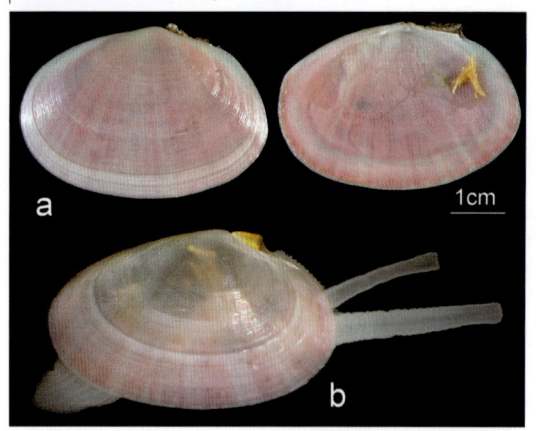

(a)沖縄県泡瀬干潟　1993年　(b)沖縄県糸満市　久保弘文撮影

評価：準絶滅危惧
選定理由：個体数・個体群の減少，生息条件の悪化
分布：房総半島以南の太平洋岸，能登半島以西の日本海，南西諸島，中国大陸南部，インド・太平洋．
生息環境・生態：温帯域では上部浅海帯に生息し，南西諸島周辺では内湾～やや外洋の潮通しのよいアマモ場とその周辺の潮間帯～水深20 m付近の細砂底に生息する．
解説：本土産と南西諸島産との間で殻色や生息生態等が若干異なり，とくに南西諸島の個体はオレンジ色が強く，ヒカンザクラとよばれ，遺伝子解析等の検討が望まれる．沖縄島周辺では海浜改変による砂浜の消失，陸土流入等による底質の悪化で，潮間帯を中心に生息地が激減した．上部浅海帯においても泥化や航路浚渫等で生息環境が悪化しており，中城湾，糸満市沿岸等では海浜改変により，一部の生息場所が消失した．日本本土では生貝の報告例はほとんどなく，多くは殻の打ち上げ採集で記録されている．殻長40 mm．（久保弘文）

ニッコウガイ科
ヘラサギガイ
Tellinides timorensis Lamarck, 1818

沖縄市与儀　1993年　久保弘文撮影

評価：絶滅危惧Ⅱ類
選定理由：生息条件の悪化，個体数・個体群の減少
分布：奄美大島，沖縄島，石垣島，西表島，中国大陸南部，フィリピン．
生息環境・生態：マングローブ林や河口域に隣接する澪筋等の細砂底～泥砂底に生息する．垂直分布の中心が中潮線付近にあり，ニッコウガイ科の中で最も陸に近い生息域を持つ種の1つである．
解説：生息場所が陸域に近く，底質上の堆積物を吸い取って摂食するため，無機質の赤土微粒子の大量堆積で，生存に対する悪影響を大きく被りやすい．沖縄島中南部では1990年代前半まで豊産したことがあったが，現在は著しく減少した．沖縄島北部では羽地内海に比較的健全な個体群が残っており，自然度の高い西表島の干潟奥部には少ないながら現在も多産地がある．殻長50 mm．（久保弘文）

フジノハナガイ科
フジノハナガイ
Chion semigranosus（Dunker, 1877）

三重県伊勢湾　木村昭一撮影

評価：準絶滅危惧
選定理由：個体数・個体群の減少，生息条件の悪化
分布：房総半島～九州，中国大陸，タイ．
生息環境・生態：内湾～外洋の高潮帯の砂底に生息する．潮汐の干満に連動した垂直移動をする貝類として有名．
解説：殻は亜三角形で殻質は厚い．殻表は光沢があり，色彩は白色，淡黄白色，淡褐色，薄紫色などの変異がある．殻の内面は藤色に彩られる個体が多い．外洋に生息するイメージが強いが，本来は内湾域にも広く分布していた種．1980年代後半に伊勢湾などの内湾域で個体数が激減し，まったく生息の確認できなくなった場所も多い．現在若干の回復傾向が認められるが，かつての状態までには回復していない．三浦半島沿岸や玄界灘沿岸の外洋に開けた内湾域では安定した個体群が確認されている．内湾域の干潟から潮下帯は埋立等で生息環境が急速に悪化していて，とくに内湾域では明らかに生息地，個体数ともに著しく減少している．殻長20 mm．（木村昭一）

フジノハナガイ科
ナミノコ
Donax（*Latona*）*cuneatus* Linnaeus, 1758

（左）神奈川県藤沢市片瀬西浜　2010年　山下博由撮影　（右）福岡県福津市勝浦　2010年　吉崎和美撮影

評価：準絶滅危惧
選定理由：個体数・個体群の減少，生息条件の悪化
分布：房総・男鹿半島～南西諸島，インド・太平洋．
生息環境・生態：開放的な湾や外洋の砂浜の中・低潮帯の波打ち際に生息し，潮汐・波とともに移動する．
解説：太平洋側では，千葉県銚子以南から記録があり，現在は東京湾内房で生息が確認されているほか，相模湾ではやや増加傾向にある．本州日本海側では，男鹿半島や能登半島周辺，山口県などから記録があるが，現状はよく把握されていない．九州沿岸では，生息個体数の少ない場所が多いが，福岡県津屋崎・福間海岸，鹿児島県吹上浜，宮崎県日向灘などでは多産する．熊本県天草では減少傾向が顕著である．琉球列島では，奄美大島，徳之島，沖縄島，伊良部島，西表島に分布するが，生息地は10カ所程度で局所的であり，個体数も少ない場合が多い．砂浜の埋立や汚染によって，局所的に個体群が減少している．底質の粒度は，本種の生息分布の重要な条件である．殻長25 mm．（山下博由・久保弘文）

フジノハナガイ科
リュウキュウナミノコ
Donax（*Latona*）*faba* Gmelin, 1791

石垣島　2004年　久保弘文撮影

評価：準絶滅危惧
選定理由：生息条件の悪化，個体数・個体群の減少
分布：奄美大島，沖縄島，先島諸島，インド・太平洋．
生息環境・生態：やや外洋に面した潮通しのよい粗砂・サンゴ砂からなる砂浜の中潮線付近に生息する．
解説：元来，奄美・沖縄周辺ではサンゴ砂由来の清浄な砂浜が至る所に存在し，そのような場所が本種の生息場所であった．しかし，1980年頃から，海浜改変による砂浜そのものの消失，陸土流入等による底質の泥化が進行し，現在は生息確認が困難な場所も少なくない．チドリマスオ科のイソハマグリと同所に生息するが，底質選択の幅は狭いとされる．ともに沖縄地域では味噌汁の具材として，食用にされることがあるが，本種はイソハマグリほど乱獲により減少するほどの漁獲圧はかかっていないと考えられる．殻長22 mm．（久保弘文）

フジノハナガイ科
キュウシュウナミノコ
Donax（*Tentidonax*）*kiusiuensis* Pilsbry, 1901

福岡県福津市福間海水浴場　2002年　福田宏撮影

評価：準絶滅危惧
選定理由：個体数・個体群の減少，生息条件の悪化
分布：北海道南部～南西諸島，中国大陸，台湾．
生息環境・生態：内湾湾口部または外洋に面した細砂底．主として潮下帯上部に産するが，潮間帯の汀線付近にもナミノコやフジノハナガイとともに見られる．
解説：九州以北ではナミノコやフジノハナガイに比べて産地が少なく，それら2種が見られる場所でも本種は欠けていることが多い．また沖縄島では北～中部に産地が限定され，かつては金武湾や中城湾に局所的に個体群が存在していたが，河川改修等による陸地からの赤土・汚水の流入のために近年激減し，現在は名護市東岸のみから知られる．殻長8 mm．（福田 宏・久保弘文）

軟体動物・二枚貝類

シオサザナミ科
ウスムラサキアシガイ
Gari (*Gari*) *lessoni* (Blainville, 1826)

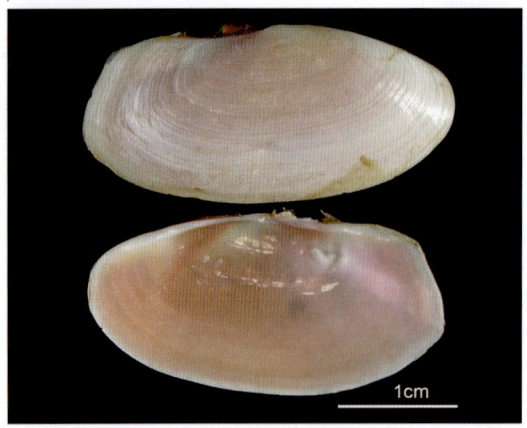

沖縄県羽地内海　1996年　久保弘文撮影

評価：絶滅危惧Ⅱ類
選定理由：生息条件の悪化，個体数・個体群の減少，希少
分布：南西諸島（内湾域），中国大陸，インド・太平洋．
生息環境・生態：河口域に隣接する澪筋の低潮線～水深8 mの泥砂底～泥礫底に生息する．
解説：羽地内海，塩屋湾等沖縄島北部の内湾域では潮通しのよい細砂泥底に少なからず生息していたが，1990年代後半に，富栄養に伴うアナアオサの大発生で，底質が還元化し，大量斃死が見られた．なお，金武湾では上部浅海帯から得られているが，奄美大島でもすべての記録が低潮線で確認されており，分布の中心は低潮帯と考えられる．本来の個体密度が低く，内湾性であることから，埋立や底質の悪化等による環境撹乱で個体群が著しく減少している．殻長32 mm．（久保弘文）

シオサザナミ科
アシガイ
Gari (*Gari*) *maculosa* (Lamarck, 1818)

広島県三原市細ノ洲　2004年　福田宏撮影

評価：準絶滅危惧
選定理由：個体数・個体群の減少，生息条件の悪化，希少，特殊生息環境
分布：房総半島・北長門海岸～南西諸島，中国大陸，フィリピン，南アフリカ，北オーストラリア，熱帯インド・太平洋．
生息環境・生態：潮通しのよい内湾の礫地に隣接した砂質干潟低潮帯～潮下帯．同所的にハボウキ等が見られる．
解説：外洋の潮下帯に産する種というイメージが強いが，実際には海峡部近くの小規模な内湾に生じた砂質干潟で生貝が見られることが多い．たとえば広島県因島・細ノ洲，山口県上関町長島，熊本県天草等，島嶼間で潮流の流れが速く海水の透明度も高い環境においては，潮間帯に礫干潟が形成されてゴマツボ等が見られるような場所に隣接する砂底に個体群が形成される．単に砂干潟というだけでは生息できず，細かい立地条件も必要なだけに生息可能範囲は元々狭く，とくに潮間帯の個体群は近年強い減少傾向にあると考えられる．殻長60 mm．（福田　宏）

シオサザナミ科
ハスメヨシガイ
Gari (*Gari*) *squamosa* (Lamarck, 1818)

沖縄県名護湾　1992年　久保弘文撮影

評価：準絶滅危惧
選定理由：生息条件の悪化，個体数・個体群の減少，希少
分布：和歌山県以南，九州南部，南西諸島，インド・太平洋．
生息環境・生態：潮通しのよいアマモ場およびその周辺の細砂底～外洋に面した水深30 m付近までの細砂底に生息する．
解説：サンゴ砂由来の清浄な砂質干潟に生息することが多く，海岸改変による砂浜そのものの消失，陸土流入等による底質の泥化により，生息地，個体数が減少している．さらに海砂採取等による細砂底の底質撹乱も，本種の生息環境を悪化させている可能性がある．なお，近似種サカライマスオ *Gari* (*Gari*) *pulcherrima* (Deshayes, 1855) はより生息深度が深く，泥質の多い環境まで生息する．殻長30 mm．（久保弘文）

シオサザナミ科
マスオガイ
Gari (*Psammotaena*) *elongata* (Lamarck, 1818)

(a) 三重県北牟婁郡　(b) 沖縄島　木村昭一撮影

評価：準絶滅危惧
選定理由：個体数・個体群の減少，生息条件の悪化
分布：紀伊半島～南西諸島，インド・太平洋．
生息環境・生態：内湾奥部の石や礫混じりの泥質干潟に浅く埋在する．
解説：殻は前後に長い方形．殻表は平滑で紫褐色，緑褐色の厚い殻皮で被われるが，欠落している個体も多い．奄美大島以南の南西諸島では比較的生息地も多く，個体数も多いが，護岸工事や人工ビーチ造成に伴う埋立などで個体群ごと消失している例も報告されている．紀伊半島～九州では生息地が非常に少なく，個体数も少ない．三重県北牟婁郡の汽水湖が分布北限であるが，近年は遊歩道整備のため，生息地がかなり改変された．生息環境は干潟の消失，貧酸素水塊の発生，水質汚濁などで急速に悪化しているので，本種の生息地数，個体数も著しく減少していると考えられる．殻長50 mm．（木村昭一）

シオサザナミ科
ミナトマスオ
Gari (*Psammotaena*) *inflata* (Bertin, 1880)

沖縄県恩納村　2007年　久保弘文撮影

評価：絶滅危惧II類
選定理由：生息条件の悪化，分布域限定
分布：奄美大島，徳之島，沖縄島，石垣島，西表島，中国大陸南部（福建省，海南島）．
生息環境・生態：マングローブ林や河口域に隣接する澪筋の中潮線の泥砂底～泥礫底に生息する．
解説：温帯まで広く分布するマスオガイと比べ，南西諸島に限定して分布する南方系種である．生息域も，より内湾・河口周辺に限定し，生息域が中潮帯と浅く，垂直分布幅が狭い．よって埋立等の海浜改変により総じて減少傾向にあり，とくに改変の著しい奄美大島や沖縄島北部では生息場所がかなり悪化している．奄美諸島では3カ所の干潟から確認されたのみで生息範囲も狭い．殻長40 mm．（久保弘文）

シオサザナミ科
ハザクラ
Gari (*Psammotaena*) *minor* (Deshayes, 1855)

(a) 山口県下関市豊北町神田　1999年　福田宏撮影　(b) 三重県五ヶ所湾　2007年　木村昭一撮影

評価：準絶滅危惧
選定理由：個体数・個体群の減少，生息条件の悪化
分布：房総半島・能登半島～南西諸島，海南島，フィリピン，タイ．瀬戸内海や有明海奥部には分布しない．
生息環境・生態：河口汽水域流水中の粗砂底～砂泥底に5～30 cm程度潜る．イソシジミ *Nuttallia japonica* (Reeve, 1857) と生息範囲が重なるが，本種の方が淡水域により近い位置を好む．
解説：近年国外では本種の学名 *minor* をオチバの学名 *virescens* の異名とする文献もあるが，少なくともオチバとハザクラは別種である．オチバが見られない外洋に開口する河口にも産し，暖流の影響の強い紀伊半島，九州南部，南西諸島では今も健在産地がある一方で，本州（とくに中部以東）の産地は近年少なくなった．水の透明度が高く底質が粗い砂礫に富む場所に見られることが多いので，富栄養化に弱い可能性がある．殻長30 mm．（福田 宏・木村昭一）

シオサザナミ科
ウラジロマスオ
Gari (Psammotaena) togata (Deshayes, 1855)

西表島　2007年　久保弘文撮影

評価：準絶滅危惧
選定理由：分布域限定
分布：八重山諸島，中国大陸南部（海南島等），フィリピン．
生息環境・生態：マングローブ林内の中潮線付近の細砂〜泥砂底に生息する．
解説：ミナトマスオと比べ，マングローブ林内に限定して生息する．国内では八重山諸島（石垣島名蔵アンパル，西表島）からのみ記録され，垂直分布幅も狭いため，当該地域の個体群は重要と考えられる．ただ，両水域ともに自然公園法やラムサール条約等で保護されており，生息環境は安定している．なお，一部のマングローブ林では道路工事等に伴う伐採や遊覧船の往来による波浪浸食があり，本種の生息に悪影響をおよぼしている可能性がある．殻長50 mm．（久保弘文）

シオサザナミ科
オチバ（コムラサキガイ）
Gari (Psammotaena) virescens (Deshayes, 1855)

三重県津市　2008年　木村昭一撮影

評価：準絶滅危惧
選定理由：個体数・個体群の減少，生息条件の悪化
分布：東京湾・若狭湾〜九州，朝鮮半島，中国大陸（広東省），海南島，台湾，フィリピン．南西諸島には分布しない．
生息環境・生態：ハザクラと同様，河口汽水域流水中の粗砂底〜砂泥底に5〜30 cm程度潜る．太平洋や日本海に注ぐ河口ではハザクラとともに見られることもある．
解説：東京湾，相模湾，大阪湾，博多湾で近年絶滅したと伝えられる．伊勢湾，紀伊半島，瀬戸内海西部，豊後水道沿岸，日本海南西部，有明海等には現在も健在個体群が点在するが，産地は局在的で数も少ない．ハザクラとともに水質の悪化によって減少傾向にある．殻長30 mm．（福田 宏・木村昭一）

シオサザナミガイ科
ムラサキガイ
Soletellina adamsii Reeve, 1857

愛知県三河湾　木村昭一撮影

評価：絶滅危惧II類
選定理由：個体数・個体群の減少，生息条件の悪化
分布：房総半島〜九州，台湾，インドネシア．
生息環境・生態：外洋水の影響を受ける内湾の干潟から水深30 mの砂泥底に深く潜って生息する．
解説：殻は長い楕円形．殻質はやや薄質でもろい．殻の後部は前部よりやや細い．殻表は平滑で紫色，褐色の厚い殻皮で被われるが，部分的に欠落している個体も多い．内面も濃い紫色．大型貝類で山口県，大分県の一部では食用にしている．かつてよく知られた生息地の浜名湖や博多湾では絶滅寸前まで減少した．近年，山口県，大分県，宮崎県などで健全な個体群が確認され，浜名湖，三河湾，伊勢湾でも生きた個体が少数採集されるようになったが，かつての状態にまでは回復していない．三河湾奥部で底質環境が回復されたため，本種が一時的に少数個体であるが復活した例があり，底質環境の悪化が本種の減少に関係しているものと推測される．殻長120 mm．（木村昭一・山下博由）

シオサザナミ科
フジナミガイ
Soletellina boeddinghausi Lischke, 1870

山口市中道湾　2007年　和田太一撮影

評価：絶滅危惧IB類
選定理由：個体数・個体群の減少，生息条件の悪化
分布：岩手県・男鹿半島～九州，朝鮮半島．
生息環境・生態：砂・砂泥質干潟の低潮帯付近に生息する．
解説：本州～九州の内湾に広く分布していたが，多くの個体群が1990年代前後に消滅した．現在，生息が確認されているのは瀬戸内海中～西部（香川・愛媛・広島・山口・大分各県），徳島県，九州南部などである．日本海側の男鹿半島～山口県にかけては，豊富な標本・文献情報があり，近年もいくつかの生息地があるようである．やや外洋的な小湾・砂浜の低潮帯～潮下帯にも生息するため，汚染の少ない海域では小さな個体群が残っている．生息地では大型で目立ち，食用にされることがあるため，捕獲採集圧も絶滅要因の1つとなりうる．消滅個体群が極めて多いこと，日本周辺の固有種であることから，現在残されている生息地の保全は重要である．殻長100mm．（山下博由）

シオサザナミ科
アシベマスオ
Soletellina petalina (Deshayes, 1855)

沖縄県名護市大浦湾　2009年　亀田勇一撮影

評価：情報不足
選定理由：個体数・個体群の減少，生息条件の悪化
分布：紀伊半島（田辺湾，和歌浦等），豊後水道北部（宇和海，守江湾等），九州西岸（佐世保，羊角湾等），奄美大島，沖縄島，西表島，香港，フィリピン，フィジー，ニューカレドニア，北オーストラリア．
生息環境・生態：内湾奥部の干潟に浅く潜る．湾口・湾奥のいずれにも見られ，底質の好みも細砂底～砂泥底と幅広い．
解説：1983年に初めて国内で発見され，それ以後暖流の影響の強い西南日本各地から次々に産地が発見されている．近年突然出現が認められたため，移入種または地球温暖化に伴う海水温上昇によって分布拡大してきたと考えられているが，いまだ詳細は不明．これまでの報告では死殻だけが多数見られ，生貝は希な産地が多い．また沖縄島佐敷干潟のように一時爆発的に増加したが後にまったく見られなくなった場所もあり，個体群が不安定な状態にあることが多い．現時点で希少性評価を下すことは困難である．殻長20mm．（福田 宏）

アサジガイ科
ナノハナガイ
Leptomya adunca (Gould, 1861)

沖縄県泡瀬干潟　1993年　久保弘文撮影

評価：絶滅危惧IA類
選定理由：個体数・個体群の減少，生息条件の悪化，分布域限定，希少
分布：奄美大島以南の南西諸島，インド・太平洋．
生息環境・生態：アマモ場とその周辺の潮間帯の細砂～細砂礫底に生息する．
解説：現在，生体は自然度が豊かで種多様度が高い海草干潟にのみ，ごく希に確認される．沖縄市泡瀬干潟や羽地内海では1990年代前半まで比較的健全性の高い干潟が形成されていて，少数の生体が観察されたが，その後，底質の悪化が進行し，確認が困難となった．石垣島川平湾でも，風化した死殻は多数存在するが，生体は全く認められない．殻長30mm．（久保弘文）

アサジガイ科
コバコガイ
Montrouzieria clathrata Souverbie, 1863

沖縄県大浦湾　1993年　久保弘文撮影

評価：絶滅危惧Ⅱ類
選定理由：生息条件の悪化，分布域限定，希少
分布：沖縄島（金武湾，中城湾，大浦湾），台湾，ニューカレドニア．
生息環境・生態：内湾の低潮線直下〜水深20 mの岩礫間隙に埋在して生息する．
解説：世界的に見ても記録のほとんどない希少種である．沖縄島では中南部を中心に陸域開発による過剰な赤土流入や港湾・埋立地造成による沿岸域の開発が著しい．とりわけ本種の生息海域である内湾域では泥分が大量に流入・蓄積しており，岩礫間隙に泥が詰まって，多くの個体が斃死した可能性が高い．また沿岸開発による生息地の消失によっても本種の存続基盤は脅かされている．殻長7 mm．（久保弘文）

アサジガイ科
ザンノナミダ
Semelangulus lacrimadugongi Kato & Ohsuga, 2007

沖縄県川平湾　2006年　久保弘文撮影

評価：準絶滅危惧
選定理由：個体数・個体群の減少，生息条件の悪化，希少
分布：奄美大島，沖縄島（金武湾，中城湾，大浦湾，屋嘉田潟原，糸満市潮崎，同市西崎地先），宮古島（与那覇湾），石垣島（川平湾，名蔵湾），小浜島（細崎）．
生息環境・生態：潮通しのよいウミヒルモ帯等のアマモ場の潮間帯〜水深3 mに浅く埋在する．
解説：最近，記載された南西諸島でしか記録のない小型二枚貝である．垂直分布の幅が狭く，ウミヒルモ帯等浅海アマモ場は中城湾泡瀬地区をはじめ大規模な海浜域の改変により，生息面積自体が減少しており，個体数は減少していると考えられる．しかし，糸満市西崎や潮崎など埋立地の外側に2次的に形成された干潟でも生息が認められるため，周辺海域からの幼生加入があれば，新規生息環境へ棲み込める可能性がある．殻長9 mm．（久保弘文）

アサジガイ科
フルイガイ
Semele cordiformis (Holten, 1802)

三重県英虞湾　木村昭一撮影

評価：絶滅危惧IB類
選定理由：個体数・個体群の減少，生息条件の悪化
分布：房総半島〜九州，中国大陸，東南アジア．
生息環境・生態：外洋水の影響を受ける内湾の礫質干潟の石の間に溜まった砂礫底に生息．水深20 mまでに分布する．
解説：殻は類円形で膨らみは弱く，殻質は厚い．殻表は布目状．現在，佐賀県の唐津湾，伊万里湾で健全な個体群が確認されているが，その他に本種の生息が確認されている場所は非常に少ない．英虞湾は古くから知られている生息地であるが，現在では狭い範囲で非常に希に生きた個体が採集される程度で，死殻の採集さえ簡単ではない．現在英虞湾が分布北限の可能性が高い．三重県内では紀伊長島，尾鷲で産出が記録されているが，近年の生息に関する情報はない．博多湾でも1980年代には普通であったが，大きく減少した．やや特殊な環境に生息する本種の生息場所は著しく減少していると考えられる．殻長40 mm．（木村昭一・山下博由）

アサジガイ科
シロナノハナガイ
Thyellisca trigonalis（A. Adams & Reeve, 1850）

沖縄県恩納村　1992年　久保弘文撮影

評価：準絶滅危惧
選定理由：個体数・個体群の減少，生息条件の悪化，希少
分布：奄美大島，沖縄島全域，先島諸島，中国大陸南部（海南島）．
生息環境・生態：潮通しのよい低潮線～水深30mのサンゴ礫～岩盤の割れ目の砂泥地に埋在するが，掘削が困難で生体観察は極めて難しい．
解説：垂直分布が広く，外洋域まで分布が広がっている．しかし，礫～岩盤帯の隙間に蓄積した細砂～シルト砂中に生息するため，赤土流入や富栄養により，底質の悪化・還元化が進行すると，埋在したまま死滅する個体も多いと考えられる．なお，このような生息場所の貝類はネコジタザラや，ゴシキザクラ，イササメガイ等，他にも非常に多く，同様に危惧されるべきであるが，総じて情報が不足しており，より多くの種の生息実態調査とデータの蓄積が今後の課題と思われる．殻長21 mm．（久保弘文）

キヌタアゲマキ科
オオズングリアゲマキ
Azorinus scheepmakeri（Dunker, 1852）

沖縄県羽地内海　1999年　久保弘文撮影

評価：絶滅危惧IA類
選定理由：生息条件の悪化，希少，分布域限定
分布：沖縄島羽地内海，西表島（死殻のみ），中国大陸南部，インド・太平洋．
生息環境・生態：沖縄島羽地内海の湾奥部に水平的かつ垂直的にも極めて限定的に分布する．西表島から死殻が得られているが，現生個体は未見である．
解説：大礫の混じる泥底に生息し，陸土流入等による泥化には耐性がある可能性があるが，生息域が著しく狭く，限定的である．沖縄島，奄美，先島周辺においても類似した環境は少なからずあるものの本種の生息がまったく認められないので，おそらく何らかの分布限定要因（局所的で閉じた海域での同一個体群による再生産）が考えられる．羽地内海奥部は北限分布域で国内唯一の生息地である．かつて，羽地内海では「イーミナー」と呼ばれ，食用とされていた．殻長90 mm．（久保弘文）

キヌタアゲマキ科
キヌタアゲマキ
Solecurtus divaricatus（Lischke, 1869）

(a)熊本県天草　(b)静岡県浜名湖　木村昭一撮影

評価：準絶滅危惧
選定理由：個体数・個体群の減少，生息条件の悪化
分布：房総半島～九州，中国大陸，台湾．
生息環境・生態：内湾～外洋の潮間帯～水深30mの砂泥底に深く潜って生息．
解説：殻は前後に長い方形，前後端は大きく開く．殻質はやや厚く，殻表には鱗状の彫刻がある．後背縁には灰色の石灰が沈着する．渥美外海，瀬戸内海では潮下帯に健全な個体群が残されているが，房総半島から渥美外海の水深30 m以深では近似種のツヤキヌタアゲマキ *S. consimilis* Kuroda & Habe, 1961が優占するので必ずしも生息範囲は広くない．干潟で本種の生息が確認される北限は浜名湖であると思われるが，年による個体数の変動が大きく，安定した個体群ではない．瀬戸内海，九州西岸にも干潟で生息が確認される場所はあるが，生息地は少なく，一般的に個体数も少ない．殻長70 mm．（木村昭一）

キヌタアゲマキ科
ミナミキヌタアゲマキ
Solecurtus philippinensis (Dunker, 1861)

石垣島　2004年　久保弘文撮影

評価：準絶滅危惧
選定理由：分布域限定，希少
分布：沖縄島（名護湾，大浦湾），先島諸島，インド・太平洋．
生息環境・生態：潮通しのよいアマモ場に隣接する泥砂底〜細砂底．低潮線〜水深10 m付近までに確認されている．
解説：埋在深度が深く，海底の水管孔を確認した上で掘削採集を試みても潜砂行動が活発で見失う場合がある．産出記録は少ないが，沖縄島は北限分布域であり，かつ産地が多様性の高い自然度の豊かな内湾域に限定的であること，そして個体密度が低いことも考慮すると，絶滅危惧種に準じたリスクを持つと考えられる．殻長40 mm．（久保弘文）

フナガタガイ科
タガソデモドキ
Trapezium (*Neotrapezium*) *sublaevigatum* (Lamarck, 1819)

(a) 三重県五ヶ所湾　2007年　木村昭一撮影　(b) 山口県長門市油谷湾　2004年　岡山大学農学部水系保全学研究室所蔵（OKCAB M13687）　福田宏撮影

評価：準絶滅危惧
選定理由：個体数・個体群の減少，生息条件の悪化，希少
分布：房総半島・兵庫県北部〜九州，南西諸島，中国大陸，香港，フィリピン，オーストラリア，熱帯インド・西太平洋．
生息環境・生態：内湾の礫干潟や岩礁地の高・中潮帯に見られ，岩盤上の間隙や転石下等に足糸で付着する．近縁で形態も類似するウネナシトマヤガイ *T.* (*N.*) *liratum* (Reeve, 1843) が河口汽水域に産するのに対し，本種は完全な海水域に見られる．
解説：南西諸島以南では多産する普通種であるが，九州以北では元々産地は局限され，個体数も少ないため生息環境の悪化に伴う地域絶滅と分布域縮小が懸念される．暖流の影響のある海域の内湾において，コゲツノブエやシオヤガイ等やはり九州以北では希少な種が生息する干潟周辺の礫地や岩礁から見出されることが多い．近年は紀伊半島，油谷湾，佐世保市，熊本県羊角湾，鹿児島県薩摩川内市上甑島等で生貝が確認されている．殻長30 mm．（福田 宏・木村昭一）

シジミ科
ヤマトシジミ
Corbicula japonica Prime, 1864

三重県津市　2011年　木村昭一撮影

評価：準絶滅危惧
選定理由：個体数・個体群の減少，生息条件の悪化
分布：北海道北部〜九州．
生息環境・生態：河口汽水域上・中流域の緩い流水中の砂礫底・砂泥底．
解説：食用．全国的には現在も多産地が多く依然として漁獲対象とされているが，岡山県など瀬戸内海中央部ではおそらく水質悪化のために近年急激に減少した．高梁川河口等では古い死殻が見られるのみで生貝は見出されず，旭川や吉井川等でも減少傾向が強い．放流も試みられているものの，個体数の十分な回復に至らないことが問題視されている．殻長40 mm．（福田 宏・木村昭一）

シジミ科
リュウキュウヒルギシジミ
Geloina expansa (Mousson, 1849)

西表島　2007年　久保弘文撮影

評価：絶滅危惧Ⅱ類
選定理由：分布域限定
分布：沖縄島，八重山諸島，フィリピン．
生息環境・生態：マングローブ林内の中潮線の泥砂底に生息する．
解説：従来からシレナシジミとされていたマングローブ林特有の大型シジミ類で，複数種あるといわれてきた．国内ではヤエヤマヒルギシジミ *Geloina erosa*（Solander, 1786）との2種に分類される．本種は殻がやや薄質で横長の形状となる．いずれもマングローブ林に限定して生息するが，ヤエヤマヒルギシジミが奄美大島，沖縄島に多産するのと比べ，本種は主に八重山諸島（石垣島アンパル，西表島）に生息し，ヤエヤマヒルギシジミよりはるかに個体数が少ない．とくに沖縄島では採集事例が非常に少ない．ただ，八重山地域のマングローブ林の多くは自然公園法やラムサール条約等で保護されており，生息環境は安定している．殻長130 mm．（久保弘文）

ハナグモリ科
ハナグモリ
Glauconome angulata Reeve, 1844

(a)大分県中津市大新田　水辺に遊ぶ会採集　(b)沖縄県今帰仁村湧川　羽地内海　2001年　(c, d)大韓民国慶尚南道南海島マゲ湾　2001年　山下博由撮影

評価：絶滅危惧Ⅱ類
選定理由：個体数・個体群の減少，生息条件の悪化
分布：日本，朝鮮半島，中国大陸，フィリピン．
生息環境・生態：内湾奥部の中潮帯上部の泥底，砂泥底，砂泥礫底に生息する．
解説：日本では，房総半島〜瀬戸内海〜有明海・八代海，沖縄島，西表島に分布する．銚子，相模湾，三河湾，伊勢湾，浦戸湾では，消滅または現状不明となっている．東京湾には2カ所の生息地がある．瀬戸内海東部では現存生息地は少なく，西部の周防灘海域に生息地が多い．有明海では湾奥部に比較的多くの個体群がある．南西諸島では，沖縄島10カ所，西表島1カ所の生息地が知られるが，*G. radaiata* Reeve, 1844, *G. straminea* Reeve, 1844などが混在している可能性が高い．ハナグモリ類は，中潮帯上部の岸近くに生息するため，護岸・埋立・汚染・陸土流入などによって生息地が失われやすい．日本産ハナグモリに使われてきた *G. chinensis* Gray, 1828は細長くより大型の別種である．殻長25 mm．（山下博由）

バカガイ科
アリソガイ
Coelomactra antiquata (Spengler, 1802)

宮崎県日南市　1973年　岡山大学農学部水系保全学研究室所蔵　福田宏撮影

評価：絶滅危惧Ⅱ類
選定理由：個体数・個体群の減少，生息条件の悪化
分布：房総半島・男鹿半島〜九州，朝鮮半島，中国大陸，東南アジア．
生息環境・生態：主として外洋に面した大規模な砂浜の沖合等の潮下帯細砂底に棲むが，内湾湾口部に形成される砂泥質干潟低潮帯にも見られる．
解説：三河湾沿岸等では古くから食用に供されてきたが，高度成長期以降おそらく水質悪化の影響で全国的に激減し，1990年代には健在な産地の所在が見失われていた時期があった．近年になって徳島県や宮崎県等に多産地が残されていることが徐々に知られつつある．相模湾や日本海南西部等にも生存個体群が見られる一方で，三河湾や伊勢湾等では依然として著しく希少であり，本種本来の産状にまで回復したとは言えない．現存する個体群も海岸や干潟の埋立，海底の浚渫，貧酸素水塊の発生等が生じれば今後とも壊滅するおそれがある．殻長120 mm．（福田 宏）

軟体動物・二枚貝類

バカガイ科
カモジガイ
Lutraria arcuata Reeve, 1854

石垣島川平湾　2004年　久保弘文撮影

評価：準絶滅危惧
選定理由：生息条件の悪化，個体数・個体群の減少
分布：房総半島以南の太平洋岸，能登半島以西の日本海，南西諸島，中国大陸南部，インド・太平洋．
生息環境・生態：沖縄では潮通しのよい低潮線～水深10 mのアマモ場とその周辺の礫砂～サンゴ礫底にやや深く埋在する．千葉県以南の潮間帯～水深20 m付近までの礫砂底に生息し，日本本土では沖縄に比べて生息水深がやや深い．
解説：沖縄では，1990年前半までは羽地内海の潮間帯に比較的多産したが，近年，赤土沈積や富栄養がより顕著となって，個体数が激減した．先島諸島では低潮線直下～水深4 m付近の湾域に現在も少なくない．なお，沖縄，先島諸島のカモジガイはオーストラリアのミナミカモジガイ *Lutraria australis* Reeve, 1854（カモジガイの一変異型との見解もある：波部・小菅，1966）との検討を要すが，殻形からの判別は困難で，分子系統解析が必要と考えられる．殻長138 mm．（久保弘文）

バカガイ科
オオトリガイ
Lutraria maxima Jonas, 1844

(生体)静岡県浜名湖　(標本)愛知県三河湾　木村昭一撮影

評価：準絶滅危惧
選定理由：個体数・個体群の減少，生息条件の悪化
分布：銚子市～九州，台湾，ベトナム．
生息環境・生態：内湾から外洋の潮間帯から水深10 mの砂泥底に深く潜って生息．
解説：殻は大型，長楕円形で膨らみは非常に弱い．殻頂は前にかたより後背縁はほとんど反り返らない．殻は灰褐色の殻皮で被われ，殻質は比較的薄くもろい．外洋の潮下帯には現在も健全な個体群が残されているが，浜名湖の錨瀬のように内湾の干潟で現在生息が確認される場所は非常に少ない．三河湾奥部の人工干潟で底質環境が回復されたため，一時的に少数であるが生きた個体が採集された例があり，底質環境の悪化が，本種の内湾干潟域からの減少に関係しているものと推測される．殻長120 mm．（木村昭一）

バカガイ科
リュウキュウアリソガイ
Mactra grandis Gmelin, 1791

石垣島　2004年　久保弘文撮影

評価：絶滅危惧II類
選定理由：生息条件の悪化，個体数・個体群の減少，分布域限定
分布：沖縄島，先島諸島，台湾，インド・太平洋．
生息環境・生態：内湾奥部の中～低潮線の泥砂底～細砂泥底に浅く埋在する．
解説：振動を感じると潮を吹く習性や大型化することから，潮干狩りの獲物として採取されやすく，羽地内海や塩屋湾では乱獲傾向にある．また，羽地内海や沖縄島中南部の内湾奥部では富栄養化により緑藻（アナアオサ）が異常繁殖し，初夏の大潮干潮時に，干潟がこれによって覆われ，腐敗し，酸欠状態となって，本種の大量斃死が確認されている．沖縄島中南部では，埋立による干潟の消失で多くの個体群が減少した．学名 *M. mera* Reeve, 1852を用いる見解もある．なお，奄美大島では笠利湾での記録があるが，一方で分布していないとの報告もあり，検討を要する．沖縄北部方言では「たんぱらみなー」と言う．殻長100 mm．（久保弘文）

バカガイ科
ナガタママキ（アダンソンタママキ）
Mactra cf. *luzonica* Deshayes in Reeve, 1854

沖縄県与那原湾　1992年　久保弘文撮影

評価：絶滅危惧IB類
選定理由：生息条件の悪化，個体数・個体群の減少，分布域限定
分布：種子島，奄美大島，徳之島，沖縄島，西表島（トゥドゥマリ浜：別名月が浜），台湾，中国大陸南部（海南島）．
生息環境・生態：やや外洋に面した非石灰岩質の細砂質の干潟や砂浜の中潮線～水深1m付近までに生息し，近似種トウカイタママキより垂直分布の幅が狭い．
解説：紀伊半島以南の記録があるが，南西諸島が分布の中心と考えられる．本種は，西宮貝類館所蔵の黒田徳米博士の標本調査から，ナガタママキと考えられた．種子島，奄美大島，徳之島では，生息範囲は限られている．沖縄島南部では1990年代まで与那原湾に最も広範囲で健全な個体群が存在したが，埋立により絶滅した．沖縄島北部では2000年代前半まで羽地内海に比較的健全な個体群があったが，底質悪化により個体数が減少し，名護市大浦湾でも個体密度は著しく低下した．殻長25 mm．（久保弘文・山下博由）

バカガイ科
トウカイタママキ
Mactra pulchella Philippi, 1852

沖縄県名護市　2008年　久保弘文撮影

評価：絶滅危惧II類
選定理由：生息条件の悪化，個体数・個体群の減少，分布域限定
分布：種子島，奄美大島，徳之島，沖縄島北部，西表島（トゥドゥマリ浜：別名月が浜），台湾，中国大陸南部（海南島）．
生息環境・生態：やや外洋に面した非石灰岩性の細砂質の干潟や砂浜の中潮線～水深5m付近に生息する．
解説：紀伊半島以南の記録があるが，南西諸島が分布の中心と考えられる．ナガタママキとは同所的に出現するが，より外洋に面した干潟に多い．本種は殻頂がやや前方に偏ること，放射状模様が不鮮明で本数が少ないこと，貝殻の色調がより赤みがかること等から形態上，ナガタママキと区別している．羽地内海で2000年代前半まで比較的健全な個体群があったが，底質悪化により個体数が減少した．大浦湾では干潟での個体数密度は低いが，生息範囲が沖合の水深2～5m付近まで広がっていて，比較的良好な生息場所が残っている．殻長20 mm．（久保弘文・山下博由）

バカガイ科
オトメタママキ（和名新称）
Mactra sp.

沖縄県名護市大浦湾　2008年　久保弘文撮影

評価：絶滅危惧IB類
選定理由：生息条件の悪化，個体数・個体群の減少，分布域限定，希少
分布：徳之島，沖縄島（金武湾，大浦湾）．
生息環境・生態：主に非石灰岩性の細砂底の中潮線～水深7m付近の潮通しのよい清浄な細砂底に生息する．
解説：国内3カ所のみで記録され，未記載種の可能性が高い．タママキ *Mactra cuneata* Gmelin, 1791に似るが，はるかに小型，殻表の光沢が強く，殻頂部が紅彩される．垂直分布域は比較的広いが，他海域から分断された湾域であり，湾全体の生態系保全が必要である．なお，徳之島では1997年，金武湾では2000年以降，生息が確認されておらず，現在，健全な個体群は大浦湾のみで知られているが，基地建設に伴う大規模埋立の計画がある．和名はいまだ穢れのない美しい大浦湾と本種の美しく小さな貝殻をともに形容した．漢字表記は「処女玉纏」．殻長10 mm．（久保弘文）

軟体動物・二枚貝類

バカガイ科
ワカミルガイ
Mactrotoma (*Electomactra*) *angulifera* (Reeve, 1854)

(a, b)佐賀県唐津市佐志浜沖　水深4 m　2007年　(c)紀伊
神奈川県立博物館所蔵　KPM-NGZ001352　山下博由撮影

評価：準絶滅危惧
選定理由：個体数・個体群の減少，生息条件の悪化，分布域限定
分布：房総半島・但馬〜九州，中国大陸，東南アジア，オーストラリア．
生息環境・生態：低潮帯〜水深50 mの砂底，砂泥底に生息する．
解説：内湾湾口部や開放的な湾の浅海域で見られるが，生息記録は少なく，個体数も一般的に少ない．現在，生息が確認されているのは，瀬戸内海，唐津湾，有明海などである．唐津湾西部では，水深3〜9 mのアマモ場などに比較的普通に生息する．有明海では，島原半島東部沖の水深24〜48 mで生息が確認された．完全な外洋域では確認例がなく，内湾域の汚染などによって減少傾向にあると考えられる．ただし，垂直分布が広いので，絶滅リスクはやや低く見積もられる．殻長40 mm．（山下博由）

バカガイ科
ヒナミルクイ（ヒナミルガイ）
Mactrotoma (*Mactrotoma*) *depressa* (Spengler, 1802)

神奈川県横浜市　神奈川県立博物館所蔵　KPM-NGZ001350
山下博由撮影

評価：絶滅危惧Ⅱ類
選定理由：個体数・個体群の減少，生息条件の悪化
分布：房総・男鹿半島〜九州，小笠原，インド・太平洋．
生息環境・生態：やや内湾の低潮帯以深の砂泥底に生息する．
解説：本種は元々分布記録が少なく，生息地は限定的で，個体数も少ない種である．東京湾，相模湾，和歌山県，瀬戸内海（備後灘，安芸灘，伊予灘），豊後水道，唐津湾などの記録があるが，近年の生息情報は少ない．やや内湾の環境に生息するため，汚染などの影響で減少傾向にある可能性がある．和名はヒナミルガイ（大山，1943）が使われることも多いが，ヒナミルクイ（瀧巌，1938）の方が古く，ワカミルガイとも区別しやすいので，ヒナミルクイを用いる方がよいであろう．古い文献では，和名・学名ともにワカミルガイとの混乱が見られることがあるので，分布情報の扱いには注意が必要である．殻長45 mm．（山下博由）

バカガイ科
ユキガイ
Meropesta nicobarica (Gmelin, 1791)

(a, b)和歌山県田辺市　(c)三重県英虞湾　(a)山下博由撮影
(b, c)木村昭一撮影

評価：準絶滅危惧
選定理由：個体数・個体群の減少，生息条件の悪化
分布：房総半島〜南西諸島，インド・太平洋．
生息環境・生態：内湾奥部の干潟〜水深20 mの砂泥底．
解説：殻は卵形白色薄質，後端は開く．殻表は弱く細い放射肋で被われる．伊勢湾以北では絶滅に近い状態で，死殻を確認できる場所もほとんどない．英虞湾では現在でもかろうじて生きた個体が採集されているが，非常に希である．現在英虞湾が分布北限である可能性が高い．九州西岸（伊万里湾〜天草）でも生息が確認されているが，個体数は少ない．和歌山県では健全な個体群も確認されているが，生息地は少なく，面積も狭い．南西諸島では，奄美大島，沖縄島，石垣島，西表島に不連続に分布し，健全な個体群も確認されているが，生息地は多いとはいえず，その面積も狭い．内湾奥部の干潟という生息環境自体が著しく減少しているので，本種の生息地，個体数とも著しく減少したと考えられる．殻長50 mm．（木村昭一・山下博由）

バカガイ科
ハブタエユキガイ
Meropesta cf. *pellucida* (Gmelin, 1791)

フィリピン・マニラ湾　The Natural History Museum (London) 所蔵 Cuming 標本　石井久夫撮影

評価：情報不足
選定理由：分布域限定，希少
分布：瀬戸内海（児島湾，因島近海）と有明海から記録があるが詳細不明．国外では中国大陸南部，インド・太平洋．
生息環境・生態：国内では不明．中国大陸南部では浅海の低潮線附近の泥底に見られるという．
解説：『日本近海産貝類図鑑』に本種として図示された個体はユキガイである．ここには Reeve が図示したフィリピン産 *M. pellucida* の標本をあげる．殻は横長の卵形で弱く膨らみやや厚質，白色で殻表は鈍い光沢があり，微弱で直線的な放射条を刻む．同様の形態に合致する日本産標本は未見で，近年の産出例も一切ない．筆者は1974年長崎県雲仙市国見町神代で厚さや膨らみの強さが *M. pellucida* に似た死殻を得ておりこれが日本産ハブタエユキガイとされていたものに相当する可能性もあるが，殻表の放射条がチリメンユキガイ同様に分枝する点で *M. pellucida* と一致しないため，この学名の種には同定しがたい．殻長65 mm．（福田 宏）

バカガイ科
チリメンユキガイ
Meropesta sinojaponica Zhuang, 1983

岡山県児島湾　1935年頃　岡山県鏡野町所蔵畠田和一標本
福田宏撮影

評価：絶滅危惧 IA 類
選定理由：個体数・個体群の減少，生息条件の悪化，分布域限定，希少
分布：現生個体は児島湾，有明海，中国大陸南部から知られる．
生息環境・生態：大規模な内湾奥部の砂泥質干潟低潮帯．
解説：本種の学名は従来 *M. capillacea* (Deshayes, 1854) とされてきたがこれは誤同定である（*capillacea* の記載者を Reeve とするのも誤り）．*M. pellucida* にも似るが，後端が尖り，膨らみがより強く，薄質で，殻表の放射条は分枝して縮緬状となる．秋田・千葉・神奈川各県や大阪府等では第四紀の化石が産出し，周防灘西部の福岡県築上郡築上町宇留津で見出された死殻も化石と考えられる．児島湾では1935年頃採集された生貝1個体の標本（ここに図示した）が現存するが，以後の発見例はない．筆者は2002年有明海の熊本県宇土市長部田で複数の新鮮な合弁死殻が砂泥質干潟下部に生時の姿勢のまま埋もれているのを確認しており，この附近が本種の日本唯一の現存産地かもしれない．殻長60 mm．（福田 宏）

バカガイ科
ヤチヨノハナガイ
Raeta pellicula (Deshayes, 1854)

山口県山口市秋穂二島　2001年　福田宏撮影

評価：絶滅危惧 IB 類
選定理由：個体数・個体群の減少，生息条件の悪化，希少
分布：福島・兵庫県〜九州，朝鮮半島，中国大陸，台湾，フィリピン，東南アジア，紅海．
生息環境・生態：内湾湾口部の低潮帯から潮下帯の清浄な細砂底に生息し，アリソガイ，オオトリガイ，フジナミガイ，ムラサキガイ，ウスハマグリ等とともに見られる．
解説：水質や底質の汚濁に弱いと思われ，近年は国内のどの産地でも希産である．かつて広く分布していた瀬戸内海でも生貝は滅多に見られない．例外的に秋穂湾では2001年に砂質干潟での潮干狩りで複数の生貝が見出されている．殻長40 mm．（福田 宏）

バカガイ科
ミルクイ
Tresus keenae (Kuroda & Habe, 1950)

(上) 三河湾　愛知県幡豆郡沖　東幡豆漁港小型機船底引き網水揚げ　(下) 京都府天橋立　木村昭一撮影

評価：絶滅危惧Ⅱ類
選定理由：個体数・個体群の減少，生息条件の悪化
分布：北海道南部〜九州，朝鮮半島．
生息環境・生態：内湾および湾口部の低潮帯〜水深40 mの泥底・砂泥礫底に生息する．
解説：現在の主要な生息地は，東京湾，三河湾，瀬戸内海である．東京湾では木更津〜横須賀沖にかけて分布し，漁獲が維持されている．三河湾周辺では漁獲量は減少している．瀬戸内海では，東部に比較的多産し，岡山県では干潟にも生息地があるが，これは現在では非常に貴重である．九州の玄界灘〜天草にかけては，近年は生息がほとんど確認されていない．本種は「黒みる」「本みる」の名でよばれる高級食材で，漁業資源として重要であるとともに，乱獲によって個体群は大きな負荷を受け続けてきた．乱獲と水質・底質悪化が減少要因と考えられるが，豊前海の養殖試験では夏場の高水温に弱いことが指摘されている．殻長140 mm．（山下博由・木村昭一）

チトセノハナガイ科
チトセノハナガイ
Anatinella nicobarica (Gmelin, 1791)

沖縄県羽地内海　1998年　久保弘文撮影

評価：絶滅危惧Ⅱ類
選定理由：生息条件の悪化，個体数・個体群の減少，希少
分布：九州以南，奄美大島，沖縄島，先島諸島，中国大陸南部，インド洋（ニコバル諸島，スリランカ）．
生息環境・生態：自然度が豊かで，種多様度が高いアマモ場と隣接する砂礫底の低潮線〜水深10 m付近に希に生息する．
解説：世界的に見ても分布記録が少ない1科1属1種の希少な二枚貝であり，国内記録のほとんどは南西諸島である．沖縄市泡瀬や羽地内海等では1990年代前半まで比較的健全性の高い干潟が形成されていて，少ないながら生体が観察できたが，その後，底質悪化が進行し，現在，風化した死殻は散見されるが，生体観察は著しく困難である．名護市久志でも，風化した死殻は普通に存在し，かつて相当の個体数が生息していたと推察される．石垣島（名蔵湾）や西表島では時化の後に生貝が打ち上がることがあり，少ないながら広い範囲に生息している可能性がある．殻長30 mm．（久保弘文）

チドリマスオ科
イソハマグリ
Atactodea striata (Gmelin, 1791)

沖縄市泡瀬干潟　2000年　水間八重撮影

評価：準絶滅危惧
選定理由：個体数・個体群の減少，生息条件の悪化，特殊生息環境
分布：紀伊半島〜南西諸島，小笠原，中国大陸南部，インド・太平洋，地中海．
生息環境・生態：粗砂・サンゴ砂礫の海浜の中潮帯上部に生息するが，場所によっては低潮帯まで見られる．
解説：日本本土での記録の北限は，房総〜相模湾，長崎県佐世保市（死殻）であるが，現在は，和歌山，南四国，南九州などで局地的に個体群が見られる．日本本土の個体群は，定着や消滅が繰り返されていて，不安定である．奄美以南の南西諸島では，かつて各地で豊富に見られたが，護岸，埋立，汚染，陸土流入の影響で，本種が生息する砂浜環境が悪化し減少傾向にある．南西諸島では主に味噌汁の具として利用されるが，生息地において集中的に採捕が行われ，個体群が衰退する場合がある．地産地消食材としても，生息環境と資源保護が望まれる．殻長35 mm．（山下博由）

フタバシラガイ科
ヒメシオガマ類
Cycladicama spp.

(a) 奄美大島　西宮市貝類館所蔵　NCK-B00762　(b) 台湾高雄　神奈川県立博物館所蔵　KPM-NGZ001353　(c) 沖縄県名護市　久保弘文採集　(d) 佐賀県唐津湾　山下博由撮影

評価：情報不足
選定理由：生息条件の悪化，分布域限定
分布：和歌山県，高知県，瀬戸内海，九州，南西諸島，台湾．
生息環境・生態：内湾の中・低潮帯〜水深20 m の泥底・砂泥底に生息する．
解説：ここでヒメシオガマ類として扱うのは，シオガマ *Cycladicama cumingii* (Hanley, 1844) などの「シオガマ類」よりも，殻が小型で，咬歯も小さい種群である．ヒメシオガマには *abbreviata* (Gould, 1861) の学名が与えられているが，タイプ標本の写真からは *abbreviata* はシオガマ類であると考えられる．和名ヒメシオガマは台湾澎湖島産に与えられたもので，(b) に近似している．和歌山県以西〜南西諸島にかけて分布するが，殻の形・大きさ・厚さ・殻皮の状態などに変異があり，複数種が混在していると考えられる．ヒメシオガマ類は生息分布が極めて局所的で，分類学的に未解明な部分が多いため，保全上も注意が必要である．殻長10〜20mm．（山下博由・久保弘文）

フタバシラガイ科
フタバシラガイの一種
Diplodonta cf. *obliqua* (Gould, 1861)

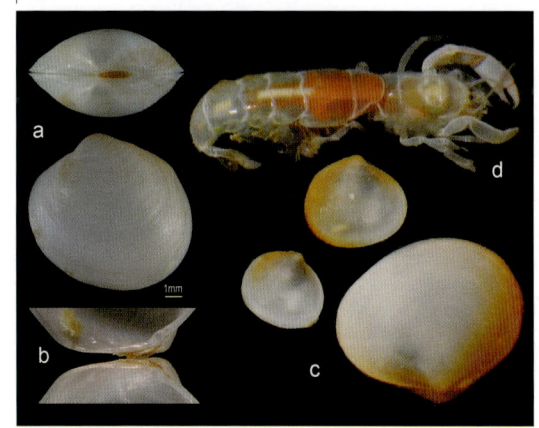

(a, b) 石垣島　2006年　(c) 生体　(d) 宿主　沖縄県糸満市　久保弘文撮影

評価：情報不足
選定理由：特殊生息環境
分布：沖縄島，先島諸島．
生息環境・生態：河口域に隣接する澪筋の中潮線の粗砂底〜礫泥底に生息し，同所的にスナモグリ類の一種 Callianassidae gen. sp. が確認されることが多い．
解説：底質が還元状態の礫砂底や赤土堆積の著しい場所でも見つかることがある．しかし，垂直分布の幅が狭く，内湾奥部では埋立により生息地の消失が危惧される．なお，スナモグリ類の増加についてはキサゴ類をはじめとする砂浜の貝類多様性を低下させ，底質環境劣化とする報告もあり，それとの共生関係が明確となれば，むしろ環境悪化の指標となる可能性もあるため，今後，個体群増減の動向をモニタリングし，ランク付けを検討した方がよい．本種の分類については沖縄をタイプ産地とする類似種 *D. obliqua* のタイプ標本を検討する必要がある．殻長10 mm．（久保弘文・山下博由）

マルスダレガイ科
シオヤガイ
Anomalodiscus squamosus (Linnaeus, 1758)

(a) 熊本県天草市羊角湾　(b) 愛媛県愛南町御荘湾　(c) 三重県英虞湾　木村昭一撮影

評価：準絶滅危惧
選定理由：個体数・個体群の減少，生息条件の悪化
分布：日本，中国大陸南部〜東南アジア〜オーストラリア西部の西太平洋域，アンダマン海〜インド西部のインド洋．
生息環境・生態：温暖な内湾干潟の泥底・砂泥礫底に生息．
解説：現在は，三重県英虞湾を東北限とし，和歌山県，淡路島，四国南部，九州に分布する．九州東岸では佐伯市以南，九州西岸では唐津湾以西・以南に分布する．泥干潟の自然消滅や埋立・汚染によって減少傾向にあるが，一部の内湾では，豊富な生息が見られる．本種の分布を制限している要因の1つは海水温であり，暖温帯域に偏った分布を示す．和歌山県などでは増加傾向にあるが，近年の海水温上昇の影響を受けている可能性がある．沖縄島，石垣島，西表島でも化石が産出するが，現在は生息していない．日本本土の個体群は，縄文海進の温暖期に熱帯域から北上した集団の遺存と考えられ，北限の隔離分布個体群としても貴重性が高い．殻長30 mm．（山下博由・木村昭一）

マルスダレガイ科
フジイロハマグリ
Callista erycina (Linnaeus, 1758)

沖縄県金武湾水深10 m　2003年　久保弘文撮影

マルスダレガイ科
タイワンシラオガイ
Circe scripta (Linnaeus, 1758)

沖縄県糸満市　2008年　久保弘文撮影

マルスダレガイ科
シラオガイ
Circe undatina (Lamarck, 1818)

(a, b) 福岡県糸島市加布里湾　1975年　佐藤勝義採集　(c, d) 佐賀県唐津湾烏島沖水深3 m　2010年　新井章吾採集　山下博由撮影

評価：準絶滅危惧
選定理由：生息条件の悪化
分布：奄美大島，沖縄島，先島諸島，中国大陸南部，フィリピン，インドネシア．
生息環境・生態：内湾の低潮線〜水深15 mの細砂泥底〜細砂底に生息する．
解説：垂直分布が広く，分布域が比較的広域であるが，上部浅海帯においても航路浚渫等で生息環境が悪化しており，中城湾，糸満市沿岸等では埋立や航路浚渫により，一部の生息場所が消失している．ただ上部浅海帯に生息圏が広がっている種は踏査できる潮間帯に比べ情報量が少ないのでランク付けには慎重を要する．たとえば本種の場合は2000年代前半に0.5 m間口の小型ドレッジで海底の極めて狭い範囲を調査しただけでも，複数回に渡って複数の生貝が入網したことがある．また，カゴガイやトンガリベニガイ等のような清浄な砂地のみを好む種とは異なり，泥分の多い底質にも少なからず見出される．殻長70 mm．（久保弘文）

評価：絶滅危惧IB類
選定理由：生息条件の悪化，個体数・個体群の減少，分布域限定
分布：沖縄島東海岸（金武湾，中城湾），沖縄島南海岸（北名城〜瀬長島），台湾，中国大陸南部（海南島），ベトナム．
生息環境・生態：潮通しのよい中潮線〜水深15 m付近のアマモ場とそれに隣接する細砂底〜泥礫底に浅く埋在する．
解説：国内では沖縄島のみから記録されている．1980年代後半まで沖縄島中南部では多産したが，現在は個体数が激減し，減少傾向は沖縄島全域におよぶ．潮間帯の他，金武・中城湾の水深15 m付近までの粗砂底から採集されるが，個体密度は低い．なお，本種は沖縄県RDBではシラオガイと同定されていたが，近年タイワンシラオガイに同定された．なお，*scripta* は本土産のシラオガイの学名として使用されてきたが，本種を本学名とした方がよいと考えられる．本書では本土産のシラオガイには *undatina* を当てたが，さらなる分類学的検討が必要である．殻長50 mm．（久保弘文・山下博由）

評価：準絶滅危惧
選定理由：個体数・個体群の減少，生息条件の悪化
分布：房総・男鹿半島〜九州，中国大陸南部〜シンガポール．
生息環境・生態：温暖な海域の潮通しのよい内湾や湾口部の低潮帯〜水深10 mの砂底・砂泥礫底・アマモ場に生息する．
解説：日本本土の各地で，古い殻は頻繁に見られ，過去には広く普通に生息していたと考えられるが，消滅した個体群が多い．現在は，英虞湾，和歌山県，天草など暖温帯域の干潟に比較的多く生息する．唐津湾では，東部の加布里湾に1980年代には多産したが，激減した．潮下帯にも生息が見られるため，絶滅リスクはやや低いが，内湾域の多くで減少傾向が認められる．干潟環境の変化が衰退の原因と考えられる．本種は，タイワンシラオガイよりも膨らみが弱く，輪肋は太く粗い．殻長40 mm．（山下博由・木村昭一）

マルスダレガイ科
カミブスマ
Clementia papyracea Gray, 1846

沖縄県羽地内海　1998年　久保弘文撮影

評価：準絶滅危惧
選定理由：生息条件の悪化
分布：奄美大島，沖縄島，先島諸島，インド・太平洋．
生息環境・生態：内湾や河口域に隣接する澪筋の低潮線〜水深20 mの砂泥〜泥砂底に生息する．
解説：個体数は多くはないが，垂直分布が広く，分布域も広範囲で南西諸島全域に渡る．また，航路などで2次的に造成された水路の泥底等にも認められる．しかし，羽地内海では1990年代後半から潮間帯の個体群が激減した．本種は埋在深度が深いが，水管の開口部が，内側がコーティングされた明確な貝穴として確認できるため，個体数の激減は，この貝穴が減ることにより，推測できる．激減の要因としては，富栄養で大発生したアナアオサに，底質が被覆され，呼吸水の交換阻害により，酸欠を来した可能性がある．本種の北限は奄美・沖縄と考えられるが，日本本土に分布するフスマガイ Clementia vatheleti Mabille, 1901とは形態的に類似し，分子系統解析が望まれる．殻長70 mm．（久保弘文）

マルスダレガイ科
オキシジミ(沖縄島)
Cyclina sinensis (Gmelin, 1791)

(左)沖縄島羽地内海　(右)沖縄市泡瀬干潟　山下博由撮影

評価：絶滅のおそれのある地域個体群（沖縄島）
選定理由：個体数・個体群の減少，生息条件の悪化，分布域限定
分布：沖縄島（塩屋湾，羽地内海，中城湾，那覇周辺など）．
生息環境・生態：内湾奥部・河口域の干潟の中・低潮帯の泥底，砂泥底に生息する．
解説：日本本土では，陸奥湾〜九州の錦江湾までの各地の干潟に比較的豊富に見られるが，南西諸島では沖縄島にのみ分布し，日本本土や大陸から地理的に隔離された個体群として貴重である．塩屋湾，羽地内海，中城湾，那覇周辺などの干潟・河口域に約12の個体群があり，うち6カ所では豊富に生息する．羽地内海，泡瀬，豊見城，漫湖などでは，埋立・護岸・土砂流入・汚染などによって大きく減少している．沖縄島では食用に流通していたが，生息地・個体数の減少に伴い，流通量も少なくなっている．殻高60 mm．（山下博由）

マルスダレガイ科
ツキカガミ
Dosinia (Asa) aspera (Reeve, 1850)

西表島浦内川河口　山下博由撮影

評価：絶滅危惧Ⅱ類
選定理由：生息条件の悪化，分布域限定，希少
分布：八重山列島，中国大陸南部〜ベトナム，フィリピン．
生息環境・生態：内湾・河口干潟の中・低潮帯付近の砂底・砂泥底に生息する．
解説：小型のカガミガイ類で，日本では，石垣島（1カ所）・西表島（4カ所）にのみ分布し，生息個体数は少ない．マングローブに近接した干潟に生息することが多く，西表島浦内川では，河口干潟の砂底にタママキ Mactra cygnus Gmelin, 1791，リュウキュウザクラなどと同所的に生息する．殻長25 mm．（山下博由・久保弘文）

軟体動物・二枚貝類　147

マルスダレガイ科
アツカガミ
Dosinia (*Asa*) *biscocta* (Reeve, 1850)

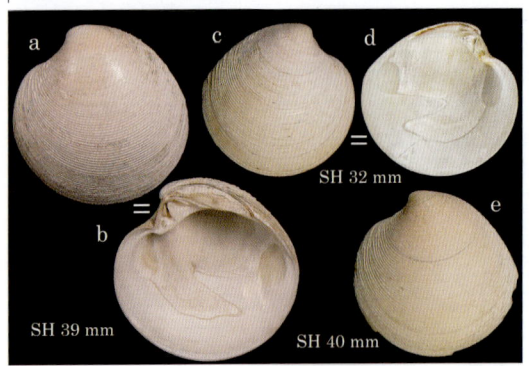

(a, b) 大分県杵築市守江湾　(c, d) 大韓民国セマングム地域界火里　(e) 山口県山陽小野田市　大阪自然史博物館所蔵　吉良哲明標本 OMNH-Mo 14036　山下博由撮影

評価：絶滅危惧 IA 類
選定理由：個体数・個体群の減少，生息条件の悪化，分布域限定
分布：日本，朝鮮半島，中国大陸．
生息環境・生態：内湾の中・低潮帯～水深20 mの砂泥底に生息する．
解説：日本では，和歌山県，瀬戸内海，有明海から記録がある．化石では，神奈川県の更新統上部横須賀層などから記録されている．瀬戸内海では，兵庫・広島・山口・福岡・大分各県から記録がある．有明海では，熊本県沿岸を中心に死殻が見られる．国内の産出記録のほとんどは古い殻であり，生貝標本は瀬戸内海西部からわずかに確認されるが，過去50年以内の生息情報はなく，消滅した可能性が高い．韓国西海岸には干潟中潮帯の砂泥底に現在も生息している．韓国では多産地もあるが，大量の死殻が見られ生息個体数が少ない場所もあるので，個体群の消耗が起きやすい種と推測される．殻高40 mm．（山下博由）

マルスダレガイ科
ヤタノカガミ
Dosinia (*Asa*) *troscheli* Lischke, 1873

山口市秋穂町尻川　2002年　岡山大学農学部水系保全学研究室所蔵（OKCAB M903）　福田宏撮影

評価：絶滅危惧 II 類
選定理由：個体数・個体群の減少，生息条件の悪化，希少
分布：遠州灘～九州．
生息環境・生態：内湾砂泥底の低潮帯から潮下帯．とくにアマモ場に見られることが多い．
解説：学名 *troscheli* はマルヒナガイに対して用いられることが多いが，Lischke による *troscheli* のタイプ標本はヤタノカガミであると考えられる．この場合，現在ヤタノカガミの学名とされている *Phacosoma nipponicum* Okutani & Habe in Okutani, Tagawa & Horikawa, 1988は新参異名となり，マルヒナガイは学名を失うことになる．ヤタノカガミはマルヒナガイより殻が前後に長く，小月面が彩色されない（マルヒナガイは褐色に染まる）点で識別される．全国的に産出記録の著しく少ない種で，瀬戸内海（岡山県玉野市，山口県秋穂湾等）の砂質干潟では近年も生貝や新鮮な合弁死殻が確認されているが，生息範囲は狭く，個体数も少ない．殻長50 mm．（福田宏）

マルスダレガイ科
オイノカガミ
Dosinia (*Bonartemis*) *histrio* (Gmelin, 1791)

(a) 沖縄県糸満市　(b) 石垣島　久保弘文撮影

評価：準絶滅危惧
選定理由：生息条件の悪化
分布：奄美大島，沖縄島，先島諸島，中国大陸南部，インド・太平洋．
生息環境・生態：潮通しのよい干潟やリーフ内の砂～砂礫底に浅く埋在する．垂直分布が中潮線～水深3 m付近と浅場に限定される．
解説：南西諸島では島嶼間で貝殻の色調に変異差が認められ，奄美大島や先島諸島の型では明らかな赤褐色のジグザグ模様を持つが，沖縄島型は模様が不明瞭で，薄紫がかった灰桃色の色調となる．中国大陸南部やフィリピンは先島型であり，一般的な型と考えられるが，沖縄島型は他地域では未見である．奄美，沖縄島周辺では海浜改変等による生息場所の消失，赤土流入等による泥化や富栄養化で，干潟の生息環境が悪化している．先島諸島でもとくに石垣島では減少傾向にある．殻長42 mm．（久保弘文）

マルスダレガイ科
ウラカガミ
Dosinia (*Dosinella*) *corrugata* (Reeve, 1850)

愛知県名古屋港沖　木村昭一撮影

評価：絶滅危惧 IB 類
選定理由：個体数・個体群の減少，生息条件の悪化
分布：陸奥湾以南〜九州，朝鮮半島，中国大陸．
生息環境・生態：内湾奥部の低潮帯〜水深20 m 程度のシルト泥底に生息する．濾過食．
解説：殻はやや角張った円形で，膨らみは弱く扁平．殻頂は前傾し，楯面は不明瞭．輪肋は細かいが強く密にある．軟体部は白色で水管は長く延長する．三河湾，伊勢湾，瀬戸内海，八代海などの各地の内湾奥部の潮下帯から死殻は採集されている．東京湾でも半化石が大量に採集され，最近絶滅したと考えられている．近年，国内で生息が確認，報告されたのは，2008年に名古屋港沖における 2 個体の 1 例だけである．元々潮下帯に分布の中心があるが，熊本県羊角湾では低潮線付近の干潟で，生きていた時の状態で多くの死殻が確認され，近年個体群が消滅したと考えられる．本種の生息環境は著しく悪化していると考えられる．殻長65 mm．（木村昭一）

マルスダレガイ科
ケマンガイ
Gafrarium divaricatum (Gmelin, 1791)

(a)三重県英虞湾　2009年　(b)熊本県羊角湾　2011年　木村昭一撮影

評価：準絶滅危惧
選定理由：個体数・個体群の減少，生息条件の悪化
分布：房総・能登半島〜九州，東南アジア，熱帯インド・西太平洋．
生息環境・生態：内湾湾口部や海峡部等潮通しのよい海岸に近接した入り江の岩礫地において，岩盤間の砂中や転石下などに生息する．シラトリモドキ *Heteromacoma irus* (Hanley, 1845)，シオヤガイ，ヒメイナミガイ *Gafrarium dispar* (Holten, 1802) 等と同所的に見られることが多い．
解説：全国でも産地は不連続で，また水質の富栄養化に弱い可能性がある．岡山県では戦前，地域ごとに異なる方言でよばれていたほど普通種であったが，現在は死殻が希に見られるだけで，近年著しく減少した．三重県英虞湾・五ヶ所湾，和歌山県田辺湾，山口県深川湾，高知県浦ノ内湾・浦戸湾，長崎県大村湾，熊本県羊角湾等には今も健在な個体群が存在し，それらの一部では食用として地産地消されている．殻長40 mm．（福田 宏・木村昭一）

マルスダレガイ科
スダレハマグリ
Katelysia japonica (Gmelin, 1791)

(a)和歌山県東牟婁郡　(b, c)愛媛県　木村昭一撮影

評価：準絶滅危惧
選定理由：個体数・個体群の減少，生息条件の悪化
分布：紀伊半島〜南西諸島，インド・太平洋．
生息環境・生態：内湾の礫混じりの泥質干潟に生息．濾過食．
解説：殻は赤味のある褐色で亜三角形，殻表は強い輪肋で被われる．殻質はやや厚い．成貝では，殻の後部は細くなり，後端がとがる．沖縄島以南の南西諸島では比較的に生息地も多く，個体数も多いが，護岸工事や埋立などで個体群ごと消失している例も報告されている．また赤土の流出による個体群の減少も報告されている．紀伊半島から九州では生息地が非常に少なく，個体数も少ない．和歌山県東牟婁郡那智勝浦町が分布北限である．愛媛県では一時絶滅と報告されたが，近年再び生きた個体が採集されている．本種の生息環境は干潟の消失，土砂の流入，水質汚濁などで急速に悪化しているので分布域全域で生息地，個体数ともに減少していると考えられる．殻長45 mm．（木村昭一）

軟体動物・二枚貝類　149

マルスダレガイ科
ハマグリ
Meretrix lusoria (Röding, 1798)

(a) 三重県松阪市　(b) 佐賀県唐津市　(c) 熊本市　(d) 大韓民国慶尚南道泗川市　(e) 同・全羅南道康津郡　山下博由撮影

評価：絶滅危惧II類
選定理由：個体数・個体群の減少，生息条件の悪化，分布域限定
分布：陸奥湾～九州，朝鮮半島南部．
生息環境・生態：内湾・河口域の中・低潮帯～水深5mの砂底・砂泥底に生息する．
解説：日本の干潟を代表する二枚貝の一つであるが，1980年代以降，埋立，汚染，過剰漁獲によって，各地で多くの個体群が縮小・消滅した．仙台湾，東京湾にも大きな個体群があったが，ほとんど見られなくなった．現在，大きな個体群は，伊勢湾，瀬戸内海西部，唐津湾，有明海にあるが，個体数の増減が激しい．各地の漁獲量は，1970年代の20～5％以下になっている．漁獲圧の影響も深刻であるため，適切な資源管理が重要である．シナハマグリ *Meretrix petechialis* (Lamarck, 1818) の放流は，交雑を起こすおそれがある．韓国南海岸では，小さな個体群が数カ所に残っているのみで，日本よりも危機的な状況にある．殻長85mm．（山下博由）

マルスダレガイ科
トゥドゥマリハマグリ
Meretrix sp.

沖縄県八重山郡竹富町　西表島トゥドゥマリ浜　山下博由撮影

評価：絶滅危惧IA類
選定理由：個体数・個体群の減少，生息条件の悪化，分布域限定
分布：西表島．
生息環境・生態：河口・湾の低潮帯～水深5mの砂底に生息．
解説：未記載種．ハマグリ類としては小型，亜三角形で，殻は厚く，套線湾入の下端は尖る．西表島では，仲間川河口からも古い殻が出土するが，現在の生息地は浦内川河口～トゥドゥマリ浜のみである．2000年代初頭までは多産したが，2005年以降に個体数は大きく減少し，定量調査の結果からも過去の30％以下になっていると考えられる．周辺地域の人口や施設増に伴う水質汚染が減少要因と考えられ，排水環境の整備や化学汚染への注意が必要である．生息個体数がかなり少ないため，食用やコレクション目的の採集も慎まれるべきである．フィリピンの一部に近似種が分布しているが，詳細な関係は不明である．ハマグリ属 *Meretrix* の中で，最も分布域が狭い種の一つである．殻長60mm．（山下博由）

マルスダレガイ科
ユウカゲハマグリ
Pitar citrinus (Lamarck, 1818)

沖縄県豊見城村瀬長　1986年　久保弘文撮影

評価：絶滅危惧II類
選定理由：生息条件の悪化，個体数・個体群の減少
分布：奄美大島，沖縄島，先島諸島，フィリピン，インドネシア，オーストラリア．
生息環境・生態：潮通しのよい中潮線のアマモ場とそれに隣接する砂泥～砂礫底に浅く埋在する．
解説：垂直分布が内湾域の中潮線～低潮線付近に限定され，沖縄島では中南部地区の埋立が本格化する1980年代後半から激減した．先島諸島でも沖縄島ほどではないが，減少傾向にある．元々，那覇市公設市場で売られていたほどの普通種であったが，オミナエシハマグリ属 *Pitar* で最も浅い場所に生息するため，陸域からの影響を最も被りやすく，危機的な状況まで減少している．殻長50mm．（久保弘文）

マルスダレガイ科
ウスハマグリ
Pitar kurodai Matsubara, 2007

(a)長崎県佐世保市浅子町　2011年　川内野善治撮影　(b, c)神奈川県逗子　2009年　河辺訓受採集　木村昭一撮影

評価：絶滅危惧 IB 類
選定理由：個体数・個体群の減少，生息条件の悪化，希少
分布：福島・兵庫県～九州．ニューカレドニアと北オーストラリアからも記録があるが日本産とは別種の可能性があり，再検討を要する．
生息環境・生態：潮通しのよい内湾の低潮帯～潮下帯の清浄な砂底．アマモ場にも産する．同所的にハマグリ，ミドリシャミセンガイ，ツバサゴカイ等が見られる．
解説：南半球からの個体が別種であれば，本種は本州中部～九州の固有種かもしれない．元々個体数の少ない種で，とくに近年の日本では埋立や水質悪化等により極めて希な種となり，死殻を見る機会も少なくなった．瀬戸内海ではタイプ産地の山口県柳井湾を含め，近年生貝が見出されたという明確な報告はない．長崎県佐世保市周辺には例外的に，潮干狩りで本種の生貝を見ることのできる干潟が現存する．殻長50 mm．（福田 宏）

マルスダレガイ科
マダライオウハマグリ
Pitar limatulum (Sowerby II, 1851)

沖縄県糸満市西崎　2010年　久保弘文撮影

評価：絶滅危惧 IB 類
選定理由：生息条件の悪化，個体数・個体群の減少，分布域限定
分布：和歌山県以南，奄美大島，沖縄島東海岸（大浦湾，金武湾，中城湾），沖縄島西海岸（糸満，瀬長島，屋嘉田潟原，羽地外海等），インドネシア，オーストラリア北部．
生息環境・生態：潮通しのよい中潮線～水深 2 m 付近までのアマモ場とそれに隣接する細砂底に浅く埋在する．
解説：和歌山県以南とする文献もあるが，具体的な産地記録はほとんどなく，分布の中心は奄美・沖縄島である．南方系の種と考えられるが，先島諸島では記録がない．水平・垂直ともに分布の幅が狭く，現在すべての分布域で個体数が少ない．1990年代後半までうるま市海中道路や沖縄市泡瀬では普通に確認されたが，現在は海中道路ではほぼ消滅，泡瀬ではとくに近年の埋立後にアマモ場が荒廃し，個体数が激減した．一方，埋立後の二次的に形成された細砂域での確認が 2 例ある．殻長30 mm．（久保弘文）

マルスダレガイ科
ガンギハマグリ
Pitar lineolatum (Sowerby II, 1854)

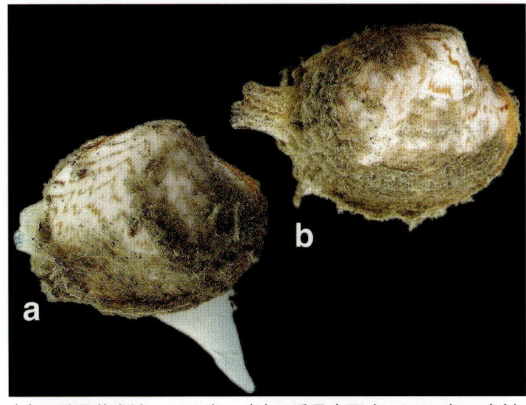

(a)三重県英虞湾　2008年　(b)三重県鳥羽市　2010年　木村昭一撮影

評価：準絶滅危惧
選定理由：個体数・個体群の減少，生息条件の悪化
分布：房総半島・佐渡～九州，南西諸島，中国大陸，台湾，フィリピン，北オーストラリア，熱帯インド・西太平洋．
生息環境・生態：ウスハマグリと同様，潮通しのよい内湾湾口部の細砂干潟低潮帯～潮下帯に見られる．とくにアマモ場に多い．
解説：死殻は時折砂浜の打ち上げ等で見かけることがあるが，個体数は少なく，一度に多数個体を見ることは希である．北長門海岸から九州西岸にかけては現在も健在産地が不連続的に点在し，長崎県平戸市～佐世保市ではハマグリ等が棲む砂質干潟での潮干狩りで生貝を目にすることができるが，そのような産地は現在他の海域では見ることがなく，近年になって広い範囲で潮間帯の個体群が消滅した可能性がある．殻長25 mm．（福田 宏・木村昭一）

マルスダレガイ科
オミナエシハマグリ
Pitar pellucidum (Lamarck, 1822)

石垣島　2004年　(a)標準型　(b)オトコエシ型　(c)中間型
久保弘文撮影

評価：準絶滅危惧
選定理由：生息条件の悪化
分布：奄美大島，沖縄島，先島諸島，中国大陸南部，インド・太平洋．
生息環境・生態：内湾～やや外洋の潮通しのよいアマモ場の細砂底～砂礫底に生息する．垂直分布の幅が狭く，海草干潟の周辺に限られる．
解説：先島諸島の健全なアマモ場では現在も個体数は少なくないが，沖縄島周辺では埋立による生息地の消失，陸土流入による底質の泥化により，生息環境が悪化している．なお，オトコエシハマグリ *Pitar subpellucidum* (Sowerby II, 1851) (b) はオミナエシの外洋・砂礫底生態型と見なして割愛したが，今後，分子系統解析が必要であろう．殻長50 mm．（久保弘文）

マルスダレガイ科
イオウハマグリ
Pitar sulfreum Pilsbry, 1904

三重県英虞湾　木村昭一撮影

評価：絶滅危惧II類
選定理由：個体数・個体群の減少，生息条件の悪化
分布：房総・男鹿半島～南西諸島，インド・太平洋．
生息環境・生態：内湾の干潟の高～中潮線の礫混じりの砂泥底に生息している．濾過食．
解説：殻は円形で膨らみが強く，殻質はやや厚い．生きている時は殻表に砂や泥を付着させている．殻表は平滑で鮮黄色．殻の内面は橙黄色．三重県英虞湾は現在の分布の北・東限と考えられ，健全な個体群が残されている．愛媛県では絶滅が報告された．九州西岸でも熊本県羊角湾など生息地は散在するが，死殻しか採集できない産地も多い．南西諸島では比較的広域に分布しているが，生息地は不連続的で生息地も少なく，個体数も少ない．沖縄県では埋立等で個体群ごと消失した例や，赤土の流出による個体数の減少が報告されている．干潟は埋立等で減少していて，干潟の高い位置を生息域とする本種の生息地も著しく減少していると考えられる．殻長30 mm．（木村昭一）

マルスダレガイ科
リュウキュウアサリ
Tapes literatus (Linnaeus, 1758)

(生体)沖縄県泡瀬干潟　(標本)石垣島　久保弘文撮影

評価：絶滅危惧II類
選定理由：生息条件の悪化，個体数・個体群の減少
分布：奄美大島，沖縄島，先島諸島，インド・太平洋．
生息環境・生態：潮通しのよいアマモ場とそれに隣接する砂礫～礫底の中潮線～水深1 m付近までに浅く埋在する．
解説：垂直分布が浅場に限定され，礫底を中心に，いわゆるガレ場を好む大型種であり，沖縄島・石垣島周辺では陸域からの赤土堆積による目詰まりで生息環境が著しく悪化した．とくに沖縄島では中南部地区の埋立事業が本格化する1980年代後半から激減した．先島諸島でも，全体的に減少傾向にある．元々，魚市場で山積みされて売られていたほどの普通種であったが，沖縄島周辺の，とくに糸満・豊見城沿岸，中城湾等では埋立や航路浚渫により，多くの生息地が消失し，個体数が激減した．なお，本種は沖縄産アサリ類では最も大型化し，美味であり，水産上の価値も高いが，現在，漁業について論議すらできない水準にまで沖縄の干潟は減少し，環境が悪化してしまった．殻長70 mm．（久保弘文）

ツクエガイ科
コヅツガイ
Eufistulana grandis (Deshayes, 1855)

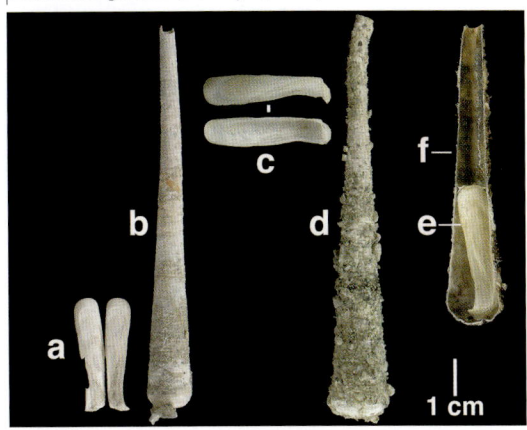

(a, b) 愛知県日間賀島沖　(c–f) 沖縄島　木村昭一撮影

評価：準絶滅危惧
選定理由：個体数・個体群の減少，生息条件の悪化
分布：房総半島～南西諸島，インド・太平洋．
生息環境・生態：内湾の潮間帯～潮下帯の砂泥底に石灰質の長い棲管（b, d, f：断面）を分泌してその中に生息する．
解説：殻（a, c, e）は細長く，殻頂は前に偏る．前縁部から後部にかけての腹縁部は広く開く．棲管は前部が太く，後部に向かって細くなり，後端は開口する．棲管は後端（開口部）が上になる形でほぼ垂直に底質に埋在している．棲管の外側には周囲の底質を付着させている．沖縄島では内湾の潮下帯や羽地内海の干潟等で生息が確認されている．沖縄島周辺以外の干潟で本種の生息が確認されている場所はほとんどない．沖縄島では潮下帯に健全な個体群が確認されているが，本州，九州では潮下帯においても棲管の破片が採集されることはあるが，近年生きた個体が採集された記録はない．三河湾湾口部で棲管に入った死殻が少数採集されたが，生息は確認されていない．殻長40 mm．（木村昭一・久保弘文）

ヤドリシジミ科
ケヅメガイ類
Anisodonta spp.

石垣島 (a, b) 2002年　(c, d) 2003年　久保弘文撮影

評価：絶滅危惧II類
選定理由：生息条件の悪化，特殊生息環境
分布：沖縄島，先島諸島，フィリピン，オーストラリア．
生息環境・生態：潮通しのよいアマモ場～内湾干潟の中潮線～水深2 m付近の埋もれ石下等のユムシ類の巣穴に生息し，共生関係にあると考えられる．
解説：本類は，殻形態の変異が大きいが，一方で明らかに別種の形態を持つ種も類似環境に存在する．希少で，内湾域の埋もれ石下の環境が悪化していることから，絶滅が危惧され，一括して掲載した．近年，類似種にハイヌミカゼガイという新和名が提唱され（後藤ほか，2011），分類学的検討がされている．ケヅメガイは元々瀬戸内海より報告されたが，出典元に図がなく，実態不明である．ただ和名を伴い図示された最古文献は波部（1949）であるため，和名はその図が参考となる．(a) はハイヌミカゼガイという和名の貝に似るが，波部のケヅメガイとも類似する．(b) はその変異で, (c) と (d) は別種と考えられる．殻長5～10 mm（久保弘文）．

ヤドリシジミ科
イソカゼ
Basterotia gouldi (A. Adams, 1864)

静岡県浜名湖　2004年　木村昭一撮影

評価：絶滅危惧IB類
選定理由：個体数・個体群の減少，生息条件の悪化，特殊生息環境
分布：房総半島，男鹿半島～九州．日本固有種の可能性が高い．
生息環境・生態：内湾の砂泥質干潟に生息するミドリユムシ類の巣穴内に生息している．ミドリユムシ類に付着している個体もあれば，巣穴内の離れた位置にいる個体もある．殻上にヒドロ虫類が付着している個体もある．殻は潮間帯～水深40 mで採集される．
解説：殻は，丸みのある四角形で，殻頂部は前寄りで，大きく前傾する．後背縁は丸く湾曲する．殻は厚い殻皮で被われ，両殻は完全に閉じない．死殻は比較的広域で採集されるが，生きた個体は，浜名湖や瀬戸内海で少数の採集記録があるだけである．ミドリユムシ類が少なくなっており，それに依存する本種の生息地，個体数は非常に少なくなったと考えられる．浜名湖では最近5年間はミドリユムシ類とともに本種の生息が確認できない．殻長10 mm．（木村昭一）

軟体動物・二枚貝類　153

ウロコガイ科
ヒノマルズキン
Anisodevonia ohshimai (Kawahara, 1942)

石垣島　2004年　久保弘文撮影

評価：準絶滅危惧
選定理由：特殊生息環境，分布域限定
分布：石垣島，西表島．
生息環境・生態：八重山列島の中潮線〜低潮線付近の潮通しのよい砂泥〜泥礫底の内湾域のみに確認されている．
解説：無足ナマコの一種であるヒモイカリナマコ *Patinapta ooplax* (Marenzeller, 1882) 上に強く吸着し，他のケボリガイ類等のウロコガイ科貝類より宿主への依存が高く，著しく特殊化した種である．個体数は，産地によっては少なくないが，水平・垂直ともに分布が限定されることから，生息地の改変や環境悪化に曝されれば生存が危惧される．しかし，現生息地はラムサール条約（名蔵湾），自然公園法（西表島・石垣島），沖縄県漁業調整規則（川平保護水面，名蔵保護水面）等の法律により，一定程度保護されている．殻長3mm．（久保弘文）

ウロコガイ科
ガンヅキ
Arthritica japonica Lützen & Takahashi, 2003

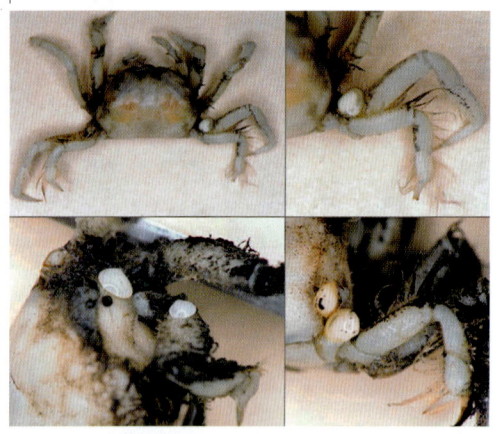

山口県山陽小野田市きららビーチ焼野　1999年　福田宏撮影

評価：絶滅危惧IA類
選定理由：個体数・個体群の減少，生息条件の悪化，分布域限定，希少，特殊生息環境
分布：瀬戸内海周防灘西部（福岡県北九州市曽根干潟，山口県山陽小野田市きららビーチ焼野）．
生息環境・生態：内湾奥部潮間帯に棲むメナシピンノの頭胸甲側縁や胸脚の節上に足糸で付着する．曽根干潟では砂泥底中部，焼野では玉石海岸の低潮帯転石下から宿主とともに見出された．
解説：原記載に挙げられた2産地以外に産出記録のない珍希種である．宿主メナシピンノ自体が決して普通に見られる種ではない上に，本種の寄生率は著しく低いと思われる．埋立や護岸，水質汚濁等による干潟の状態の悪化に伴って宿主が減少し，元々希少な本種に大きな打撃を与えている可能性がある．殻長2mm．（福田宏）

ウロコガイ科
ガタヅキ（コハギガイ）
Arthritica reikoae (Suzuki & Kosuge, 2010)

千葉県市川市江戸川放水路　2007年　多留聖典撮影

評価：情報不足
選定理由：個体数・個体群の減少，生息条件の悪化
分布：東京湾奥江戸川河口．同種の可能性のある個体は陸奥湾，長面浦，多摩川河口，伊勢湾，瀬戸内海西部（大分県中津・杵築・臼杵各市），種子島，西表島等から確認されている．
生息環境・生態：内湾奥砂泥干潟中・低潮帯の底泥に浅く埋もれて生息．江戸川放水路では1990年代に干潟を埋め尽くすほど増殖したが，その後はさほど高密度では見られない．
解説：近年まで発見例がなく，また環境撹乱の著しい東京湾奥部で爆発的に増殖したことから外来種の疑いがあるが，最近新種記載された．原記載ではチリハギ属 *Lasaea* の一員として同属の他種と比較しているが，本種は蝶番の形態から明らかにガンヅキに近縁である．江戸川産以外の個体は殻形に若干の差異があり複数種が混在している可能性があるため，今後包括的な再検討が必要である．分類が未確定な現時点で希少性評価は困難であるが，干潟に特異的なことから，一部は保全対象とすべき種かもしれない．殻長1.5mm．（福田宏）

ウロコガイ科
アケボノガイ
Barrimysia cumingii（A. Adams, 1856）

石垣島　2001年　久保弘文撮影

評価：絶滅危惧Ⅱ類
選定理由：個体数・個体群の減少，生息条件の悪化，特殊生息環境，希少
分布：奄美大島，沖縄島，先島諸島，インド・太平洋．
生息環境・生態：自然度の保たれたアマモ場の深く埋まった岩盤下（埋もれ石）に生息し，ほとんど移動しない可能性がある．通常，アナエビ類 Axiidae gen. sp. の巣穴に同居する場合が多く，何らかの共生関係にあると考えられる．
解説：沖縄島のアマモ場は埋立によって減少し，本種の生息海域自体が大幅に消失しており，加えて，陸域からの負荷により富栄養化や泥化が進行すると，本種の住処である埋もれ石下は硫化物や泥分が増加し，目詰まり状態となる．本種はそのような場所ではほとんど生息が認められない．現在，沖縄島中南部では埋もれ石下の環境が悪化し，生貝の確認が困難で，多くの個体群が死滅した可能性が高い．また，先島海域においても，石垣島南部を中心に同様の環境悪化は拡大している．殻長30 mm．（久保弘文）

ウロコガイ科
ホシムシアケボノガイ
Barrimysia siphonosomae Morton & Scott, 1989

石垣島名蔵湾　2010年　久保弘文撮影

評価：絶滅危惧Ⅱ類
選定理由：分布域限定，特殊生息環境，希少
分布：石垣島（名蔵湾），西表島（浦内川），香港．
生息環境・生態：自然度の保たれたマングローブに隣接する干潟の中潮帯の砂泥底に生息する．スジホシムシモドキの巣穴や体表に付着し，何らかの共生関係にある．
解説：1998年に香港で新種記載されて以来，他地域から報告のなかった希少な二枚貝類で，八重山諸島から2カ所目の記録として報告された．2010年8月の調査では生息地は非常に狭い範囲に留まり，同所的に生息するユンタクシジミと比べ，個体数は1/10にも満たなかった．現状では生息場所における大きな環境悪化は見当たらないが，生態が特殊で，宿主依存がある上，希少な種類のため，個体群の維持には周辺地域での良好な環境確保が不可欠であろう．殻長6 mm．（久保弘文・山下博由）

ウロコガイ科
アリアケケボリ
Borniopsis ariakensis Habe, 1959

熊本県天草上島　2011年　石川裕撮影

評価：絶滅危惧ⅠB類
選定理由：個体数・個体群の減少，生息条件の悪化，分布域限定，希少，特殊生息環境
分布：若狭湾，有明海，天草，八代海．
生息環境・生態：トゲイカリナマコ *Protankyra bidentata*（Woodward & Barrett, 1858）の巣穴中に生息し，その体表に着生することもある．
解説：現在は，天草松島周辺，八代海の数カ所で生息が確認されている．ツルマルケボリとともに見られるが，ツルマルケボリよりも分布は限定され，個体数も少ない．「日本産軟体動物分類学　二枚貝綱／掘足綱」（波部，1977）において，アリアケケボリとツルマルケボリの図が入れ替わっているため，同定に混乱が生じていることがある．アリアケケボリに比べ，ツルマルケボリは殻頂の膨らみと突出が強い．殻長12 mm．（山下博由）

ウロコガイ科
ツルマルケボリ
Borniopsis tsurumaru Habe, 1959

熊本県上天草市　2011年　久保弘文撮影

評価：絶滅危惧Ⅱ類
選定理由：生息条件の悪化，個体数・個体群の減少，希少，特殊生息環境
分布：三河湾，有明海，八代海，七尾湾での記録があるが，現在，有明海周辺と韓国の分布を確認している他は現状不明．
生息環境・生態：内湾の中・低潮帯～水深50 mの砂泥底のトゲイカリナマコ *Protankyra bidentata*（Woodward & Barrett, 1858）の巣穴中や体表に着生し，何らかの共生関係にある．
解説：近年，生息が確認されているのは熊本市，天草松島周辺，八代海北部である．2011年4月に上天草市松島で行った個体密度調査（3人の調査員がトゲイカリナマコに注目しながら行った調査）では，発見率が，トゲイカリナマコ上から見出された個体が1.09個/時，巣穴からは0.84個/時と非常に少なかった．なお，周辺のランダムな踏査では，発見箇所は狭い範囲に限られ，極めて局所的な生息状況であった．殻長8 mm．（久保弘文・木村昭一・山下博由）

ウロコガイ科
セワケガイ
Byssobornia adamsi (Yokoyama, 1924)

（標本）沖縄県金武湾　1995年　（生態）石垣島名蔵湾　2002年
久保弘文撮影

評価：絶滅危惧Ⅱ類
選定理由：個体数・個体群の減少，生息条件の悪化，特殊生息環境，希少
分布：房総半島以南の太平洋岸，奄美大島，沖縄島，先島諸島．
生息環境・生態：岩礫の多い内湾の潮通しのよい中・低潮帯の泥礫底に生息する．とくにユムシ類（スジユムシ *Ochetostoma erythrogrammon* Leuckart & Rüppell, 1828）の巣穴に見られることが多く，何らかの共生関係があると考えられる．
解説：本土では生体の確認事例がほとんどなく，瀬戸内海では死殻のみしか記録がないため，すでに多くの海域で環境悪化により個体群が消滅したか，元々個体数が著しく少ないと推測される．よって現在，分布の中心は南西諸島と考えられる．沖縄周辺では埋立等による生息地の消失，赤土などの陸土流入の沈積や富栄養化による底質悪化により，宿主ともども生息場所・個体数が減少している．殻長15 mm．（久保弘文）

ウロコガイ科
ヒナノズキン
Devonia semperi (Ohshima, 1930)

熊本県天草上島　2011年　石川裕撮影

評価：絶滅危惧ⅠB類
選定理由：個体数・個体群の減少，分布域限定，希少，特殊生息環境
分布：日本，中国大陸（渤海～南シナ海）沿岸．
生息環境・生態：中・低潮帯～水深40 mの泥底，砂泥底のトゲイカリナマコ *Protankyra bidentata*（Woodward & Barrett, 1858）の巣穴中に生息し，その体表に強く着生する．殻は外套膜に覆われる．
解説：日本では，瀬戸内海・博多湾・天草・八代海に分布する．瀬戸内海では近年，広島県・愛媛県沿岸で生息が確認されている（石川裕氏，私信）．天草では，富岡巴湾がタイプ産地であるが再発見されておらず，近年は天草松島周辺で生息が確認されている．八代海では，氷川と球磨川河口で生息が確認されている．潮下帯の水深記録は中国大陸沿岸のものである．殻長2 mm．（山下博由）

ウロコガイ科
ニッポンヨーヨーシジミ
Divariscintilla toyohiwakensis Yamashita, Haga & Lützen, 2011

大分県中津市大新田　芳賀拓真・山下博由・和田太一撮影
(after 山下, 2010；Yamashita et al., 2011)

評価：絶滅危惧Ⅱ類
選定理由：分布域限定，特殊生息環境
分布：大分県中津市，熊本県天草上島．
生息環境・生態：砂泥質干潟低潮帯のシマトラフヒメシャコの巣穴内に生息する．
解説：大分県中津市大新田をタイプ産地として記載された．シマトラフヒメシャコの生息地自体が日本では極めて少ないこと，その巣穴に共生することから，分布は限定され，生息基盤も脆弱であると考えられる．タイプ産地以外では，熊本県天草で確認されているのみ（石川裕氏, 私信）．中津市では，周辺地域の開発が進み，干潟環境の悪化や生物の減少が報告されており，今後の生息が危惧される．殻長4mm.（山下博由）

ウロコガイ科
オオツヤウロコガイ
Ephippodonta gigas Kubo, 1996

沖縄県糸満市　1999年　久保弘文撮影

評価：絶滅危惧Ⅱ類
選定理由：生息条件の悪化，個体数・個体群の減少，希少，特殊生息環境
分布：沖縄島，石垣島，タイ（プーケット島）．
生息環境・生態：内湾の低潮線付近の泥礫～岩礫地に生息する．
解説：本種のタイプ産地（豊見城市与根干潟等）は埋立により消滅し，タイプ産地の個体群は絶滅したが，その後，糸満市の一部と羽地内海，石垣島で新産地が見つかった．しかし，いずれの産地も生息密度は非常に低い．沖縄島では，陸土流入の沈積による石下の目詰まりや富栄養化によるアナアオサの腐敗などにより，底質環境が悪化し，宿主ともども個体数は減少していると考えられる．糸満市ではミナミアナジャコの巣穴から見出され，何らかの共生関係が示唆される．殻長18mm.（久保弘文）

ウロコガイ科
フジタニコハクノツユ
Fronsella fujitaniana (Yokoyama, 1927)

山口県柳井湾　1988年　岡山大学農学部水系保全学研究室所蔵　福田宏撮影

評価：絶滅危惧Ⅱ類
選定理由：個体数・個体群の減少，生息条件の悪化，希少
分布：陸奥湾～九州，中国大陸．
生息環境・生態：内湾奥部の砂泥質干潟低潮帯表層～潮下帯に生息するが，生態の詳細は不明．
解説：生貝・死殻ともに発見例は全国的に極めて少ないが，岡山県玉野市，山口県柳井湾・萩市菊ヶ浜，大分県中津市大新田等では近年も新鮮な死殻が得られている．それらの産地で同所的に見られた種は，イリエツボ，アリソガイ，イチョウシラトリなど絶滅の危機にある希少種が多いため，本種も同様に強い減少傾向にあると推測され，現在は良好な状態が保たれた内湾にのみ生き残っている可能性が高い．殻長7mm.（福田 宏）

軟体動物・二枚貝類

ウロコガイ科
ハナビラガイ
Fronsella ohshimai Habe, 1958

SL 9.1 mm

熊本県天草郡苓北町富岡　国立科学博物館所蔵 NSMT-Mo 49819　ホロタイプ　Paul Callomon 撮影　Higo et al. (2001) を改変．

評価：絶滅危惧 IA 類
選定理由：個体数・個体群の減少，分布域限定，希少，特殊生息環境
分布：相模湾・男鹿半島～九州に分布，国外からは発見されていない．
生息環境・生態：砂泥底に生息するスジホシムシの後端に着生する．
解説：相模湾と男鹿半島の古い記録があるが，その後確認されていない．和歌山県では，日高郡・御坊市周辺から県南にかけて記録があり，近年も分布情報がある．山口県上関町長島の潮下帯では，2008年に殻が確認された．九州では，天草下島富岡（タイプ産地）と長崎市茂木から記録されているが，近年は確認されていない．スジホシムシの産出に比べ，極めて確認例の少ない種で，絶滅が危惧される．殻長9mm．（山下博由）

ウロコガイ科
コハクマメアゲマキ
Galeomma ambigua (Deshayes, 1856)

石垣島名蔵湾　2003年　久保弘文撮影

評価：準絶滅危惧
選定理由：個体数・個体群の減少，生息条件の悪化
分布：沖縄島（金武湾，中城湾等），宮古島，石垣島，フィリピン，タイ（プーケット）等．
生息環境・生態：潮通しのよいリーフ内潮間帯のアマモ場や砂礫地の岩礫下に生息する．
解説：ニッポンマメアゲマキに類似するがより大成し，殻がより厚い．岩礫下が，陸土の大量流入や富栄養化により泥化すると，酸欠により生息が困難となる可能性がある．垂直分布の幅は狭いが，水平的には開放的な藻場に隣接するサンゴ礁域にも生息し，比較的広い．沖縄島中南部では大規模埋立とともに大きく生息場所が消失した．殻長18mm．（久保弘文）

ウロコガイ科
バライロマメアゲマキ
Galeomma rosea (Deshayes, 1856)

1 cm

沖縄県泡瀬干潟　2005年　久保弘文撮影

評価：準絶滅危惧
選定理由：個体数・個体群の減少，生息条件の悪化
分布：奄美大島，沖縄島，宮古島，フィリピン．
生息環境・生態：主に内湾の潮間帯（アマモ場，砂礫地）～水深約5mまでの岩礫下に生息する．
解説：南西諸島の内湾に多い種である．沖縄島南部や中城湾では大規模な海岸改変で生息場所が大きく消失した．沖縄島羽地内海，大浦湾では2011年現在も個体数は少なくない．貝殻はバラ色以外にレモン色の2型がある．生時は外套膜が殻全体を覆い，汚れた黄土色で，触手は疣状で短い．殻長12mm．（久保弘文）

ウロコガイ科
ニッポンマメアゲマキ
Galeomma sp.

大分県東国東郡姫島村みつけ海岸　2011年　山下博由撮影

評価：準絶滅危惧
選定理由：個体数・個体群の減少，生息条件の悪化
分布：房総・男鹿半島〜九州，朝鮮半島．
生息環境・生態：内湾や湾口部の干潟や岩礁地の，中・低潮帯の泥・砂泥に埋もれた岩礁の裏や底質との隙間に生息する．
解説：都市近郊の汚染の進んだ干潟域では，消滅もしくは減少している．本種の学名には議論が多いが，*Galeomnia* [sic] *japonica* A. Adams, 1862の原記載文に示された殻形質と大きな不一致はない．しかし，そのタイプ産地は山口県見島沖63 fathoms（水深約115 m）と深く，ニッポンマメアゲマキは潮下帯からの記録がほとんどないことを考慮すると，*japonica* A. Adams, 1862は別種と考えるのが妥当であろう．沖縄島や中国大陸にも近似した種が分布しているが，比較検討が進んでいないため，生息分布の詳しい範囲は不明である．殻長10 mm．（山下博由）

ウロコガイ科
オウギウロコガイ
Galeommella utinomii Habe, 1958

静岡県浜名湖　木村昭一撮影

評価：絶滅危惧IB類
選定理由：個体数・個体群の減少，生息条件の悪化，希少
分布：東京湾〜九州．日本固有種の可能性が高い．
生息環境・生態：内湾の干潟〜潮下帯の砂泥底に生息する．干潟では，よく保全されたアマモ場周辺の泥砂底の表面や，石の下で見つかっている．
解説：殻は小型で薄く白色半透明，腹縁部には特徴的な太い放射肋が24〜25本発達し，前・後部のそれぞれの背側の部分に微細な肋が約15本ずつある．軟体部は白色の外套膜と多数の橙赤色の突起が特徴．1980年代には東京湾で生息が確認されているが，現在では絶滅状態である．近年，伊豆半島，浜名湖，英虞湾，田辺湾，秋穂湾，天草のよく保全されたアマモ場周辺の潮間帯で生息が確認されている．本種の生息が確認された場所は同所的に多様な貝類が生息しており，好適な生息環境を示している．現在そのような生息環境自体が著しく減少しており，本種の生息基盤は脆弱である．殻長10 mm．（木村昭一・福田 宏）

ウロコガイ科
ミナミウロコガイ
Lepirodes layardi Deshayes, 1866

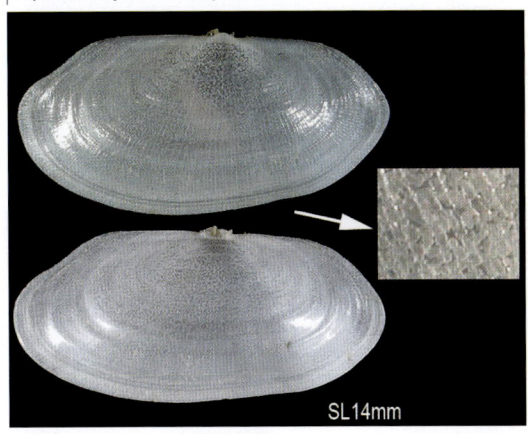

石垣島　2003年　久保弘文撮影

評価：準絶滅危惧
選定理由：生息条件の悪化
分布：奄美大島，沖縄島，先島諸島，フィリピン，タイ（プーケット）．
生息環境・生態：主に内湾の潮間帯（アマモ場，砂礫地）の岩礁下に生息する．
解説：垂直分布が狭く，埋立の影響を被りやすい．沖縄島南部の与根干潟や中城湾南部（与那原地先）では大規模な埋立で生息場所がほぼ消失した．しかし，沖縄島羽地内海，先島諸島の内湾域では現在も個体数は少なくない．日本本土中南部に分布するウロコガイと類似するが，本種は殻表が顆粒状ではなく，打痕状となる．なお，沖縄県レッドデータブックではウロコガイとして登載されている．殻長14 mm．（久保弘文）

ウロコガイ科
ウロコガイ
Lepirodes takii (Kuroda, 1945)

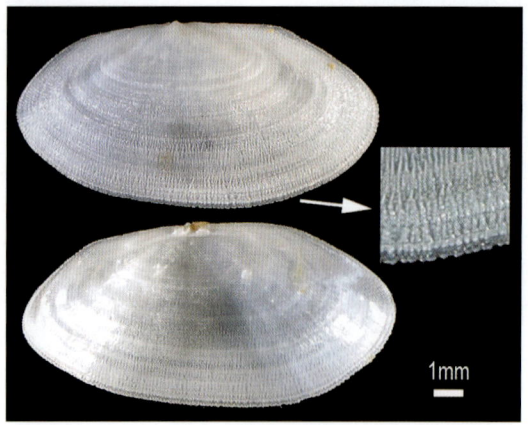

愛媛県宇和島市　2010年　久保弘文撮影

評価：準絶滅危惧
選定理由：生息条件の悪化，分布域限定，希少
分布：駿河湾，紀伊半島，瀬戸内海，高知県，九州西岸．
生息環境・生態：内湾や外洋に面した湾口部等の低潮帯から水深20 mの埋もれた岩礫の下に生息する．
解説：殻表は放射状の多数の微細な顆粒を伴い，南西諸島に生息するミナミウロコガイの打痕状彫刻とは形態で明瞭に区別される．垂直分布が比較的広いので，絶滅リスクは分散されていると考えられる．しかし，近年，内湾域ではほとんど確認記録がないため，すでに多くの海域で環境悪化により個体群が消滅した可能性が高い．なお，瀬戸内海の広島県芸南地区や兵庫県淡路島成ヶ島海域等の自然度の高い海域では生体が記録されている．南西諸島ではミナミウロコガイのみで，本種は確認されていないため，日本本土固有種の可能性がある．殻長17 mm．（久保弘文）

ウロコガイ科
ユンタクシジミ
Litigiella pacifica Lützen & Kosuge, 2006

石垣島　2010年　久保弘文撮影

評価：準絶滅危惧
選定理由：生息条件の悪化，分布域限定，特殊生息環境
分布：奄美大島，沖縄島，八重山諸島．
生息環境・生態：アマモ場周辺の砂泥質干潟の潮間帯からサンゴ礁域に隣接する小規模な砂礫域に至る比較的広い範囲に生息する．スジホシムシの体表や巣穴に共生し，同様の生態を持つフィリピンハナビラガイより，個体数が多い．
解説：2002年に石垣島よりスジホシムシの体表から不明の二枚貝として初めて報告され，その後，奄美大島・沖縄島からも記録された．タイプ産地は石垣島名蔵湾である．沖縄島泡瀬干潟では，埋立等による撹乱で大きく生息範囲が減少した．比較的自然環境の安定した沖縄島の他のアマモ場（屋嘉田潟原等）や八重山諸島（名蔵湾・浦内川河口）では，現在も少なからず生息している．和名の「ユンタク」は沖縄方言で井戸端会議（おしゃべり）を意味し，複数個体が集まって見られる様を表す．殻長5 mm．（久保弘文・山下博由）

ウロコガイ科
ハチミツガイ
Melliteryx puncticulatus (Yokoyama, 1924)

和歌山県田辺湾　2006年　三長孝輔・秀男撮影

評価：情報不足
選定理由：希少
分布：房総半島・男鹿半島〜九州，朝鮮半島，中国大陸．
生息環境・生態：砂泥干潟低潮帯〜潮下帯の転石下．
解説：なぜ本種は「ハチミツ」なる和名を持つのか疑問を持つ人が多いが，これは殻表の微細彫刻が蜂の巣状を呈することに由来する（学名 *puncticulatus* もこの彫刻を意味している）．ケボリセワケガイ *Borniola yamakawai* (Yokoyama, 1922) やフジタニコハクノツユと同様，内湾の砂浜や砂泥質干潟のみならず湾口部でも死殻が時折見られ，また潮下帯水深5〜10 m程度の砂泥底から採泥器や蛸壺などで得られるが，生貝の確実な情報は近年の和歌山県田辺湾などごく少数に留まり，生息状況はいまだ不明な点が多い．殻長6 mm．（福田宏・木村昭一）

ウロコガイ科
スジホシムシモドキヤドリガイ（スジホシムシヤドリガイ・スジホシムシノヤドリガイ）
Nipponomysella subtruncata（Yokoyama, 1922）

(a)静岡県浜名湖　(b)愛知県三河湾　木村昭一撮影

評価：準絶滅危惧
選定理由：個体数・個体群の減少，生息条件の悪化，特殊生息環境
分布：浜名湖〜九州，南西諸島．日本でのみ記録されている．
生息環境・生態：内湾の干潟〜潮下帯の砂泥中に深く潜って生息するスジホシムシモドキの体表に付着する．スジホシムシモドキとともに掘り出された本種を観察すると，体表に付着した状態のままでなく，比較的活発に足を動かし移動する．
解説：殻は微小，長卵形で白色半透明で膨らみは弱い．本種には3つの和名が提唱されたが，生態を的確に表す和名（稲葉，1982）を採用した．南西諸島では外洋のリーフ上の深いサンドポケットに生息するスジホシムシモドキに付着している．分布北限の浜名湖では潮通しのよいアマモ場周辺に健全な個体群が残されている．干潟環境の悪化で，本種と共生関係にあるスジホシムシモドキの生息地，個体数とも減少しており，本種の生息基盤も脆弱である．殻長5mm．（木村昭一・久保弘文）

ウロコガイ科
タナベヤドリガイ
Nipponomysella tanabensis Habe, 1960

山口県熊毛郡上関町祝島港　2000年　福田宏撮影

評価：絶滅危惧IB類
選定理由：個体数・個体群の減少，生息条件の悪化，希少，特殊生息環境
分布：男鹿半島，田辺湾，瀬戸内海（岡山県瀬戸内市牛窓町，山口県上関町祝島，愛媛県松山市高浜町）．
生息環境・生態：潮流が早く潮通しのよい海峡部に近接した小規模な内湾の礫混じりの砂泥干潟において，転石下の砂泥中に形成された多毛類の棲管の中や，それらの棲管に接した転石下面に生貝が見出される．愛媛県松山市高浜町ではナギサシラスナガイ *Nipponolimopsis littoralis* Sasaki & Haga, 2007やミミエガイ *Striarca symmetrica*（Reeve, 1844）とともに転石に付着していた．
解説：コバンコハクノツユ *Kellia subelliptica* Yokoyama, 1927は本種と同種かもしれない．いずれにせよ産出記録の極端に少ない珍稀種である．特殊な生息条件を必要とするため，わずかな環境変化によっても個体群は壊滅しやすいと思われる．殻長4mm．（福田 宏）

ウロコガイ科
マツモトウロコガイ
Paraborniola matsumotoi Habe, 1958

(a)山口県上関町長島田ノ浦　山下撮影　(b)三重県鳥羽市南部　(c)浜名湖舞坂湾　木村昭一撮影

評価：準絶滅危惧
選定理由：個体数・個体群の減少，生息条件の悪化，分布域限定
分布：房総・男鹿半島〜九州西岸．
生息環境・生態：外洋水の流入する内湾・湾口部の干潟・岩礫地の転石下，低潮帯付近に生息する．
解説：近年の生息記録があるのは，浜名湖，三重県，和歌山県，淡路島，広島県，伊予灘，豊後水道，唐津湾，伊万里湾，佐世保市など．タイプ産地は岡山県瀬戸内市牛窓町であるが再発見されていない．潮通しのよい清浄な海域に生息し，水質汚染に弱いと考えられる．本種はチリハギ科（波部，1977），コハクノツユ科（Higo et al., 1999）に分類されてきたが，殻・軟体の特徴から狭義のウロコガイ科に所属すると考えられる．殻長7.5mm．（山下博由・木村昭一）

軟体動物・二枚貝類　161

ウロコガイ科
シマノハテマゴコロガイ
Peregrinamor gastrochaenans Kato & Itani, 2000

奄美大島宇検村　2009年　久保弘文撮影

評価：絶滅危惧IB類
選定理由：生息条件の悪化，分布域限定，特殊生息環境
分布：奄美大島．
生息環境・生態：内湾低潮線，礫混じり砂泥底．奄美大島（焼内湾・笠利湾）の一部の海域からのみ生息が確認され，ミナミアナジャコの胸部腹面に共生する．奄美大島には3種のアナジャコが生息しているが，本種が共生するのはミナミアナジャコ1種のみである．ミナミアナジャコは国内では奄美大島と沖縄島でしか知られていない．寄生率は5％と低い（水元巳喜雄氏，私信）．本種は奄美大島の固有種であり，特殊生態を持つ極めて学術的価値の高い種と考えられる．産地が限定的で，陸土流入の沈積によって底質が悪化している．殻長10 mm．（久保弘文）

ウロコガイ科
マゴコロガイ
Peregrinamor ohshimai Shoji, 1938

愛知県名古屋港沖　木村昭一撮影

評価：準絶滅危惧
選定理由：個体数・個体群の減少，生息条件の悪化，特殊生息環境
分布：東京湾〜九州．日本固有種．
生息環境・生態：内湾の潮間帯〜水深10 m程度の砂泥底に生息するアナジャコ類の胸部腹面に足糸で着生する．
解説：殻は薄質で半透明，腹側から見るとハート型．殻頂は前端に位置する．タイプ産地の博多湾では最近の生息記録はなく，東京湾でも原記載以来生息記録がない．これらの産地では絶滅した可能性が高い．かつて生息が確認された産地でも，アナジャコ類はとくに減少していないにもかかわらず，本種の個体数が減少している例も認められる．三河湾では生息が確認できず，伊勢湾でも本種の採集例は非常に少ない．2008年に名古屋港沖の潮下帯で1個体採集されたが，現在の分布東限であると考えられる．瀬戸内海，土佐湾の一部，唐津湾，仮屋湾，有明海，八代海などに健全な個体群が残されている．殻長10 mm．（木村昭一・山下博由）

ウロコガイ科
オキナノエガオ
Platomysia rugata Habe, 1951

愛媛県今治市　2011年　石川裕撮影

評価：絶滅危惧IB類
選定理由：個体数・個体群の減少，生息条件の悪化，希少，特殊生息環境
分布：相模湾，七尾湾，瀬戸内海，四国，九州．
生息環境・生態：砂泥質干潟低潮帯の砂中深くに潜る．
解説：殻は著しく扁平で薄く，殻表に顕著な同心円肋を持つなど，日本産ウロコガイ科としては類例のない形態を示す種として知られる．従来は死殻がごく少数の産地から知られるのみであったが，最近愛媛県や広島県の砂泥質干潟で初めて生貝が確認された．生息環境の詳細は別途報告される予定であるためここでの詳述は避ける．殻長8 mm．（福田宏）

ウロコガイ科
オサガニヤドリガイ
Pseudopythina macrophthalmensis Morton & Scott, 1989

石垣島アンパル　2001年　久保弘文撮影

評価：準絶滅危惧
選定理由：生息条件の悪化，特殊生息環境
分布：神奈川県，静岡県，英虞湾，奄美大島，沖縄島，八重山諸島，香港，タイ．
生息環境・生態：マングローブ林や河口域，内湾の泥質干潟〜水深10 m内外の泥礫底等に生息する．オサガニ類：ノコハオサガニ *Macrophthalmus latreillei* (Desmrest, 1822)，フタハオサガニ *M. convexus* Stimpson, 1898の他，メナガオサガニの足などに付着する他，その巣穴にも棲み込む．
解説：個体数が季節によって大きく変動する上に，分布域も広く，場所によっては多産する．石垣島・西表島ではマングローブ林周辺の多くが，自然公園法やラムサール条約，沖縄県漁業調整規則で一定の保護がなされており，安定した生息地となっている．ただし沖縄島中城湾では埋立等による撹乱で一部の生息地が消失した．殻長3 mm．（久保弘文・木村昭一）

ウロコガイ科
ナタマメケボリ
Pseudopythina ochetostoma Morton & Scott, 1989

(a)石垣島　2003年　(b)生体：ユムシ巣穴内　久保弘文撮影

評価：準絶滅危惧
選定理由：生息条件の悪化，特殊生息環境
分布：奄美大島，沖縄島，石垣島，西表島，香港，タイ．
生息環境・生態：砂泥〜泥礫干潟の中潮線〜低潮線付近に生息する．タテジマユムシ *Listriolobus sorbillans* (Lampert, 1883) およびスジユムシ *Ochetostoma erythrogrammon* Leuckart & Rüppell, 1828の生息する穴に同居し，何らかの共生関係にあると考えられ，共生率の高い海域では77％におよぶ．
解説：産地によって個体数は少なくないが，垂直分布が限定されることから生息地の埋立や環境悪化により，生存が危惧される．しかし，現生息地の一部（石垣島）はラムサール条約・自然公園法・沖縄県漁業調整規則（保護水面）により，一定程度保護されている．殻長12 mm．（久保弘文）

ウロコガイ科
セワケハチミツガイ
Pythina deshayesiana Hinds, 1844

(標本)沖縄県国頭村1989年　(生体)石垣島2003年　久保弘文撮影

評価：準絶滅危惧
選定理由：個体数・個体群の減少，生息条件の悪化，特殊生息環境
分布：奄美大島（大和村ヒエン浜），沖縄島，先島諸島，台湾（恒春），フィリピン，インドネシア（Great Sangir島）．
生息環境・生態：リーフに遮蔽された，やや外洋に面した潮通しのよい渚線付近の粗砂底の埋もれ石下に生息する．垂直分布が非常に狭く，湧水や河川水の伏流を伴うことが多いため，生息条件として陸水との何らかの関係が推測される．
解説：1990年前半までは比較的多産地であった沖縄島東岸は，防潮堤や大規模埋立の影響で伏流水が途絶え，生息地がかなり消失した．沖縄島北部や石垣島北西部では比較的外洋に面した場所に狭いながら生息場所が残されている．なお，同海域においても，たとえば石垣島北東岸では渚線の礫下に赤土微粒子が濃密に堆積している場合があり，生息環境がかなり悪化しつつある．殻長9 mm．（久保弘文）

ウロコガイ科
ミドリユムシヤドリガイ
Sagamiscintilla thalassemicola (Habe, 1962)

SL 5.1 mm

熊本県天草郡苓北町富岡　国立科学博物館所蔵　NSMT-Mo 39829　ホロタイプ．Paul Callomon 撮影．Higo et al.（2001）を改変．

評価：絶滅危惧 IA 類
選定理由：分布域限定，希少，特殊生息環境
分布：熊本県天草下島富岡（タイプ産地），和歌山県．
生息環境・生態：潮間帯の礫間に生息するミドリユムシに着生する．
解説：本種は極めて希少な種で，天草と和歌山県での採集例しか知られていない．天草では，原記載以来，約50年間再発見されておらず，和歌山県でも近年の発見例はない．ミドリユムシには近似種があるため，宿主の再検討も望まれる．殻長5.1 mm．（山下博由）

ウロコガイ科
フィリピンハナビラガイ
Salpocola philippinensis (Habe & Kanazawa, 1981)

5mm

沖縄県泡瀬干潟　2000年　久保弘文撮影

評価：絶滅危惧 II 類
選定理由：生息条件の悪化，特殊生息環境，希少
分布：沖縄島，宮古島，石垣島，西表島，フィリピン．
生息環境・生態：自然度の保たれた潮通しのよいアマモ場とその周辺の細砂底に生息する．スジホシムシの後部先端に足糸で強く付着し，片利共生関係と考えられる．
解説：沖縄における本種の分布は北限にあたり，本来の個体密度が低い．1990年頃より沖縄島周辺では赤土などの陸土流入の沈積や富栄養化による底質悪化により，宿主共々個体数は減少傾向にあり，とくに中南部では埋立による生息地の消失も著しい．殻長12 mm．（久保弘文）

ウロコガイ科
ツマベニマメアゲマキ
Scintilla anomala Deshayes, 1856

石垣島　2002年　久保弘文撮影

評価：準絶滅危惧
選定理由：個体数・個体群の減少，生息条件の悪化
分布：奄美大島，沖縄島，先島諸島，フィリピン，タイ（プーケット），香港．
生息環境・生態：サンゴ礁に隣接した潮通しのよい砂礫干潟の岩礫下に生息する．
解説：一般的にマメアゲマキ類は分類が困難だが，本種は外套触手の先端が赤く染まり，貝殻の前後背縁に微細な刻み目を有することで同定される．岩礫下が陸土の大量流入や富栄養化により泥化した場所では，生息が認められない．沖縄島中南部では海岸改変により多くの生息場所が消失した．垂直分布の幅が狭いが，分布域は比較的広い．殻長8 mm．（久保弘文）

ウロコガイ科
ベッコウマメアゲマキ
Scintilla philippinensis Deshayes, 1856

(標本)沖縄県羽地内海　(生体)石垣島　2003年　久保弘文撮影

評価：準絶滅危惧
選定理由：個体数・個体群の減少，生息条件の悪化
分布：沖縄島（金武湾，中城湾，屋嘉田潟原，糸満市北名城，羽地内海等），宮古島，石垣島，小浜島，西表島，フィリピン，タイ（プーケット）．
生息環境・生態：潮通しのよいリーフ内，潮間帯〜水深2mのアマモ場や砂礫地の岩礫下に生息する．
解説：生息場所である岩礫下が，陸土の大量流入や富栄養化により泥化した場所では生息が認められない．沖縄島中南部では埋立，港湾造成等の海岸改変により多くの生息場所が消失した．垂直分布の幅は狭いが，分布域が比較的広い．泡瀬干潟から報告されたアワセカニダマシマメアゲマキは，外套膜の特徴が類似し，本種と同種である可能性が高い．殻長14mm．（久保弘文）

ニオガイ科
イシゴロモ
Aspidopholas yoshimurai Kuroda & Teramachi, 1930

長崎県諫早湾　2004年　芳賀拓真撮影

評価：絶滅危惧IA類
選定理由：個体数・個体群の減少，生息条件の悪化，分布域限定，特殊生息環境
分布：本州〜九州．中国大陸沿岸からも記録があるが，同種かどうかは比較検討が必要である．
生息環境・生態：大きな内湾域のやや潮通しのよい海域の中・低潮帯にある堆積岩（砂岩・泥岩）に穿孔して生息する．
解説：本種のタイプ産地は能登半島七尾湾で，数カ所に生息していたが，埋立などが進み，近年は確認されていない．七尾湾以外では，千葉県小湊，長崎県諫早湾・千々石湾，熊本県八代海北部から記録されているが，現在生息が確認されているのは諫早湾と八代海のみである（芳賀，2010）．両産地とも生息面積は狭い．本種は生息地そのものが極めて少なく，特殊な環境に生息し，その生息基盤である岩盤は，波浪，土砂堆積，埋立，護岸，掘削などによって失われやすいため，絶滅が強く危惧され，早急な保護対策が必要とされる．殻長35mm．（山下博由）

ニオガイ科
カキゴロモ（和名新称）
Aspidopholas sp.

(左)熊本県宇城市大野川河口沖　芳賀拓真撮影　(右上)大野川河口沖　(右下)福岡県筑後川河口沖　山下博由撮影

評価：情報不足
選定理由：個体数・個体群の減少，生息条件の悪化，分布域限定，特殊生息環境
分布：有明海，八代海，朝鮮半島南部．
生息環境・生態：内湾の中・低潮帯に生息するスミノエガキ・マガキの生貝の殻や死殻に穿孔して生息する（写真右）．
解説：種名未確定種．本種はイシゴロモに近似するが，より小型で，軟体部の特徴も異なり，DNAの検討でも別種と判断される（芳賀拓真，投稿準備中）．近年，有明海や八代海北部において，大型のスミノエガキやマガキの殻に穿孔して生息するのが確認された．これまで日本や中国において，カキに穿孔するイシゴロモやニオガイ科の種として報告されたものは，本種である可能性が高い．有明海・八代海では，干潟に生息する大型のスミノエガキに穿孔している例が多い．国内では生息分布が限定されていると考えられる．和名は，イシゴロモに対比し，カキをまとう種として名付けた（山下・芳賀，新称）．殻長22mm．（山下博由）

ニオガイ科
ウミタケ
Barnea (*Umitakea*) *japonica* (Yokoyama, 1920)

(a) 三河湾　西浩孝撮影　(b) 福岡県柳川市沖　芳賀拓真撮影
(c) 福岡県柳川市　1986年　木村妙子撮影

評価：絶滅危惧Ⅱ類
選定理由：個体数・個体群の減少，生息条件の悪化，特殊生息環境
分布：日本，ロシア日本海沿岸，朝鮮半島，中国大陸．
生息環境・生態：中潮帯〜水深20 mの泥底・砂泥底に生息し，成貝では1 m近く埋在する．
解説：日本では，北海道南部以南〜九州に分布し，比較的多くの地域で記録されているが，潮下帯からの断片的な採集記録が多い．干潟での生息が確認されているのは，三河湾（1例2個体のみ），広島県，有明海，八代海である．有明海以外では大きな個体群は知られていない．有明海では，干潟域から潮下帯にかけて生息するが，主な漁場は水深5〜10 m前後の潮下帯で，ねじ棒や潜水で漁獲される．有明海では，現在も比較的普通に見られるが，全国的に生息域・生息環境が限定的であるため，保全上の注意が必要である．殻長120 mm．（山下博由・木村昭一）

オオノガイ科
ヒメマスオガイ
Cryptomya busoensis Yokoyama, 1922

(a) 愛知県汐川干潟　(b) 愛知県名古屋港沖　木村昭一撮影

評価：絶滅危惧Ⅱ類
選定理由：個体数・個体群の減少，生息条件の悪化
分布：北海道〜九州，朝鮮半島，中国大陸．
生息環境・生態：内湾の干潟〜水深50 mの泥底に生息する．
解説：殻は長い卵形で薄質．後端は裁断状で開く．殻は灰白色で，灰色の薄い殻皮で被われる．主な生息域は潮下帯にある．伊勢湾では，1980年代には多くの海岸に死殻がクシケマスオガイに混じって打ち上げられていたが，1990年代から個体数が激減し，死殻すらほとんど確認できなくなった．近年，名古屋港沖（伊勢湾）の潮下帯から生きた個体がわずかに採集され，三河湾汐川干潟の低潮帯で生息が確認されているが，その範囲はともに非常に狭い．本種の生息環境は干潟の消失，土砂の流入，水質汚濁などで急速に悪化しているので，分布域全域で生息地，個体数ともに著しく減少していると考えられる．殻長20 mm．（木村昭一）

オオノガイ科
クシケマスオガイ
Cryptomya elliptica (A. Adams, 1851)

愛知県伊勢湾　木村昭一撮影

評価：準絶滅危惧
選定理由：個体数・個体群の減少，生息条件の悪化
分布：伊勢湾〜九州，南西諸島，インド・太平洋，紅海．
生息環境・生態：内湾の干潟〜水深30 mに生息し，アナジャコ下目の巣穴を利用していることが知られている．
解説：殻は白色円形，膨らみは弱い．殻質は薄質で，殻表には細かい放射肋が密に走り，後端は開く．1980年代には伊勢湾沿岸の低潮帯で生息が確認され，海岸に殻が大量に打ち上げられ，有数の生息海域として知られていたが，1990年代から個体数が激減した．アナジャコ類が多数生息する名古屋市藤前干潟でも本種は個体数が少なく，近年は生きた個体が潮下帯からわずかに採集されたにすぎない．伊勢湾から九州では生息地，個体数ともに減少が確認されている．それに対して南西諸島では健全な個体群が存在し，ニホンスナモグリが優占し底質を攪乱するため，他の底生動物の多様性が減少した干潟でも本種が多数生息している例が確認されている．殻長20 mm．（木村昭一）

オオノガイ科
オフクマスオガイ
Distugonia decurvata (A. Adams, 1851)

沖縄県名蔵湾　琉球大学風樹館所蔵　久保弘文撮影

評価：絶滅危惧Ⅱ類
選定理由：生息条件の悪化，希少，特殊生息環境
分布：紀伊半島以南，南西諸島（内湾域），中国大陸南部，インド・太平洋．
生息環境・生態：自然度が豊かで，種多様度が高い河口域に確認されることが多いが，上部浅海帯水深10 m付近の泥砂底まで分布する．
解説：和歌山県以南に記録されるが，南西諸島以外では潮間帯に生息せず，確認記録自体も非常に少ない．国内における分布の中心は奄美大島以南の南西諸島と考えられる．沖縄島および石垣島の内湾域（羽地内海，塩屋湾，名蔵湾）では底質の悪化が進行し，現在は生貝の確認が困難である．しかし，西表島の水深10 m内外の河口水路からも殻皮付き合弁死殻が多数採集されたことがある．2011年には沖縄島北部の内湾河口域の中～低潮線で少数の生貝が確認されたが，その生息範囲は極めて局所的であった．殻長25 mm．（久保弘文）

オオノガイ科
オオノガイ
Mya (*Arenomya*) *arenaria oonogai* Makiyama, 1935

(a)愛知県三河湾　(b)三重県伊勢湾　木村昭一撮影

評価：準絶滅危惧
選定理由：個体数・個体群の減少，生息条件の悪化
分布：北海道～九州，朝鮮半島，中国大陸．
生息環境・生態：内湾の最奥部の泥砂質干潟に深く潜って生息する．濾過食．
解説：殻は長い卵形で，後端は細くなり開く．殻表は白色から灰褐色，内面は白色．殻質は薄質でもろい．水管は太く長い．大型の二枚貝で，水管を食用にするため，採取している地域もある．かつては生息地，個体数とも多かったが，相模湾ではほとんど絶滅に近い状況である．東京湾では谷津干潟や江戸川放水路で多産し，三河湾，伊勢湾，瀬戸内海等の湾奥部には健全な個体群が残っている．九州では北部の一部の干潟以外では生息地，個体数ともに少ない．干潟自体が埋立等で著しく減少しているので，内湾奥部にある本種の生息地，個体数とも減少したと考えられる．殻長100 mm．（木村昭一・山下博由）

オオノガイ科
キタノオオノガイ
Mya (*Mya*) *uzenensis* Nomura & Zinbo, 1937

北海道網走市能取湖　栗原康裕撮影

評価：情報不足
選定理由：個体数・個体群の減少
分布：北海道（サロマ湖，能取湖，厚岸），東北，北極海，ベーリング海，オホーツク海，沿海州．
生息環境・生態：内湾・海跡湖の干潟から外洋の水深80 mまでの砂泥域に少産．水管は発達し，潜砂深度が深い．
解説：本種は左殻の殻頂下にある弾帯受の先端が切断状であり，殻表に明瞭な成長輪と黄褐色の厚い殻皮を持つ．近似種のオオノガイと干潟域に同所的に分布するため，しばしば混同される．沿岸砂泥域は護岸工事，港湾整備による生息環境の破壊が顕著であり，生息数は減少傾向と考えられる．内湾・海跡湖の干潟域では，アサリ漁場整備を目的とした底質改良工事も行われており，影響が危惧される．国内の現存産地は10カ所以下．殻長90 mm．（栗原康裕）

ヌマコダキガイ科
ヌマコダキガイ
Potamocorbula amurensis (Schrenck, 1862)

北海道中川郡豊頃町湧洞沼　2002年　福田宏撮影

評価：絶滅危惧IB類
選定理由：個体数・個体群の減少，生息条件の悪化，希少
分布：北海道北部・東部，下北半島（尾駮沼，鷹架沼），サハリン，ハバロフスク地方〜沿海州．
生息環境・生態：タカホコシラトリと同様，海岸低地に形成され海と連絡のある汽水湖において，満潮時も水深の浅い平坦な砂泥質干潟に潜る．
解説：近年茨城県涸沼から産出が報告されたが，これは人為的に移入された可能性が高い．また有明海にも近似種ヒラタヌマコダキガイ *P.* cf. *laevis* (Hinds, 1843) が移入されている．この種群は形態的に識別が難しく分類の再検討が必要であるが，ここでの保全対象は北海道と下北半島の在来個体群に限定する．鷹架沼と尾駮沼は日本における本種の代表的な産地として知られていたが，両地ではタカホコシラトリともども淡水化等によって激減し，現在はごく少数が見られるのみである．北海道ではクッチャロ湖や湧洞沼等に今も生息するが，タカホコシラトリ以上に産地は少ない．殻長25 mm．（福田　宏）

オキナガイ科
ヒロクチソトオリガイ
Laternula (*Exolaternula*) *truncata* (Lamarck, 1818)

石垣島名蔵湾　2001年　久保弘文撮影

評価：準絶滅危惧
選定理由：生息条件の悪化，個体数・個体群の減少
分布：南西諸島（内湾域），中国大陸南部，インド・太平洋．
生息環境・生態：河口域に隣接する澪筋の中潮線〜下部の粗砂底〜礫泥底に生息することが多い．
解説：底質が著しく還元している礫砂底でも生息が認められることから硫化物にはある程度の耐性があると考えられるが，赤土堆積等により底質が固着化した場所では認められない．垂直分布の幅が狭く，沖縄島中部の内湾奥部では，埋立等による攪乱で一部の生息場所と個体群が消失した．しかし，西表島や石垣島（名蔵湾，川平湾）では個体数は少なくない上，自然公園法やラムサール条約および漁業調整規則（保護水面）等の法律で一定程度保護されている．殻長65 mm．（久保弘文）

オキナガイ科
コオキナガイ
Laternula (*Laternula*) *impura* (Pilsbry, 1901)

(a) 三重県英虞湾　(b) 愛知県汐川干潟　1965年　河辺訓受採集　木村昭一撮影

評価：絶滅危惧IB類
選定理由：個体数・個体群の減少，生息条件の悪化
分布：房総半島〜南西諸島，中国大陸．
生息環境・生態：内湾奥部の泥質干潟の中潮線付近に浅く埋在して生息．
解説：殻は長楕円形で，白色薄質で殻表には微細な顆粒状突起がある．前・後端は開く．学名はHuber (2010) に従い変更した．三浦半島では絶滅し，愛知県では死殻さえも採集されず，確実な生息記録，標本情報が見つからず，2009年発刊のレッドデータブックから削除された．しかし，最近汐川干潟で採集された標本（b）が発見された．愛知県でも既に絶滅した可能性がある．南西諸島ではかつては健全な個体群が確認されていたが，埋立などで個体群ごと消失した例も多く，現在，生息地はほとんど残されていない．英虞湾奥部の狭い範囲で少数の生きた個体が採集され，現在の分布東限と考えられる．瀬戸内海西部，九州西岸でも生息が確認されているが，生息地，個体数とも非常に少ない．殻長40 mm．（木村昭一）

オキナガイ科
オキナガイ属の一種
Laternula sp.

愛知県汐川干潟　(a)殻表の微細構造　木村昭一撮影

評価：絶滅危惧Ⅱ類
選定理由：個体数・個体群の減少，生息条件の悪化
分布：愛知県三河湾の東部でのみ生息が確認されている．
生息環境・生態：内湾奥部河口域の中・低潮帯の泥底に生息．近似種のソトオリガイのように深く底質に潜らない．
解説：殻は白色で非常に薄く脆い．殻表の微細構造はオキナガイ科の他種が殻表面と垂直に立つ顆粒状突起を持つのに対して，本種は殻表に平行な三角形の突起を持つ(a)．ソトオリガイの幼貝と近似するが，殻表の微細構造の他，後端が細くなり尖る点で識別できる．2002年愛知県レッドデータブックでは，コオキナガイと誤同定されて掲載されたが，コオキナガイとは殻の大きさ，殻表の微細構造の相違などから明確に識別される．未記載種である可能性が高い．殻表の微細構造を観察して本種と同定した個体は，現在のところ汐川干潟から豊川河口部にかけての狭い範囲でのみ生息が確認されている．分布域が狭いこと，生息環境が破壊されやすいなど，生息基盤は脆弱である．殻長20 mm．（木村昭一）

サザナミガイ科
オビクイ
Agriodesma navicula (A. Adams & Reeve, 1850)

山口県下関市彦島西山　1975年　岡山大学農学部水系保全学研究室所蔵（OKCAB M12194）　福田宏撮影

評価：絶滅危惧Ⅱ類
選定理由：個体数・個体群の減少，生息条件の悪化
分布：北海道南部〜九州，朝鮮半島，フィリピン，インドネシア，東南アジア．
生息環境・生態：内湾の低潮帯〜潮下帯の岩礫地や干潟の転石に生じた褐藻の根の間に潜り込む．
解説：かつて本種の異名とされたことのあるフトオビクイ *A. naviculoides* (Yokoyama, 1922) はここでは別種と見なす．本種は1970年代ごろまでは砂干潟低潮帯で生貝が見られ，また砂浜に新鮮な死殻が頻繁に打ち上げられていたが，近年は目にすることが極端に少なくなった．とくに瀬戸内海での減少傾向が著しい．殻長25 mm．（福田 宏）

スエモノガイ科
シナヤカスエモノガイ
Thracia (*Eximiothracia*) *concinna* Gould, 1861

広島県三原市細ノ洲　2004年　岡山大学農学部水系保全学研究室所蔵（OKCAB M10888）　福田宏撮影

評価：絶滅危惧Ⅱ類
選定理由：個体数・個体群の減少，生息条件の悪化，希少
分布：房総半島・男鹿半島〜九州，朝鮮半島．近年揚子江河口からも記録されているが，日本産と同種かどうかは再検討を要する．
生息環境・生態：潮通しのよい内湾の清浄な砂質干潟低潮帯〜潮下帯砂底に浅く潜る．同所的にハボウキ，ウズザクラ，アシガイ，マルヒナガイ，オキナガイ等が見られる．
解説：湾口部や島嶼間海峡部付近の細砂底に産し，とくに瀬戸内海沿岸で「白砂青松」とよばれるような花崗岩破砕物からなる貧栄養の砂浜を好む．多産地では干潟低潮帯の汀線付近でも砂を掘れば生貝が現れ，時に表層に出ていることもあるが，汚水流入や赤潮が頻発する海域では見られないので，水質や底質の富栄養化に非常に弱いと考えられる．高度成長期以降多くの産地が失われたと思われ，現在確実に生貝を見ることのできる場所は少ない．殻長20 mm．（福田 宏）

マテガイ科
チゴマテ
Solen kikuchii Cosel, 2002

SL 23mm

（上）福岡県大牟田市沖　水深11 m　山下博由・森敬介撮影
（下）愛媛県今治市　低潮帯　2011年　石川裕撮影

評価：絶滅危惧II類
選定理由：生息条件の悪化，分布域限定
分布：瀬戸内海，有明海，八代海北部，中国大陸（渤海～南シナ海）．
生息環境・生態：内湾の低潮帯～水深90 mの泥底・砂泥底に生息する．
解説：瀬戸内海では，和歌山・兵庫・広島・愛媛各県で確認されているが，生息地は限定的である．有明海では湾内浅海域から湾口部の天草松島周辺まで広く分布し，個体数は多い．八代海では北部でのみ確認されている．中国では，*Solen dunkerianus* Clessin, 1888として報告されていることが多い．有明海では水深40 mまで生息が確認されており，それ以深の記録は中国のものである．学名の種小名は，菊池泰二九州大学名誉教授に献名されたものである．殻長23 mm．（山下博由）

マテガイ科
バラフマテ
Solen roseomaculatus Pilsbry, 1901

広島県竹原市皆実町ハチ岩　2007年　和田太一撮影

評価：準絶滅危惧
選定理由：個体数・個体群の減少，生息条件の悪化
分布：房総・能登半島以南，中国大陸．台湾・アフリカ東岸・オーストラリア等熱帯インド・西太平洋の広い範囲から文献記録があるがそれらはジャングサマテガイまたは近似の別種である可能性があり，再検討を要する．
生息環境・生態：内湾湾口部の低潮帯から潮下帯の砂底または砂泥底．キヌタレガイ，アカマテ*Solen gordonis* Yokoyama, 1920，ウズザクラ，シロバトガイ *Abra lunella* (Gould, 1861)，ミジンコチョウシャクシ *Leptomya minuta* Habe, 1960等と同所的に見られることが多い．
解説：本来は干潟低潮帯でも見られる種であるが，近年は浅所で生貝を目にすることは少なくなった．瀬戸内海中央部には現在も健在産地が複数存在する．殻長50 mm．（福田 宏）

マテガイ科
リュウキュウマテガイ
Solen sloanii Hanley, 1843

SL 74mm

沖縄県糸満市　2010年　久保弘文撮影

評価：準絶滅危惧
選定理由：生息条件の悪化，希少
分布：紀伊半島潮岬周辺，高知県土佐沖ノ島以南，南西諸島，インド・太平洋．
生息環境・生態：潮通しのよいアマモ場の細砂底～水深20 m付近までの細砂底～砂礫底に生息する．
解説：1970年代まで奄美・沖縄周辺ではサンゴ砂由来の極めて清浄な砂浜が多く存在し，本種はそうした海域を生息場所としていた．しかし，1972年の本土復帰以降，埋立等による砂浜そのものの消失，赤土の大量流入等による底質の泥化により，生息場所が大幅に減少した．ただ，垂直分布の幅が広く，埋立後に2次的に形成された細砂域（ただし清浄な底質の場所に限られる）での確認事例もある．一部の局所的な場所を除いて，マテガイ科としては個体数が少ない．殻長80 mm．（久保弘文）

マテガイ科
ジャングサマテガイ
Solen soleneae Cosel, 2002

沖縄県泡瀬干潟　2000年　久保弘文撮影

評価：絶滅危惧ⅠB類
選定理由：生息条件の悪化，個体数・個体群の減少，分布域限定
分布：主に沖縄島金武湾，中城湾，羽地内海，中国福建省厦門（タイプ産地），香港，マレーシア．
生息環境・生態：潮通しのよい中潮線～低潮線付近までのマツバウミジグサ・リュウキュウスガモ等のアマモ場内とそれに隣接する細砂底に埋在する．
解説：沖縄島は隔離分布地であり，水平・垂直ともに分布の幅も狭く，極めて個体群の存続基盤が脆弱である．1980年代後半までうるま市海中道路や沖縄市泡瀬周辺では普通に確認されたが，現在，海中道路ではほぼ消滅，泡瀬ではとくに埋立後にアマモ場が荒廃し個体数が激減した．現在，中城湾の一部で観察できる場所がわずかに残っているが，生息範囲は非常に狭い．羽地内海では希である．和名の「ジャン」（正式にはザン）とは沖縄方言でジュゴンのことで，ザンの食べる草アマモのことを言う．殻長50 mm．（久保弘文）

マテガイ科
マテガイ（沖縄島）
Solen strictus Gould, 1861

沖縄県羽地内海　1999年　久保弘文撮影

評価：絶滅のおそれのある地域個体群（沖縄島）
選定理由：生息条件の悪化，分布域限定
分布：沖縄島羽地内海，塩屋湾．
生息環境・生態：潮通しのよい低潮線の砂泥～細砂底に垂直に埋在する．
解説：日本本土では普通種であるが，南西諸島においては沖縄島羽地内海と塩屋湾の2海域のみに限定的に分布し，動物地理学的に重要である．類似した物理条件を持つ金武湾や奄美大島の内湾等で確認されていないことや比較的浮遊幼生期が短いこと，若齢から大型個体まで様々なサイズが混在生息すること等を考慮しても，羽地内海・塩屋湾の内側で再生産していると考えられ，地理的隔離による遺伝的分化が起こっている可能性もある．両海域とも生息範囲が非常に狭く，とくに塩屋湾では1990年前半以降著しく減少している．殻長90 mm．（久保弘文）

マテガイ科
ホソバラフマテガイ（和名新称）
Solen sp.

沖縄県名護市　2008年　久保弘文撮影

評価：絶滅危惧Ⅱ類
選定理由：生息条件の悪化，分布域限定
分布：奄美大島，沖縄島．
生息環境・生態：潮通しのよい内湾～河口域の低潮線～水深8 m付近のアマモ場とそれに隣接する細砂底に生息する．
解説：バラフマテガイに似るが，殻がより細長く，ゆるやかに弓状の形状を呈する．未記載種かつ奄美・沖縄固有種の可能性がある．1980年代後半までうるま市海中道路周辺や中城湾で普通に確認されたが，1990年代後半以降著しく減少した．その他の生息地も狭い範囲に限定される．中城湾の一部では埋立により生息場所が大きく消失した．奄美大島では加計呂麻島伊古茂湾の細砂干潟で確認されたが，海浜改変により消滅した（水元巳喜雄氏，私信）．しかし，垂直分布が上部浅海帯までおよぶことや，糸満市では埋立地の前縁にわずかに残された干潟で小規模な生残も確認され，著しく減少しているジャングサマテガイほど，絶滅リスクは高くないと考えられる．殻長40 mm．（久保弘文）

ナタマメガイ科
アゲマキ
Sinonovacula lamarcki Huber, 2010

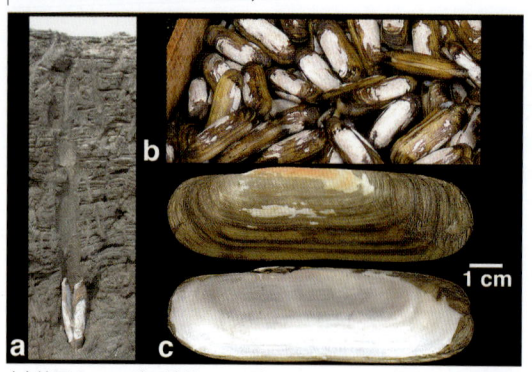

(a) 韓国セマングム地域　2006年　Ju Yung-Ki 撮影　(b) 福岡県柳川市　1986年　木村妙子撮影　(c) 愛知県汐川干潟　1965年　河辺訓受採集　木村昭一撮影

評価：絶滅危惧 IA 類
選定理由：個体数・個体群の減少，生息条件の悪化，分布域限定
分布：日本，朝鮮半島，中国大陸．
生息環境・生態：内湾の河口域や干潟の泥底に生息する．大型個体は1mもの生息孔を掘り生息する．
解説：日本では，三河湾，瀬戸内海，有明海，八代海に分布していたが，三河湾・瀬戸内海では消滅した．有明海では河口域に豊富に生息していたが，1988年に大量斃死が発生し，数百トンあった漁獲量は1994年以降ほぼ0トンになった．八代海北部には，2000年代初頭まで個体群が存在したが，ほぼ消滅した．有明海でも八代海でも，幼貝の発生は散見され，時に成貝の個体群形成も見られるが，個体群が持続的に維持されない状況にある．本種に使われてきた *Solen constrictus* Lamarck, 1818 は，*Solen constrictus* Bruguière, 1792 の一次同名となるので，Huber (2010) によって新名が与えられた．殻長90 mm．（山下博由）

節足動物
ARTHROPODA

鋏角類・甲殻類
Chelicerata, Crustacea

カブトガニ科
カブトガニ
Tachypleus tridentatus (Leach, 1819)

福岡県糸島市加布里湾　2007年　逸見泰久撮影

評価：絶滅危惧ⅠA類
選定理由：個体数・個体群の減少，生息条件の悪化，希少
分布：山口県平生湾・山口湾・千鳥湾，大分県中津干潟・守江湾，福岡県曽根干潟・津屋崎沿岸・今津干潟・加布里湾，佐賀県伊万里湾，長崎県佐世保海域などで，南シナ海．
生息環境・生態：6〜8月の大潮満潮時に砂浜の最満潮線付近で産卵．孵化した稚仔は隣接した泥質干潟に移動して成長するが，亜成体は干潟外の藻場などで，成体は沖合で過ごすと考えられている．ゴカイ類などを捕食する．
解説：半円形の前体と鋭い棘を多数備えた六角形の後体，尾剣の3部分からなる．瀬戸内海の一部と九州北部に多かったが，現在は急激に減少し，とくに瀬戸内海では危機的である．成長段階によって異なる環境を必要とするため，多様な環境をセットで保全する必要があるが，各地の個体群密度が激減している現状を考えると，繁殖地である砂浜の保全と復元が急務である．各地で稚仔の放流が行われているが，効果は検証されていない．体長85 cm．（逸見泰久・川勝正治）

ハッチンソニエラ科
カシラエビ
Sandersiella acuminata Shiino, 1965

熊本県　菊池泰二標本　下村通誉撮影

評価：準絶滅危惧
選定理由：希少，分布域限定
分布：瀬戸内海（向島，燧灘，備後灘），有明海．
生息環境・生態：水深2〜20 mの泥底に生息する．泥底表面を泳ぎ，泥中の微小な有機物片を摂食する．
解説：1963年に菊池泰二により初めて熊本県天草郡苓北町富岡の九州大学天草臨海実験所前の水深2 mのアマモ場から採集され，その標本に基づいて椎野季雄博士により新属新種として記載された．1963〜80年代までは有明海や瀬戸内海からいくつか採集記録があり，その後記録が途絶えたが，近年では東幹夫の調査により有明海の湾奥に広く分布することが明らかとなっている．ただし，タイプ産地からは環境変化により1970年代以降の採集記録がない．また，その他の生息地でも元々個体数が少なく，わずかの環境変化で絶滅する可能性が高い種だと考えられる．Sandersiella属は世界から4種が知られ，このうち日本からは本種と深海性の1種が知られる．体長2 mm．（下村通誉）

ヒメエボシガイ科
メナガオサガニハサミエボシ
Octolasmis unguisiformis Kobayashi & Kato, 2003

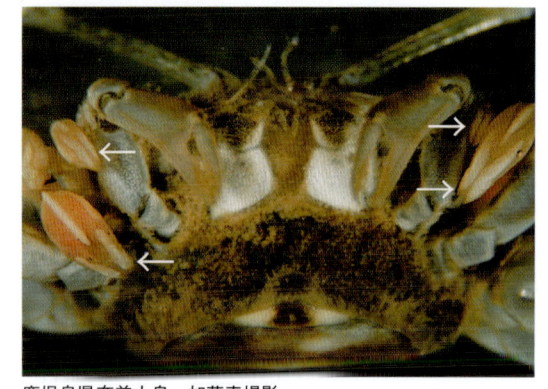

鹿児島県奄美大島　加藤真撮影

評価：絶滅危惧ⅠB類
選定理由：個体数・個体群の減少，生息条件の悪化，分布域限定
分布：奄美諸島，沖縄島．
生息環境・生態：奄美諸島の泥質干潟の低潮帯に生息するミナミメナガオサガニ Macrophthalmus milloti Crosnier, 1965の鋏脚基部付近に付着．宿主の左右に大型個体が1個体ずつ付着し，そのまわりに多数の小型個体が付着する場合が多い．宿主の鋏とサイズと形態がよく似ていて，あたかも鋏が2対あるように見える．雌宿主への選好性が顕著．
解説：奄美諸島と沖縄本島の干潟のみから発見されており，琉球列島の固有種である可能性がある．潮間帯のカニ類に共生するという点から見ても，宿主の鋏に擬態しているように見える点から見ても，極めて特異な生態を持つ蔓脚類である．奄美諸島の干潟は，固有の干潟生物を擁する貴重な場所であるが，その多くは，埋立，護岸造成，赤土流出などによって，環境の悪化にさらされている．体長7 mm．（加藤真）

ヒメシャコ科
ミツツノヒメシャコ（和名新称）
Alachosquilla vicina (Nobili, 1904)

沖縄県　NPO法人海の自然史研究所撮影

評価：情報不足
選定理由：希少
分布：紅海〜フィリピン，オーストラリア．沖縄島，西表島．
生息環境・生態：低潮帯〜潮下帯の砂礫底，海草域．巣穴を掘って住む．
解説：日本新記録種．一見シマトラフヒメシャコ（下記）に似ているが，額板の形態で識別できる．インド・西太平洋域に分布するミツツノヒメシャコ属（新称）*Alachosquilla* は，本種に限られている．国内の生息確認地点は5カ所以下．南西諸島は本種の分布の北限にあたる．小型であることに加え，動きもすばやいことから見逃しやすく，生息状況を過小評価している可能性がある．通常，潮下帯に生息する種であると考えられる．海草域のない砂礫底からも見つかっていることから，海草域の有無は生息を規定する条件ではないと考えられる．生息環境の底質の泥化は，本種の個体群の減少をもたらす可能性がある．甲長5 mm．（大澤正幸）

ヒメシャコ科
シマトラフヒメシャコ
Bigelowina phalangium (Fabricius, 1798)

大分県中津干潟　和田太一撮影

評価：絶滅危惧II類
選定理由：分布域限定，希少
分布：大分県（中津干潟），沖縄県（沖縄島），台湾〜マダガスカル，北オーストラリア．
生息環境・生態：砂質・砂泥質干潟や浅海にU字状の穴を掘って生息する．中津干潟では低潮帯の貝殻混じりの砂地に生息し，7月に卵塊を保護していた（和田太一氏，私信）．巣穴中にはニッポンヨーヨーシジミ（p. 157）が群生する．
解説：黒と淡黄色の横縞が特徴である．縞模様のあるシャコ類は日本に数種類出現するが，尾節後縁の棘の形状や配列で識別できる．本邦では戦前に駿河湾・三重県・和歌山県で，1965年に福岡県で記録があるが現状は不明であり，近年の採集記録は，筆者の知る限り大分県中津干潟のみである．大澤（私信）によれば沖縄島に普通に生息するが，九州以北では分布が限られていると考えられ，絶滅の危険性がある．甲長14 mm．（有山啓之）

ヒメシャコ科
コドモヒメシャコ（和名新称）
Pullosquilla litoralis (Michel & Manning, 1971)

沖縄県　NPO法人海の自然史研究所撮影

評価：情報不足
選定理由：希少
分布：沖縄島，マダガスカル〜フレンチポリネシア．
生息環境・生態：低潮帯〜潮下帯の砂礫底，海草域．巣穴を掘って住む．
解説：日本新記録種（コドモヒメシャコ属 *Pullosquilla* のタイプ種）．体は白色の地に暗褐色の小斑が散在する．インド・西太平洋に広汎に分布する．国内の生息確認地点は5カ所以下．沖縄島は本種の分布の北限にあたる．小型であることに加え，体色が生息場所の砂礫底の色彩に似ているため見逃しやすく，生息状況を過小評価している可能性がある．通常，潮下帯に生息する種であると考えられる．海草域の見られない砂礫底からも見つかっていることから，海草域の有無は生息を規定する条件ではないと考えられる．生息環境の底質の泥化は，本種の個体群の減少をもたらす可能性がある．甲長5 mm．（大澤正幸）

節足動物―鋏角類・甲殻類

ヒメシャコ科
トーマスヒメシャコ
Pullosquilla thomassini Manning, 1978

沖縄県　NPO法人海の自然史研究所撮影

評価：情報不足．
選定理由：希少．
分布：小笠原諸島，沖縄島，マダガスカル～フレンチポリネシア．
生息環境・生態：低潮帯～潮下帯の砂礫底，海草域．巣穴を掘って住む．
解説：コドモヒメシャコ（p. 175）によく似るが，尾節の腹面に多数の小棘を持つことで容易に識別できる．インド・西太平洋に広汎に分布する．国内の生息確認地点は5カ所以下．小笠原諸島，沖縄島は本種の分布の北限にあたる．小型であることに加え，体色が生息場所の砂礫底の色彩に似ているため見逃しやすく，生息状況を過小評価している可能性がある．通常，潮下帯に生息する種であると考えられる．海草域の見られない砂礫底からも見つかっていることから，海草域の有無は生息を規定する条件ではないと考えられる．生息環境の底質の泥化は，本種の個体群の減少をもたらす可能性がある．甲長4 mm．（大澤正幸）

シャコ科
サヌキメボソシャコ
Clorida japonica Manning, 1978

熊本県羊角湾　渡部哲也撮影

評価：情報不足
選定理由：希少
分布：福井県，山口県日本海側，瀬戸内海全域，福岡～熊本県，有明海，台湾．
生息環境・生態：干潟～浅海域の砂泥底に生息する．生態は不明．
解説：洋梨型の眼柄の先端に位置する小さい双峰型の眼が最大の特徴である．体はずんぐりしていて，体色はオリーブ色，頭胸甲の縁辺と胸節・腹節の後縁は黒く縁取られ，尾肢内肢基部節に黒斑がある．本種は1978年に香川県産の標本を基に新種記載された．新日本動物図鑑中巻に載っている"メボソシャコ"とは本種のことである．本邦における分布は福井～熊本県の日本海，東シナ海沿岸および瀬戸内海，有明海と広いが，採集例はそれほど多くない．情報が少ないため，現在のところ絶滅の危険性について判断は難しい．甲長15 mm．（有山啓之）

キタヨコエビ科
ヒヌマヨコエビ
Jesogammarus (*Jesogammarus*) *hinumensis* Morino, 1993

大分県中津市山国川河口　和田太一撮影

評価：情報不足
選定理由：希少
分布：岩手県，福島県，茨城県，福井県，島根県，徳島県，高知県，大分県，熊本県．
生息環境・生態：汽水湖および河口域の落ち葉の下やスジアオノリ中に生息する．
解説：キタヨコエビ科は雄の第1・2咬脚第6節掌縁に円錐状歯の並ぶことが最大の特徴である．本邦の汽水域には本種以外にポシェットトゲオヨコエビ *Eogammarus possjeticus* (Tzvetkova, 1967) が生息するが，第3尾肢外肢が短めで内側に剛毛が密生し，色彩も雄は淡褐色，雌は濃褐色～黒色で，斑紋のある本種とはまったく異なっている．本種の分布は岩手～熊本県と広いが，北海道～大分県の多くの汽水域で見られるポシェットトゲオヨコエビとは違い，産地は限られている．情報は多くないが，今後，動向に留意する必要がある．体長17.4 mm．（有山啓之）

ユンボソコエビ科
オオサカドロソコエビ
Grandidierella osakaensis Ariyama, 1996

大阪府岬町大川河口　有山啓之撮影

評価：準絶滅危惧
選定理由：分布域限定
分布：大阪府（大阪市淀川河口，岬町大川河口・東川河口），島根県（出雲市長尾鼻）．
生息環境・生態：大阪府では，河口の中潮帯〜低潮帯にある転石の隙間にたまった泥中に棲管を造る．生息地の塩分は2〜29と変化が大きい．抱卵は4,5月に確認されている．
解説：ドロソコエビ属 *Grandidierella* は大きな第5節を持つ雄の第1咬脚が特徴であるが，本種は第5節に3棘を持ち雄の第2触角が太いことで他種と識別される．分布は大阪府と島根県であるが，島根県の分布域は外洋的な環境であり疑問がある．同属のニホンドロソコエビ *G. japonica* Stephensen, 1938が全国の汽水域に，シマドロソコエビ *G. fasciata* Ariyama, 1996が西日本の汽水域に広く分布するのに対し，本種の産地はわずかで，主分布域は都市化の進んだ大阪湾に流入する河川であることから，絶滅が懸念される．体長7.5 mm．（有山啓之）

ユンボソコエビ科
ヒメドロソコエビ
Paragrandidierella minima Ariyama, 2002

愛媛県岩城島　有山啓之撮影

評価：情報不足
選定理由：分布域限定
分布：東京湾，瀬戸内海（和歌山・兵庫・広島・愛媛県），大分県，宮崎県，中国海南島．
生息環境・生態：潮通しのよい砂質干潟や砂浜の中潮帯〜潮下帯上部に生息する．潜砂する．
解説：近縁のドロソコエビ属 *Grandidierella* とは，体が背腹に扁平で，短縮した尾肢と左右に膨らみのある短い尾節板を持つことで識別できる．雄の第1咬脚は大きく，第5節の後縁先端には1本の長い棘がある．和歌山市和歌浦では，移入種の可能性のある *Paragrandidierella unidentata* (Ren, 2006) が共存するが，*P. unidentata* では雄の第2触角柄部第5節の下縁先端は膨らまない．本種の報告例は多くないが，東京湾〜九州と比較的広い分布域を持ち，生息地における密度も高いことから，日本全国では少なくないものと判断される．しかし，好む底質が限られているため，泥化すれば個体数減少の危険性がある．体長2.2 mm．（有山啓之）

カマカヨコエビ科
イサハヤカマカモドキ
Heterokamaka isahayae Ariyama, 2008

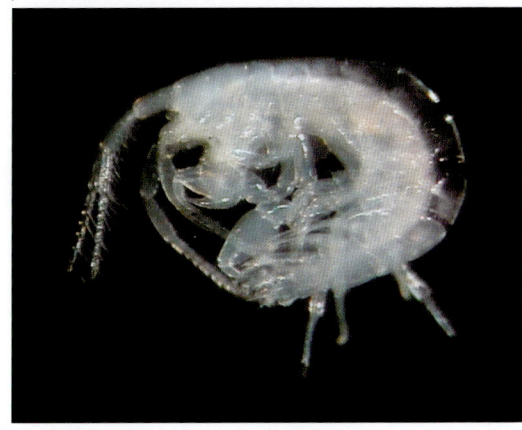

長崎県雲仙市西郷川河口　有山啓之撮影

評価：絶滅危惧IA類
選定理由：個体数・個体群の減少，生息条件の悪化，分布域限定
分布：長崎県（諫早湾，雲仙市西郷川河口）．
生息環境・生態：諫早湾では締め切り堤防内側の調整池内の泥底に生息していた．採集時の塩分は5.8以下．西郷川河口では砂泥質の干潟に生息する．生態は不明．
解説：近縁のカマカヨコエビ属 *Kamaka* の各種とは，眼葉が短く先端の尖ることで識別できる．本種は1997年5月に本明川河口で初めて発見され，その後調整池内で2004年まで採集された．調整池内の水質環境（COD，全窒素，全リン等）は悪化しており，近年は毒性の強いアオコも発生している．2011年10月2日に諫早湾周辺で採集を試みたところ，西郷川河口で2個体が得られ，絶滅していないことが確認された．しかし，有明海の他の汽水域からはまったく採集されていないことから，生息域は非常に狭いと考えられ，絶滅が極めて危惧される．体長3.4 mm．（有山啓之）

ゲンコツヨコエビ科
シマントヨコエビ
Mucrocalliope shimantoensis Ariyama & Azuma, 2011

高知県四万十市四万十川河口域　大阪市立自然史博物館所蔵標本（ホロタイプ）　有山啓之撮影

評価：準絶滅危惧
選定理由：分布域限定
分布：高知県（四万十川河口域）．
生息環境・生態：コアマモが繁茂する潮下帯上部の泥底に生息する．採集時の塩分は26〜30．生態は不明．
解説：ゲンコツヨコエビ科は第2・3腹節が癒合し第7胸肢が伸長することが特徴である．本科に属するヨコエビとしては，本邦で他に沖縄島産のシオカワヨコエビ *Paracalliope dichotoma* Morino, 1991（環境省：絶滅危惧Ⅰ類）がいるが，本種とは異なり第1・2腹節の背側後端が突出しない．本種は2007年に四万十川河口域から採集された．しかし，他の西日本各地（鳥取・島根県，三重・和歌山県，瀬戸内海，福岡〜宮崎県，有明海）の河口域や干潟からまったく採集されていないことから，分布域が限られている可能性が高い．生息地の環境は良好であるが，今後悪化しないよう注意が必要である．体長2.8 mm．（有山啓之）

ツノヒゲソコエビ科
スナウシロマエソコエビ
Eohaustorius subulicolus Hirayama, 1985

和歌山県海南市　有山啓之撮影

評価：情報不足
選定理由：希少
分布：三重県〜大阪府，山口県，熊本県．
生息環境・生態：砂質干潟や砂浜の中潮帯〜潮下帯上部に生息する．すばやく潜砂する．
解説：背腹に扁平で，断面がドーム型をしており，第2触角柄部第4節や第6・7胸肢の第4・5節が大きく広がり，第3・5〜7胸肢の第7節が消失するという特異な形態をしている．また，眼はあるものの色素がなく，一見どちらが前でどちらが後ろかわからないので，この名前がついたと想像していたが，第4胸肢が他のヨコエビ類と違って後ろを向いているためだそうだ．分布が確認されている範囲は三重〜熊本県と比較的広いが，東京湾からは同属の別種が報告されており，分類学的再検討が必要である．本種は同所的に出現するヒラタマルソコエビ *Urothoe gelasina ambigua* Hirayama, 1988と比べて生息密度はかなり低く，個体数は多くない可能性がある．今後，注視が必要と考えられる．体長4 mm．（有山啓之）

スナウミナナフシ科
ヒゲナガウミナナフシ
Amakusanthura longiantennata Nunomura, 1977

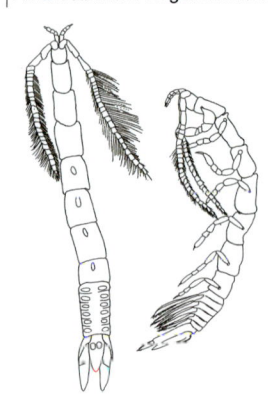

（図）本種　布村昇作成　（写真）近縁種の *Amakusanthura aokii* Nunomura, 2004　布村昇撮影

評価：情報不足
選定理由：希少
分布：熊本県（苓北町富岡湾）
生息環境・生態：富岡湾の水深3〜4 mのアマモ帯．口器は咀嚼型で，デトリタスなどを摂取しているものと考えられる．
解説：これまでに雄1個体のみが知られる．第1触角が長く，26〜27節からなり，先端は第5胸節まで達する．胸脚は第1胸脚のみが亜鋏状で他はすべて歩行用になっている．眼がないことや尾肢に大型の平衡胞を持つことなどから，海底表面ではなく，砂泥内に住むと考えられる．発見されにくいためか，これまで雄1個体が得られているだけであり，その生態は未解明である．なお，ヒゲナガウミナナフシ属 *Amakusanthura* は本種を基に設けられ，世界から42種，日本からは本種を含み3種が知られている．体長6.3 mm．（布村 昇・下村通誉）

スナホリムシ科
ヒガタスナホリムシ
Eurydice akiyamai Nunomura, 1981

千葉県一宮川河口　1978年秋山章男採集　富山市科学博物館所蔵パラタイプ（TOYA Cr-117）　下村通誉撮影

評価：絶滅危惧Ⅱ類
選定理由：生息条件の悪化
分布：千葉県（一宮川）〜沖縄島（名護市）．
生息環境・生態：最初，河口域の砂泥地で発見されたが，沖縄の海岸汀線から100m遡った細流からも発見されている．
解説：千葉県の一宮川河口干潟の高潮線付近のコメツキガニが生息する砂泥地から発見された．タイプ産地では1975年頃には多数の生息が見られたが，近年まったく確認されていない．一宮川では河口域および上流部で工事が行われており，絶滅が心配される．近年，東京湾，福岡県，沖縄県名護市ギキ川など新しい生息地が発見されている．詳しい生態は未知であるが，干潟だけでなく，多様な環境に生息している可能性がある．なお，沖縄産標本では剛毛数が多いなど，千葉県産標本との間で違いがみられる．体色は黄白色．体長7mm．
（布村 昇・下村通誉）

コツブムシ科
ヒメコツブムシ
Gnorimosphaeroma pulchellum Nunomura, 1998

千葉県小櫃川河口　1997年塚原哲採集　富山市科学博物館所蔵パラタイプ（TOYA Cr-12484）　下村通誉撮影

評価：情報不足
選定理由：希少，特殊生息環境
分布：千葉県（木更津市小櫃川河口付近）．
生息環境・生態：河口付近の水たまりに生息する．
解説：これまでに知られる生息地は小櫃川河口付近の水たまり1カ所である．一般に河口域の水たまりは不安定な環境であり，とくに小櫃川河口は首都圏の人口の稠密地帯に隣接することから，将来的にその生息地での絶滅が心配される．また全国干潟調査（2002〜2004）でも本種の生息が確認されなかったことから，分布が極めて限られていると考えられる．イソコツブムシ属 *Gnorimosphaeroma* は汽水域に多くの種が生息するが，外形からの同定は難しい．本種は尾肢外肢が内肢に比べ著しく短く，雄の第2腹肢が内肢から分離していないのが特徴であるが，それ以外の付属肢や口器の形態，剛毛の生え方や数などを観察しなければ確実な同定ができない．体長5mm．（布村 昇・下村通誉）

エビヤドリムシ科
アナジャコノハラヤドリ（仮称）
Phyllodurus sp.

鹿児島県加計呂麻島　伊谷行標本　三好由佳莉撮影

評価：絶滅危惧Ⅱ類
選定理由：生息条件の悪化，分布域限定，希少，特殊生息環境
分布：鹿児島県奄美大島，加計呂麻島．
生息環境・生態：砂泥底の干潟に住むミナミアナジャコ（p.183）に寄生する．雌は宿主の第2腹肢の後方に共生し，雄は雌の腹部腹面に共生する．
解説：未記載種．エビヤドリムシ科は十脚目甲殻類の寄生虫であり，その多くは鰓室内に雌雄ペアで生息する．腹部に寄生するエビヤドリムシ類は，本種のほか，コエビ類やヤドカリ類を宿主とするものがあるが，国内ではいずれも干潟に生息する種は確認されていない．本種が属する Phyllodurinae 亜科はこれまで，米国西岸から *P. abdominalis* のみが知られていた．宿主のミナミアナジャコはインド・西太平洋に広く分布するが，本種の寄生が確認されているのは国内のみである．他に，鰓室に寄生するエビヤドリムシ類でも絶滅の恐れのある種が多数あるものと考えられる．体長7mm．（伊谷 行）

ヌマエビ科
マングローブヌマエビ
Caridina propinqua De Man, 1908

西表島　藤田喜久撮影

評価：絶滅危惧Ⅱ類
選定理由：希少・特殊生息環境・分布域限定
分布：石垣島，西表島，中国大陸南部，フィリピン，マレーシア，スリランカ，インド．
生息環境・生態：本種は，マングローブ林内の塩分が比較的高いタイドプールや流れの緩やかな水路に生息する．飼育実験下では，高水温や高塩分に対する耐性が高いことが知られる．
解説：本種は，上述するような特殊な環境に生息する，好塩性のヌマエビ類である．国内において生息が確認されている場所は石垣島と西表島の一部河川河口域に極限されている．本種の生息環境は，道路・護岸整備や埋立等により消失・改変されやすく，また，生息地が水田や畑に隣接している場合には農薬等の影響を受ける可能性もある．甲長4 mm．（藤田喜久）

テッポウエビ科
ハシボソテッポウエビ
Alpheus dolichodactylus Ortmann, 1890

和歌山県御坊市日高川河口　野村恵一撮影

評価：絶滅危惧Ⅱ類
選定理由：個体数・個体群の減少，生息条件の悪化，分布域限定，希少
分布：和歌山県～九州（有明海）．
生息環境・生態：河口域の軟泥干潟に穴を掘って生息
解説：日本固有種．東京湾をタイプ産地とするが，関東域では原記載以後100年以上にわたって採集記録がなく，当該海域の個体群は消滅した可能性が持たれる．現在の生息地は和歌山県（御坊市）と，福岡県（大川市，柳川市，大和町），佐賀県江北町の有明海に限られる．本種を熱帯域に広く分布する *Alpheus malabaricus* (Fabricius, 1775) のシノニムとする考えもあるが，この種には複数の隠蔽種が存在し，本種もその1つであるとみなされる．汚染の少ない河口に生じたシルト質の軟泥干潟を好むと考えられるが，このような環境は開発によって国内から失われつつあり，それに伴う個体群の減少が危惧される．甲長20 mm．（野村恵一）

テッポウエビ科
フタツトゲテッポウエビ
Alpheus hoplocheles Coutière, 1897

福岡県大川市筑後川河口　2002年　逸見泰久標本　野村恵一撮影

評価：絶滅危惧ⅠA類
選定理由：分布域限定，希少，特殊生息環境
分布：有明海，黄海～マレー諸島．
生息環境・生態：干潟～浅海の泥底に生息し，ヒメモクズガニ（p. 202）と同一の巣穴から出現する．
解説：東アジア海域の固有種で，タイプ産地は日本，アモイならびにマレー群島である．日本産のタイプ標本はシーボルトコレクションで，ライデン博物館に収蔵されているが，詳細な産地は特定されていない．中国黄海沿岸では市場に並ぶほど採られているが，国内では採集例が極めて少なく，また，タイプ標本以外の産地はすべて有明海（佐賀県太良町，福岡県大川市）に限定される．したがって，国内では有明海が本種の唯一の産地と見なされる．本種との共生関係が示唆されているヒメモクズガニは絶滅の危機に瀕しており，本種個体群も絶滅が危惧される．甲長15 mm．（野村恵一・逸見泰久）

テッポウエビ科
ホリテッポウエビ
Alpheus macellarius Chace, 1988

沖縄県　大澤正幸撮影

評価：情報不足
選定理由：分布域限定，希少
分布：奄美大島〜西表島，フィリピン．
生息環境・生態：低潮帯〜潮下帯の砂礫底，海草域．巣穴を掘って住む．
解説：第1腹節に白色と橙色の横帯を持ち，歩脚にもいくつかの小さな黄色の横帯が見られる．国内の生息確認地点は10カ所以下．南西諸島の中・南部から記録されている．奄美大島は本種の分布の北限にあたる．沖縄島では同所的に出現するトウゾクテッポウエビ *A. rapax* Fabricius, 1798に比べ明らかに個体数は少ないが，八重山諸島黒島では多産する．本種の巣穴にはサンゴカニダマシ (p. 187) が見つかることがあり，ハナオレウミケムシ *Eurythoe complanata* (Pallas, 1766)，ハゼ類とともに共生関係が示唆される．加えてテッポウエビ類は，海草域における生息基盤を構造化する役割を担っている可能性が高い．生息場所の底質の泥化，海草域の消失が本種の減少，消失につながると考えられる．甲長15 mm．（大澤正幸）

テッポウエビ科
クボミテッポウエビ
Stenalpheops anacanthus Miya, 1997

高知県浦ノ内湾　伊谷行撮影

評価：準絶滅危惧
選定理由：生息条件の悪化，特殊生息環境
分布：瀬戸内海各地，高知，有明海，韓国．
生息環境・生態：砂泥底の干潟に住む．アナジャコ *Upogebia major* (De Haan, 1841) などのアナジャコ類やスナモグリ類の甲殻類が掘った巣穴の中から採集される．他のベントスの巣穴を利用するか否か，宿主特異性の程度，自由生活をするかどうかなど，詳細な生態は不明である．飼育下では雑食．
解説：生時は背甲の一部が緑色で目立つ．背甲の第1〜2胸脚のつけね部分が凹んでいることが本属の特徴である．大きい巣穴からは大型個体が，小さい巣穴から小型個体が採集される．台湾のアナジャコ類 *U. edulis* Ngoc-Ho & Chan, 1992の巣穴には近縁種の *S. crangonus* (Anker, Jeng & Chan, 2001) が生息する．アナジャコ類の巣穴からは，セジロムラサキエビ *Athanas japonicus* Kubo, 1936がよく採集されるが，本種はそれに比べて希である．甲長7 mm．（伊谷 行）

モエビ科
キノボリエビ
Merguia oligodon (De Man, 1888)

沖縄島　藤田喜久撮影

評価：絶滅危惧Ⅱ類
選定理由：希少・特殊生息環境・分布域限定
分布：沖縄島，宮古島，石垣島，西表島，ケニア，インドネシア，タイ．
生息環境・生態：生息場所は，主に河川河口域や内湾域の転石帯や，マングローブ林内のヒルギ類の根の間などであるが，とくに干潮時に干出する環境を好む．また，淡水の湧出が見られるサンゴ礁岩礁海岸でも生息が確認されている．半陸性の生活様式を有する極めて特異なコエビ類であり，とくに夜間には陸上で活発に活動することが知られる．また，雄性先熟性の性転換をすることが知られ，甲長4.4 mm未満の個体はすべて雄であるとされる．
解説：国内における分布は，沖縄島，宮古島，石垣島，西表島に限られる．また，本種が好む生息環境は，護岸整備および道路拡張工事や埋立等による影響を受け易いため，生息環境の縮小が懸念される．甲長6.2 mm．（藤田喜久）

節足動物―鋏角類・甲殻類

スナモグリ科
オトヒメスナモグリ（和名新称）
Calliaxina sakaii (de Saint Laurent, in de Saint Laurent & Le Loeuff, 1979)

沖縄県　大澤正幸撮影

評価：情報不足
選定理由：分布域限定，希少
分布：熊本県天草郡苓北町，沖縄島，西表島．
生息環境・生態：低潮帯～潮下帯の砂礫底，海草域．巣穴を掘って住む．
解説：鉗脚はほぼ同大．生息確認地点は5カ所以下．国内からのみ記録されている．熊本県天草郡苓北町は本種のタイプ産地である．出現数は少ない．沖縄島の潮間帯では海草域の中に点在する疎生地でよく見つかる傾向がある．砂礫底に巣穴を深く掘って生息する小型種であるため，見逃しやすく，生息状況を過小評価している可能性がある．同様な干潟環境は，沖縄島，西表島以外の南西諸島の島嶼でも確認できるが，適当な調査がなされている場所は限られている．生息場所の底質の泥化，海草域の消失は，本種の減少・消失につながる可能性がある．甲長10 mm．（大澤正幸）

スナモグリ科
ウラシマスナモグリ（和名新称）
Eucalliax panglaoensis Dworschak, 2006

沖縄県　大澤正幸撮影

評価：情報不足
選定理由：分布域限定，希少
分布：沖縄島，西表島，フィリピン．
生息環境・生態：低潮帯～潮下帯の砂礫底，海草域．巣穴を掘って住む．
解説：日本新記録種．外見はオトヒメスナモグリ（上記）によく似ているが，第1腹節が長いことで容易に識別できる．国内の生息確認地点は5カ所以下．沖縄島は本種の分布の北限にあたる．オトヒメスナモグリより出現数は少ない．通常，潮下帯に生息する種であると考えられる．海草域のない砂礫底からも見つかっていることから，海草域の有無は生息を規定する条件ではないと考えられる．砂礫底に巣穴を深く掘って生息する小型種であるため，見逃しやすく，生息状況を過小評価している可能性がある．生息場所の底質の泥化，海草域の消失は，本種の減少・消失につながる可能性がある．甲長10 mm．（大澤正幸）

スナモグリ科
ブビエスナモグリ
Paratrypaea bouvieri (Nobili, 1904)

沖縄県　大澤正幸撮影

評価：情報不足
選定理由：希少
分布：長崎県対馬，熊本県天草地方，小笠原諸島父島，沖縄島～西表島，マダガスカル～フィジー．
生息環境・生態：潮間帯の砂泥底．巣穴を掘って住む．
解説：南日本から点在して記録がある．国内の生息確認地点は10カ所程度．沖縄島では河口付近の砂泥底において，*Lepidophthalmus tridentatus* (von Martens, 1868) や *Neocallichirus jousseaumei* (Nobili, 1904) などの大型のスナモグリ類と同所的に出現するが，これらの種に比べて巣穴や体の大きさが明らかに小さいことで野外でも判別できる．出現数は少ない．砂泥底に巣穴を深く掘って生息する小型種であるため，見逃しやすく，出現を過小評価している可能性がある．排水を含む小河川の河口部にも生息することから，底質汚染にもある程度の耐性があると考えられる．しかし，極度な底質の汚染は避けるべきであり，沿岸部の埋立も本種の個体群の減少につながると考えられる．甲長5 mm．（大澤正幸）

アナジャコ科
ミナミアナジャコ
Upogebia carinicauda (Stimpson, 1860)

鹿児島県奄美大島　胸部に付着しているのはシマノハテマゴコロガイ (p. 162)　伊谷行撮影

評価：絶滅危惧Ⅱ類
選定理由：生息条件の悪化，分布域限定，希少
分布：国内の生息地は奄美大島，加計呂麻島，沖縄島のみ．インド・西太平洋熱帯域の広範囲に分布．
生息環境・生態：砂泥質干潟にY字状の巣穴を掘って住む．
解説：鉗脚が白～桃色，尾部背面に隆起が見られることから，奄美諸島～八重山諸島の砂泥質干潟に分布するヨコヤアナジャコ *U. yokoyai* Makarov, 1938とコブシアナジャコ（下記）から容易に識別できる．分布は広範囲であるが，国内での分布は5カ所以内である．特に，本種に共生するシマノハテマゴコロガイ (p. 162) やアナジャコノハラヤドリ (p. 179) は国外からは確認されておらず，共生者の保全のためにも本種が生息する干潟の保全が必要である．なお，堆積岩に巣穴を作る種は本RDBの対象としていないが，沖縄県からはイワホリアナジャコ *U. rupicola* Komai, 2005や *U. iriomotensis* Sakai & Hirano, 2006など希少な種が近年多数発見されており，海岸の砂岩や泥岩の保全も必要である．甲長10 mm.（伊谷 行）

アナジャコ科
コブシアナジャコ
Upogebia sakaii Ngoc-Ho, 1994

高知県須崎市浦ノ内湾　伊谷行撮影

評価：絶滅危惧Ⅱ類
選定理由：生息条件の悪化，分布域限定，希少
分布：和歌山県，徳島県，高知県，鹿児島県，沖縄県．
生息環境・生態：砂泥質干潟にY字状の巣穴を掘って住む．
解説：日本固有種で，温暖な黒潮流域圏にのみ分布する．鉗脚の上面が深紅で美しく，鋭い棘が目立つことから，国内の砂泥質干潟に分布するアナジャコ *U. major* (De Haan, 1841)，ヨコヤアナジャコ *U. yokoyai* Makarov, 1938，ミナミアナジャコ（上記）から容易に識別できる．奄美諸島～沖縄県では少なくないが，本州，四国の産地は5カ所以内である．タイプ産地の高知県浦ノ内湾では，釣り餌採りのための干潟の掘り起こしが年々過大となってきており，本種をはじめとするベントスにとって深刻な撹乱となっている．特に，本種の抱卵，着底が，チヌ釣りのための餌採りが盛んな夏に重なるため，安定した個体群の存続が危ぶまれている．以前は *U. pugnax* De Man, 1905の学名があてられていたが，近年，国内の個体群は別種として記載された．甲長14 mm.（伊谷 行）

オカヤドカリ科
コムラサキオカヤドカリ
Coenobita violascens Heller, 1862

西表島　藤田喜久撮影

評価：準絶滅危惧
選定理由：希少，特殊生息環境
分布：沖縄島～八重山諸島，インド・太平洋域．
生息環境・生態：内湾や河口付近に生息する．小型個体は河川河口域やマングローブ林周辺で多数見られる．
解説：成体は濃い紫色を呈するが，小型個体は第2・3歩脚の前節・指節は赤褐色になり，眼柄の下側に濃い茶色の縦模様が入る．大鉗脚の掌部外面上部に斜向顆粒列がないことと，眼柄の断面が扁平していることが特徴的である．他のオカヤドカリ類に比べ，河川河口部や内湾的環境に多く見られる．本種の生息環境は，道路・護岸整備や埋立等により消失・改変しやすいため，注意が必要である．本種は国指定天然記念物（1970年）でもある．甲長40 mm.（藤田喜久）

ヤドカリ科
ヒルギノボリヨコバサミ
Clibanarius ambonensis Rahayu & Forest, 1993

沖縄県　大澤正幸撮影

評価：絶滅危惧 IB 類
選定理由：分布域限定，希少，特殊生息環境
分布：石垣島，西表島，インドネシア．
生息環境・生態：高潮帯の泥底．河口域に見られるヤエヤマヒルギの小木の幹や根の上で見つかることが多い．
解説：同所的に多産する近似種のツメナガヨコバサミ C. longitarsus (De Haan, 1849) やタテジマヨコバサミ C. striolatus Dana, 1852に似ているが，眼柄に縦縞を持つことで識別できる．またこれら2種と違い，ヤエヤマヒルギの小木にしがみついていることが多いことから野外でも容易に判別できる．国内の生息確認地点は5カ所以下．八重山列島は本種の分布の北限にあたり，南西諸島の他の島嶼からは確認されていない．生息地点および生息微環境が非常に限定されていることから，河口域の護岸の造成や海岸に面するマングローブ域の改変・消失が進行すると，個体数・個体群が激減・消滅する可能性がある．甲長8 mm．（大澤正幸）

ヤドカリ科
ワカクサヨコバサミ
Clibanarius demani Buitendijk, 1937

沖縄県　大澤正幸撮影

評価：情報不足
選定理由：分布域限定
分布：沖縄島，西表島，モーリシャス，タイ，ベトナム，インドネシア．
生息環境・生態：潮間帯〜潮下帯の砂底．小礫，海草域．
解説：ツメナガヨコバサミ C. longitarsus (De Haan, 1849) によく似ているが，眼柄や歩脚の色彩によって識別できる．生息環境として砂礫底を好み，ツメナガヨコバサミが多数確認されるような泥質底ではほとんど見かけない．国内では沖縄島（北限）と西表島でしか確認されていないが，生息地点数・出現個体数とも極端に少ないわけではない．南西諸島の他の島嶼でも今後見つかる可能性が高く，現時点での生息地点の理解は不十分であると考えられる．生息場所の底質の泥化は，本種の減少・消失につながる可能性がある．本種は，南西諸島の干潟の環境特性を判断するにあたって，好適なヤドカリ類の1つとして扱うことができると考えられる．甲長10 mm．（大澤正幸）

ヤドカリ科
シマヨコバサミ
Clibanarius rhabdodactylus Forest, 1953

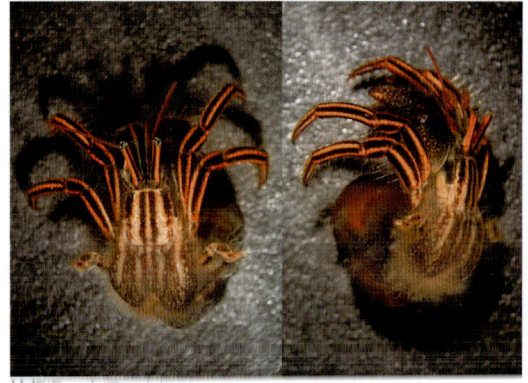

沖縄県　大澤正幸撮影

評価：情報不足
選定理由：分布域限定，特殊生息環境
分布：トカラ列島宝島〜沖縄島，久米島，マヨーテ，フレンチポリネシア．
生息環境・生態：高潮帯の砂泥底，転石域．通常，石の下や隙間に隠れているが，干潮時に石の上で見つかることもある．
解説：体に橙色と暗褐色の縦縞を持つことで近似種から一見して識別できる．西太平洋からの記録に限られていたが，西インド洋のマヨーテからも最近見つかった．国内の生息確認地点は10カ所以下．南西諸島は本種の分布の北限にあたる．内湾性海岸の転石域にマーグイヨコバサミ C. merguiensis De Man, 1888と同所的に出現する．大型の岩・構造物の近くに集合していることが多く，内湾性海岸内の微小環境としてこのような場所を好む．近似種のツマキヨコバサミ C. englaucus Ball & Haig, 1972やマダラヨコバサミ C. humilis (Dana, 1851) に比べ，潮間帯のより上部に生息する．甲長10 mm．（大澤正幸）

ヤドカリ科
スネリウスヨコバサミ
Clibanarius snelliusi Buitendijk, 1937

沖縄県　前之園唯史撮影

評価：情報不足
選定理由：分布域限定，希少
分布：国内では沖縄島からのみ確認されている．インドネシア，パプアニューギニア，ベトナム，台湾．
生息環境・生態：低潮帯〜潮下帯の砂泥底，転石域．石の下に隠れている．
解説：胸脚に小さな白斑が散在し，歩脚に青白い縦縞を持つことで近似種から識別できる．記録は東南アジア〜南西諸島に限られる．国内の生息確認地点は5カ所以下で，出現個体数も少ない．沖縄島は本種の分布の北限にあたる．他のヨコバサミ属 *Clibanarius* の種に比べ，より低潮域に出現する．通常，潮下帯に生息する種であると考えられる．生息場所の特性について十分な情報がない．海草域の有無が本種の生息条件と関連しているかについては不明．生息場所の底質の泥化は，本種の減少・消失につながる可能性がある．甲長8mm．（大澤正幸）

ヤドカリ科
マルテツノヤドカリ
Diogenes avarus Heller, 1865

西表島　大澤正幸撮影

評価：準絶滅危惧
選定理由：希少，特殊生息環境
分布：インド・太平洋域に広く分布する．国内では，沖縄島，石垣島，西表島から記録があり，本種の分布の北限・東限となっている．
生息環境・生態：内湾や河川河口域付近の泥干潟に生息する．大きく開けた干潟で見つかることが多い．
解説：アンパルツノヤドカリ（下記）と同所的に生息することもあるが，本種は左鉗部に黒色の斑紋を持ち，剛毛も少ないことで，識別できる．成長した雄個体の左鉗脚は大きく伸長する．国内では，沖縄島，石垣島，西表島のみから確認されており，非常に局所的な分布を示している．西表島の干潟では比較的多く確認できる．本種の生息環境は，埋立や道路・護岸整備等により消失・改変しやすいため，注意が必要である．甲長8mm．（藤田喜久・大澤正幸）

ヤドカリ科
アンパルツノヤドカリ
Diogenes leptocerus Forest, 1956

沖縄島　大澤正幸撮影

評価：準絶滅危惧
選定理由：希少，特殊生息環境
分布：本城川（鹿児島県），奄美大島，沖縄島，石垣島，西表島，ソマリア，ベトナム，インドネシア．
生息環境・生態：内湾や河川河口域付近の泥質干潟に生息する．
解説：ツノヤドカリ属 *Diognes* 属の他種とは，尾節の後縁が切形で，その中央部に切れ込みを欠くことで識別できる．河川河口域および泥質干潟における代表的なヤドカリ類の1つであり，数で優占する場所も確認されている．国内における分布は，鹿児島県以南に限られている．生息環境は，埋立や道路・護岸整備等により消失・改変しやすいため，注意が必要である．本種に寄生するフクロムシの一種 *Ommatogaster nana* Yoshida & Osawa, 2011が最近発見された．甲長4mm．（藤田喜久・大澤正幸）

節足動物―鋏角類・甲殻類

ヤドカリ科
テナガツノヤドカリ
Diogenes nitidimanus Terao, 1913

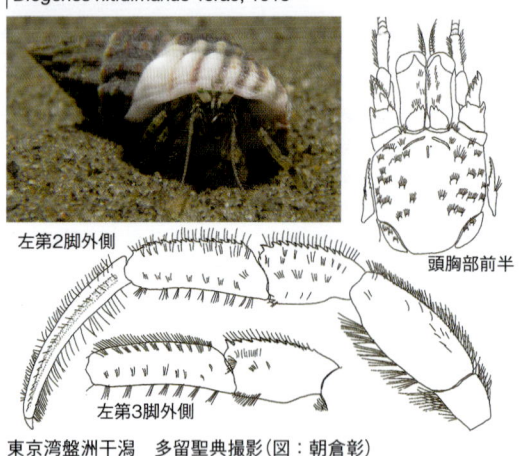

左第2脚外側
頭胸部前半
左第3脚外側

東京湾盤洲干潟　多留聖典撮影（図：朝倉彰）

評価：準絶滅危惧
選定理由：生息条件の悪化，分布域限定
分布：三陸海岸〜九州，香港．
生息環境・生態：砂質干潟の潮間帯〜潮下帯水深10 mほどに生息する．抱卵雌は4月くらいから10月くらいまで見られるが，産卵期のピークである7，8月には大部分の個体が潮下帯に移動し，秋には潮間帯に戻ってくる．体サイズが生息地の巻貝の大きさによってかなり異なり，また雄の鉗脚は著しく多型的である．近似種のトゲツノヤドカリ *Diogenes edwardsii* (De Haan, 1849)のように，イソギンチャクを鉗脚や貝殻につけることはない．
解説：トゲツノヤドカリは完全に潮下帯の種であり，トゲトゲツノヤドカリ *Diogenes spinifrons* (De Haan, 1849)は外洋性の砂浜潮間帯から潮下帯に生息する．本種が好む砂質の干潟は，元々泥質の干潟に比べて少ないばかりでなく，全国的な埋立によって，生息場所が著しく限られてしまった．甲長10 mm．（朝倉 彰）

ホンヤドカリ科
キカイホンヤドカリ
Pagurus angstus (Stimpson, 1858)

沖縄県　前之園唯史撮影

評価：情報不足
選定理由：分布域限定
分布：喜界島，奄美大島，沖縄島，台湾．
生息環境・生態：高潮帯〜中潮帯の砂泥底，転石域．石の下・隙間に隠れている．
解説：内湾性海岸に多産するユビナガホンヤドカリ *P. minutus* Hess, 1865に一見似ているが，歩脚の指節は短く，赤褐色の細い縦縞を持つことで識別できる．喜界島は本種の分布の北限にあたり，タイプ産地である．国内での分布は南西諸島中部に限られており，八重山列島からの記録はない．沖縄島各所の内湾性海岸から見つかっているが，出現個体数はあまり多くない．高潮帯で見られることが多く，階段式護岸の隙間からも確認されている．人為的な錯乱の影響を受けやすい場所であることから，生息環境の水質・底質の汚染，泥質化，埋立が，本種の消失につながる可能性がある．甲長10 mm．（大澤正幸）

ホンヤドカリ科
ヨモギホンヤドカリ
Pagurus nigrofascia Komai, 1996

（左）雄（右）雌　福岡市東区牧ノ鼻　三島伸治撮影

評価：準絶滅危惧
選定理由：生息条件の悪化，分布域限定
分布：函館湾，能登半島，千葉港，和歌山市，大阪湾，博多湾，長崎県大村湾，熊本県上天草市．これまでのところ，海外での報告はない．
生息環境・生態：干潟に隣接する転石地の潮間帯や潮下帯に生息する．冬は低潮帯や潮下帯で過ごし，春は上部に向かって移動，夏は高潮帯の転石下に密集し，秋には再び下部に移動する．雌は3〜5月に産卵するが，卵は休眠するため，抱卵期間は約9カ月にもおよぶ．
解説：国内の生息確認地点は10カ所以下．脚の先端や触角がオレンジ色，歩脚指節基部（写真矢印）に黒帯があることにより，近似種と識別可能．卵の休眠と長期の抱卵は，潮間帯のヤドカリ類としては特異的である．夏の約半年間を高潮帯の転石下ですごすため，埋立や護岸整備など，人間活動の影響を受けやすい．生息地は極めて点在的で，海岸線の開発とともに減少しつつある．甲長13 mm．（三島伸治・逸見泰久）

カニダマシ科
サンゴカニダマシ
Enosteoides melissa (Miyake, 1942)

沖縄県　大澤正幸撮影

評価：絶滅危惧IB類
選定理由：分布域限定，希少，特殊生息環境
分布：沖縄島，西表島，ザンジバル〜セーシェル，フィリピン〜ニューカレドニア．
生息環境・生態：低潮帯〜潮下帯の砂礫底，海草域．トウゾクテッポウエビ *Alpheus rapax* Fabricius, 1798またはホリテッポウエビの巣穴から，ハナオレウミケムシ *Eurythoe complanata* (Pallas, 1766) とともに見つかっているが，出現頻度は低い．
解説：甲の背面はふくらみ，凹凸が見られ，胸脚には軟毛を持つ．国内の生息確認地点は5カ所以下．南西諸島は本種の分布の北限にあたる．海草域に本種が生息することは知られていたが，具体的な生息微環境はこれまで不明であった．生息域の泥化，海草域の減少とともに，棲み場所を提供するテッポウエビ類またはハナオレウミケムシの個体数が，本種の個体群の増減に与える影響は大きいと考えられる．甲長10 mm．（大澤正幸）

カニダマシ科
イボテカニダマシ
Novorostrum decorocrus Osawa, 1998

沖縄県　大澤正幸撮影

評価：絶滅危惧II類
選定理由：生息条件の悪化，分布域限定，希少，特殊生息環境
分布：西表島からのみ記録されている．未報告ではあるが，インドネシアからも確認されている．
生息環境・生態：低潮帯の砂泥底．転石域，砂泥質の石の下に隠れている．
解説：平たい体をしており，多数の凹凸，いぼ状突起を持つ．本種の国内の生息確認地点は2カ所に限られており，西表島がタイプ産地である．砂泥質の石を生息基盤として好むカニダマシ類であると考えられる．本種が記載された1998年以降，生息海岸の1つは砂泥質の地盤で脆いことから護岸工事が進められた．そのため海岸沿いは現在，コンクリート壁と敷石で固められ，生息場所の砂泥質の転石域の範囲や個体数は以前に比べ減少している．現状では個体群を維持できないほどの減少ではないと判断されるが，今後の生息場所付近の環境改変には注意が必要である．甲長5 mm．（大澤正幸）

カニダマシ科
ドロイワカニダマシ
Petrolisthes bifidus Werding & Hiller, 2004

沖縄県　大澤正幸撮影

評価：絶滅危惧II類
選定理由：生息条件の悪化，分布域限定，希少，特殊生息環境
分布：国内では西表島からのみ，フィリピン，チューク諸島，タヒチ．
生息環境・生態：潮間帯の泥底．カキ殻が付着する岩の集積，岩の下に隠れている．
解説：不規則な暗黒色の斑紋に覆われた，やや縦長の甲を持つ．国内の生息確認地点は1カ所のみ．西表島は本種の分布の北限にあたる．生息場所は，泥質干潟の奥部にある狭い範囲の岩の集積に限られており，他の場所からは確認されていない．したがって，生息場所の著しい改変，水質・底質の汚染は，本種の個体群の消失につながると考えられる．極端に多い個体数ではないものの，この生息場所で見られる大型甲殻類の中では数で優占している．生息に適する微環境がかなり限定される，または泥質環境の転石域に特化したカニダマシ類の1つと考えられる．甲長10 mm．（大澤正幸）

カニダマシ科
ヤドリカニダマシ
Polyonyx sinensis Stimpson, 1858

熊本県天草市本渡干潟　渡部哲也撮影

評価：絶滅危惧Ⅱ類
選定理由：生息条件の悪化，希少，分布域限定，特殊生息環境
分布：紀伊半島沿岸，瀬戸内海，有明海，中国大陸沿岸，台湾．
生息環境・生態：砂質〜砂泥質の中潮帯〜潮下帯に生息するムギワラムシ（p. 225）の棲管内に共生する．1つの棲管内から雌雄ペアで見出されることがしばしばある．アンテナ状の顎脚を使って懸濁物を摂取する．
解説：宿主が広範囲に密集している干潟では，寄生率は50％を超える場合があるが，宿主の密度が低い干潟では寄生率は低い．宿主のムギワラムシが減少傾向にあるため，生活史の一部を宿主に依存する本種も同様，もしくはそれ以上に危険な状況にあると考えられる．汚染や撹乱の少ない砂泥質干潟が本種の生息に不可欠である．甲幅6 mm．（渡部哲也）

カニダマシ科
ウチノミカニダマシ（ウチノミヤドリカニダマシ）
Polyonyx utinomii Miyake, 1943

熊本県天草市本渡干潟　渡部哲也撮影

評価：絶滅危惧ⅠB類
選定理由：生息条件の悪化，希少，分布域限定，特殊生息環境
分布：伊豆半島，紀伊半島，瀬戸内海，有明海，モルディブ共和国．
生息環境・生態：砂質〜砂泥質の中潮帯〜潮下帯に生息するツバサゴカイ（p. 224）の棲管内に共生する．1つの棲管内から雌雄ペアで見出されることがしばしばある．アンテナ状の顎脚を使って懸濁物を摂取する．
解説：有明海での宿主に対する共生率は10％以下である．これに加え宿主の個体群密度が低いため，分布域は広いにもかかわらず観察される機会は少ない．近年では宿主のツバサゴカイが減少傾向にあることから，生活史の一部を宿主に依存する本種は宿主以上に危機的な状況にあると考えられる．汚染や撹乱の少ない砂泥質干潟が本種の生息に不可欠である．甲幅4 mm．（渡部哲也）

クダヒゲガニ科
ヒメクダヒゲガニ（和名新称）
Albunea groeningi Boyko, 2002

沖縄県　前之園唯史撮影

評価：情報不足
選定理由：希少
分布：愛知県，高知県，富山県〜鳥取県，沖縄島，台湾〜マレーシア，オーストラリア，マダガスカル．
生息環境・生態：低潮帯〜潮下帯の砂泥底．底質中に潜って住む．
解説：尾節の後縁が凹んでいることで近似種から識別できる．南日本から点在して記録されている．2002年に記載されたが，それ以前の日本からの"クダヒゲガニ *A. symmysta* (Linnaeus, 1758)"の記録にはヒメクダヒゲガニ，*A. occulta* Boyko, 2002, *Paralbunea dayriti* (Serène & Umali, 1965) が含まれていた．現在までに *A. symmysta* と確実に判断できる記録，標本は見当たらない．国内の生息確認地点は10ヵ所以下．通常，潮下帯に生息する種である．これまでに確認されている個体数は非常に限られている．砂泥底中に潜って住むことから見逃しやすく，生息状況を過小評価している可能性がある．甲長10 mm．（大澤正幸）

クダヒゲガニ科
オキナワクダヒゲガニ
Albunea okinawaensis Osawa & Fujita, 2007

沖縄県　日本動物分類学会の許可を得て，Species Diversity 誌から転載．

評価：情報不足
選定理由：分布域限定，希少
分布：国内では沖縄島からのみ，台湾．
生息環境・生態：潮間帯の砂底中．底中に潜って住む．
解説：ヒメクダヒゲガニ *A. groeningi* とは歩脚の指節の形態が異なっている．国内の生息確認地点は1カ所のみ．沖縄島からホロタイプ，パラタイプの2個体のみが記録されている．最近台湾でも確認された．沖縄島では潮間帯で採集されたが，他のクダヒゲガニ類に関する記録から判断して，本種も通常，潮下帯に生息する種であると考えられる．砂泥底中に潜って住むことから見逃しやすく，生息状況を過小評価している可能性がある．クダヒゲガニ類は小型動物を餌とする捕食者であると見なされていることから，砂泥底に住む他の捕食動物との競合も生息条件に関わっているかもしれない．生息環境の埋立，底質の泥化は，本種の個体群の消滅をもたらす可能性がある．甲長15 mm．（大澤正幸）

エンコウガニ科
リュウキュウカクエンコウガニ
Notonyx kumi Naruse & Maenosono, 2009

沖縄県久米島町奥武島　前之園唯史撮影

評価：絶滅危惧II類
選定理由：希少
分布：南西諸島，インドネシア．
生息環境・生態：粗砂泥～サンゴ礫まじりの砂泥底の干潟に巣穴を掘って生息する．海草藻場で採集されることがある．インドネシアでは潮下帯からの採集記録もある．
解説：本種はエンコウガニ科では例外的に潮間帯にも生息する種である．2009年に新種記載されたばかりであるため，分布状況が十分に把握されていない．国内ではタイプ産地の久米島町のほかに沖縄島や西表島の潮間帯でも採集されている．いずれの産地でもそれほど多くの個体数が見られないため，生息個体数が元々少ないと考えられる．なお，本種が記載されて以降も海外では潮間帯性のカクエンコウガニ属 *Notonyx* の新種発見が相次いでいるため，国内でも詳細な調査が必要である．生存に対する脅威としては，埋立などによる生息干潟の減少・消失などがあげられる．甲幅13 mm．（前之園唯史）

ムツアシガニ科
ヒメムツアシガニ
Hexapus anfractus (Rathbun, 1909)

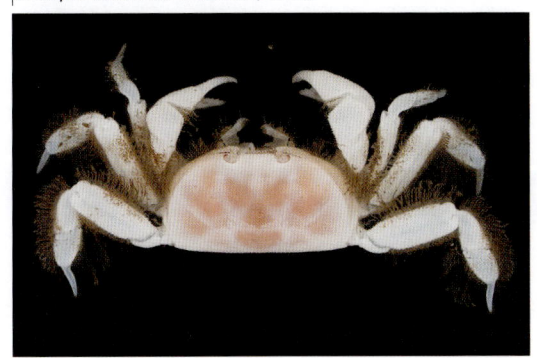

熊本県上天草市　渡部哲也撮影

評価：準絶滅危惧
選定理由：生息条件の悪化，分布域限定，特殊生息環境
分布：瀬戸内海，有明海，タイ．紀伊半島，高知，博多湾での記録もあるが，現状は不明．
生息環境・生態：泥質～砂泥質の干潟に生息するトゲイカリナマコ *Protankyra bidentata* (Woodward & Barrett, 1858) やユムシ（p. 238），フサゴカイ類の巣穴に共生する．体色は本来白いが，表面が泥で覆われているため，周囲の底質と見分けにくい．甲や腹部は非常に硬い．
解説：分布域が狭く，国内での確実な記録は瀬戸内海および有明海のみである．熊本県天草地方ではトゲイカリナマコの棲管内に共生しているが，トゲイカリナマコの生息地はスジホシムシモドキの生息地とも重複するため，釣餌用のスジホシムシモドキの採集によって宿主および本種の生息地が撹乱されることがしばしばある．甲幅10 mm．（渡部哲也）

ムツアシガニ科
ムツアシガニ
Hexapinus latipes (De Haan, 1835)

熊本県上天草市松島町　渡部哲也撮影

評価：絶滅危惧IB類
選定理由：個体数・個体群の減少，生息条件の悪化，希少，分布域限定，特殊生息環境
分布：相模湾〜有明海，与論島，先島諸島，東南アジア．
生息環境・生態：泥質〜砂泥質の干潟に生息するトゲイカリナマコ *Protankyra bidentata* (Woodward & Barrett, 1858) の巣穴やツバサゴカイ (p. 224) の棲管に共生する．
解説：国内での分布は限られており，干潟での採集例は三重県や九州，先島諸島での記録があるのみ．有明海では，1970年代には干潟で比較的個体数が多かったが，1980年代には個体数が減少傾向にあるとされている．現在ではさらに減少傾向が進み，有明海において本種を目にする機会はほとんどない．主な宿主であるトゲイカリナマコはあまり減少していないにもかかわらず，本種は減少傾向が著しい．このため，宿主以上に環境要因に敏感であると考えられ，撹乱や汚染の少ない砂泥質干潟の保全が必要である．甲幅20 mm.（渡部哲也）

コブシガニ科
イリオモテマメコブシガニ
Philyra iriomotensis Sakai, 1983

沖縄島　前之園唯史撮影

評価：準絶滅危惧
選定理由：生息条件の悪化，分布域限定，希少，特殊生息環境
分布：奄美大島，沖縄島，西表島．
生息環境・生態：感潮域の下部に生息する．マンガルマメコブシガニ (p. 190)，アマミマメコブシガニ (p. 191) の生息環境の中間に多く見つかる傾向にあり，マングローブ林内ではマンガルマメコブシガニが多く，その下部に本種が生息していることが多い．
解説：本種の生息には砂礫・砂泥からなる水路の斜面が必要であるが，河川改修による水路のコンクリート化，赤土流出による底質の変化などが本種の生息環境を減らしている．本種はアマミマメコブシガニに似るが，後者は甲，とくに鰓域と胃域が強く盛り上がり，各区域の顆粒も大きいことから前者と識別できる．甲幅8 mm.（前之園唯史・長井 隆）

コブシガニ科
マンガルマメコブシガニ
Philyra nishihirai Takeda & Nakasone, 1991

西表島　琉球大学風樹館所蔵標本　成瀬貫撮影

評価：準絶滅危惧
選定理由：生息条件の悪化，分布域限定，希少，特殊生息環境
分布：沖縄島，石垣島，西表島，インドネシア（イリアンジャヤ）．
生息環境・生態：感潮域下部にある水路の，底質が砂礫や軟泥質からなる，岸近くの水中の斜面より採集されている．マングローブ林内や周辺の倒木や転石の下などにも生息している．生息密度は均一ではなく，パッチ状に分布する．
解説：国内では沖縄島と石垣島，西表島のみから記録されている．上記のような特殊な環境に生息している．河川では，オモナガドロガニ (p. 211) やミナミムツハアリアケガニ (p. 209)，ヨウナシカワスナガニ (p. 209) 等も同所的に生息している．イリオモテマメコブシガニ (p. 190) とアマミマメコブシガニ (p. 191) に似るが，本種は鰓域の顆粒が後側縁から前方に列をなしていることで識別できる．甲幅8 mm.（前之園唯史・長井 隆）

コブシガニ科
アマミマメコブシガニ
Philyra taekoae Takeda, 1972

沖縄島　前之園唯史撮影

評価：準絶滅危惧
選定理由：生息条件の悪化，分布域限定，希少，特殊生息環境
分布：奄美大島，与論島，沖縄島，石垣島，ニューカレドニア．
生息環境・生態：感潮域の砂泥部に生息している．マンガルマメコブシガニ（p. 190），イリオモテマメコブシガニ（p. 190）と比べると，本種が最も海よりに生息する傾向にあり，河口域最下部の砂礫質の潮間帯からも見つかる．
解説：本種の生息には砂泥からなる干潟が必要であるが，干潟の埋立，赤土流出による底質の変化などが生息環境を減らしている．本種はイリオモテマメコブシガニに似るが，甲，とくに鰓域と胃域が強く盛り上がり，各区域の顆粒も大きいことから識別できる．甲幅8mm. （前之園唯史・長井 隆）

コブシガニ科
マメコブシガニ
Pyrhila pisum (De Haan, 1841)

宮城県亘理町鳥の海　鈴木孝男撮影

評価：準絶滅危惧
選定理由：生息条件の悪化
分布：青森県陸奥湾～奄美大島，黄海，東シナ海．
生息環境・生態：内湾の砂質～砂泥質の干潟に生息し，澪筋に多く見られる．干潟の中を横ではなく縦に歩き，夏の初めには，雌を抱いた雄を見かけることが多い．
解説：東京湾の盤洲干潟や三番瀬，和歌山県和歌川河口，熊本県本渡干潟など，多数個体が生息している産地もあるが，生息個体数が少ないところも散見される．大阪湾沿岸域では近木川河口で記録があるだけで，個体数も少ない．埋立などによる干潟の減少の影響を強く受けると考えられる．東北地方太平洋沿岸域に沿った本種の連続した分布域は，宮城県の仙台湾（万石浦）までしかなく，分布北限に相当する青森県陸奥湾内の大湊湾芦崎干潟の個体群は孤立している．甲幅20 mm. （鈴木孝男）

ヤワラガニ科
アリアケヤワラガニ
Elamenopsis ariakensis (Sakai, 1969)

熊本県上天草市松島町　渡部哲也撮影

評価：絶滅危惧IB類
選定理由：分布域限定，希少，特殊生息環境
分布：大阪湾，有明海（長崎県瑞穂町，佐賀県田古里川，熊本県緑川・上天草市），八代海（八代郡氷川），中国福建省．
生息環境・生態：泥質～砂泥質の干潟に生息するトゲイカリナマコ *Protankyra bidentata* (Woodward & Barrett, 1858) の巣穴に共生する（体表ではなく，巣穴の壁に定位）．宿主のトゲイカリナマコは有明海・八代海に豊富に生息するが，本種は希である．
解説：1962年に諫早湾（長崎県雲仙市）で採集された9個体を元に新種として記載されたが，その後，40年間は採集報告がなかった．最近になって，大阪湾（2個体）・有明海（6個体）・八代海（氷川で87個体）で発見された．国内の生息確認地点は10カ所以下．氷川（寄生率5.8％）を除けばトゲイカリナマコにおける本種の寄生率は0.1％未満と低く，寄生が見られない地域も多い．一腹産卵数も60卵程度と少なく，絶滅の可能性が高い種と考えられる．甲幅5.5 mm. （逸見泰久）

ヤワラガニ科
ヤエヤマヤワラガニ
Neorhynchoplax yaeyamaensis Naruse, Shokita & Kawahara, 2005

西表島　琉球大学風樹館所蔵標本　成瀬貫撮影

評価：絶滅危惧Ⅱ類
選定理由：生息条件の悪化・分布域限定・希少・特殊生息環境
分布：石垣島，西表島．
生息環境・生態：本種は，感潮域上部にある水路の，底質が砂礫や軟泥質になった，岸近くの水中の斜面より採集されている．生息密度はかなり低い．
解説：日本固有種．オキナワヤワラガニ *N. okinawaensis* (Nakasone & Takeda, 1994) に似るが，後側縁の外側に前向きの棘がないことで識別される．石垣島・西表島固有種で，上記のような環境が保たれた非常に狭い範囲にのみ生息している．河川改修がなされた場所では適した底質が保たれず，もしくは土砂の堆積により適度な水深が保たれず，本種の生息環境は非常に少なくなってきている．また本種の雌は，腹節が胸部とつながった袋状になっており，腹部から胸部の中でゾエア幼生が卵から孵り，そして体外に放される「卵胎性」を示す可能性が示唆されている．甲幅4.4 mm．（成瀬 貫）

モガニ科
ツノガニ
Hyastenus diacanthus (De Haan, 1839)

熊本県上天草市松島町　渡部哲也撮影

評価：準絶滅危惧
選定理由：個体数・個体群の減少，生息条件の悪化
分布：房総半島〜九州沿岸，オーストラリア，インド洋．
生息環境・生態：低潮帯〜潮下帯の砂泥底に生息する．現在，干潟での生息が確認できるのは有明海沿岸のみである．砂泥底に点在する転石や流木に付着していることが多いが，底質表面で見られる場合もある．脱皮直後以外は体表を覆う短毛にカイメンやヒドロゾア，ホヤ類などを付着させて偽装しており，体の輪郭がわかりづらい．干潟では大型個体を見ることが多い．
解説：クモガニ上科のカニとしては，干潟域で見ることができる数少ない種である．熊本県天草諸島では，1970年代までは干潟で比較的多く見られたという記録があるが，近年は減少傾向にあり，希に観察される程度となった．底質の変化，とくに砂泥質干潟の泥化が減少理由の1つと考えられる．甲幅40 mm．（渡部哲也）

ヒシガニ科
ホソウデヒシガニ
Enoplolambrus laciniatus (De Haan, 1839)

熊本県上天草市松島町　渡部哲也撮影

評価：準絶滅危惧
選定理由：個体数・個体群の減少，生息条件の悪化
分布：房総半島〜九州，福井県以南の日本海沿岸．
生息環境・生態：干潟の低潮帯〜潮下帯の砂泥底に生息．干出時には，底質表面に半ば体を埋めている．現在，干潟域での生息が確認できるのは有明海沿岸のみ．
解説：かつてはヒシガニ *E. validus* (De Haan, 1837) の種内型とされていたが，現在では独立した種として扱われる．天草諸島では1980年代後半までは潮間帯に多数の個体が見られたという記録があるが，1990年代以降の減少は著しく，現在では干潟で見かけることは極めて希となった．本種が好む比較的固い砂泥質の干潟が減少し，泥質化したことが原因の1つと考えられる．このため，撹乱の少ない砂泥質の干潟の保全が本種の個体群維持に必要と考えられる．甲幅40 mm．（渡部哲也）

ケブカガニ科
マルミトラノオガニ
Heteropanope glabra Stimpson, 1858

沖縄島　前之園唯史撮影

評価：準絶滅危惧
選定理由：希少
分布：南西諸島，インド・西太平洋の熱帯・亜熱帯域．
生息環境・生態：転石やサンゴ礫などが散在する砂泥質の干潟やマングローブ林の周辺に生息し，転石の下や死サンゴの骨格の隙間，朽木の隙間などで見られる．
解説：国内では沖縄島や西表島などから記録がある．各産地での個体数は少ないものの，沖縄島だけでも複数の干潟で確認されている．したがって，現時点での絶滅の危険度はそれほど高くはないが，埋立や護岸の新設・改修などによる生息干潟の減少・消失や干潟の底質変化などにより容易に「絶滅危惧」のランクに移行する可能性がある．なお，土佐湾の水深126 mからの採集記録もあるが，標本に基づいた再同定をする必要がある．甲幅20 mm．（前之園唯史）

ワタリガニ科
クメジマハイガザミモドキ
Libystes villosus Rathbun, 1924

宮古島　前之園唯史撮影

評価：絶滅危惧II類
選定理由：希少
分布：小笠原諸島，南西諸島，フィリピン，西沙諸島，ベトナム，ハワイ，サモア．
生息環境・生態：転石が多い砂泥質の干潟に生息する．高潮線付近の転石の下などで見られ，転石の下は泥質になっている場合が多い．同じ転石の下から雌雄ペアで見つかることも多い．ハワイ諸島では水深80 mからの採集記録もある．
解説：本種は *L. nitidus* A. Milne-Edwards, 1867の新参異名とされていた．正確な分布状況の把握はまだなされていない．南西諸島では久米島や久米島町奥武島，座間味島，石垣島から採集記録があるが，その他にも沖縄島や藪地島，宮古島からも採集されている．いずれの産地でもそれほど多くの個体が見られないため，種の生息個体数が本来的に少ないと考えられる．生存に対する脅威としては，埋立や護岸の新設・改修などによる生息干潟の減少・消失や干潟の底質変化などがあげられる．甲幅12 mm．（前之園唯史）

ワタリガニ科
ツノナシイボガザミ
Portunus (*Xiphonectes*) *brockii* (De Man, 1887)

西表島　琉球大学風樹館所蔵標本　成瀬貫撮影

評価：絶滅危惧IB類
選定理由：分布域限定・希少・特殊生息環境
分布：奄美大島，沖縄島，西表島，インドネシア（アンボン島）．
生息環境・生態：本種は，河口部に形成された湾の奥に存在する泥質干潟に生息し，干潮時は，泥質干潟に形成された潮溜まりに散見される．その他，マングローブ林内を流れる水路のうち，底質が主に細砂からなる場所からも少数個体が採集されている．
解説：本種はインドネシアから記載後，奄美大島・沖縄島・西表島からしか生息が確認されていない希な種である．体色は茶褐色であり，額の前縁に歯はなく，ほぼ水平である点が特徴的である．生息場所付近の潮下帯にはウミショウブなどの海草類が繁茂している．西表島や石垣島の同様な環境からも新たな生息地が若干発見される可能性がある．甲幅25 mm．（成瀬 貫）

節足動物―鋏角類・甲殻類

ワタリガニ科
アカテノコギリガザミ
Scylla olivacea (Herbst, 1796)

石垣島名蔵アンパル　前之園唯史撮影

評価：準絶滅危惧
選定理由：希少
分布：房総半島以南．インド・西部太平洋域に広く分布．
生息環境・生態：本種は，主に内湾域や河川河口域に生息する．
解説：国内にはノコギリガザミ属は3種（本種，トゲノコギリガザミ（下記），アミメノコギリガザミ *Scylla serrata* (Forskål, 1775)）の分布が知られているが，甲や鉗脚の棘の形態や生時の体色などから識別することができる．ただし，ノコギリガザミ類3種は，さらにもう1種 *Scylla tranquebarica* (Fabricius, 1798) とともに単一種として扱われてきたことが多く，従来の生息地情報には不確実な点が多く，今後，詳細な調査を行う必要がある．本種の生息環境は，道路・護岸整備や埋立等により消失・改変しやすいため，注意が必要である．また，水産有用種であることから乱獲にも注意を要する．甲幅20 cm．（藤田喜久）

ワタリガニ科
トゲノコギリガザミ
Scylla paramamosain Estampador, 1949

静岡県浜名湖　伏屋玲子撮影

評価：準絶滅危惧
選定理由：希少
分布：利根川以南．インド・太平洋域に広く分布．
生息環境・生態：本種は，主に内湾域や河川河口域に生息する．
解説：本種もアカテノコギリガザミ（上記）同様，かつては「ノコギリガザミ」として他種と混同されていたが，甲や鉗脚の棘の形態や生時の体色などから識別することができる．本種の生息環境は，道路・護岸整備や埋立等により消失・改変しやすいため，注意が必要である．また，水産有用種であることから乱獲にも注意を要する．甲幅20 cm．（藤田喜久）

ベンケイガニ科
アカテガニ（東北地方）
Chiromantes haematocheir (De Haan, 1833)

福島県相馬市松川浦　鈴木孝男撮影

評価：絶滅のおそれのある地域個体群（東北地方）
選定理由：個体数・個体群の減少，生息条件の悪化
分布：青森県～九州，朝鮮半島，中国大陸沿岸，台湾．
生息環境・生態：干潟の後背地のヨシ原やさらに陸側の土手や松林などの山林を生息地とする．夏期の繁殖期には抱卵した雌が幼生をかえすため，大潮の夜に海辺まで降りてくる．
解説：生息場所が陸地におよぶため，生息地と幼生の放出場所である海岸の間の連続性が保たれていることが必要となる．このため，陸域の開発，河川改修，潮上帯のヨシ原など植生帯の埋立などが生息環境の悪化を招き，護岸壁の建設や改修が生息地と海辺の間を遮断してしまうことなどによって，個体数が減少することが危惧される．国内に生息地は多いものの，東北地方では，同所的に住むクロベンケイガニ *Chiromantes dehaani* (H. Milne Edwards, 1853) に比べて，近年個体数が減少してきている．また，大阪湾北部や宮崎県でも個体数が非常に少ないという報告がある．甲幅30 mm．（鈴木孝男）

ベンケイガニ科
リュウキュウアカテガニ
Chiromantes ryukyuanum Naruse & Ng, 2008

沖縄島　琉球大学風樹館所蔵標本　成瀬貫撮影

評価：絶滅危惧IB類
選定理由：希少・特殊生息環境
分布：奄美大島，沖縄島，西表島．
生息環境・生態：本種の成体は，繁殖期と考えられる6～10月頃にかけて，河口部にできた湾の奥に隣接する小さな丘の麓（ふもと）で夜間に発見されることが多い．小型個体は前述のような丘の近くにあり，かつ潮の影響を受ける湿地から発見されている．
解説：本種は上述のような特殊な環境に生息し，また分布域の中・南琉球ではそのような環境が少ないため，本種の個体群・個体数は絶対的に少ないと考えられる．また護岸整備や埋立による生息環境の減少に加え，成体が幼生を放すために海岸に降りる際に，ロードキルの被害も観察されている．中・南琉球からは，九州以北，朝鮮半島，中国沿岸，台湾に分布する近縁種のアカテガニの分布も報告されていたが，それらの記録はおそらく本種の誤同定である．甲幅33 mm．（成瀬 貫）

ベンケイガニ科
ウモレベンケイガニ
Clistocoeloma sinense Shen, 1933

千葉県市川市新浜　和田恵次標本　渡部哲也撮影

評価：絶滅危惧IB類
選定理由：個体数・個体群の減少，生息条件の悪化，希少
分布：東京湾以南沖縄県まで，中国大陸，台湾．
生息環境・生態：塩性湿地の高レベルにある打ち上げ物の下に埋在する．繁殖期は夏期．塩性湿地内に見られる他のベンケイガニ類とは違って動きは緩慢．
解説：広い分布域を持つが，記録される地域は限られ，かつどこも個体数は多くない．ただし分布北限の東京湾では，都市部に近い湾奥部を含め，広範囲での生息が知られている．オカミミガイと同じように，高いレベルの塩性湿地が維持されている地域にのみ分布する．沖縄県での生息は極めて少なく，絶滅の可能性もある．護岸工事により破壊されやすい場所が生息地であるため，各地の個体群が絶滅の危機にある．甲幅16 mm．（和田恵次）

ベンケイガニ科
フジテガニ
Clistocoeloma villosum (A. Milne-Edwards, 1869)

西表島　琉球大学風樹館所蔵標本　成瀬貫撮影

評価：準絶滅危惧
選定理由：希少
分布：和歌山県以南～沖縄諸島，サモア諸島，カロリン諸島，インドネシア（スマトラ島），マダガスカル．
生息環境・生態：内湾河口域の高潮帯で見られる．生息基質はヨシ原内の泥，あるいは石組み護岸の場合もある．
解説：インド・西太平洋域に広く分布する種だが，国内では，1998年に和歌山県の紀ノ川河口で発見されて以来，徳島県，愛媛県，福岡県，熊本県，沖縄県で生息が確認されている．見つかる場所はいずれも潮上帯付近のゴミがたまったところで，内湾や河口域の潮上帯が維持されていることが，本種の生息に重要とみられる．甲幅17 mm．（和田恵次）

ベンケイガニ科
カスリベンケイガニ
Lithoselatium pulchrum Schubart, Liu & Ng, 2009

沖縄県西表島　成瀬貫撮影

評価：絶滅危惧 IB 類
選定理由：分布域限定，希少，特殊生息環境
分布：西表島，台湾南部．
生息環境・生態：潮上帯の砂泥底．大きな岩の下，隙間に隠れている．
解説：暗赤褐色の甲に多数の淡黄色の小斑紋を持つ．国内の生息確認地点は3カ所．西表島は本種の分布の北限にあたる．生息場所は潮上帯の狭い範囲の岩の集積に限られており，キノボリエビ（p. 181）が同所的に見られる．生息場所が限定されているため，環境の改変，水質・底質の汚染は，本種の個体群の消失につながると考えられる．加えて，本種の卵は大型であり，浮遊幼生期が短縮されていることから，各個体群の分布拡大も制限されている可能性がある．生息場所は現時点では良好な環境に保たれていると思われるが，個体数は少ない．甲幅20 mm．（大澤正幸・長井 隆）

ベンケイガニ科
ケブカベンケイガニ（クロシマヒメベンケイガニ）
Nanosesarma vestitum (Stimpson, 1858)

沖縄県藪地島　前之園唯史撮影

評価：情報不足
選定理由：希少
分布：奄美諸島以南の南西諸島．
生息環境・生態：転石やサンゴ礫が多い潮間帯に生息している．堆積した転石や礫，死サンゴの骨格などのように隙間の多い環境を好む．
解説：日本固有種．クロシマヒメベンケイガニという別名がある．原記載が比較的古い種でありながら，原記載以降に採集記録のほとんどない種で，著名な図鑑などに載っていなかったり，原記載の引用しかされていなかったりと，文献上では極めて希な種となっている．しかし，実際には生息環境の項で示したような干潟ではそれほど困難なく見出すことができる．現時点では絶滅の危険度はそれほど高くない可能性も考えられるが，文献上の記録が極めて少ないことや確認記録が日本国内のみであることを考慮すると絶滅の危険度の最終的な確定には至らず，情報不足とした．甲幅7.5 mm．（前之園唯史）

ベンケイガニ科
オオアシハラガニモドキ
Neosarmatium fourmanoiri Serène, 1973

沖縄県　成瀬貫撮影

評価：絶滅危惧 II 類
選定理由：個体数・個体群の減少，生息条件の悪化，分布域限定，希少
分布：沖縄島，宮古島，石垣島，西表島，与那国島，台湾，オーストラリア北東部，フレンチポリネシア．
生息環境・生態：マングローブ林の根元に巣穴を掘って生息しているが，海岸後背部の湿地帯にも見られる．非常に軟らかい泥質を好む．夜間巣穴から出て活発に行動する．
解説：甲の背面はあまり膨らまず，短毛の束が多数存在する．甲と鉗脚の腕節の大部分は黒く，鉗部の外側が部分的に赤みを帯びる．鉗脚は雌雄ともにほぼ左右同大である．近似種のアシハラガニモドキと同所的に見られることもあるが，個体数は少ない．国内の確認地点は7カ所．沖縄島は本種の北限にあたる．河口干潟やマングローブ域を含む塩性湿地は，埋立や護岸造成等により今後生息地が消失する可能性がある．また，土地改良等による陸域からの土砂の流入で，マングローブ域の陸域化が進んでおり，生息環境の悪化が懸念される．甲幅48 mm．（長井 隆）

ARTHROPODA—Chelicerata, Crustacea

ベンケイガニ科
ヒナアシハラモドキ
Neosarmatium laeve (A. Milne-Edwards, 1869)

沖縄県　前之園唯史撮影

評価：絶滅危惧Ⅱ類
選定理由：個体数・個体群の減少，生息条件の悪化，分布域限定，希少．
分布：沖縄島，宮古島，西表島，セイシェル諸島，インドネシア東部，フィリピン，ソロモン諸島．
生息環境・生態：河口域に広がるマングローブ林床の高潮線よりもやや高い地点の転石の下，または河川感潮域最上部の転石の下に潜む．
解説：小型のアシハラガニモドキ類で，甲の背面は紫がかった暗色になり，甲の後部には白い斑紋がある．鉗脚は，腕節から鉗部にかけてあざやかな赤色をしており，雌雄ともにほぼ左右同大である．国内の生息確認地点は3カ所，個体数は非常に少なく，沖縄島は本種の分布の北限にあたる．河口干潟やマングローブ域を含む塩性湿地は，埋立や護岸造成等により今後産地が消失する可能性がある．また，土地改良等による陸域からの土砂の流入で，河口やマングローブ域の生息環境が著しく改変されるおそれがある．甲幅16 mm．（長井 隆）

ベンケイガニ科
シロテアシハラガニモドキ
Tiomanium indicum (H. Milne Edwards, 1837)

沖縄県　前之園唯史撮影

評価：絶滅危惧Ⅱ類
選定理由：個体数・個体群の減少，生息条件の悪化，分布域限定，希少
分布：沖縄島，西表島，与那国島，インド・西太平洋．
生息環境・生態：マングローブとその後背林の境，もしくは河川の感潮域上部付近の土手に巣穴を掘って生息している．マングローブ林内の水路や道路で徘徊する姿も確認される．
解説：最近日本より初めて記録された種類であり，近似種との識別方法等は長井ら（2011）に詳しい．甲の背面と歩脚の一部は紫色をしているが，とくに甲の背面の紫色はあざやかであり，また甲背面に短毛の束が散在する．和名の由来である鉗脚の腕節と鉗部が白く，特徴的である．国内の生息確認地点は5カ所，個体数は非常に少なく，沖縄島は本種の分布の北限にあたる．河口干潟やマングローブ域を含む塩性湿地は，埋立や護岸造成等により今後産地が消失する可能性がある．また，土地改良等による陸域からの土砂の流入で，河口やマングローブ域の生息環境が著しく改変されるおそれがある．甲幅40 mm．（長井 隆）

ベンケイガニ科
クシテガニ（オオユビアカベンケイガニ）
Parasesarma affine (De Haan, 1837)

徳島県吉野川　渡部哲也標本　渡部哲也撮影

評価：絶滅危惧Ⅱ類
選定理由：個体数・個体群の減少，生息条件の悪化，希少．
分布：千葉県（東京湾）以南九州まで，中国大陸，台湾．
生息環境・生態：発達した塩性湿地を持つ大型河川の河口域に特徴的に出現する．肉食性，雑食性で，アシハラガニ（p. 201）などの他のカニ類も捕食する．
解説：東京湾～九州までの広い分布域を持つが，記録される地域も個体数もそれほど多くはない．大きな内湾や大河川の河口域に限られる傾向がある．ヨシ原のやや上部付近を主な生息地としているため，護岸工事などによる影響を受けやすい種とみられる．分布北限の東京湾では，かつて記録される地域が限られていたが，最近の調査からは，湾奥から湾口部までの広範囲に分布していることがわかっている．甲幅28 mm．（和田恵次）

ベンケイガニ科
ユビアカベンケイガニ
Parasesarma tripectinis (Shen, 1940)

愛媛県重信川　渡部哲也標本　渡部哲也撮影

評価：準絶滅危惧
選定理由：個体数・個体群の減少，生息条件の悪化
分布：静岡県以南〜沖縄諸島．
生息環境・生態：河口域塩性湿地のやや上部付近に生息する．アシハラガニ（p. 201）やクシテガニ（p. 197）のように巣穴を掘ることはほとんどなく，ヨシ原内を徘徊する．満潮時には，水から離れた高所に移動し，干上がるとヨシ原内で餌を取る．
解説：広い分布域を持つが，個体数が多いところは限られる．同じ塩性湿地に生息するアシハラガニやクシテガニよりも高いところに生息するので，護岸工事などで生息地が破壊されやすい．満潮時に冠水しない潮上帯に，隠れ家となる環境である自然植生や石垣が維持されていることが，本種の生息に重要である．甲幅16 mm．（和田恵次）

ベンケイガニ科
フタバカクガニモドキ
Perisesarma semperi (Bürger, 1893)

宮古島　前之園唯史撮影

評価：準絶滅危惧
選定理由：希少
分布：先島諸島，フィリピン，マレーシア，シンガポール，インドネシア．
生息環境・生態：河口域のマングローブ林内やその周辺の泥質の干潟に生息する．
解説：国内では宮古島，伊良部島，石垣島，西表島で確認されている．これらの島嶼では同属のフタバカクガニ *P. bidens* (De Haan, 1835) が同所的に生息しているが，本種の方が見かける頻度は少なく，本種が生息している各干潟でもフタバカクガニほど個体数は多くない．同所的に生息している両種であるが，フタバカクガニモドキは鉗部が濃い赤色になるのに対し，フタバカクガニは黄色みを帯びた鉗部を有することから識別できる．生存に対する脅威としては，河川改修などに伴う生息干潟の減少・消失や干潟の底質変化などがあげられる．甲幅28 mm．（前之園唯史）

ベンケイガニ科
ギザテアシハラガニ
Sarmatium germaini (A. Milne-Edwards, 1869)

沖縄県　成瀬貫撮影

評価：準絶滅危惧
選定理由：個体数・個体群の減少，生息条件の悪化，分布域限定，希少
分布：石垣島，西表島，ベトナム，シンガポール，マレーシア，香港，フィリピン，オーストラリア北部．
生息環境・生態：オヒルギが優占するマングローブ林内で，砂泥が少し盛り上がるが，満潮時には水に浸る場所で見られる．
解説：近似種のミゾテアシハラガニ（p. 199）と形態や生息環境が類似するが，本種の雄は鉗脚掌部上面に7〜8本の溝が平行に並び，また雌雄ともに掌部・不動指下縁近くに肋が発達するのが特徴的である．国内の生息確認地点は8カ所，個体数は少なく，石垣島は本種の分布の北限にあたる．マングローブ域を含む塩性湿地は，埋立や護岸造成等により今後産地が消失する可能性がある．また，土地改良等による陸域からの土砂の流入で，マングローブ域の陸域化が進んでおり，生息環境の悪化が懸念される．甲幅23 mm．（長井隆）

ベンケイガニ科
ミゾテアシハラガニ
Sarmatium striaticarpus Davie, 1992

沖縄県　成瀬貫撮影

評価：準絶滅危惧
選定理由：個体数・個体群の減少，生息条件の悪化，分布域限定
分布：奄美大島，沖縄島，宮古島，石垣島，西表島，フィリピン，マレーシア，シンガポール．
生息環境・生態：マングローブ林内の水路沿いやマングローブの根元の軟泥中に生息し，水路に面した干潟では，高潮線付近の転石の下などにも見られる．
解説：雄では4本の溝が三角形の平らな部分を鋏んで並んでおり，掌部・不動指下縁近くに肋は発達しないのが特徴的である．ギザテアシハラガニ（p. 198）と同一河川にも見られるが，マングローブへの依存度がやや低く，国内における分布域はより広い．国内の生息確認地点は20ヵ所以下であり，各生息場所における個体数は少ない．奄美大島は本種の分布の北限にあたる．埋立や護岸造成等により今後産地が消失する可能性がある他，土地改良等による陸域からの土砂の流入で，マングローブ域の陸域化が進んでおり，生息環境の悪化が懸念される．甲幅19 mm．（長井 隆）

ベンケイガニ科
アシナガベンケイガニ
Sesarmoides kraussi（De Man, 1887）

石垣島　琉球大学風樹館所蔵標本　成瀬貫撮影

評価：準絶滅危惧
選定理由：生息条件の悪化・特殊生息環境
分布：沖縄島，石垣島，西表島，マレー半島西部，メルグイ諸島．
生息環境・生態：マングローブ湿地とその後背林の境界付近の，やや乾いた土壌にある石や倒木の下などに潜んでいる．
解説：本種は，その非常に長い歩脚より，他のベンケイガニ科のカニ類より容易に識別できる．国内には同様に長い歩脚を持つドウクツベンケイガニ *Karstarma boholano*（Ng, 2002）が報告されているが，生息環境がまったく異なっており，同所的には生息していないと考えられる．国内では沖縄島，石垣島と西表島からのみ記録されている．上記のような環境に生息しているが，個体数は比較的少ない．比較的乾いた土壌を好むようであるが，植生が伐採され，完全に乾いてしまった場所には生息できないと考えられる．甲幅24 mm．（成瀬 貫）

ベンケイガニ科
ベンケイガニ
Sesarmops intermedius（De Haan, 1835）

熊本県上天草市松島町　渡部哲也撮影

評価：絶滅危惧Ⅱ類
選定理由：個体数・個体群の減少，生息条件の悪化
分布：房総半島・男鹿半島以南．インド・西太平洋沿岸に広く分布．
生息環境・生態：河口のヨシ原，土手，石垣，林，草原などに生息．昼は巣穴やヨシ原内の木材，ゴミの下に隠れ，夜になると活動．高所でも見られるアカテガニと異なり，水辺の暗く湿った物陰を好む．雑食性．繁殖期は夏で，抱卵雌は川や海に移動して幼生を放出．冬季は土手などに掘った巣穴で冬眠する．
解説：甲外縁に2鋸歯があることで，アカテガニ（p. 194）と識別可能．コンクリート護岸化や河川改修によるヨシ原や土手・石垣の消滅，護岸による海への移動経路遮断などで個体数が減少．大河川のヨシ原には少なくないが，小河川や島の小個体群は危機的．甲幅35 mm．（逸見泰久）

モクズガニ科
ヨコナガモドキ
Asthenognathus inaequipes Stimpson, 1858

福岡県大牟田市三池海水浴場　渡部哲也撮影

評価：準絶滅危惧
選定理由：個体数・個体群の減少，生息条件の悪化，特殊生息環境
分布：陸奥湾，相模湾，伊豆半島，伊勢湾，瀬戸内海，有明海，黄海．潮間帯からの記録は有明海と黄海に限られる．
生息環境・生態：泥～砂泥底に生息する．自由生活を行うとの記述もあるが，有明海ではトゲイカリナマコ *Protankyra bidentata* (Woodward & Barrett, 1858) の巣穴内に共生することが知られている．
解説：有明海では，トゲイカリナマコの巣穴からヒメムツアシガニ（p. 189）とともに見られることも多く，両者はほぼ同様の生態を持つと考えられるが，本種の方が個体数は少ない．ヒメムツアシガニと同様に，釣餌用のスジホシムシモドキ（p. 234）の採集によって，同所的に生息している宿主および本種の生息地の撹乱が懸念される．甲幅10 mm．（渡部哲也）

モクズガニ科
ハマガニ
Chasmagnathus convexus (De Haan, 1833)

宮城県山元町　鈴木孝男撮影

評価：準絶滅危惧
選定理由：個体数・個体群の減少，生息条件の悪化
分布：宮城県～沖縄諸島，朝鮮半島，中国大陸沿岸，台湾．
生息環境・生態：潮上帯の小高いところやヨシ原内に大きな巣穴を掘って生息する．夜行性で植物食である．
解説：ヨシ原を主な生息場所とするため，高潮帯～潮上帯にかけての自然環境が悪化してきているところでは個体数は少ない．また，ヨシ原や塩性湿地近辺での護岸壁の建設や改修，あるいは河川改修や埋立が，本種の生息場所を狭めている．西日本には好適な生息地が残されており，和歌山県の紀ノ川，有田川や熊本県の球磨川の河口干潟では多数が観察され，沖縄島にも多産する．しかし，九州北部，大阪湾北部，東京湾，仙台湾では個体数が非常に少なく，分布している場所でも個体群は孤立しているものと考えられる．とくに宮城県では絶滅が危惧される状態にあり，夜間の観察でも希にしか確認されない程度にまで減少している．甲幅50 mm．（鈴木孝男）

モクズガニ科
マメイソガニ（和名新称）
Gopkittisak angustum Komai, 2011

西表島　千葉県立中央博物館所蔵標本　駒井智幸撮影

評価：絶滅危惧IB類
選定理由：分布域限定，希少，特殊生息環境
分布：西表島・フィリピン（パンラオ島）．
生息環境・生態：西表島のサンゴ礁に面した砂質干潟に縦穴を掘って生息している．
解説：上述のような特殊な環境からのみ確認されており，国内では現在までに西表島の3カ所からのみ生息が確認されている．本種の生息好適環境は，かつては西表島内にも広く分布した可能性があるが，護岸整備や底質変化などにより，徐々に減少してきている可能性がある．本属に含まれるもう1種，*G. gallardoi* (Serène & Soh, 1976) はアンダマン海（基産地），パキスタン，ベトナム（Nhatrang Bay）等から報告されている．しかし，太平洋側に位置するベトナムからの *G. gallardoi* の報告は，本種である可能性も否定できず，再検討が必要である．甲幅9.1 mm．（駒井智幸・成瀬 貫）

モクズガニ科
ヒメアシハラガニ
Helicana japonica（K. Sakai & Yatsuzuka, 1980）

和歌山県御坊市日高川河口　渡部哲也撮影

評価：準絶滅危惧
選定理由：個体数・個体群の減少，希少
分布：小笠原，房総半島以南，朝鮮半島南部，中国大陸三東半島，台湾．
生息環境・生態：砂泥質干潟に巣穴を掘って生活する．やや堅く乾燥した干潟に多い．肉食性が強く，主としてカニ類（ハクセンシオマネキ（p. 215），チゴガニ（p. 210），コメツキガニ *Scopimera globosa* De Haan, 1835など）を捕食．愛媛県重信川における繁殖期は3～7月で，雌は甲幅約10 mmで抱卵．なお，近縁のアシハラガニは中～高潮帯に生息する．
解説：食物連鎖上位種であるため，元々個体数が多くない．とくに，河川や小規模な干潟の個体群は，埋立や堤防の建設・改修によって減少傾向にある．雌雄ともに鉗脚を上下に振るwavingを行うが，何のための行動かはよくわかっていない．甲幅25 mm．（逸見泰久）

モクズガニ科
アシハラガニ（陸奥湾）
Helice tridens（De Haan, 1835）

青森県むつ市大湊湾　鈴木孝男撮影

評価：絶滅のおそれのある地域個体群（陸奥湾）
選定理由：分布域限定
分布：青森県～鹿児島県．
生息環境・生態：ヨシ原内に巣穴を掘って生活するが，近辺の土手にも巣穴を掘ることがある．冬は巣穴で冬眠し，夏には巣穴を離れて歩き回る．河口～汽水域の上限までに生息する．
解説：沿岸域のヨシ原のあるところで最も普通に見られるカニである．全国的には生息状況に問題はみられないものの，大阪湾北部や有明海南部などでは，高潮帯～潮上帯にかけてのヨシ原が河川改修などで減少することによって個体数が少なくなってきている．本州太平洋岸では宮城県気仙沼市までは連続して普通に観察されるが，それよりも北方では，青森県陸奥湾内の大湊湾で少数の個体群が確認されているだけである．この隔離個体群が生息しているヨシ原は面積が極めて小さく，その存続が危惧される．甲幅35 mm．（鈴木孝男）

モクズガニ科
スネナガイソガニ
Hemigrapsus longitarsis（Miers, 1879）

熊本県上天草市松島町　渡部哲也撮影

評価：準絶滅危惧
選定理由：生息条件の悪化
分布：北海道厚岸湾～熊本県，中国大陸北部．
生息環境・生態：低潮帯～潮下帯の砂泥底に生息する．干潟表面に点在する石などの構造物の下や，アマモの根際に見られる．体色は暗緑褐色から明るい赤茶色までと，変化がある．
解説：成熟雄では鉗脚内側付け根付近に小さな軟毛束を具えるが，同所的に生息する同属他種であるケフサイソガニ *Hemigrapsus penicillatus*（De Haan, 1835）などとは，歩脚が華奢で長いことから容易に識別される．干潟での記録は仙台湾および，紀伊半島～有明海にかけての西日本に限られる．本種が多く観察されるような硬い砂泥質の干潟やアマモ場は減少しつつあり，干潟個体群の減少が懸念される．甲幅15 mm．（渡部哲也・有山啓之）

節足動物―鋏角類・甲殻類

モクズガニ科
ヒメケフサイソガニ
Hemigrapsus sinensis Rathbun, 1929

熊本県熊本市　渡部哲也撮影

評価：絶滅危惧II類
選定理由：生息条件の悪化，分布域限定，特殊生息環境
分布：紀伊半島沿岸，大阪湾，瀬戸内海，有明海，中国大陸南部．
生息環境・生態：潮間帯中部から下部のカキ礁や転石下に生息する．カキ殻以外の構造物を利用することは少ない．
解説：同所的に生息することが多いケフサイソガニ *Hemigrapsus penicillatus* (De Haan, 1835) やタカノケフサイソガニ *Hemigrapsus takanoi* Asakura & Watanabe, 2005 は，雌の鉗脚に軟毛がないのに対し，本種は雌雄ともに軟毛が生える．また，軟毛が占める範囲が広く，鉗脚の掌部外面の半分以上の面積に軟毛が生えることでも識別できる．他のケフサイソガニよりも動きは緩慢である．本種は生息環境をカキ殻に依存することが多いため，個体群の維持には安定的なカキ群集が必要である．このため，河川改修や水質悪化等による河口部の攪乱が，生息に対する脅威となりうる．甲幅10 mm．（渡部哲也）

モクズガニ科
ヒメモクズガニ
Neoeriocheir leptognathus (Rathbun, 1913)

福岡県大川市筑後川河口　2002年　逸見泰久撮影

評価：絶滅危惧IA類
選定理由：生息条件の悪化，分布域限定，希少
分布：国内の確実な生息地は福岡県大川市筑後川のみ，黄海，東シナ海，ベトナム（トンキン湾）．
生息環境・生態：詳細不明．筑後川では低潮帯の堅い泥地に巣穴を掘って群居し，巣穴内にはフタットゲテッポウエビ (p. 180) が共生していた．他のモクズガニ科の種のように両側回遊を行わないとされるが，長毛の密生する遊泳脚を持つことより，季節によってはかなり広い範囲を移動する可能性がある．
解説：剛毛の密生域が鉗脚の内側面のみであることより，モクズガニ *Eriocheir japonica* (De Haan, 1835) と識別可能．有明海（福岡県塩塚川など）のみに分布する「大陸沿岸性遺存種」であるとされていたが，2001年に筑後川河口で確認されるまでは正確な情報がなかった（ただし，2004年以降記録なし）．朝鮮半島では豊富で，食用に漁獲されている．元々希少であるのに加えて，巣穴域が限られるため，河川の浚渫などによって絶滅する可能性がある．甲幅25 mm．（逸見泰久）

モクズガニ科
ロッカクイソガニ
Otognathon uru Ng, Komai & Ng, 2009

沖縄島　前之園唯史撮影

評価：絶滅危惧II類
選定理由：希少
分布：沖縄島．
生息環境・生態：サンゴ礫や砂礫が混ざる砂底質の干潟に生息する．高潮線付近の転石の下や堆積したサンゴ礫の隙間などで見られる．
解説：2009年に新種記載されたばかりであり，またその非常に隠蔽的な容姿と小さな体サイズから，分布状況が十分に把握されていない．タイプ産地の沖縄島恩納村のほかに浦添市でも確認されている．いずれの産地でもそれほど多くの個体が見られないため，種の生息個体数が本来的に少ないと考えられる．浦添市の生息地では生息干潟の近くで道路建設工事が行われており，本種への影響が懸念される．なお，これまでのところ海外からは発見されていない．生存に対する脅威としては，埋立や護岸の新設，改修などによる生息干潟の減少・消失などがあげられる．甲幅5.2 mm．（前之園唯史）

モクズガニ科
トゲアシヒライソガニモドキ
Parapyxidognathus deianira（De Man, 1888）

沖縄島　琉球大学風樹館所蔵標本　成瀬貫撮影

評価：準絶滅危惧
選定理由：生息条件の悪化・特殊生息環境
分布：千葉県，静岡県，和歌山県，高知県，奄美大島，沖縄島，石垣島，台湾，インド・西太平洋．
生息環境・生態：干潟につながる河川の感潮域上部にある，底質が砂礫の場所にある水中の転石間や植生に潜む．また，淡水が直接干潟にしみ出すような環境にも生息している．
解説：ヒライソモドキ属 *Ptychognathus* のカニ類と同所的に見られることが多いが，甲が比較的厚く，また歩脚の長節後縁に棘が複数ある点から，野外でも容易に識別できる．千葉県以南の各地から記録されている．上記のような環境が保たれた非常に狭い範囲に生息している．河川改修がなされた場所では適した底質が保たれず，本種が生息できる環境は非常に少なくなってきている．甲幅20 mm．（成瀬貫）

モクズガニ科
ミナミアシハラガニ
Pseudohelice subquadrata（Dana, 1851）

石垣島　琉球大学風樹館所蔵標本　成瀬貫撮影

評価：準絶滅危惧
選定理由：生息条件の悪化，分布域限定
分布：小笠原，紀伊半島，淡路島，九州（福岡県福津市，熊本県苓北町，宮崎県延岡市），奄美以南，東南アジア，インド洋，オーストラリア東岸．
生息環境・生態：暖流の影響の強い海岸の塩性湿地上部や高潮帯の転石下に巣穴を掘って生息し，主にマングローブや広葉樹の葉を食べる．
解説：高潮帯に生息するため，コンクリート護岸化や河川改修などにより生息地が破壊されている．また，森林の伐採は，食物の枯渇に繋がり深刻な影響を与えている．さらに，海岸林に対する松食い虫駆除剤等の散布も，個体数減少の直接の原因になっている．甲幅20 mm．（逸見泰久）

モクズガニ科
ヒメヒライソモドキ
Ptychognathus capillidigitatus Takeda, 1984

和歌山県富田川　和田恵次標本　渡部哲也撮影

評価：準絶滅危惧
選定理由：分布域限定
分布：紀伊半島以南～沖縄諸島．
生息環境・生態：河口域転石潮間帯の下部周辺に生息．繁殖期は夏～秋期．卵数は，同じ河口域の転石地に生息する他のイワガニ類に比べて多く，逆に卵サイズは小さい．
解説：基産地（富田川）を含む和歌山県各地並びに三重県，大阪府の南岸，高知県沿岸，それに沖縄諸島より記録されるが，本土では記録される地域が限られており，かつ個体数も多くはない．近縁で似た生息場所に見られるタイワンヒライソモドキ（p. 204）に比べて，記録される地域は限定的である．タイワンヒライソモドキと共存する河川では，本種の分布がより下流側に片寄る．甲幅10 mm．（和田恵次）

モクズガニ科
ヒライソモドキ
Ptychognathus glaber Stimpson, 1858

東京都小笠原村二見湾　和田恵次標本　渡部哲也撮影

評価：絶滅危惧IB類
選定理由：分布域限定
分布：東京都小笠原諸島，神奈川県葉山町，インドネシア（フローレス島）．
生息環境・生態：淡水の影響が強い河口域の転石潮間帯に生息．生活史等の情報はない．
解説：甲面が平坦で，ヒライソガニ *Gaetice depressus* (De Haan, 1833) に似るが，外顎脚の長節・坐節が横に関節していること，外肢が幅広いことなどで識別される．神奈川県葉山の河口からの記録があるが，小笠原諸島に限定された種とみてよい．小笠原諸島の内湾の干潟に見られるが，護岸工事などで破壊されやすい場所だけに，絶滅の危険性は高い．甲幅20mm．（和田恵次）

モクズガニ科
タイワンヒライソモドキ
Ptychognathus ishii Sakai, 1939

種子島阿嶽川　和田恵次標本　渡部哲也撮影

評価：準絶滅危惧
選定理由：希少
分布：神奈川県以南～沖縄諸島，台湾，ハルマヘラ（インドネシア）．
生息環境・生態：淡水の影響が強い汽水域上流部の転石潮間帯中部付近を主な生息場所とする．繁殖期は夏～秋期．抱卵雌の体重あたりの卵重量は，同じ生息場所に出現する他のイワガニ類に比べて大きい傾向がある．
解説：記録される地域が，相模湾沿岸，伊豆半島，紀伊半島沿岸，島根県沿岸，四国南西岸，九州東南岸，対馬，種子島，奄美大島，沖縄島，石垣島と限られている．汽水域の上部に生息するため，河川改修や河口堰建設などによる生息地の破壊が危惧される．和歌山県の紀ノ川河口域では，河口堰建設により本種の生息地がなくなり，代替地が造成され，そこで個体群が維持されているが，個体群維持には，地下湧水が有効であることがわかっている．甲幅11mm．（和田恵次）

モクズガニ科
オオヒメアカイソガニ
Sestrostoma balssi (Shen, 1932)

福岡県北九州市曽根干潟　伊谷行撮影

評価：絶滅危惧IB類
選定理由：生息条件の悪化，分布域限定，希少，特殊生息環境
分布：北海道～九州．中国大陸山東半島．
生息環境・生態：砂質干潟に生息し，瀬戸内海ではユムシ（p. 238）の巣穴内に共生する．
解説：国内の干潟での分布は限られている．燧灘の干潟では，本種は宿主のユムシに依存しており，ユムシの個体数の減少とともに本種の個体数も減少した．国内では，ユムシの生息地が減少しているため，本種の個体数や生息地も減少しているものと考えられる．宗谷海峡，函館湾，富山湾の潮下帯の海底から採集された記録があるが，それらが他の生物の巣穴を利用するのかどうかは不明である．かつてマダガスカルやアラビア海から本種が記録されたが，いずれも誤同定である．アナジャコ類を宿主とする同属の他種とは，眼下線の形態と甲の模様と色彩により，容易に識別できる．甲幅10mm．（伊谷行）

モクズガニ科
トリウミアカイソモドキ（トリウミアカイソガニ）
Sestrostoma toriumii (Takeda, 1974)

三重県伊勢市宮川河口　渡部哲也撮影

評価：準絶滅危惧種
選定理由：生息条件の悪化，特殊生息環境
分布：青森県大湊湾〜八重山諸島西表島．香港．
生息環境・生態：砂泥質干潟に生息するアナジャコ科甲殻類，スナモグリ科甲殻類の巣穴内に共生する．
解説：瀬戸内海ではアナジャコ科甲殻類の分布する干潟に多産し，スナモグリ科甲殻類が分布する干潟にも少なくない．しかし，その他の地域では密度が低い．また，埋立などで宿主の甲殻類の生息地が破壊され，個体数は減少していると考えられる．東京湾では，湾口部の干潟では分布が確認されるが，湾奥部には分布しないことから，水質に関する要求が宿主よりも厳しい可能性もある．外洋に面した転石下の砂泥には，バルスアナジャコ *Upogebia issaeffi* (Balss, 1913) やスナモグリ *Nihonotrypaea petarula* (Stimpson, 1860) が生息するが，それらの巣穴からはヒメアカイソモドキ *S. depressum* (Sakai, 1965) が採集される．ヒメアカイソモドキは体色が白色であるため，本種とは容易に識別できる．甲幅9 mm．（伊谷 行）

モクズガニ科
シタゴコロガニ（仮称）
Sestrostoma sp.

山口県山口市秋穂二島　腹部にシタゴコロガニ，胸部にマゴコロガイ (p. 162) が付着している　伊谷行撮影

評価：絶滅危惧IB類
選定理由：生息条件の悪化，分布域限定，希少，特殊生息環境
分布：瀬戸内海，紀伊半島田辺湾，土佐湾．
生息環境・生態：砂泥質干潟に生息し，アナジャコ科甲殻類の腹部に歩脚でつかまって暮らす．本種に寄生された宿主個体は，腹部に瘡蓋のような黒い傷ができる．
解説：未記載種．十脚目甲殻類の体表に共生するカニは他に例がない．瀬戸内海では燧灘〜周防灘までの複数地点から記録があるものの，他の海域では，田辺湾と土佐湾からの記録に限られる．奄美諸島では，本種の記録はないが，腹部に瘡蓋状の傷を持つアナジャコ類が採集されているため，本種が分布している可能性がある．宿主のアナジャコ類の分布の広さや生息地の豊富さに比べて，本種の生息地はあまりにも少ない．本種が希少である理由は不明であるが，まずは本種が分布する干潟を保全することが必要であろう．甲幅10 mm．（伊谷 行）

モクズガニ科
ミナミヒライソガニ
Thalassograpsus harpax (Hilgendorf, 1892)

沖縄島　前之園唯史撮影

評価：絶滅危惧II類
選定理由：生息条件の悪化
分布：奄美大島以南，紅海〜南太平洋沿岸．
生息環境・生態：波あたりの静かな潮間帯の転石の下に生息する．
解説：本種を他のモクズガニ科のカニ類から識別するためには，口器の最も外側に位置する第三顎脚の腕節が，長節の末端外側と関節を成していることを確認する必要がある．本種が生息する上記のような環境は，埋立などによる干潟の減少・消失や，赤土の流出による底質変化により減少してきている．分布の北限は奄美諸島近辺であるが，世界的にはアフリカ東岸〜南太平洋まで，非常に広い分布域を有する．甲幅15 mm．（成瀬 貫）

モクズガニ科
ヒラモクズガニ
Utica borneensis De Man, 1895

沖縄島　琉球大学風樹館所蔵標本　成瀬貫撮影

評価：準絶滅危惧
選定理由：生息条件の悪化，特殊生息環境
分布：奄美大島以南，台湾，インド・西太平洋．
生息環境・生態：干潟につながる河川の感潮域下部にある，底質が砂礫や軟泥質の場所において，石の下や，岸辺の水中に堆積した落葉の中，あるいは水中に伸びた岸辺の植生の根などの間に多く潜んでいる．また，マングローブ林内の澪筋跡に溜まる落葉の下などにも生息している．
解説：奄美大島以南の各地から記録されている．同所的にマングルマメコブシガニ（p. 190）やチゴイワガニ（p. 211）なども生息している．上記のような環境には比較的多くの個体が生息している場合が多いが，河川改修がなされた場所では適した底質が保たれず，本種が生息できるような環境は非常に少なくなってきている．甲幅12 mm．（成瀬 貫）

モクズガニ科
ニセモクズガニ
Utica gracilipes White, 1847

石垣島　琉球大学風樹館所蔵標本　成瀬貫撮影

評価：絶滅危惧Ⅱ類
選定理由：生息条件の悪化
分布：屋久島以南，インド・西太平洋．
生息環境・生態：河口部の積み重なった石の下や，水路の感潮域上限近くで観察されることが多いが，その直上の淡水部からも採集されることがある．
解説：甲の背面にある，浮き彫りにされたY字型の模様から，容易に同定できる．国内には同属のヒラモクズガニ（上記）が分布するが，ヒラモクズガニは体サイズが非常に小さく，また甲前方に1本の横長の隆起がある点から容易に識別できる．本種が生息する上記のような環境は，河川改修による川岸・川底のコンクリート化などにより減少している．本種の分布の北限は大隅諸島近辺であり，国内では大隅諸島以南においても，元々個体数が少ないと考えられる．甲幅35 mm．（成瀬 貫）

モクズガニ科
タイワンオオヒライソガニ
Varuna yui Hwang & Takeda, 1986

沖縄島名護市　前之園唯史撮影

評価：情報不足
選定理由：希少
分布：神奈川県，宮崎県，鹿児島県，沖縄県，台湾（基産地），フィリピン，マレー半島．
生息環境・生態：主に河川の感潮域上部に生息し，浮き石の下などに潜んでいる．
解説：本種の記録は国内では少なく，詳しい生態は分かっていない．国内の河川域では，本種と同属のオオヒライソガニ *Varuna litterata*（Fabricius, 1798）が多く報告されている．両種の識別には，細部（とくに雄のは第一腹肢の特徴）の観察が必要なため，野外での識別は難しい．そのため，これまでオオヒライソガニと記録された情報の中に，本種が含まれている可能性も十分考えられる．今後，本種の分布や生態について詳細な調査を行う必要がある．甲幅40 mm．（藤田喜久）

アリアケガニ科
ムツハアリアケガニ
Camptandrium sexdentatum Stimpson, 1858

熊本県上天草市松島町　渡部哲也撮影

評価：準絶滅危惧
選定理由：分布域限定，希少
分布：宮城県松島湾，小笠原，神奈川県相模湾・小網代湾，三重県伊勢湾，和歌山県田辺湾，岡山県児島湾，広島県ハチの干潟，山口県山口湾，愛媛県重信川，徳島県吉野川，高知県浦戸湾，福岡県今津干潟，長崎県対馬，長崎県大村湾など，黄海，中国北部，香港，東南アジア．
生息環境・生態：低潮帯の軟泥質の干潟に生息．冬は多くの個体が潮下帯に移動する．有明海では，主として6～9月に繁殖する．
解説：有明海・八代海の低潮帯には少なくないが，その他の地域では希で，生息地も孤立している．宮城県松島湾では2011年に1個体のみが採集されている．埋立などによって生息地が破壊され，個体数が減少している．甲幅15 mm．（逸見泰久）

アリアケガニ科
アリアケガニ
Cleistostoma dilatatum (De Haan, 1833)

(上)背面(下左)腹面(下右)煙突状構造物　福岡県矢部川河口
逸見泰久撮影

評価：絶滅危惧IB類
選定理由：生息条件の悪化，分布域限定，希少
分布：周防灘（山口県厚狭川，福岡県行橋市，大分県宇佐市寄藻川など），玄界灘（福岡県福津市津屋崎，福岡市多々良川など），佐賀県伊万里湾，有明海・八代海のほぼ全域，黄海，中国広東省．
生息環境・生態：ヨシ原周辺やフクドなどの塩生植物群落の内部・周辺の泥地に巣穴を掘って生息．巣穴を覆うように先端の窄まった煙突状構造物を巣穴周辺の泥で作ることがある．
解説：歩脚の先端（指節）が赤いことで近縁種と識別が可能．熊本市白川における繁殖期は6～10月で，9月がピーク．体の片側を持ち上げて振り降ろす，相撲のしこを踏むようなwavingを行う．有明海・八代海には少なくないが，それ以外の地域では希少で，生息地は孤立している．埋立の他，護岸工事，浚渫土砂の廃棄などによる生息地破壊で減少．有明海では，シオマネキ（p.214），ヤマトオサガニ（p.212）などとともに漁獲され，「がん漬」という塩辛の材料にされる．甲幅24 mm．（逸見泰久）

ムツハアリアケガニ科
アリアケモドキ
Deiratonotus cristatus (De Man, 1895)

熊本県大野川　渡部哲也標本　渡部哲也撮影

評価：絶滅危惧II類
選定理由：個体数・個体群の減少，生息条件の悪化，希少
分布：北海道～九州，奄美大島，沖縄島，サハリン，朝鮮半島，中国大陸，ベトナム．
生息環境・生態：河川汽水域の泥質干潟や周辺の澪筋に生息．活動は夜間の冠水下で見られる．繁殖期は地域により異なり，徳島県吉野川や奄美大島では冬期で，和歌山県富田川では夏期となる．
解説：汽水域でもとくに淡水の影響が強い上流域が分布の中心であり，河口堰や護岸工事などによる生息地破壊を受けやすく，各地で減少傾向にある．具体的に個体数が減少あるいは生息が見られなくなった地域としては，陸奥湾の浅所，宮城県の蒲生干潟，徳島県勝浦川河口などがあげられる．遺伝的には，本州太平洋沿岸の個体群，北海道・九州北西岸・瀬戸内海の個体群，奄美大島の個体群の3つに大きく分かれる．日本の南限となる沖縄島の個体群は，個体数が極少で，絶滅のおそれが強い．甲幅19 mm．（和田恵次）

ムツハアリアケガニ科
カワスナガニ
Deiratonotus japonicus (Sakai, 1934)

和歌山県富田川　和田恵次標本　渡部哲也撮影

評価：準絶滅危惧
選定理由：個体数・個体群の減少，分布域限定，希少
分布：房総半島以南〜沖縄諸島．
生息環境・生態：清浄な河川河口域の汽水域上流部の転石下に生息．繁殖期は春〜秋までと長く，卵サイズも同じ環境に生息する他のカニ類に比べて大きい．年間繁殖努力も，他のカニ類に比べて大きい特徴を持つ．
解説：日本固有種．分布域は広いが，生息する河川は，房総半島，伊豆半島，紀伊半島，山口県，四国南岸，九州沿岸，種子島，奄美大島，沖縄島の一部に限られている．また分布北限近くの房総半島や伊豆半島，分布南限の沖縄島の個体群は，いずれも小さく，絶滅の可能性が高い．他の沿岸性のカニ類に比べて，個体群間の遺伝的変異が顕著であり，個々の個体群を保全する意義が大きい．河川改修による生息地攪乱が，本種の生息を危うくする主要因とみられる．トンダカワスナガニ *Deiratonotus tondensis* Sakai, 1983は本種の異名．甲幅11 mm．（和田恵次）

ムツハアリアケガニ科
クマノエミオスジガニ
Deiratonotus kaoriae Miura, Kawane & Wada, 2007

宮崎県　渡部哲也撮影

評価：絶滅危惧IA類
選定理由：希少，分布域限定
分布：三重県，宮崎県，長崎県．国内の生息確認地点は11カ所以下．
生息環境・生態：清浄な河川河口域の砂質干潟周辺の澪筋に埋在する．繁殖期は冬期で，寿命は1年未満とみられる．
解説：日本固有種．アリアケモドキ（p. 207）に類似するが，アリアケモドキに比べて甲が縦に長く，甲面や歩脚には淡色の縞模様があること，さらに雄の第一腹肢先端には棘毛がないことなどで識別される．2007年に宮崎県の熊野江川河口から新種として報告され，その後三重県と長崎県から記録されているが，分布がかけ離れた3地域だけであり，それぞれの個体数も多くないため，絶滅の可能性が高い．とくに基産地の個体数激減が著しい．なお，三重県と宮崎県の個体群は遺伝的にはまったく異なる特徴を持つことが明らかとなっており，それぞれの個体群の保全が望まれる．甲幅14 mm．（和田恵次）

ムツハアリアケガニ科
コウナガカワスナガニ
Moguai elonagatum (Rathbun, 1931)

石垣島　琉球大学風樹館所蔵標本　成瀬貫撮影

評価：準絶滅危惧
選定理由：生息条件の悪化，特殊生息環境
分布：石垣島，西表島，中国大陸福建省，香港，海南島．
生息環境・生態：干潮時は淡水のみが流れるが，満潮時には海水の強い影響を受け，底質が粒径1 mm前後の砂で，上流から泥が流入しないかすぐに流される，という非常に特殊な条件がそろった環境に多く生息している．また，マングローブの感潮域上限近くを流れる水路脇の，砂が溜まった岸の上に穴を掘っていることや，オサガニ類の巣穴の入口にいることもある．
解説：*Moguai* 属は，国内からは本種とヨウナシカワスナガニ（p. 209）が報告されている．本種はヨウナシカワスナガニに比べて，甲の前方が後方より極端に狭くならない点から識別できる．本種は中国大陸と石垣・西表島からのみ報告されている．生息環境は上記のように非常に特殊であり，またそのような環境は河川改修等で容易になくなるため，注意が必要である．甲幅5 mm．（成瀬 貫）

ムツハアリアケガニ科
ヨウナシカワスナガニ
Moguai pyriforme Naruse, 2005

沖縄島　琉球大学風樹館所蔵標本　成瀬貫撮影

評価：絶滅危惧II類
選定理由：分布域限定，希少，特殊生息環境
分布：奄美大島，沖縄島．
生息環境・生態：本種は，水路の感潮域下部にある，底質が砂礫や軟泥質からなる，岸近くの水中の斜面から採集されている．生息密度はかなり低い．
解説：成瀬（2005）は本種の和名をコウナガカワスナガニとしたが，この和名はすでにTakeda & Iwasaki（1983）により *M. elongatum*（Rathbun, 1931）に与えられていた．このため，環境省レッドリスト（2006）において *M. pyriforme* に新称ヨウナシカワスナガニが与えられた．本種が本来生息するような環境は，河川改修や埋立などによりすでにあまり残っておらず，また本種は水質汚染や底質の変化に敏感であると考えられるため，個体群が維持できるかが懸念される．非常に少数の個体数しか確認されないことより，本来個体数の少ない種か，あるいは他により好む環境があるのかもしれない．甲幅5 mm.（成瀬 貫）

ムツハアリアケガニ科
ハサミカクレガニ
Mortensenella forceps Rathbun, 1909

西表島　琉球大学風樹館所蔵標本　成瀬貫撮影

評価：準絶滅危惧
選定理由：生息条件の悪化・特殊生息環境
分布：奄美大島，石垣島，西表島，中国大陸（香港，海南島），タイ（Koh Chang）．
生息環境・生態：死サンゴ片や礫が多く混じる泥砂底や，砂質の干潟で，干潮時も完全に乾ききらず少し掘ると水が湧き出るような環境に見られる．小菅（2009）が石垣島で行った調査では，タテジマユムシ *Listriolobus sorbillans*（Lampert, 1883），スジユムシ *Ochetostoma erythrogrammon* Leuckart & Rüppell, 1828，スジホシムシモドキ（p. 234），ヒモイカリナマコ *Patinapta ooplax*（von Marenzeller, 1882）等の巣穴内に見られるが，まれに地表を歩いている個体も観察できる．
解説：本種が生息している巣穴の宿主はタテジマユムシ，スジユムシ，スジホシムシモドキ，ヒモイカリナマコの4種であったが，小型個体はヒモイカリナマコからのみ見つかったことなどから，成長に応じて異種の宿主間を渡り歩く半自由性生活を送っていると考えられる．甲幅8.4 mm.（成瀬 貫）

ムツハアリアケガニ科
ミナミムツハアリアケガニ
Takedellus ambonensis（Serène & Moosa, 1971）

西表島　琉球大学風樹館所蔵標本　成瀬貫撮影

評価：準絶滅危惧
選定理由：生息条件の悪化，分布域限定，希少，特殊生息環境
分布：奄美大島，沖縄島，西表島，パラオ，インドネシア（アンボン）．
生息環境・生態：感潮域下部にある水路の，底質が砂礫や軟泥質の場所より採集されている．また，マングローブ林内や周辺の倒木や転石の下などにも生息している．
解説：体サイズが非常に小さいことに加えて，体表に泥等が付着しやすく，また動きも緩慢なため，なかなか見つけにくい．琉球列島とパラオ，アンボンからのみ記録されている．上記のような環境に生息しているが，個体数は非常に少ない．本種の河川における生息環境では，オモナガドロガニ（p. 211）やチゴイワガニ（p. 211），ヨウナシカワスナガニ（上記）等も同所的に生息している．甲幅5 mm.（成瀬 貫）

コメツキガニ科
ハラグクレチゴガニ
Ilyoplax deschampsi (Rathbun, 1913)

(上)背面(下左)腹面(下右)waving　福岡県柳川市矢部川　逸見泰久撮影

評価：準絶滅危惧
選定理由：分布域限定
分布：有明海北部（諫早湾周辺～菊池川），渤海湾，黄海，東シナ海北部．
生息環境・生態：河岸に発達する軟泥干潟の高潮帯～中潮帯に巣穴を掘って生息．海岸部にはほとんど出現しない．筑後川のような大河川では，河口から20 km上流の低塩分の水域でも見られる．繁殖期は，福岡県矢部川では4～8月．チゴガニ（下記）同様，雄は鉗脚を激しく上下に振るwavingを行う．堆積物食．温暖な季節には巣穴を離れ，汀線付近に放浪集団を形成する．
解説：チゴガニの甲が五角形に近いのに対し，本種の甲は横長の四角形である．また，本種では雄の第3腹節が狭く，腹部がくびれている．国内では有明海北部にのみ分布する．分布域周縁を除けば優占種で，絶滅の危険は小さい．ただし，堤防改修や河川浚渫などにより，生息地が破壊されることも少なくない．甲幅10 mm．（逸見泰久）

コメツキガニ科
チゴガニ（奄美大島以南）
Ilyoplax pusilla (De Haan, 1835)

沖縄県　長井隆撮影

評価：絶滅のおそれのある地域個体群（奄美大島以南）
選定理由：分布域限定，希少
分布：本州（宮城県以南）～九州，奄美大島，沖縄島，西表島，朝鮮半島．
生息環境・生態：河口干潟等の砂泥に巣穴を掘り，集合して生活する．琉球列島では，マングローブ林周辺にも見られる．
解説：白い鉗脚を上下に振る行動が特徴である．また，繁殖期になると雄の腹面が鮮やかな水色になる．九州以北における生息確認地点は多いが，沖縄県においては，沖縄島（2カ所）と西表島（4カ所）のみに限られており，西表島は本種の分布の南限にあたる．奄美大島，沖縄島の個体群は，九州以北の個体群から遺伝的にも特異であり，また繁殖期も大きく異なることが知られている．河口干潟やマングローブ域を含む塩性湿地は，埋立や護岸造成等により今後産地が消失する可能性がある．また，土地改良等による陸域からの土砂の流入で，マングローブ域の陸域化が進んでおり，生息環境の悪化が懸念される．甲幅10 mm．（長井 隆）

コメツキガニ科
ツノメチゴガニ
Tmethypocoelis choreutes Davie & Kosuge, 1995

(右下)沖縄島　長井隆撮影，(左上)鹿児島県奄美大島　渡部哲也撮影

評価：準絶滅危惧
選定理由：分布域限定
分布：奄美大島，沖縄島，石垣島，西表島．
生息環境・生態：河口干潟もしくはマングローブ林周辺の砂質底に巣穴を掘って，集合して生活している．
解説：本種は国内のみ分布している．甲はやや扁平で，体色は茶褐色である．同じコメツキガニ科のチゴガニ（上記）と同様に白い鉗脚を上下に振る行動が見られる．また，眼柄が長く，雄にはその先端に長い突起が出ているのが大きな特徴である．生息確認地点は20カ所以下で，個体数は多い．オキナワハクセンシオマネキ *Uca perplexa* (H. Milne Edwards, 1852)とよく同所的に見られる．チゴガニは砂泥質を好むが，本種はやや砂・砂礫質を好む．河口干潟やマングローブ域は，埋立や護岸造成等により今後産地が消失する可能性がある．また，土地改良等による陸域からの土砂の流入で，河口干潟やマングローブ域の生息環境が著しく改変されるおそれがある．甲幅7 mm．（長井 隆）

オサガニ科
オモナガドロガニ
Apograpsus paantu (Naruse & Kishino, 2006)

沖縄島　琉球大学風樹館所蔵標本　成瀬貫撮影

評価：準絶滅危惧
選定理由：分布域限定，希少，特殊生息環境
分布：奄美大島，沖縄島，西表島．
生息環境・生態：感潮域下部にある水路の，底質が砂礫や軟泥質の場所より採集されている．また，漁港に放置されていた係留ロープの付着生物にまぎれて採集された例もある．生息密度はかなり低い．
解説：琉球列島固有種で，奄美大島，沖縄島，西表島からのみ記録されている．上記のような環境に生息しているが，個体数は非常に少ない．本種の河川における生息環境では，マンガルマメコブシガニ（p. 190）やミナミムツハアリアケガニ（p. 209），ヨウナシカワスナガニ（p. 209），チゴイワガニ（下記）等も同所的に生息している．本種はチゴイワガニより甲が縦長であり，縦に伸びる額の後方の梁から前方に，1対の非常に長い剛毛が生えることから容易に識別できる．甲幅6 mm.（成瀬 貫）

オサガニ科
チゴイワガニ
Ilyograpsus nodulosus Sakai, 1983

徳島県阿南市椿町　渡部哲也撮影

評価：準絶滅危惧
選定理由：分布域限定，希少
分布：紀伊半島以南〜沖縄諸島．
生息環境・生態：泥質干潟低潮帯より見つかる．生息密度は低い．オサガニ類で見られる個体間掃除行動を本種も示す．雄のほうが雌より小さい性的二型を示す．
解説：日本固有種．記録される地域が，紀伊半島沿岸，四国南西岸，九州沿岸，奄美大島，沖縄島，西表島に限られ，かつ各地の個体数も多くない．基産地（西表島）では，現在も生息が確認されている．ドロイワガニ *Ilyograpsus paludicola* (Rathbun, 1909) として，九州天草や沖縄島から報告されたものは，すべて本種とみなされる．甲幅7 mm.（和田恵次）

オサガニ科
オサガニ
Macrophthalmus abbreviatus Manning & Holthuis, 1981

愛媛県加茂川　渡部哲也標本　渡部哲也撮影

評価：準絶滅危惧
選定理由：個体数・個体群の減少，生息条件の悪化，希少
分布：宮城県以南〜九州，朝鮮半島，中国大陸，ベトナム，台湾．
生息環境・生態：内湾・河口域の海寄りの砂質干潟低潮帯に生息．繁殖期は夏期．Waving display は見られず．個体間掃除行動は，他のオサガニ属の種と同様に見られる．交尾は，雌の巣穴近くの地上で行われる．
解説：九州沿岸では普通だが，他の地域では，個体数が多くなく，また見られなくなった地域も多い．とくに北限地の宮城県では，個体群が絶滅した可能性が高い．汚染が進み，干潟が泥質化するという生息環境悪化が，本種の個体数減少の主要因とみられる．甲幅35 mm.（和田恵次）

オサガニ科
ヒメヤマトオサガニ
Macrophthalmus banzai Wada & Sakai, 1989

和歌山県御坊市日高川河口　渡部哲也撮影

評価：準絶滅危惧
選定理由：生息条件の悪化
分布：紀伊半島以南，朝鮮半島西岸，中国大陸山東半島，中国大陸南岸，台湾．
生息環境・生態：泥質干潟に生息．外洋に近く暖流の影響を強く受ける干潟に多い（河口内部や湾奥部には近縁のヤマトオサガニ（下記）が分布）．本土では夏，沖縄では冬に繁殖．雄は鉗脚を高く振り上げ，万歳をするような waving を行うが，これによりヤマトオサガニと容易に識別できる．
解説：形態はヤマトオサガニに似るが，本種は小型であり，鉗脚の色彩が白っぽい．また，雄の第3歩脚の前節と腕節の前縁に毛を密生する．主として堆積物食．生息地の埋立，土砂の堆積，還元化，浚渫などにより，生息地が破壊されることが多いが，大部分の個体群は小規模であるため，絶滅の危険性が高い．甲幅23 mm．（逸見泰久）

オサガニ科
ホルトハウスオサガニ
Macrophthalmus holthuisi Serène, 1973

沖縄島　前之園唯史撮影

評価：準絶滅危惧
選定理由：希少，特殊環境
分布：南西諸島，インドネシア．
生息環境・生態：河口域のマングローブ林内やその周辺の小さな潮溜まり内に生息する．多くのオサガニ類とは異なり，自ら巣穴を掘る様子は観察されていない．
解説：国内では沖縄島，石垣島，西表島で確認されている．これらの島嶼内でも比較的発達したマングローブ林にのみ生息する．ほかのオサガニ類のように特定の底質上で周辺一帯を覆うような分布状態は見られず，パッチ状に点在する潮溜まり内に1～数個体が見られる程度である．形態的にはタイワンヒメオサガニ *Macrophthalmus boteltobagoe* (Sakai, 1939) に類似するが，後者は石灰岩からなる潮間帯に主に生息している．生存に対する脅威としては，河川改修などに伴う生息干潟の減少・消失や干潟の底質変化などがあげられる．甲幅12 mm．（前之園唯史）

オサガニ科
ヤマトオサガニ（種子島）
Macrophthalmus japonicus (De Haan, 1835)

和歌山市和歌川河口　渡部哲也標本　渡部哲也撮影

評価：絶滅のおそれのある地域個体群（種子島）
選定理由：個体数・個体群の減少，生息条件の悪化，分布域限定
分布：陸奥湾以南～種子島，朝鮮半島，中国大陸北部．
生息環境・生態：泥質干潟の中・低潮帯に生息する．waving は，鉗脚を曲げたままで上下させる垂直型を示す．つがい形成は，地上交尾と地下交尾の2通りが知られる．繁殖期は春～秋．
解説：普通種だが，北限の陸奥湾や南限の種子島の個体群は孤立していて絶滅のおそれがある．また個体群が減少傾向にあるものも見られる．たとえば，種子島の甲女川では，現在ごくわずかの個体数しか見られない．淡路島の洲本川にかつて多数生息していた本種の個体群は絶滅した．いずれも河川改修により，安定した泥質干潟がなくなったためとみられる．和歌山市和歌川河口の個体群も，以前よりもかなり個体数が減少した．甲幅：40 mm．（和田恵次）

オサガニ科
ヒメメナガオサガニ
Macrophthalmus microfylacas Nagai, Watanabe & Naruse, 2006

（上）熊本県天草市牛深町　渡部哲也撮影，（下）沖縄県沖縄島　琉球大学風樹館所蔵標本　成瀬貫撮影

評価：準絶滅危惧
選定理由：生息条件の悪化，希少，分布域限定
分布：伊豆半島〜沖縄島．
生息環境・生態：低潮帯〜潮下帯の比較的硬い砂泥底に巣穴を掘って生息する．体表面にはオサガニヤドリガイ（p. 163）が共生することがある．沖縄島では，潮下帯でのみ確認されている．
解説：日本固有種．メナガオサガニ（下記）とよく似ており，これまで混同されてきたが，近年新種記載された．メナガオサガニと比較すると小型で，体サイズ比で相対的に長い眼柄を持つ．色彩は比較的はっきりとした深緑の斑模様を持つ個体や，全体的に茶褐色の個体が見られ，変異が多い．干潮時には巣穴にこもり，冠水時のみ活動すると考えられる．泥質化した干潟には見られないため，状態のよい砂泥質干潟が本種の生息には不可欠である．甲幅10 mm.（渡部哲也）

オサガニ科
ナカグスクオサガニ
Macrophthalmus quadratus A. Milne-Edwards, 1873

沖縄島　前之園唯史撮影

評価：準絶滅危惧
選定理由：希少，特殊環境
分布：沖縄島，西表島，台湾，香港，タイ，マレーシア，インドネシア，ニューカレドニア．
生息環境・生態：小石やサンゴ礫が混ざる砂泥底の干潟に生息している．半ば底質に埋もれた転石などの周辺に巣穴を掘っているが，多孔質の岩や死サンゴ骨格の隙間などでも見られる．朽木やマングローブの気根からも発見されている．
解説：沖縄島では中城湾の数カ所の干潟に生息しているが，いずれの干潟でも比較的狭い範囲でのみ見られるため，一見すると環境が均一のように見える干潟でもわずかな微小環境の違いが本種の生息を限定している可能性もある．また，国内で本種の生息が知られている干潟の多くは，人工ビーチや漁港，護岸等の人工的な環境が隣接しており，人為的な撹乱を受けやすい．生存に対する脅威としては，埋立や護岸の新設・改修などによる生息干潟の減少・消失や干潟の底質変化などがあげられる．甲幅13 mm.（前之園唯史）

オサガニ科
メナガオサガニ
Macrophthalmus serenei Takeda & Komai, 1991

熊本県上天草市松島町　渡部哲也撮影

評価：準絶滅危惧
選定理由：個体数・個体群の減少，生息条件の悪化，希少
分布：能登半島〜九州，沖縄諸島，先島諸島，オーストラリア，紅海．
生息環境・生態：低潮帯〜潮下帯の砂泥底に生息する．体表面にはオサガニヤドリガイ（p. 163）が共生することがある．眼柄は長く，たたんだ状態では先端が眼窩に納まらず，甲の端から突出する．
解説：近年記載されたヒメメナガオサガニ（上記）と混同されている場合が多いが，本種の方がより大型になる．体色は，黒褐色地に細かい斑模様がある．天草諸島では，1970年代後半には干潟の低潮線付近で見られたとされるが，付近の泥質化が進行した現在では減少傾向が著しく，見かけることは非常に希となった．甲幅20 mm.（渡部哲也）

オサガニ科
オオヨコナガピンノ
Tritodynamia rathbunae Shen, 1932

熊本県上天草市松島町　渡部哲也撮影

評価：絶滅危惧 II 類
選定理由：生息条件の悪化，分布域限定，特殊生息環境
分布：東京湾，相模湾，三河湾，伊勢湾，瀬戸内海，九州，中国大陸北部．
生息環境・生態：砂泥底～砂底に生息するツバサゴカイ（p. 224）の棲管内に共生する場合がほとんどであるが，甲幅10 mm に満たない小型個体がフサゴカイ類の棲管内から得られた例もある．第3歩脚先端が非常に鋭く，ツバサゴカイの頑丈な棲管を切り裂いて侵入，脱出する．同属のオヨギピンノ *Tritodynamia horvathi* (Nobili, 1905) と同様に，歩脚を用いて遊泳することがある．
解説：分布域は比較的広いが，個体数は多くない．宿主であるツバサゴカイの生息する干潟が減少傾向にあり，生活史の一部をツバサゴカイに依存する本種の生息環境も危惧される．宿主個体群が安定的に維持される干潟環境の保全が望まれる．甲幅20 mm．（渡部哲也）

スナガニ科
シオマネキ
Uca arcuata (De Haan, 1835)

熊本県大野川　渡部哲也標本（雄）　渡部哲也撮影

評価：絶滅危惧 II 類
選定理由：個体数・個体群の減少，生息条件の悪化，分布域限定，希少
分布：伊豆半島～沖縄島まで．朝鮮半島，中国大陸，台湾，ベトナム．
生息環境・生態：内湾や河口域の塩性湿地周辺の泥質干潟に生息．大潮満潮線付近を分布の中心とし，各個体の巣穴保有期間は平均4～5日，巣穴移動範囲は4m以内とされる．繁殖期は，本土の個体群では夏期だが，沖縄島の個体群は夏期と冬期にある．
解説：伊豆半島，紀伊半島，瀬戸内海，四国，九州，種子島，沖縄島から記録されるが，ほとんどの地域では個体数が極少である．護岸工事により生息地が破壊され，絶滅のおそれが多分にある．沖縄島の個体群は遺伝的多様性が低く，かつ遺伝的にも生態的にも本土の個体群とは異なる特徴を持っているが，個体数は極めて低く，絶滅のおそれが強い．甲幅35 mm．（和田恵次）

スナガニ科
リュウキュウシオマネキ
Uca coarctata (H. Milne Edwards, 1852)

久米島　琉球大学風樹館所蔵標本　藤田喜久撮影

評価：絶滅危惧 II 類
選定理由：希少
分布：奄美大島以南～西部太平洋域．
生息環境・生態：河川河口域の干潟やマングローブ林周辺の，比較的遮光された場所の軟泥底に巣穴を掘って生息している．
解説：本種の体色の変異は大きく，雌では甲の前部と後部が黄色と赤色であったり，小型個体では全身が黄色になったりするが，近似種のヤエヤマシオマネキ *Uca dussumieri* (H. Milne Edwards, 1852) の甲や歩脚などに見られる瑠璃色の斑紋はあらわれない．本種はヤエヤマシオマネキに比べ個体数が少なく，生息が確認されている場所は局所的である．国内では，奄美大島，沖縄島，久米島，宮古島，石垣島，西表島から記録がある．また，本種の生息環境は，道路・護岸整備や埋立等により消失・改変しやすいため，注意が必要である．甲幅22 mm．（藤田喜久）

スナガニ科
ベニシオマネキ(小笠原)
Uca crassipes (White, 1847)

(中央)久米島　琉球大学風樹館所蔵標本　藤田喜久撮影，(右上)小笠原父島　青木美鈴撮影

評価：絶滅のおそれのある地域個体群（小笠原）
選定理由：分布域限定，個体数・個体群の減少
分布：和歌山県以南〜中・西部太平洋域．小笠原では父島．
生息環境・生態：主に河川河口域の礫混じりの干潟に生息する．
解説：中・西部太平洋域に広く分布するが，小笠原諸島においては，父島の二見湾に注ぎ込む小河川の河口干潟の非常に狭い範囲でわずかに確認されているにすぎない．他の生息地から地理的にかなり離れた小笠原の個体群では，甲面が青と黒の斑模様を成す場合がほとんどであるが，沖縄諸島や八重山諸島の個体群では，小笠原個体のような模様の他に，全面赤褐色を呈するなどの様々な色彩変異が見られる．小笠原では護岸改修や生活排水などの影響を受けて干潟環境も改変されており，今後厳重な注意を払う必要がある．甲幅16 mm．(藤田喜久・成瀬 貫)

スナガニ科
ハクセンシオマネキ
Uca lactea (De Haan, 1835)

熊本県上天草市松島　逸見泰久撮影

評価：準絶滅危惧
選定理由：個体数・個体群の減少，生息条件の悪化，希少
分布：伊豆半島以南〜九州，種子島，朝鮮半島，中国大陸，ベトナム，台湾．
生息環境・生態：やや礫混じりの堅い砂泥質干潟高潮帯に生息する．繁殖期は夏期で，その時期には，雄の際立ったwavingが見られる．つがい形成には，地上交尾と地下交尾の2通りが知られる．
解説：琉球列島以南に分布する近縁のオキナワハクセンシオマネキ *Uca perplexa* (H. Milne Edwards, 1852) とは，雄の第一腹肢の形状で識別される．また本種の雄は，繁殖期に巣穴横にhoodという砂泥構築物を作るが，オキナワハクセンシオマネキでは同様の構築物は見られない．分布域は，伊豆半島，紀伊半島，瀬戸内海沿岸，四国，九州と拡がっているが，生息場所が干潟の上部付近のため，護岸工事などによって生息地が破壊されやすく，個体数が減少あるいは見られなくなった地域もある．甲幅21 mm．(和田恵次)

スナガニ科
ルリマダラシオマネキ
Uca tetragonon (Herbst, 1790)

久米島　琉球大学風樹館所蔵標本　藤田喜久撮影

評価：準絶滅危惧
選定理由：希少
分布：奄美大島以南〜インド・西太平洋域．
生息環境・生態：主に河川河口域の礫混じりの干潟に生息するが，陸水の影響の少ない内湾環境でも見られる．また，まれに，サンゴ礁の干潮時に干出する石灰岩のリーフに砂が被さったような環境に生息していることがある．
解説：甲が鮮やかな瑠璃色，大鉗脚の掌部がオレンジ色を呈する非常に美しい種であり，一見して本種と同定できる．国内では，奄美大島，沖縄島，久米島，宮古島，石垣島，西表島等から記録がある．本種の生息環境は，道路・護岸整備や埋立等により消失・改変しやすく，またそのような環境は既に減少してきているため，今後も注意が必要である．甲幅25 mm．(藤田喜久)

節足動物―鋏角類・甲殻類

スナガニ科
シモフリシオマネキ
Uca triangularis (A. Milne-Edwards, 1873)

久米島　琉球大学風樹館所蔵標本　藤田喜久撮影

評価：絶滅危惧 II 類
選定理由：希少，特殊生息環境，分布域限定
分布：沖縄島以南～西部太平洋域．
生息環境・生態：河川河口域の泥質干潟やマングローブ林内の比較的遮光された場所などに生息する．とくに，マングローブ林内の水路沿いの斜面の軟泥底質に好んで生息する傾向がある．
解説：甲の後半が黒色，前半が白色～灰色で黒い点が入ることが多く，また歩脚は灰色と黒の斑模様となる美しい種で，一見して本種と同定できる．本種の分布は，国内では，沖縄島，久米島，石垣島，西表島に限られる．また，生息が確認されている場所は非常に限定されており，生息個体数も少ない．本種の生息環境は，道路・護岸整備，埋立，赤土流出等により消失・改変しやすいため，注意が必要である．甲幅16 mm．（藤田喜久）

スナガニ科
ヒメシオマネキ
Uca vocans (Linnaeus, 1758)

久米島　琉球大学風樹館所蔵標本　藤田喜久撮影

評価：準絶滅危惧
選定理由：希少
分布：和歌山県，宮崎県以南，東南アジアおよびミクロネシア．
生息環境・生態：本種は，河川河口域の砂泥底質干潟に生息する．
解説：本種は奄美大島以南にはごく一般に見られるが，繁殖地の北限である宮崎県における個体数は非常に少ない．本種の生息環境は，道路・護岸整備や埋立等により消失・改変しやすいため，注意が必要である．沖縄島以南，とくに先島諸島の干潟には，本種に酷似するミナミヒメシオマネキ *Uca jocelynae* Shih, Naruse & Ng, 2010が同所的に生息している．野外における両種の識別は困難であり，従来の生息地情報には不確実な点もある．また宮崎県からはホンコンシオマネキ *U. borealis* Crane, 1975も報告されており，今後詳細な調査を行う必要がある．甲幅17 mm．（藤田喜久・成瀬 貫）

メナシピンノ科
メナシピンノ
Xenophthalmus pinnotheroides White, 1846

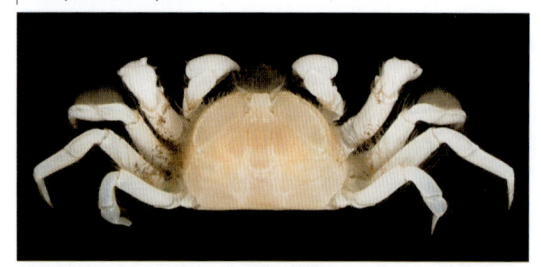

熊本県上天草市松島町　渡部哲也撮影

評価：絶滅危惧 II 類
選定理由：生息条件の悪化，分布域限定
分布：瀬戸内海西部，有明海，フィリピン，タイ．
生息環境・生態：砂泥底に生息する．縦横に走る複雑な巣穴を掘る．眼や体表の色素が退化しており，巣穴から出ることはほとんどないと思われる．体表にはウロコガイ上科の二枚貝ガンヅキ（p. 154）が共生することがある．
解説：有明海～瀬戸内海西部の非常に限られた区域にのみ生息するため，個体群の維持には細心の注意を払う必要がある．生息域での個体密度は 1 m^2 あたり 5 個体程度である．また，硬く締まった砂泥質の底質にのみ巣穴を作るため，埋立や浚渫，堤防設置による底質の変化には敏感であると考えられる．甲幅15 mm．（渡部哲也）

カクレガニ科
カワラピンノ（和名新称）
Nepinnotheres cardii (Bürger, 1895)

(上)雄，(下)雌　沖縄市泡瀬干潟　渡部哲也撮影

評価：絶滅危惧Ⅱ類
選定理由：生息条件の悪化，希少，分布域限定，特殊生息環境
分布：沖縄県，フィリピン．
生息環境・生態：砂泥底に生息する二枚貝カワラガイ（p. 118）の外套膜内に寄生する．他のカクレガニ類同様に，雌は雄よりもはるかに大型化する．
解説：かつてカギヅメピンノ *Pinnotheres pholadis* De Haan, 1835の雌に本種の学名が用いられることがあったが，別種である．外套膜に褐虫藻を共生させるカワラガイを宿主とする．これまでのところ，国内では沖縄県中部の泡瀬干潟のみで記録されており，本種の分布の北限となる．沖縄県では，宿主であるカワラガイの生息域が埋立などで減少傾向にあるため，本種の生息環境は危険な状況に近づきつつある．甲幅雄5 mm，雌10 mm．（渡部哲也）

カクレガニ科
ギボシマメガニ
Pinnixa balanoglossana Sakai, 1934

熊本県天草市本渡干潟　渡部哲也撮影

評価：絶滅危惧ⅠB類
選定理由：個体数・個体群の減少，生息条件の悪化，希少，分布域限定，特殊生息環境
分布：能登半島，相模湾〜瀬戸内海，有明海．
生息環境・生態：砂質干潟に生息し，ミサキギボシムシ（p. 239）の巣穴に共生する．
解説：日本固有種．日本産マメガニ属の中では大型の種であり，また，雌は雄よりも大型になる．宿主特異性が高く，ミサキギボシムシ以外の生物の巣穴から得られた例はない．天草諸島では宿主であるミサキギボシムシの個体群規模が急激に縮小しつつあり，現在では本種を確認することは困難となった．宿主個体群の維持が本種の個体群維持に不可欠であり，水質汚染や埋立・浚渫等といった撹乱の少ない砂質干潟の保全が必要である．甲幅10 mm．（渡部哲也）

カクレガニ科
アカホシマメガニ
Pinnixa haematosticta Sakai, 1934

熊本県上天草市松島町　渡部哲也撮影

評価：絶滅危惧Ⅱ類
選定理由：生息条件の悪化，希少，分布域限定，特殊生息環境
分布：新潟県，千葉県，静岡県，和歌山県，山口県，九州．
生息環境・生態：砂泥底に生息するスジホシムシモドキ（p. 234）の巣穴内に共生する．ドレッジなどで採集された記録もあるため，自由生活を行う時期もあると思われる．体表に小型二枚貝が共生することがある．
解説：日本固有種．分布域は限定的で，有明海以外の記録は少ない．宿主であるスジホシムシモドキが高密度で生息できる干潟は減少傾向にあり，本種の生存も危ぶまれる．また，有明海ではスジホシムシモドキが釣魚用の餌として多く採集されており，本種の生息環境は日常的に破壊，撹乱にさらされている．甲幅6 mm．（渡部哲也）

カクレガニ科
ホンコンマメガニ
Pinnixa aff. *penultipedalis* Stimpson, 1858

兵庫県高砂市　渡部哲也撮影

評価：絶滅危惧Ⅱ類
選定理由：生息条件の悪化，希少，分布域限定，特殊生息環境
分布：瀬戸内海，九州，中国大陸南部
生息環境・生態：砂泥底に生息し，転石裏に棲管を作るニッポンフサゴカイ（p. 227）などのフサゴカイ類の巣穴に共生する．ドレッジでの採集記録もあり，自由生活を行う時期もあると思われる．
解説：Naruse & Maenosono (in press) によると，真の*P. penultipedalis* Stimpson, 1858 は本種ではなく，本種は未記載種の可能性があるとされるが，暫定的に上記の学名を用いる．同属のアカホシマメガニに酷似するが，第3歩脚の長節が平滑で軟毛をほとんど見えないこと，その幅が大型個体では甲長の3分の2分近くに達し，非常に太いことで識別される．また，フサゴカイ類を宿主とする点も異なる．フサゴカイ類が多数生息する干潟は減少傾向にあり，本種の生息環境も危惧される状況にある．甲幅8 mm．（渡部哲也）

カクレガニ科
シロナマコガニ
Pinnixa tumida Stimpson, 1858

青森市浅虫　武田哲撮影

評価：絶滅危惧Ⅱ類
選定理由：分布域限定，特殊生息環境
分布：青森県陸奥湾，中国大陸北部，朝鮮半島．
生息環境・生態：潮間帯～潮下帯の砂泥底に生息する埋在性のシロナマコ *Paracaudina chilensis*（J. Müller, 1850）の消化管に寄生し，分泌される粘液を餌にしている．
解説：これまで，函館湾，男鹿半島から記録があるとされているが，近年の生息は確認されていない．また，全国干潟調査（2002～2004）では，2004年に熊本県玉名市菊池川河口干潟で採集されたが1個体に過ぎない．陸奥湾では砂浜にシロナマコが普通に生息しており，本種はこれに単独で寄生している．寄生率は35％ほどである．寄生しているのはほとんどが成熟雌であり，成熟してから，あるいはその直前に宿主に寄生するものと考えられている．また，宿主以外では見つかっておらず，幼稚体がどこにいるのかは不明である．シロナマコの生息が確認されている場所が少ないため，本種も希少な存在である．甲幅10 mm．（鈴木孝男）

カクレガニ科
フタハピンノ
Pinnotheres bidentatus Sakai, 1939

熊本県玉名市菊池川河口　渡部哲也撮影

評価：絶滅危惧Ⅱ類
選定理由：生息条件の悪化，分布域限定，特殊生息環境
分布：和歌山県，徳島県，九州．
生息環境・生態：河口域などの砂底～砂泥底に生息する．イソシジミ *Nuttallia japonica*（Reeve, 1857）やクチバガイ *Coecella chinensis* Deshayes, 1855，ソトオリガイ *Laternula* (*Exolaternula*) *marilina*（Reeve, 1863）など，数種類の二枚貝の外套膜内に寄生することが知られる他，底質中からも採集される．小型の個体は動きが速く，二枚貝に寄生している状態で掘り出すと，比較的容易に宿主から脱出する．
解説：分布域が限られており，これまでのところ，紀伊水道と九州沿岸のみで記録されている．タイプ産地は和歌山県であるが，記載以来確認されていない．宿主とされる二枚貝の分布域は比較的広いにも関わらず，本種の分布域は極めて限定的であることから，生息には良好な河口環境が不可欠と考えられる．甲幅4 mm．（渡部哲也）

カクレガニ科
ウモレマメガニ
Pseudopinnixa carinata Ortmann, 1894

愛媛県西条市高須海岸　伊谷行撮影

評価：絶滅危惧Ⅱ類
選定理由：生息条件の悪化，分布域限定，希少，特殊生息環境
分布：紀伊半島沿岸，瀬戸内海各地．
生息環境・生態：砂質干潟に生息する．生態は不明であるが，以下のベントスの巣穴から採集されている．
解説：日本固有属で1属1種の希少種である．田辺湾の採集個体はコブシアナジャコ（p. 183）の巣穴，瀬戸内海周防灘の採集個体はニホンスナモグリ *Nihonotrypaea japonica* (Ortmann, 1891) の巣穴から採集された．瀬戸内海燧灘ではユムシ（p. 238）の巣穴を利用する個体が近年安定して多数見られる．また，砂に埋もれている個体も採集されており，宿主への依存度がどれほどであるかは不明である．かつては，千葉県犬吠埼や東京湾からの記録もあったが，現在の状況は不明である．本属の科の所属については，モクズガニ科への変更が予定されている（Komai & Konishi in press）．甲幅14 mm. （伊谷 行）

カクレガニ科
ニホンマメガニダマシ
Sakaina japonica Serène, 1964

熊本県上天草市松島町　渡部哲也撮影

評価：準絶滅危惧
選定理由：生息条件の悪化，希少，分布域限定，特殊生息環境
分布：相模湾，三重県紀伊長島，有明海．
生息環境・生態：砂底や砂泥底に生息するフサゴカイ類の棲管内に共生することが多いが，転石下や岩礁域の海藻類の根際で見られる場合もある．動作は極めて鈍い．歩脚の先端はかぎ爪状で非常に鋭く，しがみつく力も強い．有明海ではフクロムシ類に寄生されている個体がしばしば観察される．
解説：分布域は比較的広いが，個体数は少ない．共生性ではないとされることが多いが，有明海ではフサゴカイ類の巣穴から見つかる場合がほとんどである．このため，本種の個体群維持には安定的な宿主個体群の維持が不可欠であり，汚染や攪乱の少ない干潟の保全が望まれる．甲幅8 mm.（渡部哲也）

カクレガニ科
イリオモテヨコナガピンノ（和名新称）
Tetrias sp.

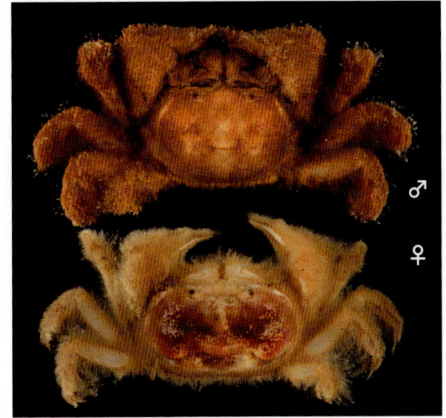

西表島 琉球大学風樹館所蔵標本　成瀬貫撮影

評価：絶滅危惧IB類
選定理由：分布域限定，希少，特殊生息環境
分布：西表島．
生息環境・生態：西表島の河口部に形成された湾の奥に存在する泥質干潟に生息する．ツバサゴカイの一種の棲管内より発見されている．同ツバサゴカイの棲管における本種の出現率は干潟により異なり，1カ所では非常に高頻度で見つかるが，もう1カ所の干潟では希にしか見られない．
解説：本種は西表島の2カ所からしか生息が確認されていない，非常に希な種である．生息場所付近の潮下帯にはウミショウブなどの海草類が繁茂している．西表島の同様な環境においても新たな生息地が若干発見される可能性もある．潮下帯にもツバサゴカイ類が生息しているが，その棲管内からはミナミヨコナガピンノ属 *Tetrias* の種はまだ確認されていない．甲幅雄13 mm，雌10 mm．（成瀬 貫）

節足動物―鋏角類・甲殻類

環形動物
ANNELIDA

多毛類
Polychaeta

ゴカイ科
イトメ
Tylorrhynchus osawai (Izuka, 1903)

（上）鹿児島県姶良市思川河口　佐藤正典撮影　（下：頭部の拡大）神奈川県川崎市多摩川河口　多留聖典撮影

評価：準絶滅危惧
選定理由：個体数・個体群の減少
分布：北海道〜沖縄，極東ロシア，朝鮮半島．
生息環境・生態：河川汽水域の高潮帯（ヨシ原など）の砂泥底に穴居する．汽水域に隣接する淡水域に出現することもあり，かつては沿岸部の稲作に被害をおよぼすほど多産した．主に10〜11月の大潮の日没後満潮直後に，生殖変態した体前部（「バチ」とよばれる）が水中に泳ぎ出し，放卵放精を行う．初期発生のためには高塩分環境を必要とする．
解説：日本およびその周辺の固有種．長い間，*Tylorrhynchus heterochaetus* (Quatrefages, 1865)（東南アジア〜中国大陸に分布）の異名とされてきたが，それとは口吻上の肉質突起の数などが異なる．未成熟個体の頭部の背面は暗緑褐色．体後部の背面は淡紅色を呈し，その中軸に深紅の血管が走る．河口域における干潟の埋立や護岸工事などのため生息場所が減少している．体長25 cm（生殖型バチの体長6 cm）．（佐藤正典）

ゴカイ科
アリアケカワゴカイ
Hediste japonica (Izuka, 1908)

佐賀県佐賀市東与賀町　佐藤正典撮影

評価：絶滅危惧IB類
選定理由：個体数・個体群の減少，分布域限定
分布：有明海奥部，朝鮮半島西岸．
生息環境・生態：内湾奥部の河口周辺の軟泥干潟に穴居する．成熟個体は，12〜1月の大潮の日没後満潮直後に，生殖群泳を行う（成熟に伴う形態変化はほとんどない）．卵径約200 μm で，約10日間の浮遊幼生期を持つ．
解説：長い間，「ゴカイ」という和名で，近縁の普通種2種（ヤマトカワゴカイ *H. diadroma* Sato & Nakashima, 2003とヒメヤマトカワゴカイ *H. atoka* Sato & Nakashima, 2003）と混同されていたが，それら2種に比べて目が小さく，口吻上の顎片数や疣足の形態などが異なる．瀬戸内海の岡山県児島湾の標本（1906年採集のタイプ標本）と伊勢湾奥部（かつて宮湾とよばれた愛知県名古屋市熱田神宮の門前付近）からの標本（1876年頃）が現存するので，かつては日本に広く分布していた可能性があるが，近年の内湾奥部の埋立・干拓のため，有明海を除いて絶滅したと考えられる．体長20 cm．（佐藤正典）

ゴカイ科
ウチワゴカイ
Nectoneanthes sp.

岡山県児島湾　国立科学博物館所蔵（1906年 飯塚啓標本）佐藤正典撮影

評価：絶滅危惧II類
選定理由：個体数・個体群の減少
分布：瀬戸内海，有明海，八代海，朝鮮半島南部，中国大陸．
生息環境・生態：内湾の泥質干潟に穴居する．有明海では，4〜5月の大潮の夜間満潮時直後に，生殖変態した成熟個体の生殖群泳が観察されている．成熟個体の体中部の疣足では，通常剛毛が生殖剛毛に置き換わる．
解説：未記載種．本種の学名は，従来，*Nectoneanthes oxypoda* (Marenzeller, 1879) とされてきたが，最近の研究により，本種は，それとは別種であることが明らかになった．体中・後部の疣足の背足枝上部にウチワ状の葉状体をもつ．アジア〜オーストラリアに広く分布する近縁種のオウギゴカイ（一般に使われている学名 *N. latipoda* Paik, 1973は見直しが必要）とは，口吻の口輪上に多数の顎片が帯状に並ぶ特徴によって区別できる．内湾の干潟の埋立・干拓のため，生息地が著しく減少していると考えられる．体長26 cm．（佐藤正典）

ゴカイ科
クメジマナガレゴカイ（和名新称）
Ceratonereis (*Composetia*) sp.

沖縄県久米島　佐竹潔撮影

評価：情報不足
選定理由：生息条件の悪化，特殊生息環境
分布：南西諸島（鹿児島県喜界島，沖縄県久米島）．
生息環境・生態：隆起サンゴ礁の石灰岩地形特有の湧水を源とする小河川が海に注ぐ河口周辺（狭い感潮域またはそこに隣接する淡水域）の砂泥底に穴居する．生息地の感潮域は，潮汐に伴う塩分変動が激しく，干潮時には淡水に，満潮時には海水に覆われる．小河川の淡水が涸れることなく流れることによって，本種の生息環境が安定して維持されている．体腔中の卵の直径（約300μm）から，直達発生が予想される．
解説：最近発見された未記載種．国内の生息確認地点は，2カ所のみ．南西諸島の他の島（奄美大島，沖縄島，渡嘉敷島，石垣島）の感潮域からは，同属の別種（これも未記載種と考えられる）が見つかっている．南西諸島全域での調査がまだ不十分であるが，もともと局所的にしか存在しない本種の特異な生息環境が，近年の河川改修工事などにより急速に破壊されている可能性が高い．体長2cm．（佐藤正典）

ウロコムシ科
トゲイカリナマコウロコムシ
Arctonoella sp.

（左：トゲイカリナマコの巣穴壁面に付着した個体）熊本県八代市球磨川河口　和田太一撮影　（右）熊本県上天草市永浦島（甲斐孝之標本）　佐藤正典撮影

評価：情報不足
選定理由：生息条件の悪化，特殊生息環境
分布：有明海，八代海．
生息環境・生態：トゲイカリナマコ *Protankyra bidentata* (Woodward & Barrett, 1858) の巣穴内の壁面に付着して生活している．同じ巣穴内には，しばしばカニ類の共生者（ヒメムツアシガニ（p. 189）やヨコナガピンノ *Tritodynamia japonica* Ortmann, 1894）も見られる．ナマコとの関係や生活史については，不明である．
解説：サキワレウロコムシ亜科（Acholoinae）に属する未記載種．国内での生息確認地点は，5カ所以下であり，そのすべてが，有明海と八代海に限られる．背腹に扁平で，生時の体色は茶褐色である．背面を覆う16対のウロコ（背鱗）は，中央に丸い目玉模様を持つ．トゲイカリナマコが生息する内湾の干潟が全国的に減少しているために，本種の生息域も縮小していると考えられる．体長2cm．（佐藤正典）

ウロコムシ科
アナジャコウロコムシ
Hesperonoe hwanghaiensis Uschakov & Wu, 1959

（左：アナジャコの体に付着した幼体）長崎県吾妻町諫早湾南岸　佐藤正典撮影　（右上：成体の背面，右下：成体の腹面）福岡県北九州市曽根干潟　原戸眞視撮影

評価：情報不足
選定理由：生息条件の悪化，特殊生息環境
分布：北海道〜九州，中国大陸．
生息環境・生態：アナジャコ *Upogebia major* (De Haan, 1841) の巣穴内に生息している．春から夏にかけて，体長2cm以下の幼体（しばしば複数個体）がアナジャコの体表に付着し，敏捷に動き回るのが観察される．秋以降，成体（体長2〜4cm）となるとアナジャコの体を離れ，巣穴の壁面で生活し，生殖を行うと考えられる．
解説：マダラウロコムシ亜科（Harmothoinae）．国内での生息確認地点は，10カ所以下であり，その海域は，北海道厚岸湾，鹿島灘，東京湾，瀬戸内海西部，有明海に限られる．国外では，中国のチンタオ（タイプ産地）だけから記録されている．背腹に扁平な体は全身が赤色で，その背面は15対の半透明なウロコ（背鱗）に覆われる．アナジャコが生息する干潟が埋立・干拓などによって減少しているため，本種の生息域も縮小していると考えられる．（佐藤正典）

環形動物―多毛類

ウロコムシ科
オオシマウロコムシ
Lepidasthenia ohshimai Okuda, 1936

熊本県八代市球磨川河口　和田太一撮影

評価：情報不足
選定理由：生息条件の悪化，特殊生息環境
分布：有明海（天草諸島沿岸），八代海，対馬海峡．
生息環境・生態：有明海と八代海では，トゲイカリナマコ *Protankyra bidentata*（Woodward & Barrett, 1858）の巣穴から見つかっているが，対馬海峡では水深約100 mの砂泥底から見つかっている．
解説：日本固有種．37～38対のウロコ（背鱗）を持つ大型のナガウロコムシ亜科（Lepidastheniinae）のウロコムシである．頭部の前口葉を覆う第1背鱗のみが比較的大きく，それ以降の背鱗は，たいへん小さく，そら豆状である．これまでの採集記録は極めて少なく，国内での生息確認地点は，5カ所以下である．全国干潟調査（2002～2004）では，本種はどこからも見つかっていない．主要な生息場所が潮間帯（干潟）なのか潮下帯なのか不明であるが，いずれにしても，全国的な沿岸環境の悪化に伴って，本種の生息域が著しく縮小している可能性がある．体長10 cm．（佐藤正典）

ビクイソメ科
アカムシ
Halla okudai Imajima, 1967

広島県　斉藤英俊撮影

評価：絶滅危惧IB類
選定理由：個体数・個体群の減少
分布：本州中部，瀬戸内海，有明海．
生息環境・生態：砂質～砂泥質の干潟に埋在する．二枚貝などを捕食する．
解説：大型のイソメ類で体長90 cmに達し，生時は赤橙色を呈する．前口葉に短い3本の感触手が後ろ向きに生え，疣足の背足枝が伸長する．全国干潟調査（2002～2004）では浜名湖の記録が唯一である．熊本県や広島県の干潟でも近年の確認情報があるが，最近の減少は明らかであり，かつて多産し，マダイ釣りなどの餌として採捕されていた状況からはほど遠い現状にある．大型捕食者として餌生物の豊富な安定した環境を必要とすることから，全国的にみて極めて危機的な状態にあると考えられる．乱獲が影響した可能性もある．2004年頃から中国産の「アカムシ」（日本産と同種かどうかは不明）が釣り餌として輸入されており，その影響も懸念される．（山西良平）

ツバサゴカイ科
ツバサゴカイ
Chaetopterus cautus Marenzeller, 1879

（左：掘り出された棲管）熊本県本渡干潟　石田惣撮影
（右：生時の虫体）大分県中津干潟　和田太一撮影

評価：絶滅危惧II類
選定理由：個体数・個体群の減少
分布：北海道～九州，極東ロシア，中国大陸．
生息環境・生態：砂泥中に埋在しU字状の棲管を造る．棲管中で水中の懸濁物を濾過している．干潟だけでなく，潮下帯（水深20 m以浅）からも見つかっている．棲管中には，しばしばオオヨコナガピンノ（p. 214）やラスバンマメガニ *Pinnixa rathbuni* Sakai, 1934などが共生している．虫体を刺激すると強く発光する．
解説：全国干潟調査（2002～2004）において，本種は福島県～鹿児島県の19カ所において確認されたが，このうち12カ所が九州沿岸に集中していた．本種の生息には安定した干潟環境，厚い堆積層，良好な水の交換を必要とするため，干潟の破壊・消失が本種の個体群の減少をもたらしている可能性が高い．現在健全な個体群が残っている場所は限られていると考えられる．体長25 cm．（山西良平）

ツバサゴカイ科
ムギワラムシ
Mesochaetopterus japonicus Fujiwara, 1934

（上：棲管）大分県中津干潟　和田太一撮影　（下：虫体）鹿児島県重富干潟　佐藤正典撮影

評価：絶滅危惧Ⅱ類
選定理由：個体数・個体群の減少
分布：西南日本（関東〜九州），香港．
生息環境・生態：ツバサゴカイ（p. 224）と同様に膜質の棲管を造るが，開口部は1つである．砂質干潟の低潮帯〜潮下帯に生息する．棲管中には，しばしばヤドリカニダマシ（p. 188）が共生している．
解説：本種は前浜タイプの干潟を特徴づける種であり，岸からやや離れた汀線付近においてしばしば高密度の集団を形成する．かつては関東以西の砂質海浜に遍く分布している普通種であった．全国干潟調査（2002〜2004）において，本種は伊勢湾から九州にかけての22カ所において記録されたが，ツバサゴカイと同様にその多く（15カ所）は九州からのものであり，東京湾，伊勢湾，瀬戸内海においては著しい減少傾向が認められた．海浜の埋立による前浜干潟の全国的な消失が本種の生息地を激減させていると考えられる．体長20 cm.（山西良平）

オフェリアゴカイ科
ニッポンオフェリア
Travisia japonica Fujiwara, 1933

（上：生体，下：固定標本）山口県山口市秋穂湾　大阪市立自然史博物館所蔵　山西良平撮影

評価：絶滅危惧Ⅱ類
選定理由：個体数・個体群の減少
分布：日本各地，中国大陸，極東ロシア，北米太平洋沿岸．
生息環境・生態：砂質の干潟〜潮下帯に埋在する．
解説：体形はずんぐりしていて両端は細い．腹面正中に縦溝がないのが本属の大きな特徴である．体節数は約40．体の前半では疣足の発達が悪いが，後半では大きく目立つようになる．大型種であり，生時には独特のガス臭を発散するために調査時に見落とされる可能性は低いと考えられるが，全国干潟調査（2002〜2004）では西日本の4カ所（和歌山県有田郡広川町，山口県山口市秋穂湾，福岡県行橋市，熊本県天草市瀬戸町本渡）の，自然状態が良好に保たれている前浜タイプの干潟からのみ記録された．埋立などにより前浜干潟が減少した結果，国内の生息地は限られ，危険な状態にあると考えられる．体長5 cm.（山西良平）

イトゴカイ科
アリアケイトゴカイ
Parheteromastus tenuis Monro, 1937

長崎県諫早湾奥部（諫早市）　1994年　佐藤正典撮影

評価：情報不足
選定理由：生息条件の悪化，分布域限定
分布：有明海奥部，朝鮮半島西岸，ビルマ．
生息環境・生態：河口周辺の軟泥干潟に埋在する．
解説：国内での生息確認地点は，5カ所以下であり，そのすべてが，有明海奥部に限られる．体は細長く，胸部の11剛毛節のうち最初の4剛毛節に針状剛毛を持つ．近縁の普通種であるホソイトゴカイ *Heteromastus* cf. *similis* Southern, 1921に似ているが，それに比べると，体がやや太い．本種は，同定が難しいこともあって，従来その希少性が注目されていなかったが，強内湾性の「大陸遺存種」と見なされる．内湾奥部の軟泥干潟の多くが埋立・干拓によって失われた結果，生息域が著しく縮小している可能性がある．かつての諫早湾奥部の泥質干潟に多産したが，そこは，1997年の諫早湾締切によって消滅した．体長6 cm.（佐藤正典）

イトゴカイ科
シダレイトゴカイ
Notomastus latericeus Sars, 1851

和歌山県ゆかし潟　大阪市立自然史博物館所蔵（和田恵次標本）
山西良平撮影

評価：準絶滅危惧
選定理由：個体数・個体群の減少
分布：日本全国，世界各地．
生息環境・生態：砂泥質の干潟に埋在する．
解説：*Notomastus* 属は胸部にある11剛毛節のすべての剛毛が針状であることで特徴づけられる．全国干潟調査（2002～2004）において，本属の種は全国の多数の地点から記録されたが，そのほとんどが小型の個体であり，複数種が含まれていると考えられる．その中で比較的大型の本種が確認された地点は，千葉県から九州にかけての5カ所だけであった．本種は，眼点を備え，胴部には長い柄のある鉤状剛毛を備える点で，他種と区別される．世界共通種とされているが，今後詳細な分類学的検討が必要である．国内での正確な分布状況は不明であるが，大型種で，安定した干潟環境を必要とするために，干潟の消失とともに生息地が減少していると考えられる．体長30 cm．（山西良平）

イトゴカイ科
チリメンイトゴカイ
Dasybranchus caducus (Grube, 1846)

神奈川県小網代湾　大阪市立自然史博物館所蔵（飯島明子標本）
山西良平撮影

評価：準絶滅危惧
選定理由：個体数・個体群の減少
分布：本州中部以南～南西諸島，インド・太平洋，地中海．
生息環境・生態：砂泥質の干潟に埋在する．
解説：*Dasybranchus* 属は胸部に14剛毛節を備え，そのすべてが針状であることで特徴づけられる．国内では本種1種だけが知られている．日本産のイトゴカイ科の中では最も大型の種である．全国干潟調査（2002～2004）において，本種は，関東，九州，沖縄地方の12カ所で記録されたにもかかわらず，東海，近畿，中国・四国地方では出現しなかった．国内での正確な分布状況は不明であるが，大型種で，安定した干潟環境を必要とするために，近年の沿岸開発に伴い，日本各地で個体群が減少しているものと考えられる．体長30 cm．（山西良平）

カンムリゴカイ科
アリアケカンムリゴカイ
Sabellaria ishikawai Okuda, 1938

東京湾奥部　千葉県立中央博物館所蔵　西栄二郎撮影

評価：情報不足
選定理由：生息条件の悪化，分布域限定
分布：東京湾以南の本州太平洋沿岸（東京湾奥部，下田），九州（有明海），朝鮮半島，中国大陸．
生息環境・生態：潮間帯～浅海の砂泥底に生息する．砂粒でできた棲管に棲む．
解説：頭部に冠状の棘毛列がある．有明海の大牟田市の砂質干潟から採集された個体に基づいて記載され，その後，本州沿岸で幾度か記録はあるものの，著しく個体数が少なく，大変希少である．カンムリゴカイ科の中には高密度で群居して，礁を形成する種が多く知られており，日本にも硬い棲管を造って群居するものがいるが，本種は，群居することはなく，つねに単独で見出される．沿岸開発等の影響によって，個体群の消失や個体数の減少が進んでいることが懸念される．体長12 mm．（西栄二郎）

フサゴカイ科
カンテンフサゴカイ
Amaeana sp.

長崎県諫早湾北岸（諫早市）　1995年　佐藤正典撮影

評価：情報不足
選定理由：生息条件の悪化
分布：本州（松島湾），瀬戸内海（周防灘），九州（有明海，八代海）．
生息環境・生態：砂泥質の干潟に埋在する．
解説：未記載種．華奢な柔らかい体の先端に口触手が密生し，口触手は先端が膨らんだ特異な形をしている．1940年代に松島湾から採集された標本は，汎世界種として知られる *Amaeana trilobata* (Sars, 1863)（タイプ産地はノルウェー）として記録されたが，頭部の口触手葉や背剛毛の形態がそれとは異なっている．1990年代以降の生息確認地点は10カ所以下であり，周防灘，有明海（諫早湾），八代海に限られている．全国干潟調査（2002～2004）では，本種の分布は有明海の2地点に限られていた．内湾奥部の干潟が埋立・干拓によって全国的に減少したことに伴い，生息地が著しく縮小している可能性がある．体長10 cm．（佐藤正典）

フサゴカイ科
ドロクダチンチロモドキ（和名新称）
Loimia sp.

長崎県諫早湾奥部（諫早市）　1994年　佐藤正典撮影

評価：情報不足
選定理由：生息条件の悪化，分布域限定
分布：有明海．
生息環境・生態：砂泥質の干潟に埋在し，泥質の棲管を造る．棲管の開口部から多数の口触手を伸ばし，堆積粒子を集めて食べる．
解説：未記載種．有明海，八代海～南西諸島の干潟には，チンチロフサゴカイ *Loimia verrucosa* Caullery, 1944（本州中部以南の岩礁性・転石性潮間帯に生息）によく似た複数の種が生息している（いずれも未記載種と考えられる）．それらは，後部体節の背面に横1列の白い疣の列を持たないなどの点で，チンチロフサゴカイと異なる．その中で，本種はとくに分布域が狭く，これまでの生息確認地点は，5カ所以下である（有明海の諫早湾内と熊本県上天草市永浦島）．耳状側板や腹足枝の形状から近縁種と区別できる．また砂粒や貝殻片を付着させた棲管ではなく泥質の棲管を作ることも本種の特徴である．体長10 cm．（佐藤正典）

フサゴカイ科
ニッポンフサゴカイ
Thelepus cf. *setosus* (Quatrefages, 1865)

（右上：生体の頭部，下：固定標本）熊本県上天草市　佐藤正典撮影

評価：準絶滅危惧
選定理由：個体数・個体群の減少
分布：本州中部～九州．
生息環境・生態：転石まじりの砂泥質の干潟に埋在し，砂粒を表面に付着させた膜質の棲管を造る．棲管の開口部から多数の口触手を伸ばし，堆積粒子を集めて食べる．棲管中にはしばしばナガウロコムシ *Lepidasthenia izukai* Imajima & Hartman, 1964が共生している．潮下帯からも見つかっている．
解説：分類未確定種．フランスから記載された *Thelepus setosus* に似ているが，それとは体前部の背剛毛を有する体節の数に違いがある．東北地方～九州に比較的普通に見られる近縁種のヒャクメニッポンフサゴカイ *T. japonicus* Marenzeller, 1884は，体後部の体節も背剛毛を有し，多数の明瞭な眼点を持つなどの点で本種と異なる．全国干潟調査（2002～2004）では，本種の分布は有明海沿岸に限られていた．体長20 cm．（佐藤正典）

ケヤリムシ科
ヒガタケヤリムシ
Laonome albicingillum Hsieh, 1995

東京湾江戸川放水路　多留聖典撮影

評価：情報不足
選定理由：生息条件の悪化，分布域限定
分布：東京湾以南の本州太平洋沿岸，九州，台湾．
生息環境・生態：河口やマングローブ周辺の汽水域，潮間帯～浅海の泥底に生息する．泥でできた棲管に棲む．雌雄同体で，自家受精を行うことが報告されている．
解説：同属の他種とは襟膜や剛毛の形態で区別できる．ケヤリムシ科の他種とは第1剛毛列上部に白帯があることで区別できる．台湾のマングローブ林周辺から記載され，その後，日本でも博多湾今津干潟や東京湾の江戸川放水路干潟，新浜湖干潟などの汽水域で生息が確認されている．台湾のマングローブ林内では，1 m^2あたり2万個体近くという高密度で分布することが確認されている．高密度で出現することもあるが，汽水域の泥質干潟という限定的な生息環境を好むため，沿岸開発等の影響により，個体群の消失や個体数の減少が進んでいることが懸念される．体長7 cm．（西 栄二郎）

ケヤリムシ科
ウメタテケヤリムシ
Paradialychone edomae Nishi, Tanaka, Tover-Hernandez & Giangrande, 2009

東京湾鶴見川河口　西栄二郎撮影

評価：情報不足
選定理由：生息条件の悪化，分布域限定
分布：東京湾西岸，有明海．
生息環境・生態：河口や沿岸部浅海の砂泥底や泥底に生息する．泥でできた棲管に棲む．
解説：同属の他種とは襟膜や剛毛の形態，肛節の突起の有無等で区別できる．同定のためにはメチルグリーンでどの部位が染色されるかを確認する必要がある．鰓冠は脱落しやすいが，同定のためには鰓糸や内部構造等の観察が重要である．本種は，同属の他種やクビワケヤリムシ類と同所的に生息していることが多く，同定の際には注意が必要である．本種は，最近，東京湾羽田沿岸から記載され，その後，鶴見川河口の砂泥底や有明海浅海のサンプルからも発見された．かつてクビワケヤリムシ属と同定された標本群の中には，本種を含めた複数種が混在している可能性が高い．沿岸開発等の影響により，個体群の消失や個体数の減少が進んでいることが懸念される．体長15 mm．（西 栄二郎）

ケヤリムシ科
ミナミエラコ
Pseudopotamilla myriops（Marenzeller, 1884）

東京湾江戸川河口　多留聖典撮影

評価：絶滅危惧Ⅱ類
選定理由：個体数・個体群の減少
分布：本州（東京湾以南），四国，九州．
生息環境・生態：干潟や潮下帯の砂泥中に埋在し，強靭な膜質の棲管を造る．ツバサゴカイのように棲管の先端のみが地表に出ている．棲管の外に鰓冠を広げ懸濁物を集め，それを食べる．
解説：大型種で体長は30 cmに達する．各鰓糸には約20個の明瞭な眼点が並ぶ．胸部の襟はよく発達し，左右に分離する．胸部剛毛節は8節から成る．潮下帯にも生息域が及ぶので分布の詳細は不明であるが，全国干潟調査（2002～2004）では，わずかに中国地方・九州の3カ所（山口県山口市秋穂湾，大分県杵築市守江湾，熊本県玉名市菊池川）で記録されただけであった．大型種であるため，生息地には安定した厚い堆積層が維持されている必要があるが，そのような場所は限られていると考えられる．（山西良平）

その他の分類群
OTHER INVERTEBRATES

その他の動物群（刺胞動物、扁形動物、紐形動物、腕足動物、星口動物、ユムシ動物、半索動物、棘皮動物、頭索動物）
Cnidaria, Platyhelminthes, Nemertea, Brachiopoda, Sipuncula, Echiura, Hemichordata, Echinodermata, Cephalochordata

刺胞動物門・ウミサボテン科
ウミサボテン
Cavernularia obesa Milne-Edwards & Haime, 1850

熊本県天草市本渡干潟　逸見泰久撮影

評価：情報不足
選定理由：生息条件の悪化
分布：北海道石狩湾以南，西太平洋，インド洋．
生息環境・生態：潮間帯から水深20 mほどの比較的波あたりの弱い内湾の砂地に生息．ポリプ（個虫）が多数集合し，肌色または橙色の棍棒状の茎部と橙色のやや細い柄部を形成する．夜間は砂底より長く伸びて白い触手を伸ばすが，昼間は約20 cm程度に縮んで砂中に埋没している．刺激を与えると強く発光する．
解説：分布域は広いが，いずれも低密度である．瀬戸内海や九州地方の干潟や潮下帯ではやや高密度に生息する場所が知られるが，夜行性ということもあり，いずれの場所でも情報は不足している．本種が生息する砂質干潟では，生息環境が悪化している場所や埋立が計画されている場所が少なくない．また，浅海ではナマコ漁の桁網などによって混獲されている場所もあるため，多くの場所で生存の危機にあると思われる．群体は長さ50 cm．（逸見泰久）

刺胞動物門・ムシモドキギンチャク科
ホソイソギンチャク
Metedwardsia akkeshi (Uchida, 1932)

北海道温根沼　2006年　柳研介撮影

評価：絶滅危惧IA類
選定理由：個体数・個体群の減少，生息条件の悪化，分布域限定
分布：北海道厚岸湾，温根沼，和歌山県串本?，朝鮮半島ドックジョック島?．
生息環境・生態：淡水が流入する砂質〜泥質干潟高潮帯の底質中に埋在し，底質上に触手を開く．
解説：タイプ産地であり，本種が多産したとされる厚岸湾では，1970年代からほとんど生息が確認されていない．近年，温根沼に同種と考えられる個体群が再発見された．また，和歌山県串本の河口付近や，韓国ドックジョック島にて記録されているが，これらの記録については分類学的な再検討が必要と考えられる．他の産地は知られていない．生存に対する脅威としては，河口部の干潟域の水質汚濁や埋立，護岸造成による砂〜泥質干潟の消失があげられる．体長33 mm．（柳 研介）

刺胞動物門・ムシモドキギンチャク科
ムシモドキギンチャク類
Edwardsiidae spp.

青森県大湊湾　2007年　柳研介撮影

評価：情報不足
選定理由：生息条件の悪化
分布：国内全域．
生息環境・生態：様々な環境の砂泥底に埋在しており，主に夜間に底質上に触手を開く．
解説：国内におけるムシモドキギンチャク類の分類学的研究は進んでおらず，各種調査において多くの未同定種が認められている．しかしながら，ムシモドキギンチャク類はすべて砂泥底等の底質中に埋在し，干潟域などの浅海域に生息するものが少なくない．全国干潟調査（2002〜2004）においても，各地の干潟から本科の11種が確認されているが，このうち9種が未記載種または未同定種である．これらが発見された生息環境はいずれも埋立等の危機により消失する可能性があることから，本科に属する種について情報不足種として掲載する．今後，分類学的研究の進展と，詳細な分布状況調査が望まれる．体長50 mm．（柳 研介）

刺胞動物門・コンボウイソギンチャク科
ドロイソギンチャク
Harenactis attenuata Torrey, 1902

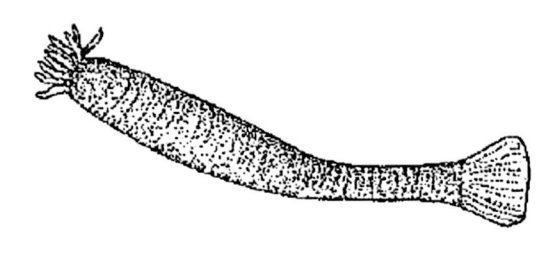

内田亨原図（東北帝国大学理学部紀要（生物）13巻から許可を得て転載）

評価：情報不足
選定理由：希少
分布：青森県（陸奥湾），北アメリカ太平洋岸．
生息環境・生態：内湾の砂泥質干潟から潮下帯に埋在し，底質上に触手を開く．
解説：国内における本種の生息は，1925年と1926年に陸奥湾から採集された記録のみによっているが，その底質環境や深度は不明である．しかし，本種のタイプ産地（カリフォルニア州サンペドロ）やその周辺では，砂泥質干潟から記録されているので，国内においても潮間帯から潮下帯に生息しているものと考えられる．過去における生息状況等不明な点が多く，個体数・個体群が減少したのか，本来希な種であるのかが判断できないものの，想定される生息環境の多くは失われており，環境の消失により減少または絶滅した可能性がある．体長40 mm．（柳 研介）

刺胞動物門・ホウザワイソギンチャク科
アンドヴァキア・ボニンエンシス
Andvakia boninensis Carlgren, 1943

サイパン島　Marymegan Daly 撮影

評価：情報不足
選定理由：生息条件の悪化，分布域限定，希少
分布：小笠原父島，サイパン．
生息環境・生態：砂質干潟に生息し，底質上に触手を開く．
解説：本種は1914年のSixten Bockによる小笠原諸島の調査の際，父島の宮ノ浜（記載文ではMiyonohama）と二見湾の潮間帯で採集された標本に基づいて，1943年にOskar Carlgrenによって新種記載された．この記録以降，本種の記録はなかったが，2009年にサイパン島で再発見された．しかし，現在も小笠原では再発見されていない．近年二見湾のやや深い水深で本種に似た個体が群生しているのが発見され，分類学的研究の進展が待たれる．サイパンで再発見された個体は，水深1 m未満の砂底または泥底中から得られており，原記載でも潮間帯から採集されている．かつて二見湾に存在した泥質の潮間帯はすでに失われており，本種は局所的に絶滅している可能性もある．体長11 mm．（柳 研介）

刺胞動物門・ホウザワイソギンチャク科
ホウザワイソギンチャク
Synandwakia hozawai (Uchida, 1932)

青森県大湊湾　2007年　柳研介撮影

評価：準絶滅危惧
選定理由：個体数・個体群の減少，生息条件の悪化
分布：北海道室蘭〜東京湾．
生息環境・生態：淡水の流入がある砂質干潟の高〜中潮帯の底質中に埋在し，主に夜間に底質上に触手を開く．
解説：タイプ産地であり多産したとされる青森県小湊や青森市浅虫周辺では，1968年以降生息が確認されておらず，ほぼ絶滅したと考えられる．長い間再記録が途絶えていたが，近年青森県大湊湾（芦崎干潟）や尾鮫沼，三陸沿岸などで再発見され，標本の検討結果から，千葉県三番瀬やその周辺海域にも生息していることが明らかになりつつある．生存の脅威としては，水質汚濁や底質の過度の撹乱，開発による生息環境の消失があげられる．なお，本種に類似する未記載種が九州各地の干潟に生息することが報告されており，本種と同様の危機的状況にあるものと考えられている．体長55 mm．（柳 研介）

その他の分類群　231

刺胞動物門・ウメボシイソギンチャク科
ニンジンイソギンチャク
Paracondylactis hertwigi (Wassileff, 1908)

(上)静岡県浜名湖錨瀬　2005年　木村妙子撮影　(下)岡山県瀬戸内市牛窓　滋野修一標本提供　柳研介撮影

評価：絶滅危惧IB類
選定理由：個体数・個体群の減少，生息条件の悪化
分布：千葉県館山市沖ノ島～九州．
生息環境・生態：塩分の低い砂質干潟の底質中に埋在し，底質上に触手を開く．
解説：本種は体壁がオレンジ色を呈し，触手数が近縁種一般の半分ほど（48本）であるのが特徴．なお，これまで東京湾をはじめ各地の干潟に生息し本種と同定されていたイソギンチャクは，誤同定を多く含むと考えられる．本種のタイプ産地は沼津市江浦であるが，そこでは原記載以降の確認記録はない．その他の産地に関する文献上の記録はほとんどない．同定は不明瞭なものの，標本や写真記録から，千葉県館山市沖ノ島，静岡県沼津市大瀬崎・浜名湖，岡山県瀬戸内市牛窓，熊本県上天草市樋島干潟・天草市本渡干潟，鹿児島県出水市蕨島等の産地が知られる．淡水の影響の強い干潟域の消失が生存の脅威としてとくにあげられる．体長90 mm．（柳　研介）

刺胞動物門・ウメボシイソギンチャク科
ハナワケイソギンチャク
Neocondylactis sp.

熊本県荒尾市　本間智寛標本提供　2008年　柳研介撮影

評価：情報不足
選定理由：生息条件の悪化，分布域限定
分布：東京湾？，有明海．
生息環境・生態：砂泥質干潟の潮間帯から潮下帯の底質に深く埋在し，底質上に触手を開く．
解説：分類学的研究が進んでおらず，有明海沿岸ではイシワケイソギンチャク *Gyractis japonica* sensu Uchida & Soyama, 2003と並んで食用として用いられているにもかかわらず，おそらく未記載種と考えられる．このため，有明海の干潟特産種とされるものの詳細は不明である．近年本種と考えられる個体が各地で発見されており，有明海沿岸の潮間帯の他，各地の砂泥底の浅海に生息している可能性が指摘され始めているが，現時点では情報不足種として掲載する．今後の分類学的研究が必須である．体長40 cm．（柳　研介）

刺胞動物門・セトモノイソギンチャク科
マキガイイソギンチャク
Paranthus sociatus Uchida, 1940

福岡県糸島市加布里　2009年　逸見泰久撮影

評価：絶滅危惧II類
選定理由：個体数・個体群の減少，生息条件の悪化，特殊生息環境
分布：有明海，八代海，福岡県糸島市加布里．
生息環境・生態：砂泥質干潟の高潮帯に生息するアラムシロ（p. 66）やイボウミニナ（p. 31）等の生きた巻貝の殻上に付着する．
解説：タイプ産地は熊本県苓北町富岡であるが，現在，この周辺において生息は確認されていない．当地におけるアラムシロの減少を受け，本種も確認できなくなったとされるが，その原因は定かではない．現在，生存が確認されているのは，福岡県糸島市加布里，熊本市白川河口，熊本県上天草市松島，熊本県球磨川河口等，非常に限られている．なお，西表島船浦において，カニノテムシロ（p. 60）やコブムシロ（p. 70）の貝殻上から本種に類似した個体が得られているが，その分類学的検討は進んでいない．生存の脅威としては，開発等による砂泥干潟の消失があげられる．足盤径10 mm．（柳　研介）

扁形動物門・コガタウミウズムシ科
カブトガニウズムシ
Ectoplana limuli (Ijima & Kaburaki, 1916)

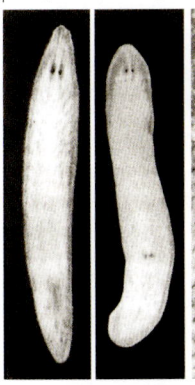

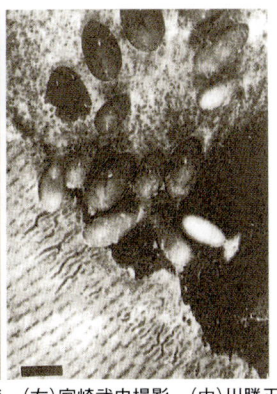

(左・中)岡山県児島湾　(左)宮崎武史撮影　(中)川勝正治撮影　(右)カブトガニウズムシの卵殻(スケールは1 mm)　佐賀県伊万里湾　川勝正治撮影

評価：絶滅危惧IA類
選定理由：個体数・個体群の減少，生息条件の悪化，希少，特殊生息環境
分布：佐賀県伊万里湾ほか（カブトガニ（p.174）における寄生率はほぼ100%）．東南アジア産のカブトガニからは未確認．
生息環境・生態：カブトガニに外寄生する海生三岐腸類の一種で，伸長時の体長は約8 mm，体幅は約1 mm．
解説：成体の頭部は鈍形で，前端部がやや円い．頭部に1対の眼がある．体の中央部よりもやや後方に咽頭があり，その後方に交接器官がある．口と生殖口は腹面に開く．卵殻は長径1.2～1.7 mmの長楕円体状で短い柄があり，宿主の鰓葉に産み付けられることが多い．1個の卵殻から1～5個体の小さな子虫が産まれる．東南アジア産のカブトガニ類の他の2種（ミナミカブトガニ *Tachypleus gigas* (Müller, 1785)，マルオカブトガニ *Carcinoscorpius rotundicaudus* (Latreille, 1802)）からは，別種のウズムシ *E. undata* Sluys, 1983の外部寄生が確認されている．（逸見泰久・川勝正治）

紐形動物門・オロチヒモムシ科
オロチヒモムシ
Cerebratulus marginatus Renier, 1804

福島県相馬市松川浦　鈴木孝男撮影

評価：情報不足
選定理由：分布域限定，希少
分布：仙台湾．
生息環境・生態：干潟の砂泥底に潜って生息する肉食者．遊泳もする．口から細長い口吻を突出し，生きた動物をからめて捕える．
解説：「新日本動物図鑑上」（北隆館1965）によると，北半球に広く分布し，アラスカから北海道を経て和歌山県白浜まで生息するとなっており，「日本海岸動物図鑑I」（保育社1992）では，わが国に広く分布するとされている．しかし，全国干潟調査（2002～2004）では，仙台湾からしか記録されず，個体数も少なかった．その後も仙台湾沿岸域の干潟では出現例があるが，決して多くはない．このため，生息域の環境の悪化に伴い，もともと生息数が多くなかった本種が，限定的に分布するようになった可能性がある．長大なリボン状で体長30 cm．（鈴木孝男）

腕足動物門・シャミセンガイ科
オオシャミセンガイ
Lingula adamsi Dall, 1873

熊本県上天草市松島　1981年　熊本大学合津マリンステーション所蔵　逸見泰久撮影

評価：絶滅危惧IA類
選定理由：生息条件の悪化，分布域限定，希少
分布：有明海，朝鮮半島，中国大陸，ニューギニア，オーストラリア．過去には，瀬戸内海（山口県秋穂湾）などでも打ち上げの記録がある．
生息環境・生態：低潮帯や潮下帯の砂泥底に生息．殻を上，肉茎を下にして潜る．干潟上では，1対の剛毛の束のある殻の前縁か，2～3個の泥の小孔しか確認できないことが多い．
解説：暗褐色の2枚の殻と赤茶色の肉茎からなる．現生のシャミセンガイ類では世界最大級．1927年柳川沖での最初の記録以降，1980年までに，有明海奥部を中心に，湾中央部（熊本市河内町），湾口部（熊本県上天草市松島町）など多くの採集記録があり，とくに諫早湾南岸神代の潮間帯では多産した．しかし，それ以降は，1989年6月に荒尾干潟，1992年8月に柳川市沖端沖（潮下帯），2005年6月と8月に三池沖（水深30 m）で記録があるのみ．埋立による干潟の減少・消失，水質・底質の悪化などにより減少．殻長70 mm．（逸見泰久）

その他の分類群　　233

| 腕足動物門・シャミセンガイ科
ミドリシャミセンガイ
Lingula anatina (Lamarck, 1801)

福岡県柳川市　熊本大学合津マリンステーション所蔵　逸見泰久撮影

評価：準絶滅危惧

選定理由：個体数・個体群の減少，分布域限定，希少

分布：青森県陸奥湾以南．海外では，韓国，中国，フィリピン，オーストラリア，インド・西太平洋などに広く分布．

生息環境・生態：干潟低潮帯や潮下帯の砂泥底または泥底に生息．オオシャミセンガイ（p. 233）に似るが，本種は小型．殻は光沢のある薄緑〜深緑であるが，茶色がかった個体も多く，また幼貝の殻は白っぽい．肉茎は白，クリーム色，薄い赤茶色など．

解説：青森県陸奥湾，岩手県大槌湾，静岡県下田市，山口県秋穂湾・山口湾，高知県土佐湾，有明海，八代海，鹿児島県奄美大島笠利湾などで記録があるが，有明海（六角川・緑川）と笠利湾を除けば希少．有明海と笠利湾でも漁獲圧が高く，絶滅の危険性がある．ただし，陸奥湾では潮下帯に生息しており，他の地区でも潮下帯に比較的多くの個体が生息している可能性がある．漁獲や埋立による干潟の減少・消失，水質・底質の悪化などにより減少．殻長48 mm．（逸見泰久）

| 星口動物門・スジホシムシ科
スジホシムシ
Sipunculus nudus Linnaeus, 1766

沖縄島うるま市海中道路に沿う干潟　西川輝昭撮影

評価：準絶滅危惧

選定理由：個体数・個体群の減少

分布：陸奥湾以南（瀬戸内海を含む）．暖水性の汎世界種とされるが複数種が含まれる可能性がある．

生息環境・生態：潮間帯から水深約100 mまでの浅海で，多くの場合，貝殻やサンゴ礁の破片が混じった砂泥中に生息．掘り出されても，体の前部（陥入吻）を出し入れして，すばやく砂に潜る．

解説：体表が金属光沢を放ち，縦横に走る溝で格子状に区切られることで，スジホシムシモドキ（下記）と識別できる．瀬戸内海では，「キゾウ」とか「キドー」などとよばれ，かつては釣り餌用に大量に漁獲されたが，現在では生息地・密度ともに激減．他方，沖縄県下の干潟においては希ではない．潮下帯における分布情報が乏しいため，国内の個体群の全体像の現況把握は不十分といわざるをえない．なお，フィリピンや中国では，内臓を抜いて食用とする．体長20 cm．（西川輝昭）

| 星口動物門・スジホシムシ科
スジホシムシモドキ
Siphonosoma cumanense (Keferstein, 1867)

広島県竹原市ハチの干潟　多留聖典撮影

評価：準絶滅危惧

選定理由：個体数・個体群の減少

分布：陸奥湾以南，太平洋東部と大西洋東部とを除く全世界の熱帯・亜熱帯に広く分布（複数種を含む可能性あり）．

生息環境・生態：砂泥質干潟に生息し，スジホシムシ（上記）と混棲することもあるが，密度は例外なくこれよりも高い．刺激を受けると体がくびれて数珠状となり，ついには自切する（スジホシムシではこのようなことは起こらない）．

解説：写真と異なり，体色が一様に褐色の個体もいる．20世紀初頭には，東京湾をはじめ各地で多産し，1930年代の記録では，「タケゾウ」，「ヘイロク」，「サンゴウジュ」，「オウコムシ」などとよばれて，愛知県以南の干潟で釣り餌用に大量に漁獲されていた．しかし今日，東京湾でははとんど見ることがなく，かつての多産地で現在でも漁獲されているところもごく希である（大草などの漁獲地では漁獲圧が高い）．スジホシムシほど深刻ではないとはいえ，国内の個体群の衰退傾向は明らかである．体長40 cm．（西川輝昭）

星口動物門・スジホシムシ科
アマミスジホシムシモドキ
Siphonosoma funafuti (Shipley, 1898)

沖縄県国頭郡今帰仁村古宇利島　吉田隆太撮影

評価：情報不足
選定理由：分布域限定，希少
分布：種子島以南，南太平洋の島々．
生息環境・生態：潮間帯にのみ分布すると考えられる．サンゴ砂中，礫まじりの砂泥中，あるいは礫下の砂中に生息．
解説：胴体中央部が白色で前方と後方が褐色という写真で示された色彩パターンは，必ずしも常に見られるとは限らない．ホシムシ類一般にいえることだが，正確な同定には解剖して内部形態を精査する必要がある．南西日本の個体群は *S. amamiense* (Ikeda, 1904) と命名されたが，現在では，南太平洋のいくつかの島に生息する *S. funafuti* と同一種と見なされている．しかし，両者には内部形態で微妙な差があるので，分類学的再検討が必要である．採集例が少ないため，生態についても不明な点が多い．体長12 cm．（西川輝昭）

星口動物門・サメハダホシムシ科
アンチラサメハダホシムシ
Antillesoma antillarum (Grübe & Oersted, 1858)

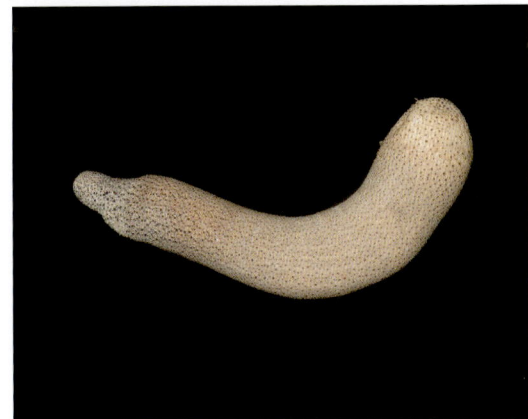

佐賀県田古里川河口　逸見泰久標本提供　吹野真祐撮影

評価：情報不足
選定理由：個体数・個体群の減少
分布：和歌山県以南の太平洋岸，瀬戸内海，有明海．環熱帯に広く分布．
生息環境・生態：潮間帯から浅海に分布．砂泥ないしサンゴ砂中，あるいは，礫間の泥中に生息．
解説：体幹前端（陥入吻の基部）に大型で黒褐色の乳頭突起が密生する（ただし，正確な同定には内部形態の精査が不可欠）．クロサメハダホシムシ *Phymosoma onomichianum* Ikeda, 1904は本種の新参異名と考えられているが，検討の余地がある．それだけに，クロサメハダホシムシのタイプ産地尾道湾をはじめとした瀬戸内海個体群は貴重．1930年代には有明海の干潟で「クロムシ」とよばれて，釣り餌用に漁獲されたが，現在では，この瀬戸内海や有明海を含め，ごく限られた生息地から少数が発見されるのみ．熱帯系種で，過去には奄美・沖縄から採集例があるが，近年発見されていない．体幹長16 cm．（西川輝昭）

ユムシ動物門・キタユムシ科
キタユムシ
Echiurus echiurus echiurus (Pallas, 1766)

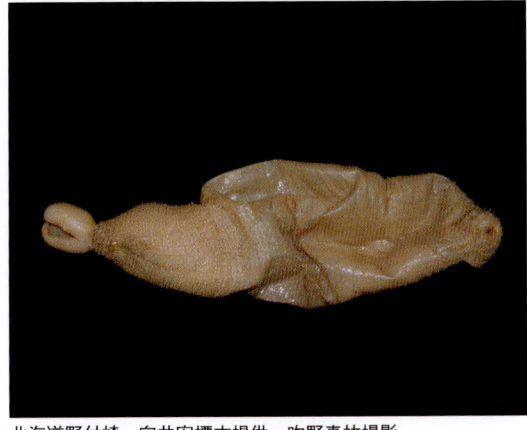

北海道野付崎　向井宏標本提供　吹野真祐撮影

評価：情報不足
選定理由：分布域限定
分布：北海道オホーツク海沿岸〜厚岸．北大西洋〜北極海〜北太平洋．
生息環境・生態：干潟ないし潮下帯の砂泥底に分布するが，その中心は潮下帯と考えられる．厚岸でかつてアマモ場干潟から採集された記録がある．国内の個体群について生態や分布の詳細は未解明．海外での観察記録によれば，そのU字形で深さ10〜50 cmの巣穴には，多毛類や二枚貝類が共生する．
解説：尾剛毛（鋭い棘）が二重の輪になって肛門の周囲を囲む点で，国内に生息する他属と区別できる．寒冷系種で，国内における分布は北海道太平洋・オホーツク海岸に限定されており，生息密度もそれほど高くないと考えられる．体幹長10 cm．（西川輝昭）

ユムシ動物門・キタユムシ科
ドチクチユムシ
Arhynchite arhynchite (Ikeda, 1924)

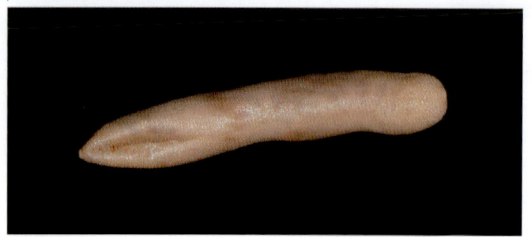

北海道網走市　桒原康裕標本提供　田中正敦撮影

評価：情報不足
選定理由：分布域限定，希少
分布：北海道（潮間帯〜潮下帯），青森県八戸市（水深不明），三浦半島三崎（同），三河湾伊川津干潟，広島県福山市鞆の浦干潟．なお，近年のモザンビーク海盆の水深4912 mからの記録は，地点・深度ともに他の情報とかけ離れており，再検討を要する．
生息環境・生態：干潟から浅海の砂泥底に生息．発見自体が希で，たとえ発見されても生息密度は低いのがこれまでの通例である．生態の詳細は不明．
解説：ユムシ動物一般の摂餌器官である吻を欠く点でユニークであり，本種の採餌方法は未解明．ユムシ動物の一部では採集時に吻が外れやすいが，本種ではもともと吻を欠くと信じられている．ただし，採集例が少ないため本種のこの特徴についての確証は不十分である．体幹長17 cm．（西川輝昭）

ユムシ動物門・キタユムシ科
サビネミドリユムシ
Anelassorhynchus sabinus (Lanchester, 1905)

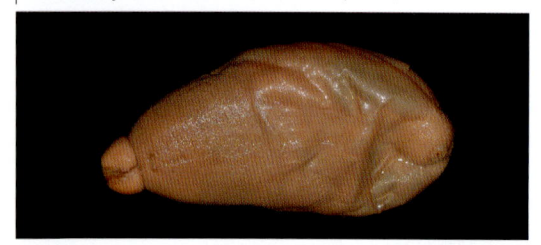

岡山県瀬戸内市牛窓　伊藤勝敏標本提供　田中正敦撮影

評価：準絶滅危惧
選定理由：個体数・個体群の減少
分布：和歌山県串本と瀬戸内海（広島県，岡山県）．インド洋・西太平洋．
生息環境・生態：干潟の砂泥底に生息．糞粒は円筒形で，長さ約1.5 mm．
解説：縦走筋が均一のため，生時，ゴゴシマユムシ（p. 237）のような縦に走る白線は見えない．体壁が薄く内臓の色を映し出すため，かつて広島県下の漁業者は消化管内容物（主に生息場所の砂泥）の色によって「クロユ」と「シロユ」を区別し，延縄用の釣り餌として各地の干潟で漁獲していた．餌としては「シロユ」が勝るともいわれるが，これらは同一種である．釣り餌にするほどの多産は過去のこととなり，現在ではほとんど見られなくなった．体幹長5 cm．（西川輝昭）

ユムシ動物門・キタユムシ科
ミドリユムシ
Anelassorhynchus mucosus (Ikeda, 1904)

池田岩治による原記載の図（東京帝国大学紀要・理科10巻より許可を得て転載）

評価：情報不足
選定理由：分布域限定，希少
分布：三浦半島三崎，静岡県浜名湖，和歌山県白浜，瀬戸内海（広島県）．朝鮮半島南端．南アフリカの岩礁海岸潮間帯から近年発見されたとの報告は，検討の余地がある．
生息環境・生態：干潟の泥底に生息．コアマモ帯に出現することもある．
解説：縦走筋が均一のため，生時，ゴゴシマユムシ（p. 237）のような縦に走る白線は見えない．内部形態で明瞭に異なる標本が，外見の類似のみで本種と誤同定された例があるので，注意が必要．広島県下で干潟から浅海に生息して釣り餌として使われた「コウジュ」を本種とする文献もあるが，ここでは佐藤隼夫博士の説に従い，「コウジュ」はオウストンミドリユムシ（p. 237）を指すものとしておく．生息地においても，多くの場合，密度が低いと考えられる．なお，ミドリユムシのタイプ産地である三崎では，現在生息が知られていない．体幹長12 cm．（西川輝昭）

ユムシ動物門・キタユムシ科
オウストンミドリユムシ
Thalassema owstoni Ikeda, 1904

広島県竹原市ハチの干潟　西川輝昭撮影

評価：情報不足
選定理由：分布域限定，希少
分布：日本固有，浦賀水道水深330 mおよび瀬戸内海（広島県）．
生息環境・生態：干潟ないし浅海の砂泥底．
解説：縦走筋が均一のため，生時，ゴゴシマユムシ（下記）のような縦に走る白線は見えない．広島県下では1930年代，「コウジュ」とよばれて釣り餌として漁獲される程多産した．しかし，近年ではほとんど採集例がなく，現在知られている限りでは，竹原市が唯一の生息地である．ここでも密度は高くない．なお，近年「（本）コウジ」という釣り餌が販売されているが，この正体はユムシ（p. 238）である．体幹長8 cm．（西川輝昭）

ユムシ動物門・キタユムシ科
ユメユムシ
Ikedosoma elegans (Ikeda, 1904)

池田岩治による体前半部の図（東京帝国大学紀要・理科21巻より許可を得て転載）

評価：準絶滅危惧
選定理由：分布域限定，希少
分布：三浦半島三崎から知られるのみで，日本固有種と考えられる．
生息環境・生態：干潟砂泥底で垂直ないし斜めの巣穴に棲み，その深さは1.2 mに達するとされる．同じように深い巣穴を掘るサナダユムシ（p. 238）とは違い，巣穴の開口部は不明で，吻を巣穴から外に出すところはこれまで観察されていない（夜間に限定されるか）．生態は謎に包まれている．
解説：タイプ産地である三浦半島三崎（諸磯湾）では現在全く見られない．瀬戸内海などにも生息する可能性があるが，詳細な生態調査や分類学的研究は今後に残されている．吻長30〜40 cm，体幹長35 cmに達する．（西川輝昭）

ユムシ動物門・キタユムシ科
ゴゴシマユムシ
Ikedosoma gogoshimense (Ikeda, 1904)

虫体は岡山県瀬戸内市牛窓，糞塊は広島県竹原市ハチの干潟　西川輝昭撮影

評価：情報不足
選定理由：個体数・個体群の減少
分布：日本固有種の可能性大，三浦半島三崎および瀬戸内海．
生息環境・生態：潮間帯の砂泥ないし砂礫中に深さ約10 cmのL字形の巣穴を掘り，開口部の周囲に長さ約0.8〜1 cmの糞粒をばらまく．糞粒はフットボール状で，その一端によれた短いヒモ状の突起物をそなえ，そちら側を先にして脱糞する．夏に生殖．巣穴には巻貝，二枚貝，カニ類が共生．
解説：体表には緑色の小斑点が密に分布する．生時，縦走筋の一部が肥厚して白い線となって体幹を縦に走る．生殖輸管の数と配置にはかなりの個体変異があり，分類学的検討が必要である．かつてはタイプ産地の愛媛県興居島に高密度に生息し，また広島県の各地でも「イヌユ」，「イヌコウジュ」などとよばれて釣り餌として重宝された．しかし現在では，瀬戸内海の数か所で生息が知られているのみで，しかも生息場所は限定され，また多くの場合密度はそれほど高くないと考えられる．体幹長6 cm．（西川輝昭）

ユムシ動物門・キタユムシ科
サナダユムシ
Ikeda taenioides (Ikeda, 1904)

岡山県倉敷市高洲干潟　巣穴から外に長く伸ばした吻　西川輝昭撮影

評価：準絶滅危惧
選定理由：分布域限定，希少
分布：日本固有種．陸奥湾〜南九州の太平洋岸と東シナ海岸，瀬戸内海．
生息環境・生態：干潟から水深10mまでの潮下帯．干潟では，砂泥底に1m以上の深い巣穴を掘って潜む．潮が引くと，直径約1cmの巣穴開口部から時に2mにもおよぶ紐状の吻を底表面に伸ばし，有機物混じりの泥を集める．泥が吻の表面（腹面）を覆うほどに蓄積すると，吻を巣穴に引っ込めて餌を取り込む．
解説：本種がかつて属していたサナダユムシ科はキタユムシ科に統合，解消された．体幹の採集は難しいが，吻の断片は容易に採集されヒモムシ類と誤認されることがある．タイプ産地の三浦半島三崎（諸磯湾）の他，東京都羽田や千葉県館山をはじめ，文献に記録された産地の多くのところでは，今はきわめて希．現在の生息地は，瀬戸内海などに散在しているにすぎないと考えられる．成長すると体幹長は65cmをはるかに超し，おそらくユムシ類の世界最大種．（西川輝昭）

ユムシ動物門・ユムシ科
ユムシ
Urechis unicinctus (Drasche, 1881)

宮城県仙台市万石浦産の生体（大越健嗣提供）　西川輝昭撮影

評価：準絶滅危惧
選定理由：個体数・個体群の減少
分布：北海道〜九州．オホーツク海，日本海，黄海．
生息環境・生態：潮間帯から潮下帯の砂泥底にU字形の巣穴を掘って生息．干潟では，巣穴の深さは寒冷期には15〜30cmだが，初夏には1m以上にもなる．分布の中心は潮下帯と考えられ，冬の荒波で海岸に打ち上がることも珍しくない．冬に生殖．巣穴にはカニ類やコペポーダなどが共生．
解説：吻が短小で体幹との間にくびれがなく，肛門の周囲を尾剛毛（鋭い棘）が一重の輪になって囲む点で，国内に生息する他属と区別できる．平安時代から「ギ」とよばれ，食膳をにぎわすとともに，釣り餌としても重宝されてきた．かつては東京湾をはじめ国内各地の干潟で多産し，釣り餌として大量に漁獲されたが，今日その面影はほぼ失われた．干潟での激減は潮下帯個体群の衰退を暗示しているのかもしれない．北に行くほど大型化し北海道産では体幹長30cmに達する．（西川輝昭）

半索動物門・ギボシムシ科
ワダツミギボシムシ
Balanoglossus carnosus (Willey, 1899)

本体は石川県能都町小浦　坂井恵一撮影，糞塊は静岡県浜名湖　西川輝昭撮影

評価：準絶滅危惧
選定理由：個体数・個体群の減少
分布：館山以南の太平洋岸，瀬戸内海，能登半島．インド洋・西太平洋熱帯水域．
生息環境・生態：干潟から浅海の砂泥底に，壁を粘液で固めたU字形の巣穴を掘り，一端に直径約1cmの太い紐状の糞塊を積み上げる．この特徴から生息は容易にわかるが，干潟においては巣穴の深さは50cmに達するため，完全個体の採集は困難．夏に繁殖．巣穴には，多毛類やカニ類が共生する．
解説：文献に記録されている生息地で激減ないし消滅したところが少なくない．たとえば，高密度生息で古くから著名な和歌山県の田辺湾にうかぶ畠島の干潟で1981年から1988年まで実施された糞塊密度調査では，1984年以降に顕著な減少が見られている．この調査によれば，面積730 m^2の永久コドラート内の糞塊数の最高は1983年7月の87個，平均密度は1 m^2あたり0.12個であった．体長1mに達する．（西川輝昭）

半索動物門・ギボシムシ科
ミサキギボシムシ
Balanoglossus misakiensis Kuwano, 1902

石川県富来町増穂ヶ浦　坂井恵一撮影

評価：情報不足
選定理由：分布域限定
分布：陸奥湾～九州．中国沿岸にも分布するとされる．
生息環境・生態：干潟から浅海の砂泥中に生息．糞塊を築かないため，砂泥を掘ってみないと存在が判明しない．砂泥中の深さ約20 cmをほぼ水平に移動しつつ，時に底表面に体の前端や後端を出すと考えられる．巣穴のなかでUターンすることも観察されている．夏に繁殖．巣穴にカニ類が共生することがある．
解説：上述のように糞塊を出さない生活様式のため，生息状況の変遷や分布現況のデータは極めて不十分である．ただ，生息環境はかなり限定され，生息地はそれほど多くないと考えられる．なお，タイプ産地である三浦半島三崎（諸磯湾）では，現在ほとんど見ることができない．体長は，陸奥湾や太平洋岸では約30 cmだが，日本海岸（能登半島の潮下帯）では最大85 cmにまで成長する．（西川輝昭）

棘皮動物門・イカリナマコ科
ウチワイカリナマコ
Labidoplax dubia (Semper, 1868)

青森県むつ市大湊湾　鈴木孝男撮影

評価：情報不足
選定理由：分布域限定，希少
分布：青森県むつ市大湊湾～熊本県上天草市松島．
生息環境・生態：低潮帯から潮下帯の砂泥中にすむ．6～7月の夜間に海水中に泳ぎ出すことが知られている．
解説：「新日本動物図鑑下」（北隆館1965）によると，陸奥湾（浅虫），東京湾，天草富岡（巴湾）から記録されたとある．「日本海岸動物図鑑II」（保育社1995）では，これに対馬が加わっている．しかし，全国干潟調査（2002～2004）では，全国157カ所の干潟のうち，有明海に面した永浦島（上天草市松島）の前浜干潟で2003年に記録されたのみであった．その後の記録としては，広島県竹原市の賀茂川河口（2006年），青森県むつ市大湊湾（2007年），徳島県吉野川河口（2007年）がある．これらの状況を考えると，本種の分布域は限定的であり，現在残されている産地は貴重な存在と考えられる．体長10 cm.（鈴木孝男）

脊索動物門・ナメクジウオ科
ヒガシナメクジウオ
Branchiostoma japonicum (Willey, 1897)

熊本県上天草市有明町　逸見泰久撮影

評価：準絶滅危惧
選定理由：個体数・個体群の減少，生息条件の悪化
分布：三陸海岸～九州（太平洋側），丹後半島以南（日本海側），中国沿岸．
生息環境・生態：潮間帯から水深数十メートルの粗砂底に生息．潮下帯では砂堆周辺に多い．砂に潜って生活し，植物プランクトンなどを海水とともに吸い込んで食べる．繁殖期（6～7月）になると，雄（写真上）では青白い，雌（同下）では黄色の生殖巣が両体側に並ぶ．
解説：全国各地の砂質干潟に多産していたが，多くが絶滅または絶滅寸前．本種が現在でも多産する干潟は，広島県竹原市ハチの干潟，大分県中津干潟などわずか．他に広島県三原市有竜島（国の天然記念物），熊本県上天草市樋島などの干潟で記録があるが，愛知県蒲郡市大島（国の天然記念物）では1968年を最後に記録がない．潮下帯でも多くの場所で個体数が減少している．海砂の採取，埋立，海洋汚染などが減少の原因と考えられる．体長70 mm.（逸見泰久）

その他の分類群

カテゴリー別リスト

軟体動物門腹足綱

絶滅（EX：わが国ではすでに絶滅したと考えられる）：1種

種の和名	掲載頁
リュウキュウカワザンショウ	49

絶滅危惧IA類（CR：ごく近い将来における絶滅の危険性が極めて高い）：16種

種の和名	掲載頁	種の和名	掲載頁	種の和名	掲載頁
ウネハナムシロ	71	オオクリイロカワザンショウ	46	オガサワラスガイ	17
オキナワヌカルミクチキレ	89	オキヒラシイノミ	101	キタギシマゴクリ	102
サキグロタマツメタ	58	シャジクカワニナ	33	シンサクムシロ	68
タナゴジマゴクリ	103	ドームカドカド	52	ナガシマツボ	36
ナズミガイ	95	ヒエンハマゴクリ	103	マルテンスマツムシ	65
ヤベガワモチ	91				

絶滅危惧IB類（EN：近い将来における絶滅の危険性が高い）：25種

種の和名	掲載頁	種の和名	掲載頁	種の和名	掲載頁
アツミムシロ	67	アマミカワニナ	32	イソチドリ	83
イリエツボ	39	ウネムシロ	67	オガイ	65
オガサワラカワニナ	32	カトゥラプシキシタダミ	41	カリントウカワニナ	34
コハクオカミミガイ	96	ゴマフダマ	60	シイノミミミガイ	94
シマヘナタリ	29	スガカワニナ	34	センベイアワモチ	91
ハツカネズミ	56	ヒメシイノミミガイ	93	ヒメシマイシン	79
ヒロオビヨフバイ	71	ヘゴノメミミガイ	94	ホソコオロギ	27
マキモノガイ	86	ムチカワニナ	32	ヤシマイシン	79
ヨシカワニナ	33				

絶滅危惧II類（VU：絶滅の危険が増大している）：68種

種の和名	掲載頁	種の和名	掲載頁	種の和名	掲載頁
アラウズマキ	41	アラゴマフダマ	59	イソマイマイ	42
イボウミニナ	31	イボキサゴナカセクチキレモドキ	84	イリエゴウナ	78
イワカワトクサ	77	ウスイロバイ	72	ウチノミツボ	39
ウネナシイトカケ	61	ウミコハクガイ	43	ウミヒメカノコ	24
ウミマイマイ	83	ウラウチコダマカワザンショウ	53	ウルシヌリハマシイノミ	99
エゾミズゴマツボ	45	エレガントカドカド	52	オウトウハマシイノミ	100
オオシンデンカワザンショウ	51	オカイシマキ	23	オカミミガイ	95
オマセムシロ	67	オリイレボラ	74	オリイレヨフバイ	68
ガタチンナン	43	カミスジカイコガイダマシ	81	カミングフネアマガイ	23
キヌカツギハマシイノミ	99	ククリクチキレ	85	クリイロコミミガイ	97
クロヘナタリ	28	コーヒーイロカワザンショウ	47	コベソコミミガイ	98
ゴマツボ	36	ゴマツボモドキ	37	コメツブツララ	81
サカマキオカミミガイ	92	サナギモツボ	28	スカシエビス	16
スジュネリチョウジガイ	35	セムシマドアキガイ	17	チビックシ	74
ツヤイモ	75	デリケートカドカド	52	デンジハマシイノミ	98
ドロアワモチ	90	ナラビオカミミガイ	92	ナラビオカミミガイ沖縄型	92
ニワタズミハマシイノミ	99	ヌノモホソクチキレ	86	ハネナシヨウラク	64
ヒミツナメクジ	90	ヒモイカリナマコツマミガイ	63	フロガイダマシ	59
マツカワウラカワザンショウ	51	マツシマカワザンショウ	50	マドモチウミニナ	30
マンゴクウラカワザンショウ	50	ミジンゴマツボ	40	ミズゴマツボ	45
ミニカドカド	51	ミノムシガイ	73	ムツカワザンショウ	50
ヤイマカチドキシタダミ	40	ヤセフタオビツマミガイ	64	ユキスズメ	26
ロウイロトミガイ	60	ワカウラツボ	38		

準絶滅危惧（NT：存続基盤が脆弱）：139種

種の和名	掲載頁	種の和名	掲載頁	種の和名	掲載頁
アカグチカノコ	21	アシヒダツボ	54	アズキカワザンショウ	53
アダムスタマガイ	57	アッケシカワザンショウ	49	アラハダカノコ	21
アンバルクチキレ	85	イガムシロ	66	イトカケゴウナ	83
イボキサゴ	17	イヨカワザンショウ	48	ウスコミミガイ	96
ウスベニツバサカノコ	23	ウネイトカケギリ	88	ウミニナ	31
ウラシマミミガイ	93	ウロコイシマキ	19	エドイトカケギリ	89
エドガワミズゴマツボ	44	エバラクチキレ	88	オイランカワザンショウ	47
オオシイノミガイ	80	オオシイノミクチキレ	87	オダマキ	62
オニサザエ	65	オハグロガイ	56	オリイレシラタマ	60
カシパンヤドリニナ	63	カスミコダマ	58	カタシイノミミミガイ	93
カタムシロ	66	カニノテムシロ	69	カノコミノムシ	74
カハタレカワザンショウ	53	カヤノミガイ	80	カヤノミカニモリ	28
カワアイ	30	カワグチツボ	38	キジビキカノコ	19
キタノカラマツガイ	82	キツネノムシロ	69	キヌメハマシイノミ	100
キバウミニナ	30	キンランカノコ	24	クサイロカノコ	24
クダボラ	77	クビキレガイモドキ	54	クラエノハマイトカケギリ	89
クリイロカワザンショウ	46	クリイロマンジ	76	クリイロムシロ	71
クレハガイ	62	クロズミアカグチカノコ	22	クロヒラシイノミ	102
コウモリカノコ	19	コウモリミミガイ	95	コゲスジイモ	75
コゲツノブエ	27	コデマリナギサノシタタリ	100	コトツブ	76
コハクカノコ	25	コブムシロ	70	ゴマセンベイアワモチ	91
コメツブハマシイノミ	98	コヤスツララ	81	ササクレマキモノガイ	86
サザナミツボ	40	ジーコンボツボ	37	シゲヤスイトカケギリ	85
シチクガイ	77	シマカノコ	22	シュジュコミミガイ	96
シラギク	42	スオウクチキレ	84	スジイモ	75
セキモリ	63	タイワンキサゴ	18	タオヤメユキスズメ	26
タケノコガイ	78	タケノコカワニナ	33	タニシツボ	36
チャイロフタナシシャジク	76	ツガイ	61	ツツミガイ	61
ツバサカノコ	20	ツバサコハクカノコ	25	ツブカワザンショウ	48
ツブコハクカノコ	25	ツボミ	16	テシオカワザンショウ	49
テングニシ	72	テンセイタマガイ	59	トクナガヤドリニナ	64
ナギツボ	43	ナタネツボ	45	ニセゴマツボ	38
ニセヒロクチカノコ	22	ニライカナイゴウナ	87	ヌカルミクチキレ	88
ヌノメチョウジガイ	35	ネコガイ	57	ネジヒダカワニナ	31
ネジマガキ	55	バイ	72	ハイイロミノムシ	73
ハナヅトガイ	57	ハブタエセキモリ	62	ヒゲマキシイノミミミガイ	94
ヒダトリガイ	55	ヒヅメガイ	101	ヒナタムシヤドリカワザンショウ	48
ヒナユキスズメ	27	ヒメオリイレムシロ	69	ヒメカノコ	18
ヒメゴウナ	87	ヒメシラギク	42	ヒメヒラシイノミ	101
ヒラマキアマオブネ	21	ヒロクチカノコ	20	ヒロクチリスガイ	58
フタホシカニノテムシロ	70	フトヘナタリ	29	フドロ	56
フリソデカノコ	20	ヘソアキコミミガイ	97	ヘナタリ	29
ホソタマゴガイ	82	マクラガイ	73	マタヨフバイ	70
マダラヒラシイノミ	102	マンガルツボ	39	ミヤコドリ	26
ムシヤドリカワザンショウ	47	ムシロガイ	68	ムラクモキジビキガイ	80
モロハタマキビ	34	ヤジリスカシガイ	16	ヨシダカワザンショウ	46
レモンカノコ	18				

情報不足（DD：評価するだけの情報が不足している）：12種

種の和名	掲載頁	種の和名	掲載頁	種の和名	掲載頁
イササコミミガイ	97	ウズツボ	41	カガヨイタビキレガイ	54
カクメイ属の一種	78	カサガタガイ	90	ガラスンタダミ科の一種	79

種の和名	掲載頁	種の和名	掲載頁	種の和名	掲載頁
キザハシクビキレガイ	55	サンビャッケンツボ	37	チクチクツボ	44
トゲトゲツボ	44	ヒガタヨコイトカケギリ	84	ヤミヨキセワタ	82

絶滅のおそれのある地域個体群（LP：地域的に孤立しており絶滅のおそれが高い）：2種

種の和名	掲載頁	種の和名	掲載頁
アラムシロ（沖縄島）	66	タマキビ（沖縄島）	35

軟体動物門二枚貝綱

絶滅危惧IA類（CR：ごく近い将来における絶滅の危険性が極めて高い）：14種

種の和名	掲載頁	種の和名	掲載頁	種の和名	掲載頁
アゲマキ	172	アツカガミ	148	イシゴロモ	165
オオズングリアゲマキ	137	オガタザクラ	119	ガンヅキ	154
チリメンユキガイ	143	トゥドゥマリハマグリ	150	ナノハナガイ	135
ハナビラガイ	158	ヒメアカガイ	109	ヒメエガイ	110
ビョウブガイ	111	ミドリユムシヤドリガイ	164		

絶滅危惧IB類（EN：近い将来における絶滅の危険性が高い）：31種

種の和名	掲載頁	種の和名	掲載頁	種の和名	掲載頁
アリアケケボリ	155	イセシラガイ	116	イソカゼ	153
イタボガキ	113	イチョウシラトリ	129	ウスハマグリ	151
ウラカガミ	149	オウギウロコガイ	159	オキナノエガオ	162
オトメタママキ	141	コオキナガイ	168	ササゲミミエガイ	110
シマノハテマゴコロガイ	162	ジャングサマテガイ	171	タイワンシラオガイ	146
タカホコシラトリ	123	タナベヤドリガイ	161	ナガタママキ	141
ニッコウガイ	129	ヌマコダキガイ	168	ハートガイ	119
ハイガイ	110	ハンレイヒバリ	108	ヒナキンチャク	115
ヒナノズキン	156	フジナミガイ	135	フルイガイ	136
マダライオウハマグリ	151	モモイロサギガイ	122	ヤチヨノハナガイ	143
ヤミノニシキ	116				

絶滅危惧Ⅱ類（VU：絶滅の危険が増大している）：58種

種の和名	掲載頁	種の和名	掲載頁	種の和名	掲載頁
アケボノガイ	155	アサヒキヌタレガイ	106	アマサギガイ	122
アリソガイ	139	イオウハマグリ	152	イレズミザルガイ	119
ウスムラサキアシガイ	132	ウチワガイ	111	ウミタケ	166
ウラキツキガイ	117	オオツヤウロコガイ	157	オオトゲウネガイ	128
オキナガイ属の一種	169	オビクイ	169	オフクマスオガイ	167
カゴガイ	117	クマサルボオ	109	ケヅメガイ類	153
コバコガイ	136	サンゴガキ	111	シナヤカスエモノガイ	169
スエヒロガイ	114	スミノエガキ	112	セワケガイ	156
チガイザクラ	124	チゴマテ	170	チトセノハナガイ	144
ツキガミ	147	ツルマルケボリ	156	テリザクラ	125
トウカイタママキ	141	トンガリベニガイ	127	ニッポンヨーヨーシジミ	157
ヌバタママクラ	107	ハナグモリ	139	ハマグリ	150
ヒシガイ	118	ヒナミルクイ	142	ヒメマスオガイ	166
ヒワズウネイチョウ	124	フィリピンハナビラガイ	164	フジタニコハクノツユ	157
ヘラサギガイ	130	ホシムシアケボノガイ	155	ホシヤマナミノコザラ	120
ホソバラフマテガイ	171	ミナトマスオ	133	ミナミマガキ	112
ミルクイ	144	ムラサキガイ	134	メオトサルボオ	109
モチヅキザラ	121	ヤタノカガミ	148	ユウカゲハマグリ	150
リュウキュウアサリ	152	リュウキュウアリソガイ	140	リュウキュウクサビザラ	120
リュウキュウヒルギシジミ	139				

準絶滅危惧（NT：存続基盤が脆弱）：84種

種の和名	掲載頁	種の和名	掲載頁	種の和名	掲載頁
アシガイ	132	イシワリマクラ	107	イソハマグリ	144
ウズザクラ	126	ウラキヒメザラ	128	ウラジロマスオ	134
ウロコガイ	160	オイノカガミ	148	オオトリガイ	140
オオノガイ	167	オオモモノハナ	123	オキナワヒシガイ	118
オサガニヤドリガイ	163	オチバ	134	オミナエシハマグリ	152
カミブスマ	147	カモジガイ	140	カワラガイ	118
ガンギハマグリ	151	キヌタアゲマキ	137	キヌタレガイ	106
キュウシュウナミノコ	131	クシケマスオガイ	166	ケマンガイ	149
コケガラス	108	コヅツガイ	153	コハクマメアゲマキ	158
サギガイ	123	サクラガイ	126	サザナミマクラ	107
サビシラトリ	122	ザンノナミダ	136	シオヤガイ	145
シカメガキ	113	ショウゴインツキガイ	116	シラオガイ	146
シロナノハナガイ	137	シワツキガイ	117	スジホシムシモドキヤドリガイ	161
スダレハマグリ	149	ズベタイラギ	114	セワケハチミツガイ	163
ダイミョウガイ	127	タイラギ	114	タガソデモドキ	138
ツマベニマメアゲマキ	164	トガリユウシオガイ	124	ナタマメケボリ	163
ナミノコ	131	ニッポンマメアゲマキ	159	ヌノメイチョウシラトリ	128
ハザクラ	133	ハスメザクラ	121	ハスメヨシガイ	132
ハボウキ	115	バライロマメアゲマキ	158	バラフマテ	170
ヒナノヒオウギの一種	115	ヒノデガイの一種	129	ヒノマルズキン	154
ヒラザクラ	130	ヒラセザクラ	120	ヒロクチソトオリガイ	168
フジイロハマグリ	146	フジノハナガイ	130	ベッコウマメアゲマキ	165
ベニガイ	127	ホソスジヒバリガイ	108	マゴコロガイ	162
マスオガイ	133	マツモトウロコガイ	161	ミクニシボリザクラ	121
ミナミウロコガイ	159	ミナミキヌタアゲマキ	138	モモノハナ	125
ヤマトシジミ	138	ヤマホトトギス	106	ユウシオガイ	126
ユキガイ	142	ユンタクシジミ	160	リュウキュウザクラ	125
リュウキュウナミノコ	131	リュウキュウマテガイ	170	ワカミルガイ	142

情報不足（DD：評価するだけの情報が不足している）：9種

種の和名	掲載頁	種の和名	掲載頁	種の和名	掲載頁
アシベマスオ	135	カキゴロモ	165	ガタヅキ	154
キタノオオノガイ	167	ネコノアシガキ	113	ハチミツガイ	160
ハブタエユキガイ	143	ヒメシオガマ類	145	フタバシラガイの一種	145

絶滅のおそれのある地域個体群（LP：地域的に孤立しており絶滅のおそれが高い）：3種

種の和名	掲載頁	種の和名	掲載頁	種の和名	掲載頁
オキシジミ（沖縄島）	147	ナガガキ（北海道・東北地方）	112	マテガイ（沖縄島）	171

節足動物門

絶滅危惧IA類（CR：ごく近い将来における絶滅の危険性が極めて高い）：5種

種の和名	掲載頁	種の和名	掲載頁	種の和名	掲載頁
イリハヤカマカモドキ	177	カブトガニ	174	タマノエミオスジガニ	208
ヒメモクズガニ	202	フタットゲテッポウエビ	180		

絶滅危惧IB類（EN：近い将来における絶滅の危険性が高い）：17種

種の和名	掲載頁	種の和名	掲載頁	種の和名	掲載頁
アリアケガニ	207	アリアケヤワラガニ	191	イリオモテヨコナガピンノ	219
ウチノミカニダマシ	188	ウモレベンケイガニ	195	オオヒメアカイソガニ	204
カスリベンケイガニ	196	ギボシマメガニ	217	サンゴカニダマシ	187

種の和名	掲載頁	種の和名	掲載頁	種の和名	掲載頁
シタゴコロガニ	205	ツノナシイボガザミ	193	ヒライソモドキ	204
ヒルギノボリヨコバサミ	184	マメイソガニ	200	ムツアシガニ	190
メナガオサガニハサミエボシ	174	リュウキュウアカテガニ	195		

絶滅危惧Ⅱ類（VU：絶滅の危険が増大している）：36種

種の和名	掲載頁	種の和名	掲載頁	種の和名	掲載頁
アカホシマメガニ	217	アナジャコノハラヤドリ	179	アリアケモドキ	207
イボテカニダマシ	187	ウモレマメガニ	219	オオアシハラガニモドキ	196
オオヨコナガピンノ	214	カワラピンノ	217	キノボリエビ	181
クシテガニ	197	クメジマハイガザミモドキ	193	コブシアナジャコ	183
シオマネキ	214	シマトラフヒメシャコ	175	シモフリシオマネキ	216
シロテアシハラガニモドキ	197	シロナマコガニ	218	ドロイワカニダマシ	187
ニセモクズガニ	206	ハシボソテッポウエビ	180	ヒガタスナホリムシ	179
ヒナアシハラモドキ	197	ヒメケフサイソガニ	202	フタハピンノ	218
ベンケイガニ	199	ホンコンマメガニ	218	マングローブヌマエビ	180
ミナミアナジャコ	183	ミナミヒライソモドキ	205	メナシピンノ	216
ヤエヤマワラガニ	192	ヤドリカニダマシ	188	ヨウナシカワスナガニ	209
リュウキュウカクエンコウガニ	189	リュウキュウシオマネキ	214	ロッカクイソガニ	202

準絶滅危惧（NT：存続基盤が脆弱）：54種

種の和名	掲載頁	種の和名	掲載頁	種の和名	掲載頁
アカテノコギリガザミ	194	アシナガベンケイガニ	199	アマミマメコブシガニ	191
アンボツノヤドカリ	185	イリオモテマメコブシガニ	190	オオサカドロソコエビ	177
オサガニ	211	オモナガドロガニ	211	カシラエビ	174
カワスナガニ	208	ギザテアシハラガニ	198	クボミテッポウエビ	181
コウナガカワスナガニ	208	コムラサキオカヤドカリ	183	シマントヨコエビ	178
スネナガイソガニ	201	タイワンヒライソモドキ	204	チゴイワガニ	211
ツノガニ	192	ツノメチゴガニ	210	テナガツノヤドカリ	186
トゲアシヒライソガニモドキ	203	トゲノコギリガザミ	194	トリウミアカイソモドキ	205
ナカグスクオサガニ	213	ニホンマメガニダマシ	219	ハクセンシオマネキ	215
ハサミカクレガニ	209	ハマガニ	200	ハラグクレチゴガニ	210
ヒメアシハラガニ	201	ヒメシオマネキ	216	ヒメヒライソモドキ	203
ヒメムツアシガニ	189	ヒメメナガオサガニ	213	ヒメヤマトオサガニ	212
ヒラモクズガニ	206	フジテガニ	195	フタバカクガニモドキ	198
ホソウデヒシガニ	192	ホルトハウスオサガニ	212	マメコブシガニ	191
マルテツノヤドカリ	185	マルミトラノオガニ	193	マンガルマメコブシガニ	190
ミズテアシハラガニ	199	ミナミアシハラガニ	203	ミナミムツハアリアケガニ	209
ムツハアリアケガニ	207	メナガオサガニ	213	ユビアカベンケイガニ	198
ヨコナガモドキ	200	ヨモギホンヤドカリ	186	ルリマダラシオマネキ	215

情報不足（DD：評価するだけの情報が不足している）：21種

種の和名	掲載頁	種の和名	掲載頁	種の和名	掲載頁
ウラシマスナモグリ	182	オキナワクダヒゲガニ	189	オトヒメスナモグリ	182
キカイホンヤドカリ	186	ケブカベンケイガニ	196	コドモヒメシャコ	175
サヌキメボソシャコ	176	シマヨコバサミ	184	スナウシロマエソコエビ	178
スネリウスヨコバサミ	185	タイワンオオヒライソガニ	206	トーマスヒメシャコ	176
ヒゲナガウミナナフシ	178	ヒヌマヨコエビ	176	ヒメクダヒゲガニ	188
ヒメコツブムシ	179	ヒメドロソコエビ	177	ブビエスナモグリ	182
ホリテッポウエビ	181	ミツツノヒメシャコ	175	ワカサヨコバサミ	184

絶滅のおそれのある地域個体群（LP：地域的に孤立しており絶滅のおそれが高い）：5種

種の和名	掲載頁	種の和名	掲載頁	種の和名	掲載頁
アカテガニ（東北地方）	194	アシハラガニ（陸奥湾）	201	チゴガニ（奄美大島以南）	210
ベニシオマネキ（小笠原）	215	ヤマトオサガニ（種子島）	212		

環形動物門多毛綱

絶滅危惧IB類（EN：近い将来における絶滅の危険性が高い）：2種

種の和名	掲載頁	種の和名	掲載頁
アカムシ	224	アリアケカワゴカイ	222

絶滅危惧II類（VU：絶滅の危険が増大している）：5種

種の和名	掲載頁	種の和名	掲載頁	種の和名	掲載頁
ウチワゴカイ	222	ツバサゴカイ	224	ニッポンオフェリア	225
ミナミエラコ	228	ムギワラムシ	225		

準絶滅危惧（NT：存続基盤が脆弱）：4種

種の和名	掲載頁	種の和名	掲載頁	種の和名	掲載頁
イトメ	222	シダレイトゴカイ	226	チリメンイトゴカイ	226
ニッポンフサゴカイ	227				

情報不足（DD：評価するだけの情報が不足している）：10種

種の和名	掲載頁	種の和名	掲載頁	種の和名	掲載頁
アナジャコウロコムシ	223	アリアケイトゴカイ	225	アリアケンムリゴカイ	226
ウメタテケヤリムシ	228	オオシマウロコムシ	224	カンテンフサゴカイ	227
クメジマナガレゴカイ	223	トゲイカリナマコウロコムシ	223	ドロクダチンチロモドキ	227
ヒガタケヤリムシ	228				

その他の分類群

絶滅危惧IA類（CR：ごく近い将来における絶滅の危険性が極めて高い）：3種

種の和名	掲載頁	種の和名	掲載頁	種の和名	掲載頁
オオシャミセンガイ	233	カブトガニウズムシ	233	ホソイソギンチャク	230

絶滅危惧IB類（EN：近い将来における絶滅の危険性が高い）：1種

種の和名	掲載頁
ニンジンイソギンチャク	232

絶滅危惧II類（VU：絶滅の危険が増大している）：1種

種の和名	掲載頁
マキガイイソギンチャク	232

準絶滅危惧（NT：存続基盤が脆弱）：10種

種の和名	掲載頁	種の和名	掲載頁	種の和名	掲載頁
サナダユムシ	238	サビネミドリユムシ	236	スジホシムシ	234
スジホシムシモドキ	234	ヒガシナメクジウオ	239	ホウザワイソギンチャク	231
ミドリシャミセンガイ	234	ユムシ	238	ユメユムシ	237
ワダツミギボシムシ	238				

情報不足（DD：評価するだけの情報が不足している）：11種

種の和名	掲載頁	種の和名	掲載頁	種の和名	掲載頁
アミメジウホシムシモドキ	235	アンチラサメハダホシムシ	235	アンドヴァキア・ボニンエンシス	231
ウチワイカリナマコ	239	ウミサボテン	230	オリストンミドリユムシ	237
オロチヒモムシ	233	キタユムシ	235	ゴゴシマユムシ	237
ドチクチユムシ	236	ドロイソギンチャク	231	ハナワケイソギンチャク	232
ミサキギボシムシ	239	ミドリユムシ	236	ムシモドキギンチャク類	230

分類群別リスト

動物門の配列は，系統分類学における通常の配列順ではなく，本書の掲載順とした．

軟体動物門 Phylum Mollusca Cuvier, 1797

腹足綱 Class Gastropoda Cuvier, 1797[1)]
笠型腹足類クレード Clade Patellogastropoda Lindberg, 1986

科の和名と学名	種の和名	種の学名	カテゴリー
コガモガイ科（ユキノカサ科）[2)] Lottiidae[3)] Gray, 1840	ツボミ	*Patelloida conulus* (Dunker, 1861)	NT

古腹足類クレード Clade Vetigastropoda Salvini-Plawen, 1980

科の和名と学名	種の和名	種の学名	カテゴリー
クチキレエビス科 Scissurellidae Gray, 1847	スカシエビス	*Sukashitrochus carinatus* (A. Adams, 1862)	VU
スカシガイ科 Fissurellidae Fleming, 1822	ヤジリスカシガイ	*Macroschisma cuspidata* (A. Adams, 1851)	NT
	セムシマドアキガイ	*Rimula cumingii* A. Adams, 1853	VU
リュウテン科（サザエ科） Turbinidae Rafinesque, 1815	オガサワラスガイ	*Lunella ogasawarana* Nakano, Takahashi & Ozawa, 2007	CR
ニシキウズ科 Trochidae Rafinesque, 1815	イボキサゴ	*Umbonium moniliferum* (Lamarck, 1822)	NT
	タイワンキサゴ	*Umbonium suturale* (Lamarck, 1822)	NT

アマオブネ型類クレード Clade Neritimorpha Koken, 1896

科の和名と学名	種の和名	種の学名	カテゴリー
アマオブネ科 Neritidae Rafinesque, 1815[4)]	ヒメカノコ	*Clithon* aff. *oualaniensis* (Lesson, 1831)	NT
	レモンカノコ	*Clithon souverbiana* (Montrouzier, 1866)	NT
	ウロコイシマキ	*Clithon squarosus* (Récluz, 1843)	NT
	コウモリカノコ	*Neripteron auriculata* (Lamarck, 1816)	NT
	キジビキカノコ	*Neripteron spiralis* (Reeve, 1855)	NT
	ツバサカノコ	*Neripteron subauriculata* (Récluz, 1843)	NT
	ヒロクチカノコ	*Neripteron* sp. A	NT
	フリソデカノコ	*Neripteron* sp. B	NT
	ヒラマキアマオブネ	*Nerita planospira* Anton, 1838	NT
	アラハダカノコ	*Neritina asperulata* Récluz in Sowerby II, 1855	NT
	アカグチカノコ	*Neritina petiti* (Récluz, 1841)	NT
	ニセヒロクチカノコ	*Neritina siquijorensis* (Récluz, 1843)	NT
	シマカノコ	*Neritina turrita* (Gmelin, 1791)	NT
	クロズミアカグチカノコ	*Neritina* sp. A	NT
	ウスベニツバサカノコ	*Neritina* sp. B	NT
	オカイシマキ	*Neritodryas cornea* (Linnaeus, 1758)	VU
	カミングフネアマガイ	*Septaria cumingiana* (Récluz, 1843)	VU
	キンランカノコ	*Smaragdia paulucciana* Gassies, 1870	NT
	クサイロカノコ	*Smaragdia rangiana* (Récluz, 1841)	NT
	ウミヒメカノコ	*Smaragdia* sp.	VU
コハクカノコ科（シラタマアマガイ科） Neritiliidae Schepman, 1908	ツバサコハクカノコ	*Neritilia mimotoi* Kano, Sasaki & Ishikawa, 2001	NT
	コハクカノコ	*Neritilia rubida* (Pease, 1865)	NT
	ツブコハクカノコ	*Neritilia vulgaris* Kano & Kase, 2003	NT
ユキスズメ科 Phenacolepadidae Pilsbry, 1895	ユキスズメ	*Phenacolepas crenulatus* (Broderip, 1834)	VU
	ミヤコドリ	*Phenacolepas pulchella* (Lischke, 1871)	NT
	タオヤメユキスズメ（ヌノメミヤコドリ）	*Phenacolepas tenuisculpta* (Thiele, 1909)	NT
	ヒナユキスズメ	*Phenacolepas* sp.	NT

新生腹足類クレード Clade Caenogastropoda Cox, 1960[5)]
吸腔類クレード Clade Sorbeoconcha Ponder & Lindberg, 1997[6)]
（未命名クレード）

科の和名と学名	種の和名	種の学名	カテゴリー
オニノツノガイ科 Cerithiiidae Fleming, 1822	コゲツノブエ	*Cerithium coralium* Kiener, 1841	NT
	ホソオオギ	*Cerithium torresi* E. A. Smith, 1884	EN
	カヤノミカニモリ	*Clypeomorus bifasciata* (Sowerby II, 1855)	NT

科の和名と学名	種の和名	種の学名	カテゴリー
スナモチツボ科 Scaliolidae Jousseaume, 1912	サナギモツボ	*Finella pupoides* A. Adams, 1860	VU
キバウミニナ科（フトヘナタリ科） Potamididae H. & A. Adams, 1854	クロヘナタリ	*Cerithidea* (*Cerithidea*) *largillierti* (Philippi, 1848)	VU
	シマヘナタリ	*Cerithidea* (*Cerithidea*) *ornata* Sowerby II, 1855	EN
	フトヘナタリ（イトカケヘナタリ）	*Cerithidea* (*Cerithidea*) *rhizophorarum* A. Adams, 1855	NT
	ヘナタリ	*Cerithidea* (*Cerithideopsilla*) *cingulata* (Gmelin, 1791)	NT
	カワアイ	*Cerithidea* (*Cerithideopsilla*) *djadjariensis* (K. Martin, 1899)	NT
	キバウミニナ	*Terebralia palustris* (Linnaeus, 1767)	NT
	マドモチウミニナ	*Terebralia sulcata* (Born, 1778)	VU
ウミニナ科 Batillariidae Thiele, 1929	ウミニナ	*Batillaria multiformis* (Lischke, 1869)	NT
	イボウミニナ	*Batillaria zonalis* (Bruguière, 1792)	VU
トゲカワニナ科（トウガタカワニナ科） Thiaridae Gill, 1871	ネジヒダカワニナ	*Sermyla riqueti* (Grateloup, 1856)	NT
	オガサワラカワニナ（ハハジマカワニナ）	*Stenomelania boninensis* (Lea, 1856)	EN
	アマミカワニナ	*Stenomelania costellaris* (Lea, 1850)	EN
	ムチカワニナ	*Stenomelania crenulatus* (Deshayes, 1838)	EN
	シャジクカワニナ(ヨレカワニナ)	*Stenomelania hastula* (Lea, 1850)	CR
	ヨシカワニナ	*Stenomelania juncea* (Lea, 1850)	EN
	タケノコカワニナ（レベックカワニナ）	*Stenomelania rufescens* (Martens, 1860)	NT
	スグカワニナ	*Stenomelania uniformis* (Quoy & Gaimard, 1834)	EN
	カリントウカワニナ	*Tarebia* cf. *rudis* (Lea, 1850)	EN

高腹足類クレード Clade Hypsogastropoda Ponder & Lindberg, 1997[7]
タマキビ型類クレード Clade Littorinimorpha Golikov & Starobogatov, 1975

科の和名と学名	種の和名	種の学名	カテゴリー
タマキビ科 Littorinidae Children, 1834	モロハタマキビ（セトウチヘソカドタマキビ）	*Lacuna carinifera* (A. Adams, 1853)	NT
	タマキビ	*Littorina brevicula* (Philippi, 1844)	LP (沖縄島)
リソツボ科 Rissoidae Gray, 1847	ヌノメチョウジガイ	*Rissoina* (*Phosinella*) *pura* (Gould, 1861)	NT
	スジウネリチョウジガイ	*Rissoina* (*Rissolina*) *costulata* Dunker, 1860	VU
	ゴマツボ	*Stosicia annulata* (Dunker, 1860)	VU
	タニシツボ	*Voorwindia* cf. *paludinoides* (Yokoyama, 1927)	NT
ワカウラツボ科（カワグチツボ科） Iravadiidae Thiele, 1928	ナガシマツボ	*Ceratia nagashima* Fukuda, 2000	CR
	サンビャッケンツボ	*Ceratia*? sp.	DD
	ジーコンボツボ	*Chevallieria* sp.	NT
	ゴマツボモドキ（シリオレミジンニナ）	*Hyala* cf. *bella* (A. Adams, 1853)	VU
	ニセゴマツボ	*Iravadia* (*Fairbankia*) *reflecta* (Laseron, 1956)	NT
	ワカウラツボ	*Iravadia* (*Fairbankia*) *sakaguchii* (Kuroda & Habe, 1954)	VU
	カワグチツボ	*Iravadia* (*Fluviocingula*) *elegantula* (A. Adams, 1861)	NT
	マンガルツボ	*Iravadia* (*Iravadia*) *quadrasi* (Böttger, 1902)	NT
	ウチノミツボ	*Iravadia* (*Pseudonoba*) aff. *densilabrum* (Melvill, 1912)	VU
	イリエツボ	*Iravadia* (*Pseudonoba*) *yendoi* (Yokoyama, 1927)	EN
	ミジンゴマツボ	*Liroceratia sulcata* (Böttger, 1893)	VU
	サザナミツボ	*Nozeba ziczac* (Fukuda & Ekawa, 1997)	NT
カチドキシタダミ科 Clenchiellidae D.W. Taylor, 1966[8]	ヤイマカチドキシタダミ	*Clenchiella* sp.	VU
	カトゥラブシキシタダミ	"*Clenchiella*" sp.	EN
フロリダツボ科（和名改称）[9] Elachisinidae Ponder, 1985	ウズツボ	*Dolicrossea bellula* (A. Adams, 1865)	DD
イソハクガイ科（イソマイマイ科） Tornidae Sacco, 1896	アラウズマキ	*Circulus duplicatus* (Lischke, 1872)	VU
	ヒメシラギク（ミジンシラギク，シラギクマガイ）	*Pseudoliotia astericus* (Gould, 1859)	NT

科の和名と学名	種の和名	種の学名	カテゴリー
イソコハクガイ科（イソマイマイ科） Tornidae Sacco, 1896	シラギク	*Pseudoliotia pulchella*（Dunker, 1860）	NT
	イソマイマイ	*Sigaretornus* aff. *planus*（A. Adams, 1850）	VU
	ガタチンナン（和名新称）	*Sigaretornus* cf. *planus*（A. Adams, 1850）	VU
	ウミコハクガイ	*Teinostoma lucida* A. Adams, 1863	VU
	ナギツボ	*Vitrinella* sp.	NT
	トゲトゲツボ（和名新称）	Tornidae gen. & sp. A	DD
	チクチクツボ（和名新称）	Tornidae gen. & sp. B	DD
ミズゴマツボ科 Stenothyridae Tryon, 1866	エドガワミズゴマツボ（ウミゴマツボ，ミヤジウミゴマツボ，ミジンウミゴマツボ，ミヤジマウミゴマツボ）	*Stenothyra edogawensis*（Yokoyama, 1927）	NT
	ミズゴマツボ	*Stenothyra japonica* Kuroda, 1962	VU
	エゾミズゴマツボ（カラフトミズゴマツボ）	*Stenothyra recondita* Lindholm, 1929	VU
ナタネツボ科 Falsicingulidae Slavoshevskaya, 1975	ナタネツボ	*Falsicingula kurilensis*（Pilsbry, 1905）	NT
カワザンショウ科 Assimineidae H. & A. Adams, 1856	クリイロカワザンショウ（クロクリイロカワザンショウ）	*Angustassiminea castanea*（Westerlund, 1883）	NT
	オオクリイロカワザンショウ	"*Angustassiminea*" *kyushuensis* S. & T. Habe, 1983	CR
	ヨシダカワザンショウ	"*Angustassiminea*" *yoshidayukioi*（Kuroda, 1959）	NT
	オイランカワザンショウ	"*Angustassiminea*" aff. *yoshidayukioi*（Kuroda, 1959）	NT
	コーヒーイロカワザンショウ	"*Angustassiminea*" sp.	VU
	ムシヤドリカワザンショウ	*Assiminea parasitologica* Kuroda, 1958	NT
	ヒナタムシヤドリカワザンショウ（和名新称）	*Assiminea* aff. *parasitologica* Kuroda, 1958	NT
	ツブカワザンショウ（ヒメカワザンショウ）	"*Assiminea*" *estuarina* Habe, 1946	NT
	イヨカワザンショウ（ヤミカワザンショウ）	"*Assiminea*" aff. *estuarina* Habe, 1946	NT
	アッケシカワザンショウ	"*Assiminea*" aff. *hiradoensis* Habe, 1942	NT
	テシオカワザンショウ	"*Assiminea*" aff. *japonica* Martens, 1877	NT
	リュウキュウカワザンショウ	"*Assiminea*" aff. *lutea*（A. Adams, 1861）	EX
	ムツカワザンショウ	"*Assiminea*" sp. A	VU
	マンゴクウラカワザンショウ	"*Assiminea*" sp. B	VU
	マツシマカワザンショウ	"*Assiminea*" sp. C	VU
	マツカワウラカワザンショウ	"*Assiminea*" sp. D	VU
	オオシンデンカワザンショウ（キツキカワザンショウ）	"*Assiminea*" sp. E	VU
	ミニカドカド	*Ditropisena* sp. A	VU
	エレガントカドカド	*Ditropisena* sp. B	VU
	デリケートカドカド	*Ditropisena* sp. C	VU
	ドームカドカド	*Ditropisena* sp. D	CR
	カハタレカワザンショウ	"*Nanivitrea*" sp.	NT
	ウラウチコダマカワザンショウ	*Ovassiminea* sp.	VU
	アズキカワザンショウ	*Pseudomphala miyazakii*（Habe, 1943）	NT
	アシヒダツボ（和名新称）	*Rugapedia* sp.	NT
イツマデガイ科 Pomatiopsidae Stimpson, 1865	クビキレガイモドキ	*Cecina manchurica* A. Adams, 1861	NT
クビキレガイ科 Truncatellidae Gray, 1840	カガヨイクビキレガイ（和名新称）	*Truncatella* sp. A	DD
	キザハシクビキレガイ（和名新称）	*Truncatella* sp. B	DD
スイショウガイ科（ソデボラ科） Strombidae Rafinesque, 1815	ネジマガキ	*Strombus gibbosus*（Röding, 1798）	NT
	ヒダトリガイ（フトスジムカシタモト）	*Strombus labiatus*（Röding, 1798）	NT
	フドロ	*Strombus robustus* Sowerby II, 1874	NT
	オハグロガイ	*Strombus urceus urceus* Linnaeus, 1758	NT

科の和名と学名	種の和名	種の学名	カテゴリー
シロネズミ科 Vanikoridae Gray, 1840	ハツカネズミ	*Macromphalus tornatilis*（Gould, 1859）	EN
ハナヅトガイ科 Velutinidae Gray, 1840	ハナヅトガイ	*Velutina pusio* A. Adams, 1860	NT
タマガイ科 Naticidae Guilding, 1834[10]	アダムスタマガイ	*Cryptonatica adamsiana*（Dunker, 1860）	NT
	ネコガイ	*Eunaticina papilla*（Gmelin, 1791）	NT
	サキグロタマツメタ	*Laguncula pulchella* Benson, 1842	CR
	ヒロクチリスガイ	*Mammilla melanostmoides*（Quoy & Gaimard, 1833）	NT
	カスミコダマ	*Natica buriasensis* Récluz, 1844	NT
	フロガイダマシ	*Naticarius concinnus*（Dunker, 1860）	VU
	アラゴマフダマ	*Naticarius onca*（Röding, 1798）	VU
	テンセイタマガイ	*Notocochlis robillardi*（Sowerby III, 1894）	NT
	ゴマフダマ	*Paratectonatica tigrina*（Röding, 1798）	EN
	ロウイロトミガイ	*Polinices mellosus*（Hedley, 1924）	VU
	オリイレシラタマ	*Sigatica bathyraphe*（Pilsbry, 1911）	NT
	ツガイ	*Sinum*（*Ectosinum*）*incisum*（Sowerby I in Reeve, 1864）	NT
	ツツミガイ	*Sinum*（*Ectosinum*）*planulatum*（Récluz, 1845）	NT

翼舌類（非公式群）Informal Group Ptenoglossa Gray, 1853[11]

科の和名と学名	種の和名	種の学名	カテゴリー
イトカケガイ科 Epitoniidae Berry, 1910	ウネナシイトカケ	*Acrilla acuminata*（Sowerby II, 1844）	VU
	オダマキ	*Depressiscala aurita*（Sowerby II, 1844）	NT
	クレハガイ	*Papyriscala clementia*（Grateloup, 1940）	NT
	ハブタエセキモリ	*Papyriscala lyra*（Sowerby II, 1844）	NT
	セキモリ	*Papyriscala yokoyamai*（Suzuki & Ichikawa, 1936）	NT
ハナゴウナ科 Eulimidae Philippi, 1853	ヒモイカリナマコツマミガイ	*Hypermastus lacteus*（A. Adams, 1863）	VU
	カシパンヤドリニナ	*Hypermastus peronellicola*（Kuroda & Habe, 1950）	NT
	トクナガヤドリニナ	*Hypermastus tokunagai*（Yokoyama, 1922）	NT
	ヤセフタオビツマミガイ	*Mucronalia exilis* A. Adams, 1862	VU

新腹足類クレード Clade Neogastropoda Wenz, 1938

科の和名と学名	種の和名	種の学名	カテゴリー
アッキガイ科 Muricidae Rafinesque, 1815	ハネナシヨウラク	*Ceratostoma rorifluum*（A. Adams & Reeve, 1850）	VU
	オニサザエ	*Chicoreus asianus* Kuroda, 1942	NT
エゾバイ科 Buccinidae Rafinesque, 1815	オガイ	*Cantharus cecillei*（Philippi, 1844）	EN
タモトガイ科（フトコロガイ科）Columbellidae Swainson, 1840	マルテンスマツムシ	*Mitrella martensi*（Lischke, 1871）	CR
オリイレヨフバイ科（ムシロガイ科）Nassariidae Iredale, 1916	カタムシロ	*Hebra corticata*（A. Adams, 1852）	NT
	イガムシロ	*Hebra horrida*（Dunker, 1847）	NT
	アラムシロ	*Hima festiva*（Powys in Powys & Sowerby I, 1835）	LP（沖縄島）
	ウネムシロ	*Hima hiradoensis*（Pilsbry, 1904）	EN
	オマセムシロ	*Hima praematurata*（Kuroda & Habe in Habe, 1961）	VU
	アツミムシロ（和名新称）	*Hima* sp. A	EN
	シンサクムシロ	*Hima* sp. B	CR
	オリイレヨフバイ	*Nassarius arcularia*（Linnaeus, 1758）	VU
	ムシロガイ	*Niotha livescens*（Philippi, 1849）	NT
	ヒメオリイレムシロ	*Niotha stoliczkana*（G. & H. Nevill, 1874）	NT
	キツネノムシロ	*Niotha venusta*（Dunker, 1847）	NT
	カニノテムシロ	*Plicarcularia bellula*（A. Adams, 1852）	NT
	フタホシカニノテムシロ	*Plicarcularia bimaculosa*（A. Adams, 1852）	NT
	コブムシロ	*Plicarcularia globosa*（Quoy & Gaimard, 1833）	NT
	マタヨフバイ	*Telasco lurida*（Gould, 1850）	NT
	ウネハナムシロ	*Varicinassa varicifera*（A. Adams, 1852）	CR

科の和名と学名	種の和名	種の学名	カテゴリー
オリイレヨフバイ科（ムシロガイ科） Nassariidae Iredale, 1916	クリイロムシロ（クリイロヨフバイ）	*Zeuxis olivaceus*（Bruguière, 1792）	NT
	ヒロオビヨフバイ	*Zeuxis succinctus*（A. Adams, 1852）	EN
テングニシ科 Melongenidae Gill, 1871	テングニシ	*Pugilina*（*Hemifusus*）*tuba*（Gmelin, 1791）	NT
バイ科 Babyloniidae Kuroda, Habe & Oyama, 1971	バイ	*Babylonia japonica*（Reeve, 1843）	NT
	ウスイロバイ	*Babylonia kirana* Habe, 1965	VU
マクラガイ科 Olividae Latreille, 1825	マクラガイ	*Oliva mustelina* Lamarck, 1811	NT
ミノムシガイ科 Costellariidae MacDonald, 1860	ミノムシガイ	*Vexillum balteolatum*（Reeve, 1844）	VU
	ハイイロミノムシ	*Vexillum gruneri*（Reeve, 1844）	NT
	チビツクシ(ムラクモツクシ)	*Vexillum rufomaculatum*（Souverbie, 1860）	VU
	カノコミノムシ	*Vexillum sanguisuga*（Linnaeus, 1758）	NT
コロモガイ科 Cancellariidae Forbes & Hanley, 1851	オリイレボラ	*Trigonostoma scalariformis*（Lamarck, 1822）	VU
イモガイ科 Conidae Fleming, 1822[12]	ツヤイモ	*Conus boeticus* Reeve, 1844	VU
	スジイモ	*Conus figulinus* Linnaeus, 1758	NT
	コゲスジイモ	*Conus loroisi insignis* Dautzenberg, 1937	NT
コシボソクチキレツブ科 Clathurellidae H. & A. Adams, 1858[12]	チャイロフタナシシャジク	*Etrema*（*Etremopa*）*gainesii*（Pilsbry, 1895）	NT
マンジ科 Mangeliidae P. Fischer, 1883[12]	コトツブ	*Eucithara marginelloides*（Reeve, 1846）	NT
フデシャジク科 Raphitomidae A. Bellardi, 1875[12]	クリイロマンジ	*Philbertia*（*Pseudodaphnella*）*leuckarti*（Dunker, 1860）	NT
クダボラ科（クダマキガイ科） Turridae H. & A. Adams, 1853[12]	クダボラ	*Turris crispa*（Lamarck, 1816）	NT
タケノコガイ科 Terebridae Mörch, 1852[12]	イワカワトクサ	*Duplicaria evoluta*（Deshayes, 1859）	VU
	シチクガイ	*Hastula rufopunctata*（E. A. Smith, 1877）	NT
	タケノコガイ	*Terebra subulata*（Linnaeus, 1767）	NT

異鰓類クレード Clade Heterobranchia Burmeister, 1837[13]
原始的異鰓類（非公式群）Informal Group "Lower Heterobranchia"[14]

科の和名と学名	種の和名	種の学名	カテゴリー
ガクバンゴウナ科 Murchisonellidae Casey, 1904[15]	イリエゴウナ	*Ebala* sp.	VU
カクメイ科 Cornirostridae Ponder, 1990	カクメイ属の一種	*Cornirostra* sp.	DD
	ヒメシマイシン	*Tomura himeshima* Fukuda & Yamashita, 1997	EN
	ヤシマイシン	*Tomura yashima* Fukuda & Yamashita, 1997	EN
ガラスシタダミ科 Hyalogyrinidae Warén & Bouchet, 1993	ガラスシタダミ科の一種	*Xenoskenea* sp.	DD
オオシイノミガイ科 Acteonidae d'Orbigny, 1843[16]	オオシイノミガイ	*Acteon sieboldi*（Reeve, 1842）	NT
	ムラクモキジビキガイ	*Japanacteon nipponensis*（Yamakawa, 1911）	NT
	カヤノミガイ	*Pupa sulcata*（Gmelin, 1791）	NT

真後鰓類（和名新称）クレード Clade Euopisthobranchia Jörger, Stöger, Kano, Fukuda, Knebelsberger & Schrödl, 2010[17]

科の和名と学名	種の和名	種の学名	カテゴリー
スイフガイ科 Cylichnidae H. & A. Adams, 1854	コメツブツララ	*Acteocina decoratoides*（Habe, 1955）	VU
	コヤスツララ	*Acteocina koyasensis*（Yokoyama, 1927）	NT
	カミスジカイコガイダマシ	*Cylichnatys angustus*（Gould, 1859）	VU
ブドウガイ科（タマゴガイ科） Haminoeidae Pilsbry, 1895	ホソタマゴガイ	*Limulatys ooformis* Habe, 1952	NT
カノコキセワタ科 Aglajidae Pilsbry, 1895	ヤミヨキセワタ	*Melanochlamys* sp.	DD

汎有肺類（和名新称）クレード Clade Panpulmonata Jörger, Stöger, Kano, Fukuda, Knebelsberger & Schrödl, 2010[18]

科の和名と学名	種の和名	種の学名	カテゴリー
コウダカカラマツガイ科 Siphonariidae Gray, 1827	キタノカラマツガイ	*Siphonacmea oblongata*（Yokoyama, 1926）	NT
フタマイマイ科（ウミマイマイ科） Amphibolidae Gray, 1840	ウミマイマイ	*Lactiforis takii*（Kuroda, 1928）	VU
トウガタガイ科（イソチドリ科） Pyramidellidae Gray, 1840[19]	イソチドリ	*Amathina tricarinata*（Linnaeus, 1767）	EN
	イトカケゴウナ	*Bacteridium vittatum*（A. Adams, 1861）	NT
	スオウクチキレ	*Boonea suoana* Hori & Nakamura, 1999	NT

科の和名と学名	種の和名	種の学名	カテゴリー
トウガタガイ科（イソチドリ科） Pyramidellidae Gray, 1840[19]	イボキサゴナカセクチキレモドキ	*Boonea umboniocola* Hori & Okutani, 1995	VU
	ヒガタヨコイトカケギリ	*Cingulina* cf. *cingulata*（Dunker, 1860）	DD
	アンパルクチキレ	*Colsyrnola hanzawai*（Nomura, 1930）	NT
	ククリクチキレ	*Cossmannica aciculata*（A. Adams in H. & A. Adams, 1853）	VU
	シゲヤスイトカケギリ	*Dunkeria shigeyasui*（Yokoyama, 1927）	NT
	ヌノメホソクチキレ	*Iphiana tenuisculpta*（Lischke, 1872）	VU
	マキモノガイ	*Leucotina dianae*（A. Adams in H. Adams, 1854）	EN
	ササクレマキモノガイ	*Leucotina digitalis*（Dall & Bartsch, 1906）	NT
	ニライカナイゴウナ	*Leucotina* sp.	NT
	オオシイノミクチキレ	*Milda ventricosa*（Guérin, 1831）	NT
	ヒメゴウナ	*Monotygma eximia*（Lischke, 1872）	NT
	エバラクチキレ	*Orinella ebarana*（Yokoyama, 1927）	NT
	ウネイトカケギリ	*Paramormula scrobiculata*（Yokoyama, 1922）	NT
	ヌカルミクチキレ	"*Sayella*" sp. A	NT
	オキナワヌカルミクチキレ（和名新称）	"*Sayella*" sp. B	CR
	エドイトカケギリ	*Turbonilla edoensis* Yokoyama, 1927	NT
	クラエノハマイトカケギリ	*Turbonilla kuraenohamana* Hori & Fukuda, 1999	NT
	カサガタガイ（和名新称）	Pyramidellidae gen. & sp.	DD
ヒミツナメクジ科 Aitengidae Swennen & Buatip, 2009[20]	ヒミツナメクジ	*Aiteng mysticus* Neusser, Fukuda, Jörger, Kano & Schrödl, 2011	VU
ドロアワモチ科（イソアワモチ科） Onchidiidae Rafinesque, 1815	ドロアワモチ	*Onchidium* cf. *hongkongense* Britton, 1984	VU
	ヤベガワモチ	*Onchidium* sp.	CR
	ゴマセンベイアワモチ	*Platevindex* cf. *mortoni* Britton, 1984	NT
	センベイアワモチ	*Platevindex* sp.	EN
オカミミガイ科 Ellobiidae Pfeiffer, 1854	ナラビオカミミガイ	*Auriculastra duplicata*（Pfeiffer, 1854）	VU
	ナラビオカミミガイ沖縄型	*Auriculastra* cf. *duplicata*（Pfeiffer, 1854）	VU
	サカマキオカミミガイ	*Blauneria quadrasi* Möllendorff in Quadras & Möllendorff, 1895	VU
	カタシイノミミミガイ	*Cassidula crassiuscula* Mousson, 1869	NT
	ウラシマミミガイ	*Cassidula mustelina*（Deshayes, 1830）	NT
	ヒメシイノミミミガイ	*Cassidula nigrobrunnea* Pilsbry & Hirase, 1905	EN
	シイノミミミガイ	*Cassidula plecotrematoides japonica* Möllendorff, 1901	EN
	ヒゲマキシイノミミミガイ	*Cassidula plecotrematoides plecotrematoides*（Möllendorff, 1895）	NT
	ヘゴノメミミガイ	*Cassidula schmackeriana* Möllendorff, 1885	EN
	コウモリミミガイ	*Cassidula vespertilionis*（Lesson, 1831）	NT
	ナズミガイ	*Cylindrotis quadrasi* Möllendorff in Quadras & Möllendorff, 1895	CR
	オカミミガイ	*Ellobium chinense*（Pfeiffer, 1855）	VU
	コハクオカミミガイ	*Ellobium incrassatum*（H. & A. Adams, 1854）	EN
	ウスコミミガイ	*Laemodonta exaratoides* Kawabe, 1992	NT
	シュジュコミミガイ	*Laemodonta* aff. *minuta*（Möllendorff, 1885）	NT
	イササコミミガイ	*Laemodonta octanflacta*（Jonas, 1845）	DD
	クリイロコミミガイ	*Laemodonta siamensis*（Morelet, 1875）	VU
	ヘソアキコミミガイ	*Laemodonta typica*（H. & A. Adams, 1854）	NT
	コベソコミミガイ（マルコミミガイ）	*Laemodonta* sp.	VU
	デンジハマシイノミ	*Melampus*（*Detracia*）*ovuloides* Baird, 1873	VU
	コメツブハマシイノミ	*Melampus*（*Detracia*）cf. *phaeostylus* Kobelt, 1869	NT
	ウルシヌリハマシイノミ	*Melampus*（*Melampus*）*nucleolus* Martens, 1865	VU
	ニワタズミハマシイノミ	*Melampus*（*Melampus*）*sculptus* Pfeiffer, 1855	VU
	キヌカツギハマシイノミ	*Melampus*（*Melampus*）*sincaporensis* Pfeiffer, 1855	VU

科の和名と学名	種の和名	種の学名	カテゴリー
オカミミガイ科 Ellobiidae Pfeiffer, 1854	キヌメハマシイノミ（トリコハマシイノミ）	*Melampus* (*Melampus*) *sulculosus* Martens, 1865	NT
	オウトウハマシイノミ	*Melampus* (*Melampus*) sp.	VU
	コデマリナギサノシタタリ	*Microtralia* sp.	NT
	ヒヅメガイ	*Pedipes jouani* Montrouzier, 1862	NT
	オキヒラシイノミ	*Pythia cecillei* (Philippi, 1847)	CR
	ヒメヒラシイノミ	*Pythia nana* Bavay, 1908	NT
	クロヒラシイノミ	*Pythia pachyodon* Pilsbry & Hirase, 1908	NT
	マダラヒラシイノミ	*Pythia pantherina* (A. Adams, 1851)	NT
スメアゴル科 Smeagolidae Climo, 1980	キタギシマゴクリ(和名改称)	"*Smeagol*" sp. A	CR
	タナゴジマゴクリ(和名改称)	"*Smeagol*" sp. B	CR
	ヒエンハマゴクリ(和名新称)	"*Smeagol*" sp. C	CR

二枚貝綱 Class Bivalvia Linnaeus, 1758[21]
原鰓亜綱 Subclass Protobranchia Pelseneer, 1889
キヌタレガイ目 Order Solemyida Dall, 1889

科の和名と学名	種の和名	種の学名	カテゴリー
キヌタレガイ科 Solemyidae Gray, 1840	アサヒキヌタレガイ	*Acharax japonica* (Dunker, 1882)	VU
	キヌタレガイ	*Petrasma pusilla* (Gould, 1861)	NT

自鰓亜綱（和名新称）Subclass Autobranchia Grobben, 1894
翼型下綱 Infraclass Pteriomorphia Beurlen, 1944
イガイ目 Order Mytilida Férussac, 1822

科の和名と学名	種の和名	種の学名	カテゴリー
イガイ科 Mytilidae Rafinesque, 1815	ヤマホトトギス	*Arcuatula japonica* (Dunker, 1857)	NT
	イシワリマクラ	*Arenifodiens vagina* (Lamarck, 1819)	NT
	ヌバタママクラ	*Modiolus aratus* (Dunker, 1857)	VU
	サザナミマクラ	*Modiolus flavidus* (Dunker, 1857)	NT
	ハンレイヒバリ(カラスノマクラ)	*Modiolus hanleyi* (Dunker, 1882)	EN
	コケガラス	*Modiolus metcalfei* (Hanley, 1843)	NT
	ホソスジヒバリガイ	*Modiolus philippinarum* (Hanley, 1843)	NT

フネガイ目 Order Arcida Gray, 1854

科の和名と学名	種の和名	種の学名	カテゴリー
フネガイ科 Arcidae Lamarck, 1809	メオトサルボオ[22]	*Anadara* (*Anadara*) *crebricostata* (Reeve, 1844)	VU
	クマサルボオ[22]	*Anadara* (*Scapharca*) *globosa* (Reeve, 1841)	VU
	ヒメアカガイ	*Anadara* (*Scapharca*) *troscheli* (Dunker, 1882)	CR
	ササゲミミエガイ[23]	*Estellacar galactodes* (Benson in Cantor, 1842)	EN
	ヒメエガイ	*Mesocibota bistrigata* (Dunker, 1866)	CR
	ハイガイ	*Tegillarca granosa* (Linnaeus, 1758)	EN
	ビョウブガイ	*Trisidos kiyonoi* (Makiyama, 1931)	CR
ベンケイガイ科（タマキガイ科）Glycymerididae Dall, 1908	ウチワガイ	*Tucetona auriflua* (Reeve, 1843)	VU

カキ目 Order Ostreida Férussac, 1822

科の和名と学名	種の和名	種の学名	カテゴリー
ベッコウガキ科 Gryphaeidae Vialov, 1936	サンゴガキ	*Anomiostrea coraliophila* Habe, 1975	VU
イタボガキ科 Ostreidae Rafinesque, 1815[24]	スミノエガキ	*Crassostrea ariakensis* (Fujita, 1913)	VU
	ミナミマガキ	*Crassostrea bilineata* (Röding, 1798)	VU
	ナガガキ（マガキの地域個体群）	*Crassostrea gigas* (Thunberg, 1793)	LP（北海道・東北地方）
	シカメガキ	*Crassostrea sikamea* (Amemiya, 1928)	NT
	イタボガキ	*Ostrea denselamellosa* Lischke, 1869	EN
	ネコノアシガキ	*Talonostrea talonata* Li & Qi, 1994	DD
ハボウキ科 Pinnidae Leach, 1819[25]	ズベタイラギ	*Atrina* (*Servatrina*) *japonica* (Reeve, 1858)	NT
	タイラギ（リシケタイラギ）	*Atrina* (*Servatrina*) *lischkeana* (Clessin, 1891)	NT
	スエヒロガイ	*Pinna atropurpurea* Sowerby I, 1825	VU
	ハボウキ	*Pinna attenuata* Reeve, 1858	NT

イタヤガイ目 Order Pectinida Gray, 1854

科の和名と学名	種の和名	種の学名	カテゴリー
イタヤガイ科 Pectinidae Rafinesque, 1815	ヒナキンチャク	Decatopecten plica (Linnaeus, 1758)	EN
	ヒナノヒオウギの一種	Mimachlamys cloacata (Reeve, 1853)	NT
	ヤミノニシキ（アワジチヒロ）	Volachlamys hirasei (Bavay, 1904)	EN

異殻下綱（和名新称）NInfraclass Heteroconchia Gray, 1854[26)]
ツキガイ目（和名新称）Order Lucinida Gray, 1854[27)]

科の和名と学名	種の和名	種の学名	カテゴリー
ツキガイ科 Lucinidae Fleming, 1828	イセシラガイ	Anodontia bialata (Pilsbry, 1895)	EN
	ショウゴインツキガイ	Anodontia philippiana (Reeve, 1850)	NT
	シワツキガイ	Austriella corrugata (Deshayes, 1843)	NT
	ウラキツキガイ	Codakia paytenorum (Iredale, 1937)	VU
	カゴガイ	Fimbria soverbii (Reeve, 1841)	VU

ザルガイ目（和名新称）Order Cardiida Férussac, 1822[28)]

科の和名と学名	種の和名	種の学名	カテゴリー
ザルガイ科 Cardiidae Lamarck, 1809	ヒシガイ	Fragum bannoi (Otsuka, 1937)	VU
	オキナワヒシガイ	Fragum loochooanum Kira, 1959	NT
	カワラガイ	Fragum unedo (Linnaeus, 1758)	NT
	ハートガイ	Lunulicardia hemicardium (Linnaeus, 1758)	EN
	イレズミザルガイ	Vasticardium rubicundum compunctum (Kira, 1959)	VU
ニッコウガイ科 Tellinidae Blainville, 1814	オガタザクラ（オガタザラ）	Aeretica tomlini (E. A. Smith, 1915)	CR
	ホシヤマナミノコザラ	Cadella hoshiyamai Kuroda, 1960	VU
	リュウキュウクサビザラ（和名新称）	Cadella smithii (Lynge, 1909)	VU
	ヒラセザクラ	Clathrotellina carnicolor (Hanley, 1846)	NT
	モチヅキザラ	Cyclotellina remies (Linnaeus, 1758)	VU
	ミクニシボリザクラ	Loxoglypta compta (Gould, 1850)	NT
	ハスメザクラ	Loxoglypta transculpta (Sowerby III, 1915)	NT
	アマサギガイ	Macalia bruguieri (Hanley, 1844)	VU
	サビシラトリ	Macoma (Macoma) contabulata (Deshayes, 1855)	NT
	モモイロサギガイ	Macoma (Macoma) nobilis (Hanley, 1844)	EN
	オオモモノハナ	Macoma (Macoma) praetexta (Martens, 1865)	NT
	タカホコシラトリ	Macoma (Macoma) takahokoensis G. Yamamoto & Habe, 1959	EN
	サギガイ	Macoma (Rexithaerus) sectior (Oyama, 1950)	NT
	チガイザクラ	Macoma (Scissulina) dispar (Conrad, 1837)	VU
	ヒワズウネイチョウ(和名新称)	Merisca perplexa (Hanley, 1844)	VU
	トガリユウシオガイ	Moerella culter (Hanley, 1844)	NT
	テリザクラ	Moerella iridescens (Benson, 1842)	VU
	モモノハナ（エドザクラ）	Moerella jedoensis (Lischke, 1872)	NT
	リュウキュウザクラ	Moerella philippinensis (Hanley, 1844)	NT
	ユウシオガイ	Moerella rutila (Dunker, 1860)	NT
	サクラガイ	Nitidotellina hokkaidoensis (Habe, 1961)	NT
	ウズザクラ	Nitidotellina minuta (Lischke, 1872)	NT
	ダイミョウガイ	Pharaonella perna (Spengler, 1798)	NT
	トンガリベニガイ	Pharaonella rostrata (Linnaeus, 1758)	VU
	ベニガイ	Pharaonella sieboldii (Deshayes, 1855)	NT
	ウラキヒメザラ	Pinguitellina robusta (Hanley, 1844)	NT
	オオトゲウネガイ	Quadrans gargadia (Linnaeus, 1758)	VU
	ヌノメイチョウシラトリ	Serratina capsoides (Lamarck, 1818)	NT
	イチョウシラトリ	Serratina diaphana (Deshayes, 1856)	EN
	ヒノデガイの一種	Tellinella crucigera (Lamarck, 1818)	NT
	ニッコウガイ	Tellinella virgata (Linnaeus, 1758)	EN
	ヒラザクラ	Tellinides ovalis Sowerby I, 1825	NT
	ヘラサギガイ	Tellinides timorensis Lamarck, 1818	VU

科の和名と学名	種の和名	種の学名	カテゴリー
フジノハナガイ科 Donacidae Fleming, 1828	フジノハナガイ	*Chion semigranosus* (Dunker, 1877)	NT
	ナミノコ	*Donax* (*Latona*) *cuneatus* Linnaeus, 1758	NT
	リュウキュウナミノコ	*Donax* (*Latona*) *faba* Gmelin, 1791	NT
	キュウシュウナミノコ	*Donax* (*Tentidonax*) *kiusiuensis* Pilsbry, 1901	NT
シオサザナミ科 (リュウキュウマスオガイ科) Psammobiidae Fleming, 1828	ウスムラサキアシガイ	*Gari* (*Gari*) *lessoni* (Blainville, 1826)	VU
	アシガイ	*Gari* (*Gari*) *maculosa* (Lamarck, 1818)	NT
	ハスメヨシガイ	*Gari* (*Gari*) *squamosa* (Lamarck, 1818)	NT
	マスオガイ	*Gari* (*Psammotaena*) *elongata* (Lamarck, 1818)	NT
	ミナトマスオ	*Gari* (*Psammotaena*) *inflata* (Bertin, 1880)	VU
	ハザクラ	*Gari* (*Psammotaena*) *minor* (Deshayes, 1855)	NT
	ウラジロマスオ	*Gari* (*Psammotaena*) *togata* (Deshayes, 1855)	NT
	オチバ (コムラサキガイ)	*Gari* (*Psammotaena*) *virescens* (Deshayes, 1855)	NT
	ムラサキガイ	*Soletellina adamsii* Reeve, 1857	VU
	フジナミガイ	*Soletellina boeddinghausi* Lischke, 1870	EN
	アシベマスオ	*Soletellina petalina* (Deshayes, 1855)	DD
アサジガイ科 Semelidae Stoliczka, 1870	ナノハナガイ	*Leptomya adunca* (Gould, 1861)	CR
	コバコガイ	*Montrouzieria clathrata* Souverbie, 1863	VU
	ザンノナミダ	*Semelangulus lacrimadugongi* Kato & Ohsuga, 2007	NT
	フルイガイ	*Semele cordiformis* (Holten, 1802)	EN
	シロナノハナガイ	*Thyellisca trigonalis* (A. Adams & Reeve, 1850)	NT
キヌタアゲマキ科 Solecurtidae d'Orbigny, 1846	オオズングリアゲマキ	*Azorinus scheepmakeri* (Dunker, 1852)	CR
	キヌタアゲマキ	*Solecurtus divaricatus* (Lischke, 1869)	NT
	ミナミキヌタアゲマキ	*Solecurtus philippinensis* (Dunker, 1861)	NT
フナガタガイ科 Trapezidae Lamy, 1920	タガソデモドキ	*Trapezium* (*Neotrapezium*) *sublaevigatum* (Lamarck, 1819)	NT
シジミ科 Cyrenidae Gray, 1840	ヤマトシジミ	*Corbicula japonica* Prime, 1864	NT
	リュウキュウヒルギシジミ	*Geloina expansa* (Mousson, 1849)	VU
ハナグモリ科 Glauconomidae Gray, 1853	ハナグモリ	*Glauconome angulata* Reeve, 1844	VU
バカガイ科 Mactridae Lamarck, 1809	アリソガイ	*Coelomactra antiquata* (Spengler, 1802)	VU
	カモジガイ	*Lutraria arcuata* Reeve, 1854	NT
	オオトリガイ	*Lutraria maxima* Jonas, 1844	NT
	リュウキュウアリソガイ	*Mactra grandis* Gmelin, 1791	VU
	ナガタママキ (アダンソンタママキ)	*Mactra* cf. *luzonica* Deshayes in Reeve, 1854	EN
	トウカイタママキ	*Mactra pulchella* Philippi, 1852	VU
	オトメタママキ (和名新称)	*Mactra* sp.	EN
	ワカミルガイ	*Mactrotoma* (*Electomactra*) *angulifera* (Reeve, 1854)	NT
	ヒナミルクイ (ヒナミルガイ)	*Mactrotoma* (*Mactrotoma*) *depressa* (Spengler, 1802)	VU
	ユキガイ	*Meropesta nicobarica* (Gmelin, 1791)	NT
	ハブタエユキガイ	*Meropesta* cf. *pellucida* (Gmelin, 1791)	DD
	チリメンユキガイ	*Meropesta sinojaponica* Zhuang, 1983	CR
	ヤチヨノハナガイ	*Raeta pellicula* (Deshayes, 1854)	EN
	ミルクイ	*Tresus keenae* (Kuroda & Habe, 1950)	VU
チトセノハナガイ科 Anatinellidae Deshayes, 1853	チトセノハナガイ	*Anatinella nicobarica* (Gmelin, 1791)	VU
チドリマスオガイ科 Mesodesmatidae Gray, 1840	イソハマグリ	*Atactodea striata* (Gmelin, 1791)	NT
フタバシラガイ科 Ungulinidae Gray, 1854	ヒメシオガマ類	*Cycladicama* spp.	DD
	フタバシラガイの一種	*Diplodonta* cf. *obliqua* (Gould, 1861)	DD
マルスダレガイ科 Veneridae Rafinesque, 1815	シオヤガイ	*Anomalodiscus squamosus* (Linnaeus, 1758)	NT
	フジイロハマグリ	*Callista erycina* (Linnaeus, 1758)	NT
	タイワンシラオガイ	*Circe scripta* (Linnaeus, 1758)	EN
	シラオガイ	*Circe undatina* (Lamarck, 1818)	NT
	カミブスマ	*Clementia papyracea* Gray, 1846	NT
	オキシジミ	*Cyclina sinensis* (Gmelin, 1791)	LP (沖縄島)

科の和名と学名	種の和名	種の学名	カテゴリー
マルスダレガイ科 Veneridae Rafinesque, 1815	ツキガミ	*Dosinia* (*Asa*) *aspera* (Reeve, 1850)	VU
	アツカガミ	*Dosinia* (*Asa*) *biscocta* (Reeve, 1850)	CR
	ヤタノカガミ	*Dosinia* (*Asa*) *troscheli* Lischke, 1873	VU
	オイノカガミ	*Dosinia* (*Bonartemis*) *histrio* (Gmelin, 1791)	NT
	ウラカガミ	*Dosinia* (*Dosinella*) *corrugata* (Reeve, 1850)	EN
	ケマンガイ	*Gafrarium divaricatum* (Gmelin, 1791)	NT
	スダレハマグリ	*Katelysia japonica* (Gmelin, 1791)	NT
	ハマグリ	*Meretrix lusoria* (Röding, 1798)	VU
	トゥドゥマリハマグリ	*Meretrix* sp.	CR
	ユウカゲハマグリ	*Pitar citrinus* (Lamarck, 1818)	VU
	ウスハマグリ	*Pitar kurodai* Matsubara, 2007	EN
	マダライオウハマグリ	*Pitar limatulum* (Sowerby II, 1851)	EN
	ガンギハマグリ	*Pitar lineolatum* (Sowerby II, 1854)	NT
	オミナエシハマグリ	*Pitar pellucidum* (Lamarck, 1822)	NT
	イオウハマグリ	*Pitar sulfreum* Pilsbry, 1904	VU
	リュウキュウアサリ	*Tapes literatus* (Linnaeus, 1758)	VU
ツクエガイ科 Gastrochaenidae Gray, 1840[29]	コツツガイ	*Eufistulana grandis* (Deshayes, 1855)	NT
ヤドリシジミ科 Sportellidae Dall, 1899	ケツメガイ類	*Anisodonta* spp.	VU
	イソカゼ	*Basterotia gouldi* (A. Adams, 1864)	EN
ウロコガイ科（チリハギ科, コハクノツユ科, ブンブクヤドリガイ科, タナベガイ科, ガンヅキ科）Galeommatidae Gray, 1840[30]	ヒノマルズキン	*Anisodevonia ohshimai* (Kawahara, 1942)	NT
	ガンヅキ	*Arthritica japonica* Lützen & Takahashi, 2003	CR
	ガタヅキ（コハギガイ）	*Arthritica reikoae* (Suzuki & Kosuge, 2010)	DD
	アケボノガイ	*Barrimysia cumingii* (A. Adams, 1856)	VU
	ホシムシアケボノガイ	*Barrimysia siphonosomae* Morton & Scott, 1989	VU
	アリアケケボリ	*Borniopsis ariakensis* Habe, 1959	EN
	ツルマルケボリ	*Borniopsis tsurumaru* Habe, 1959	VU
	セワケガイ	*Byssobornia adamsi* (Yokoyama, 1924)	VU
	ヒナノズキン	*Devonia semperi* (Ohshima, 1930)	EN
	ニッポンヨーヨーシジミ	*Divariscintilla toyohiwakensis* Yamashita, Haga & Lützen, 2011	VU
	オオツヤウロコガイ	*Ephippodonta gigas* Kubo, 1996	VU
	フジタニコハクノツユ	*Fronsella fujitaniana* (Yokoyama, 1927)	VU
	ハナビラガイ	*Fronsella ohshimai* Habe, 1958	CR
	コハクマメアゲマキ	*Galeomma ambigua* (Deshayes, 1856)	NT
	バライロマメアゲマキ	*Galeomma rosea* (Deshayes, 1856)	NT
	ニッポンマメアゲマキ	*Galeomma* sp.	NT
	オウギウロコガイ	*Galeommella utinomii* Habe, 1958	EN
	ミナミウロコガイ	*Lepirodes layardi* Deshayes, 1866	NT
	ウロコガイ	*Lepirodes takii* (Kuroda, 1945)	NT
	ユンタクシジミ	*Litigiella pacifica* Lützen & Kosuge, 2006	NT
	ハチミツガイ	*Melliteryx puncticulatus* (Yokoyama, 1924)	DD
	スジホシムシモドキヤドリガイ（スジホシムシヤドリガイ, スジホシムシノヤドリガイ）	*Nipponomysella subtruncata* (Yokoyama, 1922)	NT
	タナベヤドリガイ	*Nipponomysella tanabensis* Habe, 1960	EN
	マツモトウロコガイ	*Paraborniola matsumotoi* Habe, 1958	NT
	シマノハテマゴコロガイ	*Peregrinamor gastrochaenans* Kato & Itani, 2000	VU
	マゴコロガイ	*Peregrinamor ohshimai* Shoji, 1938	NT
	オキナノエガオ	*Platomysia rugata* Habe, 1951	EN
	オサガニヤドリガイ	*Pseudopythina macrophthalmensis* Morton & Scott, 1989	NT
	ナタマメケボリガイ	*Pseudopythina ochetostoma* Morton & Scott, 1989	NT
	セワケハチミツガイ	*Pythina deshayesiana* Hinds, 1844	NT
	ミドリユムシヤドリガイ	*Sagamiscintilla thalassemicola* (Habe, 1962)	CR
	フィリピンハナビラガイ	*Salpocola philippinensis* (Habe & Kanazawa, 1981)	VU
	ツマベニマメアゲマキ	*Scintilla anomala* Deshayes, 1856	NT
	ベッコウマメアゲマキ	*Scintilla philippinensis* Deshayes, 1856	NT

ニオガイ目（和名新称）Order Pholadida Gray, 1854[31]

科の和名と学名	種の和名	種の学名	カテゴリー
ニオガイ科 Pholadidae Lamarck, 1809	イシゴロモ	*Aspidopholas yoshimurai* Kuroda & Teramachi, 1930	CR
	カキゴロモ（和名新称）	*Aspidopholas* sp.	DD
	ウミタケ	*Barnea* (*Umitakea*) *japonica* (Yokoyama, 1920)	VU
オオノガイ科 Myidae Lamarck, 1809	ヒメマスオガイ	*Cryptomya busoensis* Yokoyama, 1922	VU
	クシケマスオガイ	*Cryptomya elliptica* (A. Adams, 1851)	NT
	オフクマスオガイ	*Distugonia decurvata* (A. Adams, 1851)	VU
	オオノガイ	*Mya* (*Arenomya*) *arenaria oonogai* Makiyama, 1935	NT
	キタノオオノガイ	*Mya* (*Mya*) *uzenensis* Nomura & Zinbo, 1937	DD
ヌマコダキガイ科 Potamocorbulidae Habe, 1977[32]	ヌマコダキガイ	*Potamocorbula amurensis* (Schrenck, 1862)	EN

ネリガイ目（和名新称）Order Pandorida Stewart, 1930[33]

科の和名と学名	種の和名	種の学名	カテゴリー
オキナガイ科 Laternulidae Hedley, 1918	ヒロクチソトオリガイ	*Laternula* (*Exolaternula*) *truncata* (Lamarck, 1818)	NT
	コオキナガイ	*Laternula* (*Laternula*) *impura* (Pilsbry, 1901)	EN
	オキナガイ属の一種	*Laternula* sp.	VU
サザナミガイ科 Lyonsiidae Fischer, 1887	オビクイ	*Agriodesma navicula* (A. Adams & Reeve, 1850)	VU

スエモノガイ目（和名新称）Order Thraciiida Carter, 2011[33]

科の和名と学名	種の和名	種の学名	カテゴリー
スエモノガイ科 Thraciidae Stoliczka, 1870	シナヤカスエモノガイ	*Thracia* (*Eximiothracia*) *concinna* Gould, 1861	VU

マテガイ目（和名新称）Order Solenida Dall, 1889[34]

科の和名と学名	種の和名	種の学名	カテゴリー
マテガイ科 Solenidae Lamarck, 1809	チゴマテ	*Solen kikuchii* Cosel, 2002	VU
	バラフマテ	*Solen roseomaculatus* Pilsbry, 1901	NT
	リュウキュウマテガイ	*Solen sloanii* Hanley, 1843	NT
	ジャングサマテガイ	*Solen soleneae* Cosel, 2002	EN
	マテガイ	*Solen strictus* Gould, 1861	LP（沖縄島）
	ホソバラフマテガイ（和名新称）	*Solen* sp.	VU
ナタマメガイ科 Pharidae H. & A. Adams, 1856	アゲマキ	*Sinonovacula lamarcki* Huber, 2010	CR

節足動物門 Phylum Arthropoda [35),36),37),38]

鋏角亜門 Subphylum Chelicerata
節口綱 Class Merostomata　剣尾亜綱 Subclass Xiphosura
剣尾目 Order Xiphosurida

科の和名と学名	種の和名	種の学名	カテゴリー
カブトガニ科 Limuridae	カブトガニ	*Tachypleus tridentatus* (Leach, 1819)	CR

甲殻亜門 Crustacea
カシラエビ綱 Class Cephalocarida
カシラエビ（短脚）目 Brachypoda

科の和名と学名	種の和名	種の学名	カテゴリー
ハッチンソニエラ科 Hutchinsoniellidae	カシラエビ	*Sandersiella acuminata* Shiino, 1965	NT

顎脚綱 Class Maxillopoda，蔓脚下綱 Infraclass Cirripedia
有柄目 Order Pedunculata

科の和名と学名	種の和名	種の学名	カテゴリー
ヒメエボシガイ科 Poecilasmatidae	メナガオサガニハリミエボシ	*Octolasmis unguisiformis* Kobayashi & Kato, 2003	EN

軟甲綱 Class Malacostraca

口脚目 Order Stomatopoda

科の和名と学名	種の和名	種の学名	カテゴリー
ヒメシャコ科 Nannosquillidae	ミツツノヒメシャコ	*Alachosquilla vicina* (Nobili, 1904)	DD
	シマトラフヒメシャコ	*Bigelowina phalangium* (Fabricius, 1798)	VU
	コドモヒメシャコ	*Pullosquilla litoralis* (Michel & Manning, 1971)	DD
	トーマスヒメシャコ	*Pullosquilla thomassini* Manning, 1978	DD
シャコ科 Squillidae	サヌキメボソシャコ	*Clorida japonica* Manning, 1978	DD

端脚目 Order Amphipoda

科の和名と学名	種の和名	種の学名	カテゴリー
キタヨコエビ科 Anisogammaridae	ヒヌマヨコエビ	*Jesogammarus* (*J.*) *hinumensis* Morino, 1993	DD
ユンボソコエビ科 Aoridae	オオサカドロソコエビ	*Grandidierella osakaensis* Ariyama, 1996	NT
	ヒメドロソコエビ	*Paragrandidierella minima* Ariyama, 2002	DD
カマカヨコエビ科 Kamakidae	イサハヤカマカモドキ	*Heterokamaka isahayae* Ariyama, 2008	CR
ゲンコツヨコエビ科 Paracalliopiidae	シマントヨコエビ	*Mucrocalliope shimantoensis* Ariyama & Azuma, 2011	NT
ツノヒゲソコエビ科 Urothoidae	スナウシロマエソコエビ	*Eohaustorius subulicolus* Hirayama, 1985	DD

等脚目 Order Isopoda

科の和名と学名	種の和名	種の学名	カテゴリー
スナウミナナフシ科 Anthuridae	ヒゲナガウミナナフシ	*Amakusanthura longiantennata* Nunomura, 1977	DD
スナホリムシ科 Cirolanidae	ヒガタスナホリムシ	*Eurydice akiyamai* Nunomura, 1981	VU
コツブムシ科 Sphaeromatidae	ヒメコツブムシ	*Gnorimosphaeroma pulchellum* Nunomura, 1998	DD
エビヤドリムシ科 Bopyridae	アナジャコノハラヤドリ	*Phyllodurus* sp.	VU

十脚目 Order Decapoda, コエビ下目 Infraorder Caridea

科の和名と学名	種の和名	種の学名	カテゴリー
ヌマエビ科 Atyidae	マングローブヌマエビ	*Caridina propinqua* De Man, 1908	VU
テッポウエビ科 Alpheidae	ハシボソテッポウエビ	*Alpheus dolichodactylus* Ortmann, 1890	VU
	フタットゲテッポウエビ	*Alpheus hoplocheles* Coutière, 1897	CR
	ホリテッポウエビ	*Alpheus macellarius* Chace, 1988	DD
	クボミテッポウエビ	*Stenalpheops anacanthus* Miya, 1997	NT
モエビ科 Hippolytidae	キノボリエビ	*Merguia oligodon* (De Man, 1888)	VU

十脚目 Order Decapoda, アナエビ下目 Infraorder Axiidea

科の和名と学名	種の和名	種の学名	カテゴリー
スナモグリ科 Callianassidae	オトヒメスナモグリ	*Calliaxina sakaii* (De Saint Laurent & Le Loeuff, 1979)	DD
	ウラシマスナモグリ	*Eucalliax panglaoensis* Dworschak, 2006	DD
	ブビエスナモグリ	*Paratrypaea bouvieri* (Nobili, 1904)	DD

十脚目 Order Decapoda, アナジャコ下目 Infraorder Gebiidea

科の和名と学名	種の和名	種の学名	カテゴリー
アナジャコ科 Upogebiidae	ミナミアナジャコ	*Upogebia carinicauda* (Stimpson, 1860)	VU
	コブシアナジャコ	*Upogebia sakaii* Ngoc-Ho, 1994	VU

十脚目 Order Decapoda, 異尾下目 Infraorder Anomura

科の和名と学名	種の和名	種の学名	カテゴリー
オカヤドカリ科 Coenobitidae	コムラサキオカヤドカリ	*Coenobita violascens* Heller, 1862	NT
ヤドカリ科 Diogenidae	ヒルギノボリヨコバサミ	*Clibanarius ambonensis* Rahayu & Forest, 1993	EN
	ワカクサヨコバサミ	*Clibanarius demani* Buitendijk, 1937	DD
	シマヨコバサミ	*Clibanarius rhabdodactylus* Forest, 1953	DD
	スネリウスヨコバサミ	*Clibanarius snelliusi* Buitendijk, 1937	DD
	マルツノヤドカリ	*Diogenes avarus* Heller, 1865	NT
	アンバツノヤドカリ	*Diogenes leptocerus* Forest, 1956	NT
	テナガツノヤドカリ	*Diogenes nitidimanus* Terao, 1913	NT
ホンヤドカリ科 Paguridae	キカイホンヤドカリ	*Pagurus angstus* (Stimpson, 1858)	DD

科の和名と学名	種の和名	種の学名	カテゴリー
ホンヤドカリ科 Paguridae	ヨモギホンヤドカリ	*Pagurus nigrofascia* Komai, 1996	NT
カニダマシ科 Porcellanidae	サンゴカニダマシ	*Enosteoides melissa* (Miyake, 1942)	EN
	イボテカニダマシ	*Novorostrum decorocrus* Osawa, 1998	VU
	ドロイワカニダマシ	*Petrolisthes bifidus* Werding & Hiller, 2004	VU
	ヤドリカニダマシ	*Polyonyx sinensis* Stimpson, 1858	VU
	ウチノミカニダマシ	*Polyonyx utinomii* Miyake, 1943	EN
クダヒゲガニ科 Albuneidae	ヒメクダヒゲガニ	*Albunea groeningi* Boyko, 2002	DD
	オキナワクダヒゲガニ	*Albunea okinawaensis* Osawa & Fujita, 2007	DD

十脚目 Order Decapoda, 短尾下目 Infraorder Brachyura[39]

科の和名と学名	種の和名	種の学名	カテゴリー
エンコウガニ科 Goneplacidae	リュウキュウカクエンコウガニ	*Notonyx kumi* Naruse & Maenosono, 2009	VU
ムツアシガニ科 Hexapodidae	ヒメムツアシガニ	*Hexapus anfractus* (Rathbun, 1909)	NT
	ムツアシガニ	*Hexapinus latipes* (De Haan, 1835)	EN
コブシガニ科 Leucosiidae	イリオモテマメコブシガニ	*Philyra iriomotensis* Sakai, 1983	NT
	マンガルマメコブシガニ	*Philyra nishihirai* Takeda & Nakasone, 1991	NT
	アマミマメコブシガニ	*Philyra taekoae* Takeda, 1972	NT
	マメコブシガニ	*Pyrhila pisum* (De Haan, 1841)	NT
ヤワラガニ科 Hymenosomatidae	アリアケヤワラガニ	*Elamenopsis ariakensis* (Sakai, 1969)	EN
	ヤエヤマヤワラガニ	*Neorhynchoplax yaeyamaensis* Naruse, Shokita & Kawahara, 2005	VU
モガニ科 Epialtidae	ツノガニ	*Hyastenus diacanthus* (De Haan, 1839)	NT
ヒシガニ科 Parthenopidae	ホソウデヒシガニ	*Enoplolambrus laciniatus* (De Haan, 1839)	NT
ケブカガニ科 Pilumnidae	マルミトラノオガニ	*Heteropanope glabra* Stimpson, 1858	NT
ワタリガニ科（ガザミ科）Portunidae	クメジマハイガザミモドキ	*Libystes villosus* Rathbun, 1924	VU
	ツノナシイボガザミ	*Portunus* (*Xiphonectes*) *brockii* (De Man, 1887)	EN
	アカテノコギリガザミ	*Scylla olivacea* (Herbst, 1796)	NT
	トゲノコギリガザミ	*Scylla paramamosain* Estampador, 1949	NT
ベンケイガニ科 Sesarmidae	アカテガニ	*Chiromantes haematocheir* (De Haan, 1833)	LP(東北地方)
	リュウキュウアカテガニ	*Chiromantes ryukyuanum* Naruse & Ng, 2008	EN
	ウモレベンケイガニ	*Clistocoeloma sinense* Shen, 1933	EN
	フジテガニ	*Clistocoeloma villosum* (A. Milne-Edwards, 1869)	NT
	カスリベンケイガニ	*Lithoselatium pulchrum* Schubart, Liu & Ng, 2009	EN
	ケブカベンケイガニ	*Nanosesarma vestitum* (Stimpson, 1858)	DD
	オオアシハラガニモドキ	*Neosarmatium fourmanoiri* Serène, 1973	VU
	ヒナアシハラモドキ	*Neosarmatium laeve* (A. Milne-Edwards, 1869)	VU
	シロテアシハラガニモドキ	*Tiomanium indicum* (H. Milne Edwards, 1837)	VU
	クシテガニ	*Parasesarma affine* (De Haan, 1837)	VU
	ユビアカベンケイガニ	*Parasesarma tripectinis* (Shen, 1940)	NT
	フタバカクガニモドキ	*Perisesarma semperi* (Bürger, 1893)	NT
	ギザテアシハラガニ	*Sarmatium germaini* (A. Milne-Edwards, 1869)	NT
	ミゾテアシハラガニ	*Sarmatium striaticarpus* Davie, 1992	NT
	アシナガベンケイガニ	*Sesarmoides kraussi* (De Man, 1887)	NT
	ベンケイガニ	*Sesarmops intermedius* (De Haan, 1835)	VU
モクズガニ科 Varunidae	ヨコナガモドキ	*Asthenognathus inaequipes* Stimpson, 1858	NT
	ハマガニ	*Chasmagnathus convexus* (De Haan, 1833)	NT
	マメイソガニ	*Gopkittisak angustum* Komai, 2011	EN
	ヒメアシハラガニ	*Helicana japonica* (K. Sakai & Yatsuzuka, 1980)	NT
	アシハラガニ	*Helice tridens* (De Haan, 1835)	LP(陸奥湾)
	スネナガイソガニ	*Hemigrapsus longitarsis* (Miers, 1879)	NT
	ヒメケフサイソガニ	*Hemigrapsus sinensis* Rathbun, 1929	VU
	ヒメモクズガニ	*Neoeriocheir leptognathus* (Rathbun, 1913)	CR
	ロッカクイソガニ	*Otognathon uru* Ng, Komai & Ng, 2009	VU
	トゲアシヒライソガニモドキ	*Parapyxidognathus deianira* (De Man, 1888)	NT
	ミナミアシハラガニ	*Pseudohelice subquadrata* (Dana, 1851)	NT
	ヒメヒライソモドキ	*Ptychognathus capillidigitatus* Takeda, 1984	NT
	ヒライソモドキ	*Ptychognathus glaber* Stimpson, 1858	EN

科の和名と学名	種の和名	種の学名	カテゴリー
モクズガニ科 Varunidae	タイワンヒライソモドキ	*Ptychognathus ishii* Sakai, 1939	NT
	オオヒメアカイソガニ	*Sestrostoma balssi* (Shen, 1932)	EN
	トリウミアカイソモドキ	*Sestrostoma toriumii* (Takeda, 1974)	NT
	シタゴコロガニ	*Sestrostoma* sp.	EN
	ミナミヒライソモドキ	*Thalassograpsus harpax* (Hilgendorf, 1892)	VU
	ヒラモクズガニ	*Utica borneensis* De Man, 1895	NT
	ニセモクズガニ	*Utica gracilipes* White, 1847	VU
	タイワンオオヒライソガニ	*Varuna yui* Hwang & Takeda, 1986	DD
ムツハアリアケガニ科 Camptandriidae	ムツハアリアケガニ	*Camptandrium sexdentatum* Stimpson, 1858	NT
	アリアケガニ	*Cleistostoma dilatatum* (De Haan, 1833)	EN
	アリアケモドキ	*Deiratonotus cristatus* (De Man, 1895)	VU
	カワスナガニ	*Deiratonotus japonicus* (Sakai, 1934)	NT
	クマノエミオスジガニ	*Deiratonotus kaoriae* Miura, Kawane & Wada, 2007	CR
	コウナガカワスナガニ	*Moguai elonagatum* (Rathbun, 1931)	NT
	ヨウナシカワスナガニ	*Moguai pyriforme* Naruse, 2005	VU
	ハサミカクレガニ	*Mortensenella forceps* Rathbun, 1909	NT
	ミナミムツハアリアケガニ	*Takedellus ambonensis* (Serène & Moosa, 1971)	NT
コメツキガニ科 Dotillidae	ハラグクレチゴガニ	*Ilyoplax deschampsi* (Rathbun, 1913)	NT
	チゴガニ	*Ilyoplax pusilla* (De Haan, 1835)	LP（奄美大島以南）
	ツノメチゴガニ	*Tmethypocoelis choreutes* Davie & Kosuge, 1995	NT
オサガニ科 Macrophthalmidae	オモナガドロガニ	*Apograpsus paantu* (Naruse & Kishino, 2006)	NT
	チゴイワガニ	*Ilyograpsus nodulosus* Sakai, 1983	NT
	オサガニ	*Macrophthalmus abbreviatus* Manning & Holthuis, 1981	NT
	ヒメヤマトオサガニ	*Macrophthalmus banzai* Wada & Sakai, 1989	NT
	ホルトハウスオサガニ	*Macrophthalmus holthuisi* Serène, 1973	NT
	ヤマトオサガニ	*Macrophthalmus japonicus* (De Haan, 1835)	LP（種子島）
	ヒメメナガオサガニ	*Macrophthalmus microfylacas* Nagai, Watanabe & Naruse, 2006	NT
	ナガスクオサガニ	*Macrophthalmus quadratus* A. Milne-Edwards, 1873	NT
	メナガオサガニ	*Macrophthalmus serenei* Takeda & Komai, 1991	NT
	オオヨコナガピンノ	*Tritodynamia rathbunae* Shen, 1932	VU
スナガニ科 Ocypodidae	シオマネキ	*Uca arcuata* (De Haan, 1835)	VU
	リュウキュウシオマネキ	*Uca coarctata* (H. Milne Edwards, 1852)	VU
	ベニシオマネキ	*Uca crassipes* (White, 1847)	LP（小笠原）
	ハクセンシオマネキ	*Uca lactea* (De Haan, 1835)	NT
	ルリマダラシオマネキ	*Uca tetragonon* (Herbst, 1790)	NT
	シモフリシオマネキ	*Uca triangularis* (A. Milne-Edwards, 1873)	VU
	ヒメシオマネキ	*Uca vocans* (Linnaeus, 1758)	NT
メナシピンノ科 Xenophthalmidae	メナシピンノ	*Xenophthalmus pinnotheroides* White, 1846	VU
カクレガニ科 Pinnotheridae	カワラピンノ	*Nepinnotheres cardii* (Bürger, 1895)	VU
	ギボシマメガニ	*Pinnixa balanoglossana* Sakai, 1934	EN
	アカホシマメガニ	*Pinnixa haematosticta* Sakai, 1934	VU
	ホンコンマメガニ	*Pinnixa* aff. *penultipedalis* Stimpson, 1858	VU
	シロナマコガニ	*Pinnixa tumida* Stimpson, 1858	VU
	フタハピンノ	*Pinnotheres bidentatus* Sakai, 1939	VU
	ウモレマメガニ	*Pseudopinnixa carinata* Ortmann, 1894	VU
	ニホンマメガニダマシ	*Sakaina japonica* Serène, 1964	NT
	イリオモテヨコナガピンノ	*Tetrias* sp.	EN

環形動物門 Phylum Annelida
多毛綱 Class Polychaeta
サシバゴカイ目 Order Phyllodocida[40]

科の和名と学名	種の和名	種の学名	カテゴリー
ゴカイ科 Nereididae	イトメ	*Tylorrhynchus osawai* (Izuka, 1903)	NT
	アリアケカワゴカイ	*Hediste japonica* (Izuka, 1908)	EN
	ウチワゴカイ	*Nectoneanthes* sp.	VU
	クメジマナガレゴカイ（和名新称）	*Ceratonereis* (*Composetia*) sp.	DD
ウロコムシ科 Polynoidae	トゲイカリナマコウロコムシ	*Arctonoella* sp.	DD
	アナジャコウロコムシ	*Hesperonoe hwanghaiensis* Uschakov & Wu, 1959	DD
	オオシマウロコムシ	*Lepidasthenia ohshimai* Okuda, 1936	DD

イソメ目 Order Eunicida

科の和名と学名	種の和名	種の学名	カテゴリー
ビクイソメ科 Lysaretidae	アカムシ	*Halla okudai* Imajima, 1967	EN

ツバサゴカイ目 Order Chaetopterida

科の和名と学名	種の和名	種の学名	カテゴリー
ツバサゴカイ科 Chaetopteridae	ツバサゴカイ	*Chaetopterus cautus* Marenzeller, 1879	VU
	ムギワラムシ	*Mesochaetopterus japonicus* Fujiwara, 1934	VU

オフェリアゴカイ目 Order Ophelida

科の和名と学名	種の和名	種の学名	カテゴリー
オフェリアゴカイ科 Opheliidae	ニッポンオフェリア	*Travisia japonica* Fujiwara, 1933	VU

イトゴカイ目 Order Capitellida

科の和名と学名	種の和名	種の学名	カテゴリー
イトゴカイ科 Capitellidae	アリアケイトゴカイ	*Parheteromastus tenuis* Monro, 1937	DD
	シダレイトゴカイ	*Notomastus latericeus* Sars, 1851	NT
	チリメンイトゴカイ	*Dasybranchus caducus* (Grube, 1846)	NT

フサゴカイ目 Order Terebellida

科の和名と学名	種の和名	種の学名	カテゴリー
カンムリゴカイ科 Sabellariidae	アリアケカンムリゴカイ	*Sabellaria ishikawai* Okuda, 1938	DD
フサゴカイ科 Terebellidae	カンテンフサゴカイ	*Amaeana* sp.	DD
	ドロクダチンチロモドキ（和名新称）	*Loimia* sp.	DD
	ニッポンフサゴカイ	*Thelepus* cf. *setosus* (Quatrefages, 1865)	NT

ケヤリムシ目 Order Sabellida

科の和名と学名	種の和名	種の学名	カテゴリー
ケヤリムシ科 Sabellidae	ヒガタケヤリムシ	*Luonome albicingillum* Hsieh, 1995	DD
	ウメタテケヤリムシ	*Paradialychone edomae* Nishi, Tanaka, Tover-Hernandez & Giangrande, 2009	DD
	ミナミエラコ	*Pseudopotamilla myriops* (Marenzeller, 1884)	VU

刺胞動物門 Phylum Cnidaria
花虫綱 Class Anthozoa
ウミエラ目 Order Pennatulacea

科の和名と学名	種の和名	種の学名	カテゴリー
ウミサボテン科 Veretillidae	ウミサボテン	*Cavernularia obesa* Milne-Edwards & Haime, 1850	DD

イソギンチャク目 Order Actiniaria[41]

科の和名と学名	種の和名	種の学名	カテゴリー
ムシモドキギンチャク科 Edwardsiidae	ホソイソギンチャク	*Metedwardsia akkeshi* (Uchida, 1932)	CR
	ムシモドキギンチャク類	Edwardsiidae spp.	DD
コンボウイソギンチャク科 Haloclavidae	ドロイソギンチャク	*Harenactis attenuata* Torrey, 1902	DD
ホウザワイソギンチャク科 Andvakiidae	アンドヴァキア・ボニンエンシス	*Andvakia boninensis* Carlgren, 1943	DD
	ホウザワイソギンチャク	*Synandwakia hozawai* (Uchida, 1932)	NT
ウメボシイソギンチャク科 Actiniidae	ニンジンイソギンチャク	*Paracondylactis hertwigi* (Wassileff, 1908)	EN
	ハナワケイソギンチャク	*Neocondylactis* sp.	DD
セトモノイソギンチャク科 Actinostolidae	マキガイイソギンチャク	*Paranthus sociatus* Uchida, 1940	VU

扁形動物門 Phylum Platyhelminthes

渦虫綱 Class Turbellaria

三岐腸目 Order Tricladida

科の和名と学名	種の和名	種の学名	カテゴリー
コガタウミウズムシ科 Uteriporidae	カブトガニウズムシ	*Ectoplana limuli* (Ijima & Kaburaki, 1916)	CR

紐形動物門 Phylum Nemertea

無針綱 Class Anopla

異紐虫目 Order Heteronemertea

科の和名と学名	種の和名	種の学名	カテゴリー
オロチヒモムシ科 Cerebratulidae	オロチヒモムシ	*Cerebratulus marginatus* Renier, 1804	DD

腕足動物門 Phylum Brachiopoda

舌殻綱 Class Lingulata

舌殻目 Order Lingulida

科の和名と学名	種の和名	種の学名	カテゴリー
シャミセンガイ科 Lingulidae	オオシャミセンガイ	*Lingula adamsi* Dall, 1873	CR
	ミドリシャミセンガイ	*Lingula anatina* (Lamarck, 1801)	NT

星口動物門 Phylum Sipuncula[42],[43]

スジホシムシ綱 Class Sipunculidea

スジホシムシ目 Order Sipunculiformes

科の和名と学名	種の和名	種の学名	カテゴリー
スジホシムシ科 Sipunculidae	スジホシムシ	*Sipunculus nudus* Linnaeus, 1766	NT
	スジホシムシモドキ	*Siphonosoma cumanense* (Keferstein, 1867)	NT
	アマミスジホシムシモドキ	*Siphonosoma funafuti* (Shipley, 1898)	DD

サメハダホシムシ綱 Class Phascolosomatidea

サメハダホシムシ目 Order Phascolosomatiformes

科の和名と学名	種の和名	種の学名	カテゴリー
サメハダホシムシ科 Phascolosomatidae	アンチラサメハダホシムシ	*Antillesoma antillarum* (Grübe & Oersted, 1858)	DD

ユムシ動物門 Phylum Echiura[42]

キタユムシ目 Order Echiuroinea

科の和名と学名	種の和名	種の学名	カテゴリー
キタユムシ科 Echiuridae	キタユムシ	*Echiurus echiurus echiurus* (Pallas, 1766)	DD
	ドチクチユムシ	*Arhynchite arhynchite* (Ikeda, 1924)	DD
	サビネミドリユムシ	*Anelassorhynchus sabinus* (Lanchester, 1905)	NT
	ミドリユムシ	*Anelassorhynchus mucosus* (Ikeda, 1904)	DD

科の和名と学名	種の和名	種の学名	カテゴリー
キタユムシ科 Echiuridae	オウストンミドリユムシ	*Thalassema owstoni* Ikeda, 1904	DD
	ユメユムシ	*Ikedosoma elegans* (Ikeda, 1904)	NT
	ゴゴシマユムシ	*Ikedosoma gogoshimense* (Ikeda, 1904)	DD
	サナダユムシ	*Ikeda taenioides* (Ikeda, 1904)	NT

ユムシ目 Order Xenopneusta

科の和名と学名	種の和名	種の学名	カテゴリー
ユムシ科 Urechidae	ユムシ	*Urechis unicinctus* (Drasche, 1881)	NT

半索動物門 Phylum Hemichordata
ギボシムシ綱 Class Enteropneusta
ギボシムシ目 Order Balanoglossida

科の和名と学名	種の和名	種の学名	カテゴリー
ギボシムシ科 Ptychoderidae	ワダツミギボシムシ	*Balanoglossus carnosus* (Willey, 1899)	NT
	ミサキギボシムシ	*Balanoglossus misakiensis* Kuwano, 1902	DD

棘皮動物門 Phylum Echinodermata
ナマコ綱 Class Holothuroidea
無足目 Order Apodida

科の和名と学名	種の和名	種の学名	カテゴリー
イカリナマコ科 Synaptidae	ウチワイカリナマコ	*Labidoplax dubia* (Semper, 1868)	DD

脊索動物門 Phylum Chordata
ナメクジウオ綱 Class Leptocardia
ナメクジウオ目 Order Branchiostomatida

科の和名と学名	種の和名	種の学名	カテゴリー
ナメクジウオ科 Branchiostomatidae	ヒガシナメクジウオ	*Branchiostoma japonicum* (Willey, 1897)	NT

分類群別リストの注釈

第1章 軟体動物

1) 近年，腹足綱の系統解析が進められた結果，亜綱や目など既存のリンネ式階層にうまく当てはめられない分類群が多数生じることとなった．系統樹上の各単系統群（クレード）にバランスよく亜綱や目といった名称を割り振るのは極めて困難である上に，適切な名称が存在しないクレードも存在する．このためBouchet & Rocroi (2005) では亜綱や目を一切使用せず，単系統群は単に「Clade」と呼び，また単系統でないものの便宜上まとめられた群（本書では翼舌類と原始的異鰓類がこれに該当する）は「Informal Group」（非公式群）としている．本書でもこれにならった．本書の分類表所載の上位分類群のうち，笠型腹足類クレード・古腹足類クレード・アマオブネ型類クレード・新生腹足類クレード・異鰓類クレードがそれぞれ同一の階級に相当する（Ponder & Lindberg, 1997；彼らはそれらを「上目」としている）．

2) 従来の文献ではユキノカサ科と呼ばれることが多かったが，学名Lottiidaeのタイプ属Lottiaの代表的な日本産の種はコガモガイであるので，これに合わせてコガモガイ科とする．

3) Lottidaeと記した文献があるがそれは誤綴である．

4) 本書所載のアマオブネ科の種の一部はKano et al. (2011) に従って学名を変更した（本文におけるそれぞれの種の項を参照）．

5) 新生腹足類クレードには吸腔類クレードのほか，大半が淡水・陸産種からなる原始紐舌類 Architaenioglossa Haller, 1892（単系統でない可能性が高い非公式群）が含まれるが，本書では吸腔類クレードに属す種のみが扱われている．

6) 吸腔類クレードは，オニノツノガイ上科とエンマノツノガイ上科 Campaniloidea Douvillé, 1904 から成る未命名のクレード＋高腹足類クレードから成る．オニノツノガイ上科とエンマノツノガイ上科のみを吸腔類とするのは誤り．

7) 高腹足類クレードは，タマキビ類クレード＋翼舌類＋新腹足類クレードからなる．

8) カチドキシタダミ科は従来ミズツボ科 Hydrobiidae Stimpson, 1865の亜科の一つとされてきたが，実際はワカウラツボ科に近縁な独立の科である（Ponder & Fukuda, 準備中；本文参照）．

9) 旧名サザナミツボ科．改称の理由は本文のサザナミツボ及びウズツボの項を参照．

10) タマガイ科に属す種の学名は鳥越・稲葉 (2011) に準拠した．

11) 翼舌類はおそらく多系統群で，今後分解される可能性が高い．

12) イモガイ上科は旧来の分類ではイモガイ科，クダボラ科（＝クダマキガイ科），タケノコガイ科の3科とするのが一般的であったが，近年大幅に分類が見直された．ここでは Bouchet et al. (2011) に従ってかつてのクダボラ科をコシボソクチキレツブ科，マンジ科，フデシャジク科，クダボラ科に分割した．クダボラ科以外の3科の和名は本書での新称ではなく，肥後・後藤 (1993) において亜科の和名として用いられたものを採用した．

13) 異鰓類クレード全体の単系統性は研究者間であまり異論が見られないが，その内部の系統関係や分類は現在も議論が続き，安定していない．本書ではJörger et al. (2010) による系統樹と命名法を採用した．この場合異鰓類クレードは原始的異鰓類（単系統でない）＋裸側類 Nudipleura Wägele & Willan, 2000（＝裸鰓類 Nudibranchia Cuvier, 1814＋側鰓類 Pleurobranchomorpha Pelseneer, 1906；本書では対象外）＋真後鰓類クレード＋汎有肺類クレードからなる．

14) 原始的異鰓類はおそらく側系統群．Allogastropoda Haszprunar, 1985 はほぼ同義．1980年代後半以降，Heterostropha P. Fischer, 1885 異鰓類という名称がこの群に対して用いられてきたが，その当時の異鰓類にはオオシイノミガイ科等は含まれていなかった．

15) ガクバンゴウナ科は従来トウガタガイ上科に属すとされてきたが，最近の分子系統解析によればガクバンゴウナ科とトウガタガイ科の類縁は遠い．ガクバンゴウナ科は異鰓類全体でも最も原始的な一群である（この点は従来通り）が，トウガタガイ科はむしろ有肺類に近縁である（トウガタガイ科の注19) も参照）．

16) オオシイノミガイ科やマメウラシマ科 Ringiculidae Philippi, 1853，ミスガイ科 Aplustridae Gray, 1847及びそれらの近縁科は長らく頭楯類 Cephalaspidea Fischer, 1883の一員とされてきたが，近年は他の頭楯類（スイフガイ科，ブドウガイ科，カノコキセワタ科，キセワタ科 Philinidae Gray, 1850，ナツメガイ科 Bullidae Gray, 1827 など）よりも原始的であるとされている．

17) 長らく用いられてきた後鰓類 Opisthobranchia Milne-Edwards, 1846 は1990年代以降の多くの著者がその単系統性に疑義を呈している．特に近年の分子系統解析（Klussmann-Kolb et al., 2008；Dinapoli & Klussmann-Kolb, 2010；Jörger et al., 2010）によれば，一般的に後鰓類の代表的な分類群として知られる裸鰓類（いわゆる「狭義のウミウシ」）と，それ以外の後鰓類（たとえばアメフラシ類 Aplysiomorpha Pelseneer, 1906，ヒトエガイ類 Umbraculomorpha Schmekel, 1985，翼足類 Pteropoda Cuvier, 1804, 狭義の頭楯類など）は単系統群を形成しない（側系統群となる）ことと，囊舌類 Sacoglossa Ihering, 1876 はそれらのいずれからも遠いことでおおむね一致している．本書で採用した Jörger et al. (2010) は，かつての後鰓類から裸側類（裸鰓類＋側鰓類）・オオシイノミガイ科などかつての頭楯類の一部・囊舌類・スナウミウシ類 Acochlidiacea Odhner, 1937 を除いた群を単系統群と見なし，

真後鰓類と命名している.

18) Jörger et al. (2010) によれば，従来の有肺類 Pulmonata Cuvier, 1814 に嚢舌類・トウガタガイ科・スナウミウシ類を加えたものが単系統群を形成し，そのクレードが汎有肺類と命名された.

19) トウガタガイ科は長らく，異鰓類の中でも最も原始的な群の一つと考えられてきたが，Klussmann-Kolb et al. (2008)，Dinapoli & Klussmann-Kolb (2010), Jörger et al. (2010) 等によれば決して原始的でなく，むしろ，かつて有肺類とされてきた各分類群からなるクレードに含まれ，フタマイマイ上科 Amphiboloidea（本書ではフタマイマイ科が含まれる）やゴンドワナシタダミ科 Glacidorbidae Ponder, 1986 に近縁とされる．なおイソチドリ科 Amathinidae Ponder, 1997は本科に包含されるので本書では異名とした（本文のイソチドリの項を参照）.

20) ヒミツナメクジ科は当初嚢舌類に属する可能性が指摘されていたが，Neusser et al. (2011) はスナウミウシ類の一員であることを実証した．Jörger et al. (2010) によればスナウミウシ類は真有肺類 Eupulmonata Haszprunar & Huber, 1990 (non Morton, 1955) (= 柄眼類 Stylommatophora Schmidt, 1855 + 収眼類 Systellommatophora Pilsbry, 1948 + オカミミガイ科 + ユキカラマツガイ科 Trimusculidae Burch, 1945) の姉妹群である.

21) 二枚貝綱は腹足綱と同様，近年になって大きな分類体系の見直しが行われ，Bieler & Mikkelsen (2006), Bieler et al. (2010) など複数の異なる分類法が提唱されたが，本書では最新の Carter et al. (2011) を採用した（ただしイタボガキ科・ウロコガイ科・ヌマコダキガイ科の扱いのみ準拠しなかった）．二枚貝綱を原鰓亜綱と自鰓亜綱の2つに大別する点では Bieler et al. (2010), Carter et al. (2011) ともに共通している．異殻下綱の分類については Taylor et al. (2007) による分子系統樹も併せて参照されたい.

22) 従来の文献ではもっぱら「・・・サルボウ」とされてきたが，岡本・奥谷 (1997) によれば語源は「猿頬」であり，現在仮名遣いではサルボオと記すのが正しいので，本書ではサルボオに統一した.

23) 従来の文献ではササゲミミエガイを含むミミエガイ類はサンカクサルボオ科 Noetiidae Stewart, 1930 としてフネガイ科から分離する場合が多かったが，Carter et al. (2011) ではサンカクサルボオ科をフネガイ科の1亜科としている.

24) Carter et al. (2011) は，従来イタボガキ科の1亜科とされてきた Crassostreinae Scarlato & Starobogatov, 1979 マガキ亜科をイタボガキ科から切り離し，別の独立科 Flemingostreidae Stenzel, 1971 に含めているが，本書では従来通りマガキ亜科に属する種（本書所載種のうちイタボガキを除く全種）をイタボガキ科に含めた.

25) ハボウキ科は従来ウグイスガイ目 Pteriida Newell, 1965 とされてきたが，Carter et al. (2011) ではウグイスガイ目 (Malleidina Gray, 1854 として) をカキ目の亜目とした.

26) 異殻下綱はかつての古異歯類 Palaeoheterodonta Newell, 1965 (= Uniomorphi Gray, 1854；内訳は Trigoniida Dall, 1889 サンカクガイ目 + Unionida Gray, 1854 イシガイ目) と異歯類 Heterodonta Neumayr, 1884 (= Cardiomorphi Férussac, 1822) からなる．現生の異歯類のうち本書で扱われなかった目としてトマヤガイ目（和名新称）Carditida Dall, 1889 がある.

27) ツキガイ目を独立の目とし，異歯類の中で最初に分岐した群とする考えは近年の多くの著者（たとえば Taylor et al., 2007）で一致している.

28) ここでいうザルガイ目は従来マルスダレガイ目 Venerida Gray, 1854 とよばれてきた群にほぼ等しいが，Bieler et al. (2010) で「所属不明」とされたツクエガイ科もザルガイ目に含まれる.

29) ツクエガイ科は Bieler et al. (2010) では目の所属不明とされていたが，Carter et al. (2011) はザルガイ目の一員としている.

30) ウロコガイ上科（ウロコガイ科の他，チリハギ科 Lasaeidae Gray, 1842, コハクノツユ科 Kelliidae Forbes & Hanley, 1849, ブンブクヤドリガイ科 Montacutidae Clark, 1855, ガンヅキ科 Leptonidae Gray, 1847, タナベガイ科 Mysellidae Bernard, 1983, コフジガイ科 Erycinidae Deshayes, 1850 などの科名が存在する）の分類はいまだ十分に整理されていないので，本書では Ponder (1998) の扱いにならってそれら全体を区別せずウロコガイ科とした．Bieler et al. (2010) と Carter et al. (2011) はともにウロコガイ上科をウロコガイ科とチリハギ科の二つに分けているが，これに明確な根拠があるかどうかは疑わしい.

31) ここで言うニオガイ目は従来オオノガイ目 Myida Stoliczka, 1870 とよばれてきた群にほぼ等しい．ただしキヌマトイガイ科 Hiatellidae Gray, 1824 は Bieler et al. (2010) によって「所属不明」としてオオノガイ目から分離されたのち，Carter et al. (2011) によってキヌマトイガイ目（和名新称）Hiatellida Carter, 2011 が創設された.

32) 波部 (1977) はヌマコダキガイに対してヌマコダキガイ科を創設したが，それ以後同科は一貫してシコロクチベニ科 Corbulidae Lamarck, 1818 の異名とされてきた．しかし最近の分子系統解析によれば両者は異なるクレードを形成し，異なる科に分割すべきことが示唆されるため，ここでは波部 (1977) に従って独立科とする．なおヌマコダキガイは南米産のヌマコダキダマシ科 Erodonidae Winckworth, 1932 の種に一見似ているためかつて類縁が指摘されてきたが，実際には両者の類縁は遠く，ヌマコダキガイ科とヌマコダキダマシ科は異なる科とすべきである.

33) ネリガイ目とスエモノガイ目は，長らくウミタケモドキ目 Pholadomyida Newell, 1965 (= 異靭帯亜綱 Anomalodesmata Dall, 1889) とされてきた一群から Carter et al. (2011) によって分離されたもので，同時に Poromyida Ridewood, 1903 スナメガイ目（和名新称）も立てられた．ウミタケモドキ目は包含する科の範囲が縮小された形で残されているものの単系統群ではないとされる.

34) マテガイ科及びナタマメガイ科は Bieler et al. (2010) では目の所属不明とされていたが，Carter et al. (2011) はマテガイ目とした．

第2章　節足動物

35) 亜門，綱，および目の名称と配列は，原則として，西村 (1995)，Martin & Davis (2001)，および朝倉 (2003) に準拠した．
36) 口脚目，端脚目，および等脚目の科の配列は，Martin & Davis (2001) に準拠した．
37) 十脚目の下目および科の名称と配列は，原則として，De Grave et al. (2009) に準拠した．
38) 属および種の配列は，学名のアルファベット順とした．
39) *Pseudopinnixa* の所属は，本書校正中にカクレガニ科からモクズガニ科へ変更された (Komai & Konishi, 2012)．

第3章　環形動物多毛綱

40) 目および科の名称と配列は，西村 (1992) に従った．

第4章　その他の分類群

41) 科の配列は Fautin (2011)，属については Carlgren (1949) によった．ただし，これらの分類体系が系統関係を反映している可能性は低く (Daly et al., 2007参照)，暫定的なものである．
42) 星口動物門およびユムシ動物門は，近年の確度の高い分子系統学的解析によって環形動物多毛類の内群となることから，分類階級を下げて環形動物門（広義）に含める体系が妥当との見解がある．しかしここでは伝統的な分類体系に従い，門のランクを維持する．
43) 星口動物門の分類体系においては，広範なタクソンを分子系統学的に解析した結果，高位分類群におけるいくつかの大きな改訂が提唱された (Kawauchi et al., 2012)．しかし，ここでは伝統的な体系に従っておく．なおこの改訂によれば，本書でスジホシムシ科としているスジホシムシモドキ，アマミスジホシムシは同科を離れ新科 Siphonosomatidae に，サメハダホシムシ科としているアンチラサメハダホシムシは新科 Antillesomatidae に位置づけられる．

■カテゴリー別種数一覧

	絶滅種	絶滅危惧 IA 類	絶滅危惧 IB 類	絶滅危惧 II 類	準絶滅危惧	情報不足	絶滅のおそれのある地域個体群	計
軟体動物	1	30	56	126	223	21	5	462
腹足類	1	16	25	68	139	12	2	263
二枚貝類	0	14	31	58	84	9	3	199
節足動物	0	5	17	36	54	21	5	138
環形動物	0	0	2	5	4	10	0	21
その他の分類群	0	3	1	1	10	15	0	30
合計	1	38	76	168	291	67	10	651

引用・参考文献リスト

(本文や分類群別リストの注釈の中で引用した文献だけでなく，主要な参考文献も掲載した．本書を執筆するにあたって参考とした文献は，これ以外にも多数に上るため，今後日本ベントス学会誌に公表される論文に掲載される予定である)

本書全体に関するもの

飯島明子（編）2007．第7回自然環境保全基礎調査　浅海域生態系調査（干潟調査）業務報告書．環境省自然環境局生物多様性センター，富士吉田．

西村三郎（編著）1992．原色検索日本海岸動物図鑑 [I]．保育社，大阪，xxxv + 425 pp., 72 pls.

西村三郎（編著）1995．原色検索日本海岸動物図鑑 [II]．保育社，大阪，xii + 663 pp., 144 pls.

水産庁（編）2000．日本の希少な野生水生生物に関するデータブック．財団法人自然環境研究センター，東京，466 pp.

和田恵次・西平守孝・風呂田利夫・野島　哲・山西良平・西川輝昭・五嶋聖治・鈴木孝男・加藤　真・島村賢正・福田　宏　1996．日本における干潟海岸とそこに生息する底生生物の現状．*WWF Japan Science Report*, 3: 1-182.

軟体動物門

愛知県環境調査センター　2002．愛知県の絶滅のおそれのある野生生物－レッドデータブックあいち－2002動物編．愛知県環境部自然環境課，名古屋，596 pp.

愛知県環境調査センター　2009．愛知県の絶滅のおそれのある野生生物－レッドデータブックあいち－2009動物編．愛知県環境部自然環境課，名古屋，651 pp.

Bieler, R., J. G. Carter and E. V. Coan 2010. Classification of bivalve families. In Nomenclator of bivalve families, Bouchet, P. & J.-P. Rocroi (eds), *Malacologia*, 52: 113-184.

Bieler, R. and P. M. Mikkelsen 2006. Bivalvia – a look at the branches. *Zoological Journal of the Linnean Society*, 148: 223-235.

Bouchet, P., Y. I. Kantor, A. Sysoev and N. Puillandre 2011. A new operational classification of the Conoidea (Gastropoda). *Journal of Molluscan Studies*, 77: 273-308.

Bouchet, P. and J.-P. Rocroi 2005. Classification and nomenclator of gastropod families. *Malacologia*, 47: 1-397.

Carter, J. G., C. R. Altaba, L. C. Anderson, R. Araujo, A. S. Biakov, A. E. Bogan, D. C. Campbell, M. Campbell, J. Chen, J. C. W. Cope, G. Delvene, H. H. Dijkstra, Z. Fang, R. N. Gardner, V. A. Gavrilova, I. A. Goncharova, P. J. Harries, J. H. Hartman, M. Hautmann, W. R. Hoeh, J. Hylleberg, B. Jiang, P. Johnston, L. Kirkendale, K. Kleemann, J. Koppka, J. Kříž, D. Machado, N. Malchus, A. Márquez-Aliaga, J.-P. Masse, C. A. McRoberts, P. U. Middelfart, S. Mitchell, L. A. Nevesskaja, S. Özer, J. Pojeta Jr., I. V. Polubotko, J. M. Pons, S. Popov, T. Sánchez, A. F. Sartori, R. W. Scott, I. I. Sey, J. H. Signorelli, V. V. Silantiev, P. W. Skelton, T. Steuber, J. B. Waterhouse, G. L. Wingard and T. Yancey 2011. A synoptical classification of the Bivalvia (Mollusca). *Paleontological Contributions*, (4): 1-47.

千葉県レッドデータブック改訂委員会　2011．千葉県の保護上重要な野生動物－千葉県レッドデータブック－動物編2011年改訂版．千葉県環境生活部自然保護課，千葉，537 pp.

Dinapoli, A. and A. Klussmann-Kolb 2010. The long way to diversity – Phylogeny and evolution of the Heterobranchia (Mollusca: Gastropoda). *Molecular Phylogenetics and Evolution*, 55: 60-76.

Goto, R., Y. Hamamura and M. Kato 2011. Morphological and ecological adaptation of *Basterotia* bivalves (Galeommatoidea: Sportellidae) to symbiotic association with burrowing echiuran worms. *Zoological Science*, 28: 225-234.

波部忠重　1949．二枚貝属類図考．夢蛤別巻，1-149．

波部忠重　1977．日本産軟体動物分類学　二枚貝綱／堀足綱．図鑑の北隆館，東京，372 pp.

波部忠重・小菅貞男　1966．原色世界貝類図鑑〔II〕．保育社，大阪，194 pp.

芳賀拓真　2010．イシゴロモ（二枚貝綱：オオノガイ目：ニオガイ科）の分布の現状．*Molluscan Diversity*, 2: 1-6.

浜口昌巳・島袋寛盛・川根昌子・浜口那樹　2011．中津干潟周辺海域におけるシカメガキ *Crassostrea sikamea* の分布．2011年日本ベントス学会・日本プランクトン学会合同大会　講演要旨集：180．

濱村陽一　2004．芸南の海産貝類図鑑．蘭島文化振興財団，呉，222 pp.

Hasegawa, K. 2005. Rissoidae in the Seto Inland Sea, Japan (Mollusca: Gastropoda). *Memoirs of the National Science Museum, Tokyo*, 33: 105-116.

Higo, S., P. Callomon and Y. Goto 1999. *Catalogue and Bibliography of the Marine Shell-bearing Mollusca of Japan. Gastropoda, Bivalvia, Polyplacophora, Scaphopoda*. Elle Scientific Publications, Yao, 749 pp.

Higo, S., Callomon, P. and Y. Goto 2001. *Catalogue and Bibliography of the Marine Shell-bearing Mollusca of Japan. Gastropoda, Bivalvia, Polyplacophora, Scaphopoda. Type Figures*. Elle Scientific Publications, Yao. 208 pp.

肥後俊一・後藤芳央　1993．日本及び隣接地域産軟体動物総目録．エル貝類出版局，八尾，693 pp.

平瀬信太郎　1941．天然色写真　日本貝類図譜．松邑三松堂，東京，217 pp.

平瀬与一郎　1910．日本千貝目録．平瀬介館，京都，48 pp.

Huber, M. 2010. *Compendium of Bivalves*. Conch Books,

Hackenheim, 901 pp.

池辺進一　2008．和歌山県の貝類．自刊，94 pp．

池田　等・倉持卓司・渡辺政美　2001．相模湾レッドデータ－貝類－．葉山しおさい博物館，葉山，104 pp．

稲葉明彦　1982．瀬戸内海の貝類．広島貝類談話会，向島，181 pp．

石川　裕　2009．ミクニシボリザクラについて．まいご（四国貝類談話会会誌），(16): 7-9．

石川　裕　2012．ムラクモキジビキガイやコシイノミガイと混同されていた貝．まいご（四国貝類談話会会誌），(19): 6-7．

Jörger, K. M., I. Stöger, Y. Kano, H. Fukuda, T. Knebelsberger and M. Schrödl 2010. On the origin of Acochlidia and other enigmatic euthyneuran gastropods, with implications for the systematics of Heterobranchia. *BMC Evolutionary Biology*, 10: 323.

Kabat, A. R. 2000. Naticidae of the Rumphius Biohistorical Expedition. *Zoologische Mededelingen. Leiden*, 73: 345-376.

鹿児島県環境生活部環境保護課（編）　2003．鹿児島県の絶滅のそれのある野生動植物　動物編－鹿児島県レッドデータブック－．鹿児島，642 pp．

狩野泰則　2006．コハクカノコ科貝類概説．ちりぼたん，37: 135-146．

Kano, Y. 2009. Hitchhiking behaviour in the obligatory upstream migration of amphidromous snails. *Biology Letters,* 5: 465-468.

Kano, Y., E. E. Strong, B. Fontaine, O. Gargominy, M. Glaubrecht and P. Bouchet 2011. Focus on freshwater snails. In *The Natural History of Santo*, Bouchet P., H. Le Guyader and O. Pascal (eds), MNHN, Paris; IRD, Marseille; PNI, Paris, pp. 257-264.

Kato, M. and G. Itani 2000. Peregrinamor gastrochaenans (Bivalvia: Mollusca), a new species symbiotic with the thalassinidean shrimp *Upogebia carinicaudata* (Decapoda: Crustacea). *Species Diversity*, 5: 309-316.

木村昭一　2000．宮古島のオカミミガイ科貝類相．ちりぼたん，31: 69-84．

木村昭一　2004．蒲郡市三谷町人工干潟の貝類相．かきつばた，30: 14-20．

木村昭一　2007．日本本土に分布するトガリユウシオガイ．ちりぼたん，38: 1-2．

木村昭一　2009．三重県南部の小河川に生息するツバサコハクカノコ．ちりぼたん，39: 142-145．

木村昭一・河辺訓受・矢橋　真　2007．浜名湖で採集されたオウギウロコガイ．ちりぼたん，38: 24-26．

木村昭一・木村妙子　1999．三河湾及び伊勢湾河口域におけるアシ原湿地の腹足類相．日本ベントス学会誌，54: 44-56．

木村昭一・木村妙子　2008．奄美大島名瀬市街地小河川の貝類相．ちりぼたん，39: 1-14．

木村昭一・久保弘文・木村妙子・増田　修　2006．石垣島に生息するヘゴノメミミガイ．ちりぼたん，37: 57-61．

Klussmann-Kolb, A., A. Dinapoli, K. Kuhn, B. Streit and C. Albrecht 2008. From sea to land and beyond – New insights into the evolution of euthyneuran Gastropoda (Mollusca). *BMC Evolutionary Biology*, 8: 57.

小菅丈治　2005．石垣島石垣島名蔵アンパル湿地に定着したキバウミニナ個体群．南紀生物，47: 107-111．

小菅丈治・久保弘文・西川輝昭　2003　ユムシ類の巣孔に棲む二枚貝ナタマメケボリガイの琉球列島における分布と生態．沖縄生物学会誌，41: 7-13

Kosuge, T. 2009. Occurrence of the montacutid bivalve *Barrimysia siphonosomae* in Nagura Bay, Ishigaki Island, the Ryukyu Islands, as a new record from Japan. *Venus*, 68: 67-70.

久保弘文　1994．中城海域の貝類．中城村史第2巻資料編，中城村役場，pp. 186-196．

久保弘文　2000．宜野湾市の貝類．宜野湾市史第九巻資料編8　自然．宜野湾市教育委員会，pp. 659-743．

黒田徳米　1928．奄美大島産貝類目録．鹿児島県教育調査会，鹿児島，126 pp．

黒田徳米　1941．台湾産貝類目録．台北帝国大学理農学部，216 pp．

黒田徳米　1960．沖縄群島産貝類目録．琉球大学教務部普及課，鹿児島，106 pp．

黒田徳米　1963．百万遍だより25　シボリザクラ考．ちりぼたん，2: 142-143．

黒田徳米・波部忠重　1981．和歌山県産貝類目録．和歌山県産貝類目録刊行会，301 pp．

熊本県希少野生動植物検討委員会　2009．改訂・熊本県の保護上重要な野生動植物－レッドデータブックくまもと2009－．熊本県環境生活部自然保護課，熊本，597 pp．

李　彦錚　2002．台湾雑貝図譜（二）．貝友，28: 32-53．

李　彦錚　2003．台湾雑貝図譜（三）．貝友，29: 42-52．

Lützen, J. and C. Nielsen 2005. Galeommatid bivalves from Phuket, Thailand. *Zoological Journal of the Linnean Society*, 144: 261-308.

増田　修・内山りゅう　2004．日本産淡水貝類図鑑②汽水域を含む全国の淡水貝類．ピーシーズ，東京，240 pp．

Miura, O., H. Mori, S. Nakai, K. Satake, T. Sasaki and S. Chiba 2008. Molecular evidence of the evolutionary origin of a Bonin Islands endemic, *Stenomelania boninensis*. *Journal of Molluscan Studies*, 74: 199-202.

成ヶ島探見の会　2007．由良湾・成ヶ島の貝類．成ヶ島探見の会，洲本，141 pp．

名古屋市動植物実態調査検討会（監修）　2010．レッドデータブックなごや2010　－2004年版補遺－．名古屋市環境局環境都市推進部生物多様性企画室，名古屋，316 pp．

名和　純　2008．琉球列島の干潟貝類相（1）奄美諸島．西宮市貝類館研究報告，5: 42．

名和　純　2009. 琉球列島の干潟貝類相 (2) 沖縄および宮古・八重山諸島. 西宮市貝類館研究報告, 6: 81.

名和　純　2010. 琉球大学資料館（風樹館）二枚貝標本目録. 琉球大学資料館（風樹館）編, 琉球大学資料館収蔵資料目録第2号, 124 pp.

Neusser, T. P., H. Fukuda, K. M. Jörger, Y. Kano and M. Schrödl 2011. Sacoglossa or Acochlidia? 3D Reconstruction, molecular phylogeny and evolution of Aitengidae (Gastropoda: Heterobranchia). *Journal of Molluscan Studies*, 77: 332-350.

岡本正豊・奥谷喬司　1997. 貝の和名. 相模貝類同好会, 横須賀, xiii + 95 pp.

岡山県希少野生動物調査検討会　2010. 岡山県版レッドデータブック　2009　動物編. 岡山県生活環境部自然環境課, 岡山, 651 pp.

沖縄県文化環境部自然保護課　2005. 改訂・沖縄県の絶滅のおそれのある野生生物　動物編　レッドデータおきなわ. 沖縄県文化環境部自然保護課, 那覇, 561 pp.

大須賀　健　2000. 奄美・沖縄におけるオリイレヨフバイ科の産出記録2. 九州の貝, (54): 35-39.

大山　桂　1943. 日本産バカガイ科について (1). *Venus*, 13: 166-168.

Ponder, W. F. 1998. Superfamily Galeommatoidea. In *Mollusca: The Southern Synthesis. Fauna of Australia, Vol. 5*, Beesley, P. L., G. J. V. Ross and A. Wells (eds.), CSIRO Publishing, Melbourne, pp. 316-318.

Ponder, W. F. and D. R. Lindberg 1997. Towards a phylogeny of gastropod molluscs: an analysis using morphological characters. *Zoological Journal of the Linnean Society*, 119: 83-265.

佐世保市環境部環境保全課　2002. 佐世保市レッドデータブック2002年－佐世保市の希少な野生動植物－. 佐世保市環境部環境保全課, 長崎, 238 pp.

鹿間時夫　1964. 原色図鑑続世界の貝. 図鑑の北隆館, 東京, 212 pp.

水産庁　2000. 日本の希少な野生水産生物に関するデータブック. 日本水産資源保護協会, 東京, 123 pp.

瀧　巌　1938. 広島県産貝類目録. 広島県, 広島, 38 pp.

Taylor, J. D., S. T. Williams, E. A. Glover and P. Dyal 2007. A molecular phylogeny of heterodont bivalves (Mollusca: Bivalvia: Heterodonta): new analyses of 18S and 28S rRNA genes. *Zoologica Scripta*, 36: 587-606.

斯下拉脱, O. A. 1965. 中国海双殻類軟体動物の桜蛤総科. 海洋科学集刊, 8: 27-114.

鳥越兼治・稲葉明彦　2011. 現生タマガイ科の分類検討. 西宮市貝類館研究報告, 7: 1-133.

土田英治・黒住耐二　1997. 奄美諸島徳之島, 山の海岸の貝類：特に外洋性砂浜群集について. ちりぼたん, 27: 75-81.

氏野　優・松隈明彦　2011. ニッコウガイ科 *Serratina* 属3種の分子解析に基づく分類再検討. 日本貝類学会平成23年度福岡大会研究発表要旨集: 36.

徐　風山・張　素萍　2008. 中国海産双殻類図志. 科学出版社, 台北, 336 pp.

山下博由　2010. シャコ穴のヨーヨー *Divariscintilla* 属の日本からの発見. うみうし通信, 67: 8-9.

Yamashita, H., T. Haga and J. Lützen 2011. The bivalve *Divariscintilla toyohiwakensis* n. sp., (Heterodonta: Galeommatidae), a commensal with a mantis shrimp from Japan. *Venus*, 69: 123-133.

吉崎和美・山下博由　2005. 熊本県天草・羊角湾の貝類と主要な生物相について　第二報. 天草自然研究会, 熊本, 81 pp.

節足動物門

朝倉　彰　2003. 甲殻類とは. pp. 1-29. In: 朝倉彰（編）甲殻類学, 東海大学出版会.

De Grave, S., N. D. Pentcheff, S. T. Ahyong, T.-Y. Chan, K. A. Crandall, P. C. Dworschak, D. L. Felder, R. M. Feldmann, C. H. J. M. Fransen, L. Y. D. Goulding, R. Lemaitre, M. E. Y. Low, J. W. Martin, P. K. L. Ng, C. E. Schweitzer, S. H. Tan, D. Tshudy and R. Wetzer 2009. A classification of living and fossil genera of decapod crustaceans. *The Raffles Bulletin of Zoology, Suppl.* 21: 1-109.

亀崎直樹・野村恵一・浜野龍夫・御前　洋　1988. 新星図書シリーズ　沖縄海中生物図鑑8甲殻類（エビ・ヤドカリ）. 新星図書出版, 那覇, 232 pp.

Komai, T. and K. Konishi (2012) Reappraisal of the systematic position of the supposed pinnotherid crab *Pseudopinnixa carinata* (Crustacea: Decapoda: Brachyura). *Species Diversity* 17: 29-37.

小菅丈治　2009. 石垣島におけるハサミカクレガニの生態－特に複数の動物門に属する無脊椎動物の巣孔内に生息する習性－. 沖縄生物学会誌, 47: 3-9.

Martin, J.W. and G.E. Davis 2001. An updated classification of the recent Crustacea. *Natural History Museum of Los Angeles.* County Science Series 39, 124 pp.

三宅貞祥　1982. 原色日本大型甲殻類図鑑 (I), 保育社, 大阪, 264 pp.

三宅貞祥　1983. 原色日本大型甲殻類図鑑 (II), 保育社, 大阪, 277 pp.

永井誠二・野村恵一　1988. 新星図書シリーズ　沖縄海中生物図鑑7甲殻類（カニ）. 新星図書出版, 那覇, 250 pp.

長井　隆・成瀬　貫・前之園唯史・藤田喜久・駒井智幸　2011. 琉球列島におけるアシハラガニモドキ属とその近似属（甲殻亜門：十脚目：短尾下目）の種の再検討と分布状況. 沖縄生物学会誌, 49: 15-36.

Naruse, T. and T. Maenosono (in press) Two new species of *Indopinnixa* Manning & Morton, 1987 (Decapoda: Brachyura: Pinnotheridae) from the Ryukyu Islands,

Japan. In: Naruse, T. et al. (eds.) Scientific Results of the Kumejima Marine Biodiversity Expedition — KUMEJIMA 2009. *Zootaxa*.

西田 睦・鹿谷法一・諸喜田茂充（編） 2003．琉球列島の陸水生物．東海大学出版会，572pp.

Sakai, T. 1976. Crabs of Japan and the Adjacent Seas. Kodansha, Tokyo, 3 volumes: i–xxix, 1–773 [English]; 1–16, pls. 1–251 [Plates]; 1–461 [Japanese].

環形動物門多毛綱

今島 実 2001．環形動物多毛類 II．生物研究社，542 pp.

西 栄二郎 2002．干潟の普通種ツバサゴカイに忍び寄る危機．タクサ（日本動物分類学会），12: 8-17.

西 栄二郎・加藤哲也 2002．日本産カンムリゴカイ科多毛類の分類について．タクサ（日本動物分類学会），13: 5-17.

西 栄二郎・田中克彦・森敬介・藤岡義三 2005．博多湾と東京湾の干潟から採集された日本初記録のヒガタケヤリムシ（新称）*Laonome albicingillum*（多毛綱，ケヤリムシ科）．南紀生物，47: 115-118.

Nishi, E., K. Tanaka, M. A. Tover-Hernandez and A. Giangrande 2009. Dialychone, Jasmineira and Paradialychone (Annelida: Polychaeta: Sabellidae) from Japan and adjacent waters, including four new species descriptions. *Zootaxa*, 2167: 1–24.

Okuda, S. 1938. The Sabellariidae of Japan. *Journal of Faculty of Science, Hokkaido University*, Series 6, 6: 235-253.

斉藤英俊・丹羽信彰・河合幸一郎・今林博道 2011．西日本における釣り餌として流通される水生動物の現状．広島大学総合博物館報告，3: 45-57.

佐藤正典 2000．多毛類．佐藤正典（編），有明海の生きものたち，pp. 10-35，海游舎，東京．

佐藤正典 2004．多毛類の多様性と干潟環境：カワゴカイ同胞種群の研究．化石，76: 121-132.

Sato, M. and H. Sattmann 2009. Extirpation of *Hediste japonica* (Izuka, 1908) (Nereididae, Polychaeta) in central Japan, evidenced by a museum historical collection. *Zoological Science*, 26: 369-372.

Sato, M., H. Uchida, G. Itani and H. Yamashita 2001. Taxonomy and life history of the scale worm *Hesperonoe hwanghaiensis* (Polychaeta: Polynoidae), newly recorded in Japan, with special reference to commensalism to a burrowing shrimp, *Upogebia major*. *Zoological Science*, 18: 981-991.

その他の動物群

Carlgren, O. 1949. A survey of the Ptychodactiaria, Corallimorpharia and Actiniaria. *Kunglia Svenska Vetenskaps-Akadamiens Handlingar*, 1: 1-121.

Daly, M. et al. 2007. The phylum Cnidaria: A review of phylogenetic patterns and diversity 300 years after Linnaeus. *Zootaxa*, 1668: 127-182.

Fautin, D. G. 2011. Hexacorallians of the world. http://geoportal.kgs.ku.edu/hexacoral/anemone2/ (last update: August 10, 2011)

Kawauchi, G. Y., P. P. Sharma and G. Giribet 2012. Sipunculan phylogeny based on six genes, with a new classification and the descriptions of two new families. *Zoologica Scripta*, doi: 10.1111/j.1463-6409.2011.00507.x

Nishikawa, T. 2002. Comments on the taxonomic status of *Ikeda taenioides* (Ikeda, 1904) with some amendments in the classification of the phylum Echiura. *Zoological Science*, 19: 1175-1180.

謝　辞

　本書の出版にあたっては，多くの方から多大な援助をいただきました．また，日本国際湿地保全連合には，作業部会の活動費の一部を補助いただきました．この場を借りて御礼申し上げます．

2012年6月

日本ベントス学会干潟RDB編集委員長　逸見泰久

写真・情報の提供者（敬称略）

青木美鈴, 青柳　克, 安倍肯治, 新井章吾, 有馬康文, 飯島明子, 池辺進一, 石川　裕, 石井久夫, 石田　惣, 上島　励, 上地昌栄, 上野大輔, 氏野　優, 大越健嗣, 大越和加, 大谷洋子, 大原健司, 岡田和樹, 小澤宏之, 甲斐孝之, 柁原　宏, 賀数　弘, 加藤哲哉, 狩野泰則, 亀田勇一, 狩俣洋文, 河合秀高, 川内野善治, 河辺訓受, 金城隆之, 金城浩之, 古賀庸憲, 五嶋聖治, 後藤芳央, 後藤龍太郎, 小菅丈治, 小林　光, 齋藤暢宏, 斉藤英俊, 齋藤　寛, 坂井恵一, 阪本　登, 佐々木哲朗, 佐竹　潔, 佐藤勝義(故人), 佐藤武宏, 佐藤達也, 滋野修一, 鈴木望海, 清家弘治, 関野正志, 武田　哲, 多々良有紀, 田中正敦, 仲岡雅裕, 中薗信行, 中野智之, 長野浩文, 名和　純, 西　浩孝, 西平　伸, 野元彰人, 芳賀拓真, 長谷川和範, 花岡皆子, 花野晃一, 濱村陽一, 早瀬善正, 原戸眞視, 吹野真祐, 藤井暁彦, 藤岡エリ子, 伏屋玲子, 風呂田利夫, 本間智寛, 増田　修, 松隈明彦, 松田春菜, 三浦知之, 水間八重, 水元巳喜雄, 道山晶子, 三長孝輔, 三長秀男, 宮崎武史, 三好由佳莉, 向井　宏, 本尾　洋, 森　敬介, 森野　浩, 山口隆男, 山口寿之, 吉崎和美, 吉田隆太, 和田太一, 渡辺正夫, Paul Callomon, Marymegan Daly, Jae-Sang Hong, Markus Huber, Ju Yung-Ki, Peter U. Middelfart, Winston F. Ponder, Joshua Studdert, 愛知県立三谷水産高等学校, NPO法人海の自然史研究所, 大阪市立自然史博物館, 神奈川県立生命の星・地球博物館, 蒲郡市立竹島水族館, 熊本大学沿岸域環境科学教育研究センター合津マリンステーション, 国立科学博物館, 汐川干潟を守る会, 富山市科学博物館, 西宮市貝類館, 水辺に遊ぶ会, 琉球大学資料館(風樹館)

和名索引

ア

アカグチカノコ　21
アカテガニ　194
アカテノコギリガザミ　194
アカホシマメガニ　217
アカムシ　224
アケボノガイ　155
アゲマキ　172
アサジガイ科　135-137
アサヒキヌヌタレガイ　106
アシガイ　132
アシナガベンケイガニ　199
アシハラガニ　201
アシヒダツボ　54
アシベマスオ　135
アズキカワザンショウ　53
アダムスタマガイ　57
アダンソンタママキ　141
アツカガミ　148
アッキガイ科　64, 65
アッケシカワザンショウ　49
アツミムシロ　67
アナジャコウロコムシ　223
アナジャコ科　183
アナジャコノハラヤドリ　179
アマオブネ科　18-24
アマサギガイ　122
アマミカワニナ　32
アマミスジホシムシモドキ　235
アマミマメコブシガニ　191
アラウズマキ　41
アラゴマフダマ　59
アラハダカノコ　21
アラムシロ　66
アリアケイトゴカイ　225
アリアケガニ　207
アリアケガニ科　207
アリアケカワゴカイ　222
アリアケカンムリゴカイ　226
アリアケボリ　155
アリアケモドキ　207
アリアケヤワラガニ　191
アリソガイ　139
アワジチヒロ　116
アンチラサメハダホシムシ　235
アンドヴァキア・ボニンエンシス　231
アンパルクチキレ　85
アンパルツノヤドカリ　185

イ

イオウハマグリ　152
イガイ科　106-108
イガムシロ　66
イカリナマコ科　239
イサササコミミガイ　97
イサハヤカマカモドキ　177
イシゴロモ　165
イシワリマクラ　107
イセシラガイ　116
イソカゼ　153
イソコハクガイ科　41-44
イソチドリ　83
イソハマグリ　144
イソマイマイ　42
イタボガキ　113
イタボガキ科　112, 113
イタヤガイ科　115, 116
イチョウシラトリ　129
イツマデガイ科　54
イトカケガイ科　61-63
イトカケゴウナ　83
イトカケヘナタリ　29
イトゴカイ科　225, 226
イトメ　222
イボウミニナ　31
イボキサゴ　17
イボキサゴナカセクチキレモドキ　84
イボテカニダマシ　187
イモガイ科　75
イヨカワザンショウ　48
イリエゴウナ　78
イリエツボ　39
イリオモテマメコブシガニ　190
イリオモテヨコナガピンノ　219
イレズミザルガイ　119
イワカワトクサ　77

ウ

ウスイロバイ　72
ウスコミミガイ　96
ウズザクラ　126
ウズツボ　41
ウスハマグリ　151
ウスベニツバサカノコ　23
ウスムラサキアシガイ　132
ウチノミカニダマシ　188
ウチノミツボ　39
ウチノミヤドリカニダマシ　188
ウチワイカリナマコ　239
ウチワガイ　111
ウチワゴカイ　222
ウネイトカケギリ　88
ウネナシイトカケ　61
ウネハナムシロ　71
ウネムシロ　67
ウミコハクガイ　43
ウミゴマツボ　44
ウミサボテン　230
ウミサボテン科　230
ウミタケ　166
ウミニナ　31
ウミニナ科　31
ウミヒメカノコ　24
ウミマイマイ　83
ウメタケヤリムシ　228
ウメボシイソギンチャク科　232
ウモレベンケイガニ　195
ウモレマメガニ　219
ウラウチコダマカワザンショウ　53
ウラカガミ　149
ウラキツキガイ　117
ウラキヒメザラ　128
ウラシマスナモグリ　182
ウラシマミミガイ　93
ウラジロマスオ　134
ウルシヌリハマシイノミ　99
ウロコイシマキ　19
ウロコガイ　160
ウロコガイ科　154-165
ウロコムシ科　223, 224

エ

エゾバイ科　65
エゾミズゴマツボ　45
エドイトカケギリ　89
エドガワミズゴマツボ　44
エドザクラ　125
エバラクチキレ　88
エビヤドリムシ科　179
エレガントカドカド　52
エンコウガニ科　189

オ

オイノカガミ　148
オイランカワザンショウ　47
オウギウロコガイ　159
オウストンミドリユムシ　237
オウトウハマシイノミ　100
オオアシハラガニモドキ　196
オオクリイロカワザンショウ　46
オオサカドロソコエビ　177
オオシイノミガイ　80
オオシイノミガイ科　80
オオシイノミクチキレ　87
オオシマウロコムシ　224
オオシャミセンガイ　233
オオシンデンカワザンショウ　51
オオズングリアゲマキ　137
オオツヤウロコガイ　157
オオトゲネガイ　128
オオトリガイ　140
オオノガイ　167
オオノガイ科　166, 167
オオヒメアカイソガニ　204
オオモノハナ　123
オオユビアカベンケイガニ　197
オオヨコナガピンノ　214
オガイ　65
オカイシマキ　23
オガサワラカワニナ　32
オガサワラスガイ　17
オガタザクラ　119
オガタザラ　119
オカミミガイ　95
オカミミガイ科　92-102
オカヤドリ科　183
オキシジミ　147
オキナガイ科　168, 169
オキナガイ属の一種　169
オキナノエガオ　162
オキナワクダヒゲガニ　189
オキナワヌカルミクチレ　89
オキナワヒシガイ　118
オキヒラシイノミ　101
オサガニ　211
オサガニ科　211-214
オサガニヤドリガイ　163
オダマキ　62
オチバ　134
オトヒメスナモグリ　182
オトメタママキ　141
オニサザエ　65
オニノツノガイ科　27, 28
オハグロガイ　56
オビクイ　169
オフェリアゴカイ科　225
オフクマスオガイ　167
オマセムシロ　67
オミナエシハマグリ　152
オモナガドロガニ　211
オリイレシラタマ　60
オリイレボラ　74
オリイレヨフバイ　68
オリイレヨフバイ科　66-71
オロチヒモムシ　233
オロチヒモムシ科　233

カ

カガヨイクビキレガイ　54
カキゴロモ　165
ガクバンゴウナ科　78
カクメイ科　78, 79
カクメイ属の一種　78

カクレガニ科　217-219
カゴガイ　117
カサガタガイ　90
ガザミ科　193, 194
カシパンヤドリニナ　63
カシラエビ　174
カスミコダマ　58
カスリベンケイガニ　196
カタシイノミミガイ　93
ガタチンナン　43
ガタヅキ　154
カタムシロ　66
カチドキシタダミ科　40, 41
カトゥラブシキシタダミ　41
カニダマシ科　187, 188
カニノテムシロ　69
カノコキセワタ科　82
カノコミノムシ　74
カハタレカワザンショウ　53
カブトガニ　174
カブトガニウズムシ　233
カブトガニ科　174
カマヨコエビ科　177
カミスジカイコガイダマシ　81
カミブスマ　147
カミングフネアマガイ　23
カモジガイ　140
カヤノミガイ　80
カヤノミカニモリ　28
ガラスシタダミ科　79
ガラスシタダミ科の一種　79
カラスノマクラ　108
カラフトミズゴマツボ　45
カリントウカワニナ　34
カワアイ　30
カワグチツボ　38
カワザンショウ科　46-54
カワスナガニ　208
カワラガイ　118
カワラビノ　217
ガンギハマグリ　151
ガンヅキ　154
カンテンフサゴカイ　227
カンムリゴカイ科　226

キ
キカイホンヤドカリ　186
ギザテアシハラガニ　198
キザハシクビキレガイ　55
キジビキカノコ　19
キタギシマゴクリ　102
キタノオオノガイ　167
キタノカラマツガイ　82
キタユムシ　235
キタユムシ科　235-238
キタヨコエビ科　176
キツキカワザンショウ　51
キツネノムシロ　69
キヌカツギハマシイノミ　99
キヌタアゲマキ　137
キヌタアゲマキ科　137, 138
キヌタレガイ　106
キヌタレガイ科　106
キヌメハマシイノミ　100
キノボリエビ　181
キバウミニナ　30
キバウミニナ科　28-30
ギボシマメガニ　217
ギボシムシ科　238, 239
キュウシュウナミノコ　131
キンランカノコ　24

ク
ククリクチキレ　85
クサイロカノコ　24

クシケマスオガイ　166
クシテガニ　197
クダヒゲガニ科　188, 189
クダボラ　77
クダボラ科　77
クチキレエビス科　16
クビキレガイ科　54, 55
クビキレガイモドキ　54
クボミテッポウエビ　181
クマサルボオ　109
クマノエミオスジガニ　208
クメジマナガレゴカイ　223
クメジマハイガザミモドキ　193
クラエノハマイトカケギリ　89
クリイロカワザンショウ　46
クリイロコミミガイ　97
クリイロマンジ　76
クリイロムシロ　71
クリイロヨフバイ　71
クレハガイ　62
クロクリイロカワザンショウ　46
クロシマヒメベンケイガニ　196
クロズミアカグチカノコ　22
クロヒラシイノミ　102
クロヘナタリ　28

ケ
ケヅメガイ類　153
ケブカガニ科　193
ケブカベンケイガニ　196
ケマンガイ　149
ケヤリムシ科　228
ゲンコツヨコエビ科　178

コ
コウダカラマツガイ科　82
コウナガカワスナガニ　208
コウモリカノコ　19
コウモリミミガイ　95
コオキナガイ　168
コーヒイロカワザンショウ　47
ゴカイ科　222, 223
コガタウミウズムシ科　233
コガモガイ科　16
コケガラス　108
コゲスジイモ　75
コゲツノブエ　27
ゴゴシマユムシ　237
コシボソクチキレツブ科　76
コヅツガイ　153
コツブムシ科　179
コデマリナギサノシタタリ　100
コトツブ　76
コドモヒメシャコ　175
コハギガイ　154
コハクオカミミガイ　96
コハクカノコ　25
コハクカノコ科　25
コハクマメアゲマキ　158
コパコガイ　136
コブシアナジャコ　183
コブシガニ科　190, 191
コブムシロ　70
コベソコミミガイ　98
ゴマセンベイアワモチ　91
ゴマツボ　36
ゴマツボモドキ　37
ゴマフダマ　60
コムラサキオカヤドカリ　183
コムラサキガイ　134
コメツキガニ科　210
コメツブツララ　81
コメツブハマシイノミ　98
コヤスツララ　81
コロモガイ科　74

コンボウイソギンチャク科　231

サ
サカマキオカミミガイ　92
サギガイ　123
サキグロタマツメタ　58
サクラガイ　126
ササクレマキモノガイ　86
ササゲミミエガイ　110
サザナミガイ科　169
サザナミツボ　40
サザナミマクラ　107
サナギモツボ　28
サナダユムシ　238
サヌキメボソシャコ　176
サビシラトリ　122
サビネミドリユムシ　236
サメハダホシムシ科　235
ザルガイ科　118, 119
サンゴガキ　111
サンゴカニダマシ　187
ザンノナミダ　136
サンビャッケンツボ　37

シ
ジーコンボツボ　37
シイノミミミガイ　94
シオサザナミ科　132-135
シオマネキ　214
シオヤガイ　145
シカメガキ　113
シゲヤスイトカケギリ　85
シジミ科　138, 139
シタゴコロガニ　205
シダレイトゴカイ　226
シチクガイ　77
シナヤカスエモノガイ　169
シマカノコ　22
シマトラフヒメシャコ　175
シマノハテマゴコロガイ　162
シマヘナタリ　29
シマヨコバサミ　184
シマントヨコエビ　178
シモフリシオマネキ　216
シャコ科　176
シャジクカワニナ　33
シャミセンガイ科　233, 234
ジャングサマテガイ　171
シュジュコミミガイ　96
ショウゴインツキガイ　116
シラオガイ　146
シラギク　42
シラギクマガイ　42
シリオレミジンニナ　37
シロテアシハラガニモドキ　197
シロナノハナガイ　137
シロナマコガニ　218
シロネズミ科　56
シワツキガイ　117
シンサクムシロ　68

ス
スイショウガイ科　55, 56
スイフガイ科　81
スエヒロガイ　114
スエモノガイ科　169
スオウチキレ　84
スカシエビス　16
スカシガイ科　16, 17
スグカワニナ　34
スジイモ　75
スジウネリチョウジガイ　35
スジホシムシ　234
スジホシムシ科　234, 235
スジホシムシノヤドリガイ　161

ス

スジホシムシモドキ　234
スジホシムシモドキヤドリガイ　161
スジホシムシヤドリガイ　161
スダレハマグリ　149
スナウシロマエソコエビ　178
スナウミナナフシ科　178
スナガニ科　214-216
スナホリムシ科　179
スナモグリ科　182
スナモチツボ科　28
スナナガイソガニ　201
スネリウスヨコバサミ　185
ズベタイラギ　114
スミノエガキ　112
スメアゴル科　102, 103

セ

セキモリ　63
セトウチヘソカドタマキビ　34
セトモノイソギンチャク科　232
セムシマドアキガイ　17
セワケガイ　156
セワケハチミツガイ　163
センベイアワモチ　91

タ

ダイミョウガイ　127
タイラギ　114
タイワンオオヒライソガニ　206
タイワンキサゴ　18
タイワンシラオガイ　146
タイワンヒライソモドキ　204
タオヤメユキスズメ　26
タガソデモドキ　138
タカホコシラトリ　123
タケノコガイ　78
タケノコガイ科　77, 78
タケノコカワニナ　33
タナゴジマゴクリ　103
タナベヤドリガイ　161
タニシツボ　36
タマガイ科　57-61
タマキビ　35
タマキビ科　34, 35
タモトガイ科　65

チ

チガイザクラ　124
チクチクツボ　44
チゴイワガニ　211
チゴガニ　210
チゴマテ　170
チトセノハナガイ　144
チトセノハナガイ科　144
チドリマスオ科　144
チビックシ　74
チャイロフタナシシャジク　76
チリメンイトゴカイ　226
チリメンユキガイ　143

ツ

ツガイ　61
ツキガイ科　116, 117
ツキカガミ　147
ツクエガイ科　153
ツツミガイ　61
ツノガニ　192
ツノナシイボガザミ　193
ツノヒゲソコエビ科　178
ツノメチゴガニ　210
ツバサカノコ　20
ツバサゴカイ　224
ツバサゴカイ科　224, 225
ツバサコハクカノコ　25
ツブカワザンショウ　48

ツブコハクカノコ　25
ツボミ　16
ツマベニマメアゲマキ　164
ツヤイモ　75
ツルマルケボリ　156

テ

テシオカワザンショウ　49
テッポウエビ科　180, 181
テナガツノヤドカリ　186
デリケートカドカド　52
テリザクラ　125
テングニシ　72
テングニシ科　72
デンジハマシイノミ　98
テンセイタマガイ　59

ト

トウカイタママキ　141
トウガタガイ科　83-90
トゥドゥマリハマグリ　150
トーマスヒメシャコ　176
ドームカドカド　52
トガリユウシオガイ　124
トクナガヤドリニナ　64
トゲアシヒライソガニモドキ　203
トゲイカリナマコウロコムシ　223
トゲカワニナ科　31-34
トゲトゲツボ　44
トゲノコギリガザミ　194
ドチクチユムシ　236
トリウミアカイソガニ　205
トリウミアカイソモドキ　205
トリコハマシイノミ　100
ドロアワモチ　90
ドロアワモチ科　90, 91
ドロイソギンチャク　231
ドロイワカニダマシ　187
ドロクダチンチロモドキ　227
トンガリベニガイ　127

ナ

ナガガキ　112
ナガグスクオサガニ　213
ナガシマツボ　36
ナガタママキ　141
ナギツボ　43
ナズミガイ　95
ナタネツボ　45
ナタネツボ科　45
ナタマメアゲマキ科　172
ナタマメケボリ　163
ナノハナガイ　135
ナミノコ　131
ナメクジウオ科　239
ナラビオカミミガイ　92
ナラビオカミミガイ沖縄型　92

ニ

ニオガイ科　165, 166
ニシキウズ科　17, 18
ニセゴマツボ　38
ニセヒロクチカノコ　22
ニセモズガニ　206
ニッコウガイ　129
ニッコウガイ科　119-130
ニッポンオフェリア　225
ニッポンフサゴカイ　227
ニッポンマメアゲマキ　159
ニッポンヨーヨーシジミ　157
ニホンマメガニダマシ　219
ニライカナイゴウナ　87
ニワタズミハマシイノミ　99
ニンジンイソギンチャク　232

ヌ

ヌカルミクチキレ　88
ヌノメイチョウシラトリ　128
ヌノメチョウジガイ　35
ヌノメホソクチキレ　86
ヌノメミヤコドリ　26
ヌバタママクラ　107
ヌマエビ科　180
ヌマコダキガイ　168
ヌマコダキガイ科　168

ネ

ネコガイ　57
ネコノアシガキ　113
ネジヒダカワニナ　31
ネジマガキ　55

ハ

ハートガイ　119
バイ　72
ハイイロミノムシ　73
バイ科　72
ハイガイ　110
バカガイ科　139-144
ハクセンシオマネキ　215
ハザクラ　133
ハサミカクレガニ　209
ハシボソテッポウエビ　180
ハスメザクラ　121
ハスメヨシガイ　132
ハチミツガイ　160
ハツカネズミ　56
ハッチンソニエラ科　174
ハナグモリ　139
ハナグモリ科　139
ハナゴウナ科　63, 64
ハナヅトガイ　57
ハナヅトガイ科　57
ハナビラガイ　158
ハナワケイソギンチャク　232
ハネナシヨウラク　64
ハハジマカワニナ　32
ハブタエセキモリ　62
ハブタエユキガイ　143
ハボウキ　115
ハボウキ科　114, 115
ハマガニ　200
ハマグリ　150
バライロマメアゲマキ　158
ハラグクレチゴガニ　210
バラフマテ　170
ハンレイヒバリ　108

ヒ

ヒエンハマゴクリ　103
ヒガシナメクジウオ　239
ヒガタケヤリムシ　228
ヒガタスナホリムシ　179
ヒガタヨコイトカケギリ　84
ビクイソメ科　224
ヒゲナガウミナナフシ　178
ヒゲマキシイノミミミガイ　94
ヒシガイ　118
ヒシガニ科　192
ヒダトリガイ　55
ヒヅメガイ　101
ヒナアシハラモドキ　197
ヒナキンチャク　115
ヒナタムシヤドリカワザンショウ　48
ヒナノズキン　156
ヒナノヒオウギの一種　115
ヒナミルガイ　142
ヒナミルクイ　142
ヒナユキスズメ　27

ヒヌマヨコエビ　176	ヘソアキコミミガイ　97	ミナミヒライソガニ　205
ヒノデガイの一種　129	ベッコウガキ科　111	ミナミマガキ　112
ヒノマルズキン　154	ベッコウマメアゲマキ　165	ミナミムツハアリアケガニ　209
ヒミツナメクジ　90	ヘナタリ　29	ミニカドカド　51
ヒミツナメクジ科　90	ベニガイ　127	ミノムシガイ　73
ヒメアカガイ　109	ベニシオマネキ　215	ミノムシガイ科　73, 74
ヒメアシハラガニ　201	ヘラサギガイ　130	ミヤコドリ　26
ヒメエガイ　110	ベンケイガイ科　111	ミヤジウミゴマツボ　44
ヒメエボシガイ科　174	ベンケイガニ　199	ミヤジマウミゴマツボ　44
ヒメオリイレムシロ　69	ベンケイガニ科　194-199	ミルクイ　144
ヒメカノコ　18	ホ	ム
ヒメカワザンショウ　48	ホウザワイソギンチャク　231	ムギワラムシ　225
ヒメクダヒゲガニ　188	ホウザワイソギンチャク科　231	ムシモドキギンチャク科　230
ヒメケフサイソガニ　202	ホシムシアケボノガイ　155	ムシモドキギンチャク類　230
ヒメゴウナ　87	ホシヤマナミノコザラ　120	ムシヤドリカワザンショウ　47
ヒメコツブムシ　179	ホソイソギンチャク　230	ムシロガイ　68
ヒメシイノミミガイ　93	ホソウデヒシガニ　192	ムチカワニナ　32
ヒメシオガマ類　145	ホソコオロギ　27	ムツアシガニ　190
ヒメシオマネキ　216	ホソスジヒバリ　108	ムツアシガニ科　189, 190
ヒメシマイシン　79	ホソタマゴガイ　82	ムツカワザンショウ　50
ヒメシャコ科　175, 176	ホソバラフマテガイ　171	ムツハアリアケガニ　207
ヒメシラギク　42	ホリテッポウエビ　181	ムツハアリアケガニ科　207-209
ヒメドロソエビ　177	ホルトハウスオサガニ　212	ムラクモキジビキガイ　80
ヒメヒライソモドキ　203	ホンコンメガニ　218	ムラモツクシ　74
ヒメヒラシイノミ　101	ホンヤドカリ科　186	ムラサキガイ　134
ヒメマスオガイ　166	マ	メ
ヒメムツアシガニ　189	マキガイイソギンチャク　232	メオトサルボオ　109
ヒメメナガオサガニ　213	マキモノガイ　86	メナガオサガニ　213
ヒメモクズガニ　202	マクラガイ　73	メナガオサガニハサミエボシ　174
ヒメヤマトオサガニ　212	マクラガイ科　73	メナシピンノ　216
ヒモイカリナマコツマミガイ　63	マゴコロガイ　162	メナシピンノ科　216
ビョウブガイ　111	マスオガイ　133	モ
ヒライソモドキ　204	マタヨフバイ　70	モエビ科　181
ヒラザクラ　130	マダライオウハマグリ　151	モガニ科　192
ヒラセザクラ　120	マダラヒラシイノミ　102	モクズガニ科　200-206
ヒラマキアマオブネ　21	マツカワウラカワザンショウ　51	モチヅキザラ　121
ヒラモクズガニ　206	マツシマカワザンショウ　50	モチイロサギガイ　122
ヒルギノボリヨコバサミ　184	マツモトウロコガイ　161	モモノハナ　125
ヒロオビヨフバイ　71	マテガイ　171	モロハタマキビ　34
ヒロクチカノコ　20	マテガイ科　170, 171	ヤ
ヒロクチソトオリガイ　168	マドモチウミニナ　30	ヤイマカチドキシタダミ　40
ヒロクチリスガイ　58	マメイソガニ　200	ヤエヤマヤワラガニ　192
ヒワズウネイチョウ　124	マメコブシガニ　191	ヤシマイシン　79
フ	マルコミミガイ　98	ヤジリスカシガイ　16
フィリピンハナビラガイ　164	マルスダレガイ科　145-152	ヤセフタオビツマミガイ　64
フサゴカイ科　227	マルテツノヤドカリ　185	ヤタノカガミ　148
フジイロハマグリ　146	マルテンスマツムシ　65	ヤチヨノハナガイ　143
フジタニコハクノツユ　157	マルミトラノオガイ　193	ヤドカリ科　184-186
フジテガニ　195	マンガルツボ　39	ヤドリカニダマシ　188
フジナミガイ　135	マンガルマメコブシガニ　190	ヤドリシジミ科　153
フジノハナガイ　130	マングローブヌマエビ　180	ヤベガワモチ　91
フジノハナガイ科　130, 131	マンゴクウラカワザンショウ　50	ヤマトオサガニ　212
フタットゲテッポウエビ　180	マンジ科　76	ヤマトシジミ　138
フタバカクガニモドキ　198	ミ	ヤマホトトギス　106
フタバシラガイ科　145	ミクニシボリザクラ　121	ヤミカワザンショウ　48
フタバシラガイの一種　145	ミサキギボシムシ　239	ヤミノニシキ　116
フタハピンノ　218	ミジンウミゴマツボ　44	ヤミヨキセワタ　82
フタホシカニノテムシロ　70	ミジンゴマツボ　40	ヤワラガニ科　191, 192
フタマイマイ科　83	ミジンシラギク　42	ユ
フデシャジク科　76	ミズゴマツボ　45	ユウカゲハマグリ　150
ブドウガイ科　82	ミズゴマツボ科　44, 45	ユウシオガイ　126
フトスジムカシタモト　55	ミゾテアシハラガニ　199	ユキガイ　142
フトヘナタリ　29	ミツツノヒメシャコ　175	ユキスズメ　26
フドロ　56	ミドリシャミセンガイ　234	ユキスズメ科　26, 27
フナガタガイ科　138	ミドリユムシ　236	ユビアカベンケイガニ　198
フネガイ科　109, 110, 111	ミドリユムシヤドリガイ　164	ユムシ　238
ブビエスナモグリ　182	ミナトマスオ　133	ユムシ科　238
フリソデカノコ　20	ミナミアシハラガニ　203	ユメユムシ　237
フルイガイ　136	ミナミアナジャコ　183	ユンタクシジミ　160
フロガイダマシ　59	ミナミウロコガイ　159	ユンボソコエビ科　177
フロリダツボ科　41	ミナエラコ　228	
ヘ	ミナミキヌタアゲマキ　138	
ヘゴノメミミガイ　94		

和名索引　275

ヨ

コウノシカワスナガニ　209
ヨコナガモドキ　200
ヨシカワニナ　33
ヨシダカワザンショウ　46
ヨモギホンヤドカリ　186
ヨレカワニナ　33

リ

リシケタイラギ　114
リソツボ科　35, 36
リュウキュウアカテガニ　195
リュウキュウアサリ　152
リュウキュウアリソガイ　140
リュウキュウカクエンコウガニ　189
リュウキュウカワザンショウ　49
リュウキュウクサビザラ　120
リュウキュウザクラ　125
リュウキュウシオマネキ　214
リュウキュウナミノコ　131
リュウキュウヒルギシジミ　139
リュウキュウマテガイ　170
リュウテン科　17

ル

ルリマダラシオマネキ　215

レ

レベックカワニナ　33
レモンカノコ　18

ロ

ロウイロトミガイ　60
ロッカクイソガニ　202

ワ

ワカウラツボ　38
ワカウラツボ科　36-40
ワクサヨコバサミ　184
ワカミルガイ　142
ワダツミギボシムシ　238
ワタリガニ科　193, 194

学名索引

A

abbreviatus, Macrophthalmus 211
Acharax japonica 106
aciculata, Cossmannica 85
Acrilla acuminata 61
Acteocina decoratoides 81
Acteocina koyasensis 81
Acteon sieboldi 80
acuminata, Acrilla 61
acuminata, Sandersiella 174
adamsi, Byssobornia 156
adamsi, Lingula 233
adamsiana, Cryptonatica 57
adamsii, Soletellina 134
adunca, Leptomya 135
Aeretica tomlini 119
affine, Parasesarma 197
Agriodesma navicula 169
Aiteng mysticus 90
akiyamai, Eurydice 179
akkeshi, Metedwardsia 230
Alachosquilla vicina 175
albicingillum, Laonome 228
Albunea groeningi 188
Albunea okinawaensis 189
Alpheus dolichodactylus 180
Alpheus hoplocheles 180
Alpheus macellarius 181
Amaeana sp. 227
Amakusanthura longiantennata 178
Amathina tricarinata 83
ambigua, Galeomma 158
ambonensis, Clibanarius 184
ambonensis, Takedellus 209
amurensis, Potamocorbula 168
anacanthus, Stenalpheops 181
Anadara (Anadara) crebricostata 109
Anadara (Scapharca) globosa 109
Anadara (Scapharca) troscheli 109
anatina, Lingula 234
Anatinella nicobarica 144
Andvakia boninensis 231
Anelassorhynchus mucosus 236
Anelassorhynchus sabinus 236
anfractus, Hexapus 189
angstus, Pagurus 186
angulata, Glauconome 139
angulifera, Mactrotoma (Electomactra) 142
"Angustassiminea" aff. yoshidayukioi 47
Angustassiminea castanea 46
"Angustassiminea" kyushuensis 46
"Angustassiminea" sp. 47
"Angustassiminea" yoshidayukioi 46
angustum, Gopkittisak 200
angustus, Cylichnatys 81
Anisodevonia ohshimai 154
Anisodonta spp. 153
annulata, Stosicia 36
Anodontia bialata 116
Anodontia philippiana 116
anomala, Scintilla 164
Anomalodiscus squamosus 145
Anomiostrea coraliophila 111
antillarum, Antillesoma 235
Antillesoma antillarum 235
antiquata, Coelomactra 139
Apograpsus paantu 211
aratus, Modiolus 107
Arctonoella sp. 223
arcuata, Lutraria 140

arcuata, Uca 214
Arcuatula japonica 106
arcularia, Nassarius 68
arenaria oonogai, Mya (Arenomya) 167
Arenifodiens vagina 107
Arhynchite arhynchite 236
arhynchite, Arhynchite 236
ariakensis, Borniopsis 155
ariakensis, Crassostrea 112
ariakensis, Elamenopsis 191
Arthritica japonica 154
Arthritica reikoae 154
asianus, Chicoreus 65
aspera, Dosinia (Asa) 147
asperulata, Neritina 21
Aspidopholas sp. 165
Aspidopholas yoshimurai 165
"Assiminea" aff. estuarina 48
"Assiminea" aff. hiradoensis 49
"Assiminea" aff. japonica 49
"Assiminea" aff. lutea 49
Assiminea aff. parasitologica 48
"Assiminea" estuarina 48
Assiminea parasitologica 47
"Assiminea" sp. A 50
"Assiminea" sp. B 50
"Assiminea" sp. C 50
"Assiminea" sp. D 51
"Assiminea" sp. E 51
astericus, Pseudoliotia 42
Asthenognathus inaequipes 200
Atactodea striata 144
Atrina (Servatrina) japonica 114
Atrina (Servatrina) lischkeana 114
atropurpurea, Pinna 114
attenuata, Harenactis 231
attenuata, Pinna 115
Auriculastra cf. duplicata 92
Auriculastra duplicata 92
auriculata, Neripteron 19
auriflua, Tucetona 111
aurita, Depressiscala 62
Austriella corrugata 117
avarus, Diogenes 185
Azorinus scheepmakeri 137

B

Babylonia japonica 72
Babylonia kirana 72
Bacteridium vittatum 83
balanoglossana, Pinnixa 217
Balanoglossus carnosus 238
Balanoglossus misakiensis 239
balssi, Sestrostoma 204
balteolatum, Vexillum 73
bannoi, Fragum 118
banzai, Macrophthalmus 212
Barnea (Umitakea) japonica 166
Barrimysia cumingii 155
Barrimysia siphonosomae 155
Basterotia gouldi 153
bathyraphe, Sigatica 60
Batillaria multiformis 31
Batillaria zonalis 31
bella, Hyala cf. 37
bellula, Dolicrossea 41
bellula, Pliarcularia 69
bialata, Anodontia 116
bidentatus, Pinnotheres 218
bifasciata, Clypeomorus 28
bifidus, Petrolisthes 187
Bigelowina phalangium 175

bilineata, Crassostrea 112
bimaculosa, Plicarcularia 70
biscocta, Dosinia (Asa) 148
bistrigata, Mesocibota 110
Blauneria quadrasi 92
boeddinghausi, Soletellina 135
boeticus, Conus 75
boninensis, Andvakia 231
boninensis, Stenomelania 32
Boonea suoana 84
Boonea umboniocola 84
borneensis, Utica 206
Borniopsis ariakensis 155
Borniopsis tsurumaru 156
bouvieri, Paratrypaea 182
Branchiostoma japonicum 239
brevicula, Littorina 35
brockii, Portunus (Xiphonectes) 193
bruguieri, Macalia 122
buriasensis, Natica 58
busoensis, Cryptomya 166
Byssobornia adamsi 156

C

Cadella hoshiyamai 120
Cadella smithii 120
caducus, Dasybranchus 226
Calliaxina sakaii 182
Callista erycina 146
Camptandrium sexdentatum 207
Cantharus cecillei 65
capillidigitatus, Ptychognathus 203
capsoides, Serratina 128
cardii, Nepinnotheres 217
Caridina propinqua 180
carinata, Pseudopinnixa 219
carinatus, Sukashitrochus 16
carinicauda, Upogebia 183
carinifera, Lacuna 34
carnicolor, Clathrotellina 120
carnosus, Balanoglossus 238
Cassidula crassiuscula 93
Cassidula mustelina 93
Cassidula nigrobrunnea 93
Cassidula plecotrematoides japonica 94
Cassidula plecotrematoides plecotrematoides 94
Cassidula schmackeriana 94
Cassidula vespertilionis 95
castanea, Angustassiminea 46
cautus, Chaetopterus 224
Cavernularia obesa 230
cecillei, Cantharus 65
cecillei, Pythia 101
Cecina manchurica 54
Ceratia nagashima 36
Ceratia? sp. 37
Ceratonereis (Composetia) sp. 223
Ceratostoma rorifluum 64
Cerebratulus marginatus 233
Cerithidea (Cerithidea) largillierti 28
Cerithidea (Cerithidea) ornata 29
Cerithidea (Cerithidea) rhizophorarum 29
Cerithidea (Cerithideopsilla) cingulata 29
Cerithidea (Cerithideopsilla) djadjariensis 30
Cerithium coralium 27
Cerithium torresi 27
Chaetopterus cautus 224
Chasmagnathus convexus 200

Chevallieria sp. 37
Chicoreus asianus 65
chinense, Ellobium 95
Chion semigranosus 130
Chiromantes haematocheir 194
Chiromantes ryukyuanum 195
choreutes, Tmethypocoelis 210
cingulata, Cerithidea (*Cerithideopsilla*) 29
cingulata, Cingulina cf. 84
Cingulina cf. *cingulata* 84
Circe scripta 146
Circe undatina 146
Circulus duplicatus 41
citrinus, Pitar 150
clathrata, Montrouzieria 136
Clathrotellina carnicolor 120
Cleistostoma dilatatum 207
Clementia papyracea 147
clementia, Papyriscala 62
Clenchiella sp. 40
"*Clenchiella*" sp. 41
Clibanarius ambonensis 184
Clibanarius demani 184
Clibanarius rhabdodactylus 184
Clibanarius snelliusi 185
Clistocoeloma sinense 195
Clistocoeloma villosum 195
Clithon aff. *oualaniensis* 18
Clithon souverbiana 18
Clithon squarosus 19
cloacata, Mimachlamys 115
Clorida japonica 176
Clypeomorus bifasciata 28
coarctata, Uca 214
Codakia paytenorum 117
Coelomactra antiquata 139
Coenobita violascens 183
Colsyrnola hanzawai 85
compta, Loxoglypta 121
compunctum, Vasticardium rubicundum 119
concinna, Thracia (*Eximiothracia*) 169
concinnus, Naticarius 59
contabulata, Macoma (*Macoma*) 122
conulus, Patelloida 16
Conus boeticus 75
Conus figulinus 75
Conus loroisi insignis 75
convexus, Chasmagnathus 200
coraliophila, Anomiostrea 111
coralium, Cerithium 27
Corbicula japonica 138
cordiformis, Semele 136
cornea, Neritodryas 23
Cornirostra sp. 78
corrugata, Austriella 117
corrugata, Dosinia (*Dosinella*) 149
corticata, Hebra 66
Cossmannica aciculata 85
costellaris, Stenomelania 32
costulata, Rissoina (*Rissolina*) 35
crassipes, Uca 215
crassiuscula, Cassidula 93
Crassostrea ariakensis 112
Crassostrea bilineata 112
Crassostrea gigas 112
Crassostrea sikamea 113
crebricostata, Anadara (*Anadara*) 109
crenulatus, Phenacolepas 26
crenulatus, Stenomelania 32
crispa, Turris 77
cristatus, Deiratonotus 207
crucigera, Tellinella 129
Cryptomya busoensis 166

Cryptomya elliptica 166
Cryptonatica adamsiana 57
culter, Moerella 124
cumanense, Siphonosoma 234
cumingiana, Septaria 23
cumingii, Barrimysia 155
cumingii, Rimula 17
cuneatus, Donax (*Latona*) 131
cuspidata, Macroschisma 16
Cycladicama spp. 145
Cyclina sinensis 147
Cyclotellina remies 121
Cylichnatys angustus 81
Cylindrotis quadrasi 95

D

Dasybranchus caducus 226
Decatopecten plica 115
decoratoides, Acteocina 81
decorocrus, Novorostrum 187
decurvata, Distugonia 167
deianira, Parapyxidognathus 203
Deiratonotus cristatus 207
Deiratonotus japonicus 208
Deiratonotus kaoriae 208
demani, Clibanarius 184
denselamellosa, Ostrea 113
densilabrum, Iravadia (*Pseudonoba*) aff. 39
depressa, Mactrotoma (*Mactrotoma*) 142
Depressiscala aurita 62
deschampsi, Ilyoplax 210
deshayesiana, Pythina 163
Devonia semperi 156
diacanthus, Hyastenus 192
dianae, Leucotina 86
diaphana, Serratina 129
digitalis, Leucotina 86
dilatatum, Cleistostoma 207
Diogenes avarus 185
Diogenes leptocerus 185
Diogenes nitidimanus 186
Diplodonta cf. *obliqua* 145
dispar, Macoma (*Scissulina*) 124
Distugonia decurvata 167
Ditropisena sp. A 51
Ditropisena sp. B 52
Ditropisena sp. C 52
Ditropisena sp. D 52
divaricatum, Gafrarium 149
divaricatus, Solecurtus 137
Divariscintilla toyohiwakensis 157
djadjariensis, Cerithidea (*Cerithideopsilla*) 30
dolichodactylus, Alpheus 180
Dolicrossea bellula 41
Donax (*Latona*) *cuneatus* 131
Donax (*Latona*) *faba* 131
Donax (*Tentidonax*) *kiusiuensis* 131
Dosinia (*Asa*) *aspera* 147
Dosinia (*Asa*) *biscocta* 148
Dosinia (*Asa*) *troscheli* 148
Dosinia (*Bonartemis*) *histrio* 148
Dosinia (*Dosinella*) *corrugata* 149
dubia, Labidoplax 239
Dunkeria shigeyasui 85
Duplicaria evoluta 77
duplicata, Auriculastra cf. 92
duplicata, Auriculastra 92
duplicatus, Circulus 41

E

Ebala sp. 78
ebarana, Orinella 88

Echiurus echiurus echiurus 235
echiurus, Echiurus echiurus 235
Ectoplana limuli 233
edoensis, Turbonilla 89
edomae, Paradialychone 228
Edwardsiidae spp. 230
Elamenopsis ariakensis 191
elegans, Ikedosoma 237
elegantula, Iravadia (*Fluviocingula*) 38
elliptica, Cryptomya 166
Ellobium chinense 95
Ellobium incrassatum 96
elonagatum, Moguai 208
elongata, Gari (*Psammotaena*) 133
Enoplolambrus laciniatus 192
Enosteoides melissa 187
Eohaustorius subulicolus 178
Ephippodonta gigas 157
erycina, Callista 146
Estellacar galactodes 110
estuarina, "*Assiminea*" aff. 48
estuarina, "*Assiminea*" 48
Etrema (*Etremopa*) *gainesii* 76
Eucalliax panglaoensis 182
Eufistulana grandis 153
Eunaticina papilla 57
Eurydice akiyamai 179
evoluta, Duplicaria 77
exaratoides, Laemodonta 96
exilis, Mucronalia 64
eximia, Monotygma 87
expansa, Geloina 139

F

faba, Donax (*Latona*) 131
Falsicingula kurilensis 45
festiva, Hima 66
figulinus, Conus 75
Fimbria soverbii 117
Finella pupoides 28
flavidus, Modiolus 107
forceps, Mortensenella 209
fourmanoiri, Neosarmatium 196
Fragum bannoi 118
Fragum loochooanum 118
Fragum unedo 118
Fronsella fujitaniana 157
Fronsella ohshimai 158
fujitaniana, Fronsella 157
funafuti, Siphonosoma 235

G

Gafrarium divaricatum 149
gainesii, Etrema (*Etremopa*) 76
galactodes, Estellacar 110
Galeomma ambigua 158
Galeomma rosea 158
Galeomma sp. 159
Galeommella utinomii 159
gargadia, Quadrans 128
Gari (*Gari*) *lessoni* 132
Gari (*Gari*) *maculosa* 132
Gari (*Gari*) *squamosa* 132
Gari (*Psammotaena*) *elongata* 133
Gari (*Psammotaena*) *inflata* 133
Gari (*Psammotaena*) *minor* 133
Gari (*Psammotaena*) *togata* 134
Gari (*Psammotaena*) *virescens* 134
gastrochaenans, Peregrinamor 162
Geloina expansa 139
germaini, Sarmatium 198
gibbosus, Strombus 55
gigas, Crassostrea 112
gigas, Ephippodonta 157
glaber, Ptychognathus 204

glabra, *Heteropanope*　193
Glauconome angulata　139
globosa, *Anadara* (*Scapharca*)　109
globosa, *Plicarcularia*　70
Gnorimosphaeroma pulchellum　179
gogoshimense, *Ikedosoma*　237
Gopkittisak angustum　200
gouldi, *Basterotia*　153
gracilipes, *Utica*　206
Grandidierella osakaensis　177
grandis, *Eufistulana*　153
grandis, *Mactra*　140
granosa, *Tegillarca*　110
groeningi, *Albunea*　188
gruneri, *Vexillum*　73

H

haematocheir, *Chiromantes*　194
haematosticta, *Pinnixa*　217
Halla okudai　224
hanleyi, *Modiolus*　108
hanzawai, *Colsyrnola*　85
Harenactis attenuata　231
harpax, *Thalassograpsus*　205
Hastula rufopunctata　77
hastula, *Stenomelania*　33
Hebra corticata　66
Hebra horrida　66
Hediste japonica　222
Helicana japonica　201
Helice tridens　201
hemicardium, *Lunulicardia*　119
Hemigrapsus longitarsis　201
Hemigrapsus sinensis　202
hertwigi, *Paracondylactis*　232
Hesperonoe hwanghaiensis　223
Heterokamaka isahayae　177
Heteropanope glabra　193
Hexapinus latipes　190
Hexapus anfractus　189
Hima festiva　66
Hima hiradoensis　67
Hima praematurata　67
Hima sp. A　67
Hima sp. B　68
himeshima, *Tomura*　79
hinumensis, *Jesogammarus* (*Jesogammarus*)　176
hiradoensis, "*Assiminea*" aff.　49
hiradoensis, *Hima*　67
hirasei, *Volachlamys*　116
histrio, *Dosinia* (*Bonartemis*)　148
hokkaidoensis, *Nitidotellina*　126
holthuisi, *Macrophthalmus*　212
hongkongense, *Onchidium* cf.　90
hoplocheles, *Alpheus*　180
horrida, *Hebra*　66
hoshiyamai, *Cadella*　120
hozawai, *Synandwakia*　231
hwanghaiensis, *Hesperonoe*　223
Hyala cf. *bella*　37
Hyastenus diacanthus　192
Hypermastus lacteus　63
Hypermastus peronellicola　63
Hypermastus tokunagai　64

I

Ikeda taenioides　238
Ikedosoma elegans　237
Ikedosoma gogoshimense　237
Ilyograpsus nodulosus　211
Ilyoplax deschampsi　210
Ilyoplax pusilla　210
impura, *Laternula* (*Laternula*)　168
inaequipes, *Asthenognathus*　200

incisum, *Sinum* (*Ectosinum*)　61
incrassatum, *Ellobium*　96
indicum, *Tiomanium*　197
inflata, *Gari* (*Psammotaena*)　133
insignis, *Conus loroisi*　75
intermedius, *Sesarmops*　199
Iravadia (*Fairbankia*) *reflecta*　38
Iravadia (*Fairbankia*) *sakaguchii*　38
Iravadia (*Fluviocingula*) *elegantula*　38
Iravadia (*Iravadia*) *quadrasi*　39
Iravadia (*Pseudonoba*) aff. *densilabrum*　39
Iravadia (*Pseudonoba*) *yendoi*　39
iridescens, *Moerella*　125
iriomotensis, *Philyra*　190
isahayae, *Heterokamaka*　177
ishii, *Ptychognathus*　204
ishikawai, *Sabellaria*　226

J

Japanacteon nipponensis　80
japonica, *Acharax*　106
japonica, *Arcuatula*　106
japonica, *Arthritica*　154
japonica, "*Assiminea*" aff.　49
japonica, *Atrina* (*Servatrina*)　114
japonica, *Babylonia*　72
japonica, *Barnea* (*Umitakea*)　166
japonica, *Cassidula plecotrematoides*　94
japonica, *Clorida*　176
japonica, *Corbicula*　138
japonica, *Hediste*　222
japonica, *Helicana*　201
japonica, *Katelysia*　149
japonica, *Sakaina*　219
japonica, *Stenothyra*　45
japonica, *Travisia*　225
japonicum, *Branchiostoma*　239
japonicus, *Deiratonotus*　208
japonicus, *Macrophthalmus*　212
japonicus, *Mesochaetopterus*　225
jedoensis, *Moerella*　125
Jesogammarus (*Jesogammarus*) *hinumensis*　176
jouani, *Pedipes*　101
juncea, *Stenomelania*　33

K

kaoriae, *Deiratonotus*　208
Katelysia japonica　149
keenae, *Tresus*　144
kikuchii, *Solen*　170
kirana, *Babylonia*　72
kiusiuensis, *Donax* (*Tentidonax*)　131
kiyonoi, *Trisidos*　111
koyasensis, *Acteocina*　81
kraussi, *Sesarmoides*　199
kumi, *Notonyx*　189
kuraenohamana, *Turbonilla*　89
kurilensis, *Falsicingula*　45
kurodai, *Pitar*　151
kyushuensis, "*Angustassiminea*"　46

L

labiatus, *Strombus*　55
Labidoplax dubia　239
laciniatus, *Enoplolambrus*　192
lacrimadugongi, *Semelangulus*　136
lactea, *Uca*　215
lacteus, *Hypermastus*　63
Lactiforis takii　83
Lacuna carinifera　34
Laemodonta aff. *minuta*　96
Laemodonta exaratoides　96
Laemodonta octanflacta　97

Laemodonta siamensis　97
Laemodonta sp.　98
Laemodonta typica　97
laeve, *Neosarmatium*　197
Laguncula pulchella　58
lamarcki, *Sinonovacula*　172
Laonome albicingillum　228
largillierti, *Cerithidea* (*Cerithidea*)　28
latericeus, *Notomastus*　226
Laternula (*Exolaternula*) *truncata*　168
Laternula (*Laternula*) *impura*　168
Laternula sp.　169
latipes, *Hexapinus*　190
layardi, *Lepirodes*　159
Lepirodes layardi　159
Lepirodes takii　160
leptocerus, *Diogenes*　185
leptognathus, *Neoeriocheir*　202
Leptomya adunca　135
lessoni, *Gari* (*Gari*)　132
leuckarti, *Philbertia* (*Pseudodaphnella*)　76
Leucotina dianae　86
Leucotina digitalis　86
Leucotina sp.　87
Libystes villosus　193
limatulum, *Pitar*　151
Limulatys ooformis　82
limuli, *Ectoplana*　233
lineolatum, *Pitar*　151
Lingula adamsi　233
Lingula anatina　234
Liroceratia sulcata　40
lischkeana, *Atrina* (*Servatrina*)　114
literatus, *Tapes*　152
Lithoselatium pulchrum　196
Litigiella pacifica　160
litoralis, *Pullosquilla*　175
Littorina brevicula　35
livescens, *Niotha*　68
Loimia sp.　227
longiantennata, *Amakusanthura*　178
longitarsis, *Hemigrapsus*　201
loochooanum, *Fragum*　118
Loxoglypta compta　121
Loxoglypta transculpta　121
lucida, *Teinostoma*　43
Lunella ogasawarana　17
Lunulicardia hemicardium　119
lurida, *Telasco*　70
lusoria, *Meretrix*　150
lutea, "*Assiminea*" aff.　49
Lutraria arcuata　140
Lutraria maxima　140
luzonica, *Mactra* cf.　141
lyra, *Papyriscala*　62

M

Macalia bruguieri　122
macellarius, *Alpheus*　181
Macoma (*Macoma*) *contabulata*　122
Macoma (*Macoma*) *nobilis*　122
Macoma (*Macoma*) *praetexta*　123
Macoma (*Macoma*) *takahokoensis*　123
Macoma (*Rexithaerus*) *sectior*　123
Macoma (*Scissulina*) *dispar*　124
Macromphalus tornatilis　56
macrophthalmensis, *Pseudopythina*　163
Macrophthalmus abbreviatus　211
Macrophthalmus banzai　212
Macrophthalmus holthuisi　212
Macrophthalmus japonicus　212
Macrophthalmus microfylacas　213
Macrophthalmus quadratus　213
Macrophthalmus serenei　213

Macroschisma cuspidata 16
Mactra cf. luzonica 141
Mactra grandis 140
Mactra pulchella 141
Mactra sp. 141
Mactrotoma (Electomactra) angulifera 142
Mactrotoma (Mactrotoma) depressa 142
maculosa, Gari (Gari) 132
Mammilla melanostmoides 58
manchurica, Cecina 54
marginatus, Cerebratulus 233
martensi, Mitrella 65
matsumotoi, Paraborniola 161
maxima, Lutraria 140
Melampus (Detracia) cf. phaeostylus 98
Melampus (Detracia) ovuloides 98
Melampus (Melampus) nucleolus 99
Melampus (Melampus) sculptus 99
Melampus (Melampus) sincaporensis 99
Melampus (Melampus) sp. 100
Melampus (Melampus) sulculosus 100
Melanochlamys sp. 82
melanostmoides, Mammilla 58
melissa, Enosteoides 187
Melliteryx puncticulatus 160
mellosus, Polinices 60
Meretrix lusoria 150
Meretrix sp. 150
Merguia oligodon 181
Merisca perplexa 124
Meropesta cf. pellucida 143
Meropesta nicobarica 142
Meropesta sinojaponica 143
Mesochaetopterus japonicus 225
Mesocibota bistrigata 110
metcalfei, Modiolus 108
Metedwardsia akkeshi 230
microfylacas, Macrophthalmus 213
Microtralia sp. 100
Milda ventricosa 87
Mimachlamys cloacata 115
mimotoi, Neritilia 25
minima, Paragrandidierella 177
minor, Gari (Psammotaena) 133
minuta, Laemodonta aff. 96
minuta, Nitidotellina 126
misakiensis, Balanoglossus 239
Mitrella martensi 65
miyazakii, Pseudomphala 53
Modiolus aratus 107
Modiolus flavidus 107
Modiolus hanleyi 108
Modiolus metcalfei 108
Modiolus philippinarum 108
Moerella culter 124
Moerella iridescens 125
Moerella jedoensis 125
Moerella philippinensis 125
Moerella rutila 126
Moguai elonagatum 208
Moguai pyriforme 209
moniliferum, Umbonium 17
Monotygma eximia 87
Montrouzieria clathrata 136
Mortensenella forceps 209
mortoni, Platevindex cf. 91
mucosus, Anelassorhynchus 236
Mucrocalliope shimantoensis 178
Mucronalia exilis 64
multiformis, Batillaria 31
mustelina, Cassidula 93
mustelina, Oliva 73

Mya (Arenomya) arenaria oonogai 167
Mya (Mya) uzenensis 167
myriops, Pseudopotamilla 228
mysticus, Aiteng 90

N

nagashima, Ceratia 36
nana, Pythia 101
"Nanivitrea" sp. 53
Nanosesarma vestitum 196
Nassarius arcularia 68
Natica buriasensis 58
Naticarius concinnus 59
Naticarius onca 59
navicula, Agriodesma 169
Nectoneanthes sp. 222
Neocondylactis sp. 232
Neoeriocheir leptognathus 202
Neorhynchoplax yaeyamaensis 192
Neosarmatium fourmanoiri 196
Neosarmatium laeve 197
Nepinnotheres cardii 217
Neripteron auriculata 19
Neripteron sp. A 20
Neripteron sp. B 20
Neripteron spiralis 19
Neripteron subauriculata 20
Nerita planospira 21
Neritilia mimotoi 25
Neritilia rubida 25
Neritilia vulgaris 25
Neritina asperulata 21
Neritina petiti 21
Neritina siquijorensis 22
Neritina sp. A 22
Neritina sp. B 23
Neritina turrita 22
Neritodryas cornea 23
nicobarica, Anatinella 144
nicobarica, Meropesta 142
nigrobrunnea, Cassidula 93
nigrofascia, Pagurus 186
Niotha livescens 68
Niotha stoliczkana 69
Niotha venusta 69
nipponensis, Japanacteon 80
Nipponomysella tanabensis 161
nishihirai, Philyra 190
nitidimanus, Diogenes 186
Nitidotellina hokkaidoensis 126
Nitidotellina minuta 126
nobilis, Macoma (Macoma) 122
nodulosus, Ilyograpsus 211
Notocochlis robillardi 59
Notomastus latericeus 226
Notonyx kumi 189
Novorostrum decorocrus 187
Nozeba ziczac 40
nucleolus, Melampus (Melampus) 99
nudus, Sipunculus 234

O

obesa, Cavernularia 230
obliqua, Diplodonta cf. 145
oblongata, Siphonacmaea 82
ochetostoma, Pseudopythina 163
octanflacta, Laemodonta 97
Octolasmis unguisiformis 174
ogasawarana, Lunella 17
ohshimai, Anisodevonia 154
ohshimai, Fronsella 158
ohshimai, Peregrinamor 162
okinawaensis, Albunea 189
okudai, Halla 224
oligodon, Merguia 181

Oliva mustelina 73
olivacea, Scylla 194
onca, Naticarius 59
Onchidium cf. hongkongense 90
Onchidium sp. 91
ooformis, Limulatys 82
Orinella ebarana 88
ornata, Cerithium (Cerithidea) 29
osakaensis, Grandidierella 177
osawai, Tylorrhynchus 222
Ostrea denselamellosa 113
Otognathon uru 202
oualaniensis, Clithon aff. 18
ovalis, Tellinides 130
Ovassiminea sp. 53
ovuloides, Melampus (Detracia) 98
owstoni, Thalassema 237

P

paantu, Apograpsus 211
pachyodon, Pythia 102
pacifica, Litigiella 160
Pagurus angstus 186
Pagurus nigrofascia 186
paludinoides, Voorwindia cf. 36
palustris, Terebralia 30
panglaoensis, Eucalliax 182
pantherina, Pythia 102
papilla, Eunaticina 57
papyracea, Clementia 147
Papyriscala clementia 62
Papyriscala lyra 62
Papyriscala yokoyamai 63
Paraborniola matsumotoi 161
Paracondylactis hertwigi 232
Paradialychone edomae 228
Paragrandidierella minima 177
paramamosain, Scylla 194
Paramormula scrobiculata 88
Paranthus sociatus 232
Parapyxidognathus deianira 203
Parasesarma affine 197
Parasesarma tripectinis 198
parasitologica, Assiminea aff. 48
parasitologica, Assiminea 47
Paratectonatica tigrina 60
Paratrypaea bouvieri 182
Parheteromastus tenuis 225
Patelloida conulus 16
paulucciana, Smaragdia 24
paytenorum, Codakia 117
Pedipes jouani 101
pellicula, Raeta 143
pellucida, Meropesta cf. 143
pellucidum, Pitar 152
penultipedalis, Pinnixa aff. 218
Peregrinamor gastrochaenans 162
Peregrinamor ohshimai 162
Perisesarma semperi 198
perna, Pharaonella 127
peronellicola, Hypermastus 63
perplexa, Merisca 124
petalina, Soletellina 135
petiti, Neritina 21
Petrasma pusilla 106
Petrolisthes bifidus 187
phaeostylus, Melampus (Detracia) cf. 98
phalangium, Bigelowina 175
Pharaonella perna 127
Pharaonella rostrata 127
Pharaonella sieboldii 127
Phenacolepas crenulatus 26
Phenacolepas pulchella 26
Phenacolepas sp. 27

Phenacolepas tenuisculpta 26	pusilla, Petrasma 106	sectior, Macoma (Rexithaerus) 123
Philbertia (Pseudodaphnella) leuckarti 76	pusio, Velutina 57	Semelangulus lacrimadugongi 136
philippiana, Anodontia 116	Pyramidellidae gen. & sp. 90	Semele cordiformis 136
philippinarum, Modiolus 108	Pyrhila pisum 191	semigranosus, Chion 130
philippinensis, Moerella 125	pyriforme, Moguai 209	semperi, Devonia 156
philippinensis, Salpocola 164	Pythia cecillei 101	semperi, Perisesarma 198
philippinensis, Scintilla 165	Pythia nana 101	Septaria cumingiana 23
philippinensis, Solecurtus 138	Pythia pachyodon 102	serenei, Macrophthalmus 213
Philyra iriomotensis 190	Pythia pantherina 102	Sermyla riqueti 31
Philyra nishihirai 190	Pythina deshayesiana 163	Serratina capsoides 128
Philyra taekoae 191		Serratina diaphana 129
Phyllodurus sp. 179	**Q**	Sesarmoides kraussi 199
Pinguitellina robusta 128	Quadrans gargadia 128	Sesarmops intermedius 199
Pinna atropurpurea 114	quadrasi, Blauneria 92	Sestrostoma balssi 204
Pinna attenuata 115	quadrasi, Cylindrotis 95	Sestrostoma sp. 205
Pinnixa aff. penultipedalis 218	quadrasi, Iravadia (Iravadia) 39	Sestrostoma toriumii 205
Pinnixa balanoglossana 217	quadratus, Macrophthalmus 213	setosus, Thelepus cf. 227
Pinnixa haematosticta 217		sexdentatum, Camptandrium 207
Pinnixa tumida 218	**R**	shigeyasui, Dunkeria 85
Pinnotheres bidentatus 218	Raeta pellicula 143	shimantoensis, Mucrocalliope 178
pinnotheroides, Xenophthalmus 216	rangiana, Smaragdia 24	siamensis, Laemodonta 97
pisum, Pyrhila 191	rathbunae, Tritodynamia 214	sieboldi, Acteon 80
Pitar citrinus 150	recondita, Stenothyra 45	sieboldii, Pharaonella 127
Pitar kurodai 151	reflecta, Iravadia (Fairbankia) 38	Sigaretornus aff. planus 42
Pitar limatulum 151	reikoae, Arthritica 154	Sigaretornus cf. planus 43
Pitar lineolatum 151	remies, Cyclotellina 121	Sigatica bathyraphe 60
Pitar pellucidum 152	rhabdodactylus, Clibanarius 184	sikamea, Crassostrea 113
Pitar sulfreum 152	rhizophorarum, Cerithidea (Cerithidea) 29	sincaporensis, Melampus (Melampus) 99
planospira, Nerita 21	Rimula cumingii 17	sinense, Clistocoeloma 195
planulatum, Sinum (Ectosinum) 61	riqueti, Sermyla 31	sinensis, Cyclina 147
planus, Sigaretornus aff. 42	Rissoina (Phosinella) pura 35	sinensis, Hemigrapsus 202
planus, Sigaretornus cf. 43	Rissoina (Rissolina) costulata 35	sinensis, Polyonyx 188
Platevindex cf. mortoni 91	robillardi, Notocochlis 59	sinojaponica, Meropesta 143
Platevindex sp. 91	robusta, Pinguitellina 128	Sinonovacula lamarcki 172
Platomysia rugata 162	robustus, Strombus 56	Sinum (Ectosinum) incisum 61
plecotrematoides, Cassidula plecotrematoides 94	rorifluum, Ceratostoma 64	Sinum (Ectosinum) planulatum 61
Pliarcularia bellula 69	rosea, Galeomma 158	Siphonacmaea oblongata 82
plica, Decatopecten 115	roseomaculatus, Solen 170	Siphonosoma cumanense 234
Plicarcularia bimaculosa 70	rostrata, Pharaonella 127	Siphonosoma funafuti 235
Plicarcularia globosa 70	rubida, Neritilia 25	siphonosomae, Barrimysia 155
Polinices mellosus 60	rudis, Tarebia cf. 34	Sipunculus nudus 234
Polyonyx sinensis 188	rufescens, Stenomelania 33	siquijorensis, Neritina 22
Polyonyx utinomii 188	rufomaculatum, Vexillum 74	sloanii, Solen 170
Portunus (Xiphonectes) brockii 193	rufopunctata, Hastula 77	Smaragdia paulucciana 24
Potamocorbula amurensis 168	Rugapedia sp. 54	Smaragdia rangiana 24
praematurata, Hima 67	rugata, Platomysia 162	Smaragdia sp. 24
praetexta, Macoma (Macoma) 123	rutila, Moerella 126	smithii, Cadella 120
propinqua, Caridina 180	ryukyuanum, Chiromantes 195	snelliusi, Clibanarius 185
Pseudohelice subquadrata 203		sociatus, Paranthus 232
Pseudoliotia astericus 42	**S**	Solecurtus divaricatus 137
Pseudoliotia pulchella 42	Sabellaria ishikawai 226	Solecurtus philippinensis 138
Pseudomphala miyazakii 53	sabinus, Anelassorhynchus 236	Solen kikuchii 170
Pseudopinnixa carinata 219	Sagamiscintilla thalassemicola 164	Solen roseomaculatus 170
Pseudopotamilla myriops 228	sakaguchii, Iravadia (Fairbankia) 38	Solen sloanii 170
Pseudopythina macrophthalmensis 163	sakaii, Calliaxina 182	Solen soleneae 171
Pseudopythina ochetostoma 163	sakaii, Upogebia 183	Solen sp. 171
Ptychognathus capillidigitatus 203	Sakaina japonica 219	Solen strictus 171
Ptychognathus glaber 204	Salpocola philippinensis 164	soleneae, Solen 171
Ptychognathus ishii 204	Sandersiella acuminata 174	Soletellina adamsii 134
Pugilina (Hemifusus) tuba 72	sanguisuga, Vexillum 74	Soletellina boeddinghausi 135
pulchella, Laguncula 58	Sarmatium germaini 198	Soletellina petalina 135
pulchella, Mactra 141	Sarmatium striaticarpus 199	souverbiana, Clithon 18
pulchella, Phenacolepas 26	"Sayella" sp. A 88	soverbii, Fimhria 117
pulchella, Pseudoliotia 42	"Sayella" sp. B 89	squamosa, Gari (Gari) 132
pulchellum, Gnorimosphaeroma 179	scalariformis, Trigonostoma 74	squamosus, Anomalodiscus 145
pulchrum, Lithoselatium 196	scheepmakeri, Azorinus 137	squarosus, Clithon 19
Pullosquilla litoralis 175	schmackeriana, Cassidula 94	Stenalpheops anacanthus 181
Pullosquilla thomassini 176	Scintilla anomala 164	Stenomelania boninensis 32
puncticulatus, Melliteryx 160	Scintilla philippinensis 165	Stenomelania costellaris 32
Pupa sulcata 80	scripta, Circe 146	Stenomelania crenulatus 32
pupoides, Finella 28	scrobiculata, Paramormula 88	Stenomelania hastula 33
pura, Rissoina (Phosinella) 35	sculptus, Melampus (Melampus) 99	Stenomelania juncea 33
pusilla, Ilyoplax 210	Scylla olivacea 194	Stenomelania rufescens 33
	Scylla paramamosain 194	Stenomelania uniformis 34

Stenothyra japonica 45
Stenothyra recondita 45
stoliczkana, Niotha 69
Stosicia annulata 36
striata, Atactodea 144
striaticarpus, Sarmatium 199
strictus, Solen 171
Strombus gibbosus 55
Strombus labiatus 55
Strombus robustus 56
Strombus urceus urceus 56
subauriculata, Neripteron 20
sublaevigatum, Trapezium (Neotrapezium) 138
subquadrata, Pseudohelice 203
subulata, Terebra 78
subulicolus, Eohaustorius 178
succinctus, Zeuxis 71
Sukashitrochus carinatus 16
sulcata, Liroceratia 40
sulcata, Pupa 80
sulcata, Terebralia 30
sulculosus, Melampus (Melampus) 100
sulfreum, Pitar 152
suoana, Boonea 84
suturale, Umbonium 18
Synandwakia hozawai 231

T

Tachypleus tridentatus 174
taekoae, Philyra 191
taenioides, Ikeda 238
takahokoensis, Macoma (Macoma) 123
Takedellus ambonensis 209
takii, Lactiforis 83
takii, Lepirodes 160
talonata, Talonostrea 113
Talonostrea talonata 113
tanabensis, Nipponomysella 161
Tapes literatus 152
Tarebia cf. *rudis* 34
Tegillarca granosa 110
Teinostoma lucida 43
Telasco lurida 70
Tellinella crucigera 129
Tellinella virgata 129
Tellinides ovalis 130
Tellinides timorensis 130
tenuis, Parheteromastus 225
tenuisculpta, Phenacolepas 26
Terebra subulata 78
Terebralia palustris 30
Terebralia sulcata 30
tetragonon, Uca 215
Tetrias sp. 219
Thalassema owstoni 237
thalassemicola, Sagamiscintilla 164
Thalassograpsus harpax 205
Thelepus cf. *setosus* 227
thomassini, Pullosquilla 176
Thracia (Eximiothracia) concinna 169

Thyellisca trigonalis 137
tigrina, Paratectonatica 60
timorensis, Tellinides 130
Tiomanium indicum 197
Tmethypocoelis choreutes 210
togata, Gari (Psammotaena) 134
tokunagai, Hypermastus 64
tomlini, Aeretica 119
Tomura himeshima 79
Tomura yashima 79
toriumii, Sestrostoma 205
tornatilis, Macromphalus 56
Tornidae gen. & sp. A 44
Tornidae gen. & sp. B 44
torresi, Cerithium 27
toyohiwakensis, Divariscintilla 157
transculpta, Loxoglypta 121
Trapezium (Neotrapezium) sublaevigatum 138
Travisia japonica 225
Tresus keenae 144
triangularis, Uca 216
tricarinata, Amathina 83
tridens, Helice 201
tridentatus, Tachypleus 174
trigonalis, Thyellisca 137
Trigonostoma scalariformis 74
tripectinis, Parasesarma 198
Trisidos kiyonoi 111
Tritodynamia rathbunae 214
troscheli, Anadara (Scapharca) 109
troscheli, Dosinia (Asa) 148
truncata, Laternula (Exolaternula) 168
Truncatella sp. A 54
Truncatella sp. B 55
tsurumaru, Borniopsis 156
tuba, Pugilina (Hemifusus) 72
Tucetona auriflua 111
tumida, Pinnixa 218
Turbonilla edoensis 89
Turbonilla kuraenohamana 89
Turris crispa 77
turrita, Neritina 22
Tylorrhynchus osawai 222
typica, Laemodonta 97

U

Uca arcuata 214
Uca coarctata 214
Uca crassipes 215
Uca lactea 215
Uca tetragonon 215
Uca triangularis 216
Uca vocans 216
umboniocola, Boonea 84
Umbonium moniliferum 17
Umbonium suturale 18
undatina, Circe 146
unedo, Fragum 118
unguisiformis, Octolasmis 174
unicinctus, Urechis 238

uniformis, Stenomelania 34
Upogebia carinicauda 183
Upogebia sakaii 183
urceus, Strombus urceus 56
Urechis unicinctus 238
uru, Otognathon 202
Utica borneensis 206
Utica gracilipes 206
utinomii, Galeommella 159
utinomii, Polyonyx 188
uzenensis, Mya (Mya) 167

V

vagina, Arenifodiens 107
varicifera, Varicinassa 71
Varicinassa varicifera 71
Varuna yui 206
Vasticardium rubicundum compunctum 119
Velutina pusio 57
ventricosa, Milda 87
venusta, Niotha 69
vespertilionis, Cassidula 95
vestitum, Nanosesarma 196
Vexillum balteolatum 73
Vexillum gruneri 73
Vexillum rufomaculatum 74
Vexillum sanguisuga 74
vicina, Alachosquilla 175
villosum, Clistocoeloma 195
villosus, Libystes 193
violascens, Coenobita 183
virescens, Gari (Psammotaena) 134
virgata, Tellinella 129
Vitrinella sp. 43
vittatum, Bacteridium 83
vocans, Uca 216
Volachlamys hirasei 116
Voorwindia cf. *paludinoides* 36
vulgaris, Neritilia 25

X

Xenophthalmus pinnotheroides 216
Xenoskenea sp. 79

Y

yaeyamaensis, Neorhynchoplax 192
yashima, Tomura 79
yendoi, Iravadia (Pseudonoba) 39
yokoyamai, Papyriscala 63
yoshidayukioi, "Angustassiminea" aff. 47
yoshidayukioi, "Angustassiminea" 46
yoshimurai, Aspidopholas 165
yui, Varuna 206

Z

Zeuxis succinctus 71
ziczac, Nozeba 40
zonalis, Batillaria 31

日本ベントス学会干潟RDB編集委員会

逸見泰久（へんみ　やすひさ）：委員長
熊本大学沿岸域環境科学教育研究センター　教授
著書：『和白干潟の生きものたち』（海鳥社），『フィールドの寄生虫学』（分担執筆，東海大学出版会），『肥後ハマグリの資源管理とブランド化』（分担執筆，成文堂）

伊谷　行（いたに　ぎょう）
高知大学教育学部　准教授
著書：『寄生と共生』（分担執筆，東海大学出版会），『フィールドの寄生虫学』（分担執筆，東海大学出版会），『甲殻類学』（分担執筆，東海大学出版会）

岩崎敬二（いわさき　けいじ）
奈良大学教養部　教授
著書：『Mutualism and Community Organization』（共編著，Oxford University Press），『貝のパラダイス』（東海大学出版会），『海の外来生物』（分担執筆，東海大学出版会）

佐藤慎一（さとう　しんいち）
東北大学総合学術博物館　助教
著書：『有明海の生きものたち』（分担執筆，海游舎），『古生物の科学3　古生物の生活史』（分担執筆，朝倉書店），『古生物学辞典　第2版』（分担執筆，朝倉書店）

佐藤正典（さとう　まさのり）
鹿児島大学大学院理工学研究科　教授
著書：『有明海の生きものたち』（編著，海游舎），『寄生と共生』（分担執筆，東海大学出版会），『奇跡の海』（分担執筆，南方新社）

多留聖典（たる　まさのり）
東邦大学東京湾生態系研究センター　研究員
（株）DIV　取締役
著書：『干潟ウォッチングフィールドガイド』（分担執筆，誠文堂新光社），『東京湾の魚類』（分担執筆，平凡社）

西川輝昭（にしかわ　てるあき）
東邦大学理学部　教授
著書：『原色検索日本海岸動物図鑑Ⅰ・Ⅱ』（分担執筆，保育社），『無脊椎動物の進化』（共訳，蒼樹書房），『国際動物命名規約第4版日本語版』（共編，日本動物分類学関連学会連合）

日本ベントス学会干潟RDB製作作業部会

逸見泰久（へんみ　やすひさ）：部会長
前掲

伊谷　行（いたに　ぎょう）
前掲

岩崎敬二（いわさき　けいじ）
前掲

大澤正幸（おおさわ　まさゆき）
島根大学汽水域研究センター　研究員
著書：『Crustacean Fauna of Taiwan: Crab-like anomurans (Hippoidea, Lithodoidea and Porcellanidae)』（分担執筆，National Taiwan Ocean University）

木村昭一（きむら　しょういち）
三重大学生物資源学部　産学官連携研究員
著書：『干潟生物調査ガイドブック―東日本編』（分担執筆，日本国際湿地保全連合），『愛知県の絶滅のおそれのある野生生物―レッドデータブックあいち―2009動物編』（分担執筆，愛知県），『生き物から見た名古屋の自然』（分担執筆，三菱ＵＦＪ環境財団）

木村妙子（きむら　たえこ）
三重大学大学院生物資源学研究科　准教授
著書：『海の外来生物：人間によって攪乱された地球の海』（分担執筆，東海大学出版会），『黒装束の侵入者：外来付着性二枚貝の最新学』（分担執筆，恒星社厚生閣），『外来種ハンドブック』（分担執筆，地人書館）

久保弘文（くぼ　ひろふみ）
沖縄県水産海洋研究センター　研究主幹
著書：『沖縄の海の貝・陸の貝』（分担執筆，沖縄出版），『南の島の自然史』（分担執筆，東海大学出版会），『軟体動物学，最新の動向と将来』（分担執筆，緑書房）

佐藤慎一（さとう　しんいち）
前掲

佐藤正典（さとう　まさのり）
前掲

鈴木孝男（すずき　たかお）
東北大学大学院生命科学研究科　助教
著書：『干潟生物調査ガイドブック―東日本編』（分担執筆，日本国際湿地保全連合）

多留聖典（たる　まさのり）
前掲

長井　隆（ながい　たかし）
一般財団法人沖縄県環境科学センター環境科学部自然環境課　主任技師
専門：自然環境保全

成瀬　貫（なるせ　とおる）
琉球大学熱帯生物圏研究センター西表研究施設
専門：動物分類学

西　栄二郎（にし　えいじろう）
横浜国立大学教育人間科学部　准教授
著書：『外来種ハンドブック』（分担執筆，地人書館），『海の外来生物』（分担執筆，東海大学出版会），『アサガオはいつ，花を開くのか？』（分担執筆，神奈川新聞社）

西川輝昭（にしかわ　てるあき）
前掲

福田　宏（ふくだ　ひろし）
岡山大学大学院環境生命科学研究科　准教授
著書：『北マリアナ探検航海記』（分担執筆，文一総合出版），『有明海の生きものたち』（分担執筆，海游舎），『岡山県版レッドデータブック2009動物編』（分担執筆，岡山県生活環境部自然保護課）

藤田喜久（ふじた　よしひさ）
琉球大学大学教育センター　非常勤講師　NPO法人海の自然史研究所　代表理事
専門：甲殻類と棘皮動物の分類，生態，生活史研究

前之園唯史（まえのその　ただふみ）
日本甲殻類学会　会員
専門：琉球列島の爬虫類，両生類，甲殻類相の解明

柳　研介（やなぎ　けんすけ）
千葉県立中央博物館分館海の博物館　主任上席研究員
著書：『相模湾動物誌』（分担執筆，東海大学出版会），『イソギンチャクを観察しよう』（千葉県立中央博物館分館海の博物館），『有明海の生きものたち』（分担執筆，海遊舎）

山下博由（やました　ひろよし）
貝類多様性研究所　所長
著書：『奇跡の海　瀬戸内海・上関の生物多様性』（分担執筆，南方新社）

山西良平（やまにし　りょうへい）
大阪市立自然史博物館　館長
著書：『干潟を考える―干潟を遊ぶ』（分担執筆，東海大学出版会），『写真でわかる　磯の生き物図鑑』（分担執筆，トンボ出版）

和田恵次（わだ　けいじ）
奈良女子大学共生科学研究センター　教授
著書：『干潟の自然史―砂と泥に生きる動物たち―』（京都大学学術出版会），『海洋ベントスの生態学』（責任編集・分担執筆，東海大学出版会），『生態学事典』（分担執筆，共立出版）

渡部哲也（わたなべ　てつや）
西宮市貝類館　研究員
専門：甲殻類，貝類の共生・寄生生態

執筆者

朝倉　彰（あさくら　あきら）
京都大学フィールド科学教育研究センター瀬戸臨海実験所　教授
著書：『New Frontiers in Crustacean Biology』（編著，Brill），『Decapod Crustacean Phylogenetics』（分担執筆，Taylor & Francis），『潮間帯の生態学』（翻訳，文一総合出版）

有山啓之（ありやま　ひろゆき）
大阪府環境農林水産総合研究所水産技術センター　総括研究員（センター長）
著書：『エビ・カニ類資源の多様性』（分担執筆，恒星社厚生閣），『海の環境微生物学』（分担執筆，恒星社厚生閣），『写真でわかる磯の生き物図鑑』（分担執筆，トンボ出版）

伊谷　行（いたに　ぎょう）
前掲

大澤正幸（おおさわ　まさゆき）
前掲

加藤　真（かとう　まこと）
京都大学大学院人間・環境学研究科　教授
著書：『日本の渚―失われゆく海辺の自然』（岩波書店），『生命は細部に宿りたまう―ミクロハビタットの小宇宙』（岩波書店）

川勝正治（かわかつ　まさはる）
元　藤女子大学　教授
専門：プラナリア類（主に三岐腸類）の分類・分布・生態

木村昭一（きむら　しょういち）
前掲

久保弘文（くぼ　ひろふみ）
前掲

桒原康裕（くわはら　やすひろ）
地方独立行政法人北海道立総合研究機構網走水産試験場調査研究部　主査
著書：『原色検索日本海岸動物図鑑Ⅰ』（分担執筆，保育社），『黒装束の侵入者』（分担執筆，恒星社厚生閣），『外来種ハンドブック』（分担執筆，地人書館）

駒井智幸（こまい　ともゆき）
千葉県立中央博物館資料管理研究科　主任上席研究員
著書：『小学館の図鑑NEO　水の生物』（分担執筆，小学館），『潜水調査船が観た深海生物』（分担執筆，東海大学出版会），『節足動物の多様性と系統』（分担執筆，裳華房）

佐藤正典（さとう　まさのり）
前掲

下村通誉（しもむら　みちたか）
北九州市立自然史・歴史博物館　学芸員
専門：等脚目甲殻類の分類学

鈴木孝男（すずき　たかお）
前掲

長井　隆（ながい　たかし）
前掲

成瀬　貫（なるせ　とおる）
前掲

西　栄二郎（にし　えいじろう）
前掲

西川輝昭（にしかわ　てるあき）
前掲

布村　昇（ぬのむら　のぼる）
富山市科学博物館　参与
著書：『原色検索日本海岸動物図鑑（1，2）』（分担執筆，保育社），『土壌動物学への招待』（編著，東海大学出版会），『日本産土壌動物』（分担執筆，東海大学出版会）

野村恵一（のむら　けいいち）
串本海中公園センター　学芸員
著書：『沖縄海中生物図鑑』（分担執筆，サザンプレス），『イカの春秋』（分担執筆，成山堂出版），『甲殻類学』（分担執筆，東海大学出版会）

福田　宏（ふくだ　ひろし）
前掲

藤田喜久（ふじた　よしひさ）
前掲

逸見泰久（へんみ　やすひさ）
前掲

前之園唯史（まえのその　ただふみ）
前掲

三島伸治（みしま　しんじ）
純真高等学校　教諭　純真学園大学　非常勤講師
著書：『たのしい理科こばなし』（分担執筆，星の環会），『役立つ理科こばなし』（分担執筆，星の環会）

柳　研介（やなぎ　けんすけ）
前掲

山下博由（やました　ひろよし）
前掲

山西良平（やまにし　りょうへい）
前掲

和田恵次（わだ　けいじ）
前掲

渡部哲也（わたなべ　てつや）
前掲

＊本書についての問合せ先　correspondence
逸見泰久　Yasuhisa HENMI　henmi@gpo.kumamoto-u.ac.jp

干潟の絶滅危惧動物図鑑──海岸ベントスのレッドデータブック

2012年7月20日　第1版第1刷発行

編　　者　日本ベントス学会
発行者　安達建夫
発行所　東海大学出版会
　　　　〒257-0003　神奈川県秦野市南矢名3-10-35　東海大学同窓会館内
　　　　TEL　0463-79-3921　FAX　0463-69-5087
　　　　URL http://www.press.tokai.ac.jp/
　　　　振替　00100-5-46614
印刷所　港北出版印刷株式会社
製本所　誠製本株式会社

©Japanese Association of Benthology, 2012　　　　　ISBN978-4-486-01943-5

R〈日本複写権センター委託出版物〉
本書の全部または一部を無断で複写複製（コピー）することは，著作権法上の例外を除き，禁じられています．本書から複写複製する場合は日本複写権センターへご連絡の上，許諾を得てください．
日本複写権センター（電話03-3401-2382）